中华农业文明研究院文库·中国农业遗产研究丛书

中国传统农业生态文化

惠富平 著

中国农业科学技术出版社

图书在版编目（CIP）数据

中国传统农业生态文化／惠富平著.—北京：中国
农业科学技术出版社，2014.1
ISBN 978 - 7 - 5116 - 1364 - 6

Ⅰ.①中… Ⅱ.①惠… Ⅲ.①农业生态学－文化
生态学－研究－中国 Ⅳ.①S181

中国版本图书馆 CIP 数据核字（2013）第 208840 号

责任编辑	朱　绯
责任校对	贾晓红

出 版 者	中国农业科学技术出版社
	北京市中关村南大街 12 号　邮编：100081
电　　话	（010）82106626（编辑室）　（010）82109702（发行部）
	（010）82109709（读者服务部）
传　　真	（010）82106626
网　　址	http：//www. castp. cn
经 销 者	各地新华书店
印 刷 者	北京富泰印刷有限责任公司
开　　本	787 mm ×960 mm　1/16
印　　张	26. 5
字　　数	461 千字
版　　次	2014 年 1 月第 1 版　2017 年 1 月第 2 次印刷
定　　价	68. 00 元

教育部人文社会科学研究项目资助

项目名称　中国传统农业的生态学内涵及意义研究

项目编号　**05JA770013**

关于《中华农业文明研究院文库》

中国有上万年农业发展的历史，但对农业历史进行有组织的整理和研究的时间却不长，大致始于 20 世纪 20 年代。1920 年，金陵大学建立农业图书研究部，启动中国古代农业资料的收集、整理和研究工程。同年，中国农史事业的开拓者之一——万国鼎（1897—1963 年）先生从金陵大学毕业留校工作，发表了第一篇农史学术论文"中国蚕业史"。1924 年，万国鼎先生就任金陵大学农业图书研究部主任，亲自主持《先农集成》等农业历史资料的整理与研究工作。1932 年，金陵大学改农业图书研究部为金陵大学农经系农业历史组，农史工作从单纯地资料整理和研究向科学普及和人才培养拓展，万国鼎先生亲自主讲《中国农业史》和《中国田制史》等课程，农业历史的研究受到了更为广泛的关注。1955 年，在周恩来总理的亲自关心和支持下，农业部批准建立由中国农业科学院和南京农学院双重领导的中国农业遗产研究室，万国鼎先生被任命为主任。在万先生的带领下，南京农业大学中国农业历史的研究工作发展迅速，硕果累累，成为国内公认、享誉国际的中国农业历史研究中心。2001 年，南京农业大学在对相关学科力量进一步整合的基础上组建了中华农业文明研究院。中华农业文明研究院承继了自金陵大学农业图书研究部创建以来的学术资源和学术传统，这就是研究院将 1920 年作为院庆起点的重要原因。

80 余年风雨征程，80 春秋耕耘不辍，中华农业文明研究院在几代学人的辛勤努力下取得了令人瞩目的成就，发展成为一个特色鲜明、实力雄厚的

1

以农业历史文化为优势的文科研究机构。研究院目前拥有科学技术史一级学科博士后流动站、科学技术史一级学科博士学位授权点，科学技术史、科学技术哲学、专门史、社会学、经济法学、旅游管理等7个硕士学位授权点。除此之外，中华农业文明研究院还编辑出版国家核心期刊、中国农业历史学会会刊《中国农史》；创建了中国高校第一个中华农业文明博物馆；先后投入300多万元开展中国农业遗产数字化的研究工作，建成了"中国农业遗产信息平台"和"中华农业文明网"；承担着中国科学技术史学会农学史专业委员会、江苏省农史研究会、中国农业历史学会畜牧兽医史专业委员会等学术机构的组织和管理工作；形成了农业历史科学研究、人才培养、学术交流、信息收集和传播展示"五位一体"的发展格局。万国鼎先生毕生倡导和为之奋斗的事业正在进一步发扬光大。

中华农业文明研究院有着整理和编辑学术著作的优良传统。早在金陵大学时期，农业历史研究组就搜集和整理了《先农集成》456册。1956—1959年，在万国鼎先生的组织领导下，遗产室派专人分赴全国40多个大中城市、100多个文史单位，收集了1500多万字的资料，整理成《中国农史资料续编》157册，共计4000多万字。20世纪60年代初，又组织人力，从全国各有关单位收藏的8000多部地方志中摘抄了3600多万字的农史资料，分辑成《地方志综合资料》、《地方志分类资料》及《地方志物产》共689册。在这些宝贵资料的基础上，遗产室陆续出版了《中国农学遗产选集》稻、麦、粮食作物、棉、麻、豆类、油料作物、柑橘等八大专辑，《农业遗产研究集刊》、《农史研究集刊》等，撰写了《中国农学史》等重要学术著作，为学术研究工作提供了极大的便利，受到国内外农史学人的广泛赞誉。

为了进一步提升科学研究工作的水平，加强农史专门人才的培养，2005年85周年院庆之际，研究院启动了《中华农业文明研究院文库》（以下简称《文库》）。《文库》推出的第一本书即《万国鼎文集》，以缅怀中国农史事业的主要开拓者和奠基人万国鼎先生的丰功伟绩。《文库》主要以中华农业文明研究院科学研究工作为依托，以学术专著为主，也包括部分经过整理的、有重要参考价值的学术资料。《文库》启动初期，主要著述将集中在三个方面，形成三个系列，即《中国近现代农业史丛书》、《中国农业遗产研究丛书》和《中国作物史研究丛书》。这也是今后相当长一段时间内，研究院科学研究工作的主要方向。我们希望研究院同仁的工作对前辈的工作既有所继承，又有所发展。希望他们更多地关注经济与社会发展，而不是就历史而谈历史，就技术而言技术。万国鼎先生就倡导我们，做学术研究时要将"学理之研究、现实之调查、历史之探讨"结合起来。研究农业历史，眼光不能仅仅局限于农业内部，还要关注农业发展与社会变迁的关系、农业发展与经济变迁的关系、农业发展与环境变迁的关系、农业发展与文化变迁的关系，为今天中国农业与农村的健康发展提供历史借鉴。

王思明

2007 年 11 月 18 日

《中国农业遗产研究丛书》序

农业虽有上万年的历史，但在社会经济以农业为主导，社会文明以农耕为特色的农业社会，农业是主流生产和生活方式，农业不可能作为文化遗产来被关注。农业作为文化遗产受到关注始于社会经济和技术发生历史性转变之际——工业社会取代农业社会、工业文明取代农业文明、现代农业取代传统农业的背景之下。

正因为如此，50多年前，中国农业科学院·南京农学院创建农业历史专门研究机构时，将之命名为"中国农业遗产研究室"，西北农学院将之命名为"古农学研究室"。

很长一段时间，中国农业遗产的研究侧重于农业历史，尤其是古代农业文献的研究。农业历史与农业遗产在研究内容上有广泛的交集，但并不完全一致。因为历史是一个时间概念，其内涵更加宽泛，绝大多数农业遗产都属农业历史的研究对象，但许多农业历史的内容却谈不上是农业遗产。这是由遗产的性质和特征所决定的。

在遗产保护方面，人们最早关注的是自然遗产和有形文化遗产。20世纪末，国际社会开始关注口传和非物质文化遗产。在这种背景下，农业文化遗产的保护工作逐渐进入人们的视野。2002年，联合国粮农组织（FAO）启动"全球重要农业遗产"项目（GIAHS）。

但FAO关于农业遗产的定义是为项目选择而设定的（农村与其所处环境长期协同进化和动态适应下所形成的独特的土地利用系统和农业景观，它要具有丰富的生物，而且可以满足当地社会经济与文化发展的需要，有利于促进区域可持续发展）。而实际上，农业文化遗产的内涵比这丰富得多。《世界遗产名录》分为"文化遗产"、"自然遗产"、"文化与自然双重遗产"、"文化景观遗产"和"口传与非物质文化遗产"5 个类别。如果依据这个标准判断，农业遗产实际包含除单纯"自然遗产"外所有其他文化遗产门类。

农业遗产是人类文化遗产的重要组成部分，它是历史时期，与人类农事活动密切相关、有留存价值和意义的物质（tangible）与非物质（intangible）遗存的综合体系。它包括农业遗址、农业物种、农业工程、农业景观、农业聚落、农业工具、农业技术、农业文献、农业特产和农业民俗 10 个方面的文化遗产。

中国的农业遗产研究始于 20 世纪初期，大体经历了 4 个发展阶段：

1. 20 世纪初至 1954 年

1920 年，金陵大学建立农业图书部，1932 年又创建农史研究室，在万国鼎先生的倡导下开始系统搜集和整理中国农业遗产。他们历时十年，从浩如烟海的农业古籍资料中，搜集整理了 3 700 多万字的农史资料，分类辑成《中国农史资料》456 册。

2. 1954 年至 1965 年

新中国成立后，1954 年 4 月，农业部在北京召开"整理祖国农业遗产座谈会"。不久，在国务院农林办公室和农业部的支持下，在原金陵大学农业遗产整理工作的基础上成立中国农业科学院·南京农学院中国农业遗产研究室，万国鼎被任命为主任。与此同时，西北农学院成立古农学研究室，北京农学院、华南农学院也相继建立了研究机构，逐渐形成了以"东万（万国鼎）、西石（石声汉）、南梁（梁家勉）、北王（王毓瑚）"为代表的中国农业遗产研究的 4 个基地。

3. 1966 年至 1977 年

由于"文化大革命"的缘故，本时期农业遗产研究专门机构被撤并，研究工作大多陷于停顿。

4. 1978 年至今

改革开放以后，科研工作逐步恢复正常。不仅"文化大革命"前建立的农业遗产研究机构陆续恢复，一些新的农史研究机构也陆续建立，如中国农业博物馆研究所、农业部农村经济研究中心当代农史研究室、江西省农业考古研究中心，等等。1984 年，中国农业历史学会在郑州宣告成立，广东、河南、陕西、江苏等省还组建了省级农业史研究会。农业史专门研究刊物也陆续面世，如《中国农史》、《农业考古》、《古今农业》等。

在农业遗产专门人才培养方面，1981 年，南京农学院、西北农学院、华南农学院、北京农业大学等被国务院批准有农业史硕士学位授予权，1986 年，南京农业大学被批准有博士学位授予权，1992 年，被授权为农业史博士后流动站。西北农林科技大学在农业经济管理学科设有农业史博士专业；华南农业大学在作物学专业设有农业史博士方向。具有农业史硕士学位授予权的高校还有：中国农业大学、云南农业大学等。

过去几十年，中国农业遗产的研究在工作重心上发生过几次重要的变化：

1. 从致力于古农书校注和技术史研究向农业史综合研究和农业生态环境史研究转变

农业古籍是先人留给我们的宝贵的遗产。经过万国鼎、王毓瑚、石声汉等前辈们的艰辛努力，摸清了中国农业遗产的"家底"，相继整理出版了《中国农学史》（上）、《中国农学书录》、《氾胜之书》、《齐民要术校释》、《四民月令辑释》、《四时纂要校释》和《农桑经校注》等专著，为后来研究的开展奠定了坚实的基础。

改革开放以后，农业遗产的研究重心出现了新的变化，逐渐由古农书的校注解读向农业科技史、农业经济史和农业生态环境史转变。本时期农业遗产研究有两项大的工程：（1）《中国农业科学技术史稿》（国家科技进步三等奖）；（2）《中国农业通史》（10卷，目前已出5卷）。

2. 从单纯依托纸质历史文献研究向结合实物的考古学和民族学研究拓展

20世纪70年代，裴李岗、磁山、河姆渡等遗址陆续发掘，随之出土了大量农具、作物、牲畜骨骸等农业遗存，农业遗产学者开始有意识的把考古发现运用到农业起源的研究中。

游修龄、李根蟠、陈文华等先生很早就注重这方面的研究，发表了不少相关研究报告和论文，考古学者涉足农史研究者则更多。1978年，陈文华在江西省博物馆组织举办了"中国古代农业科技成就展览"，后来又创办了《农业考古》杂志，对该学科方向的发展起到了积极的推动作用。

3. 从单纯依赖历史文献学研究方法向借鉴多学科研究方法，特别是信息科技研究手段的变化

一方面，中国现存农业资料和历史文献浩如烟海，而且古籍在翻阅或利用过程中不可避免的发生损坏或丢失现象，不利于其本身的保护。另一方面，很多农业古籍被各家图书馆及科研单位视若珍宝，一般不能借阅，其传播和查询、阅览也受到很多限制，影响了农业遗产研究的进一步深入和发展。

有鉴于此，近年来，国内农业遗产研究机构在将农遗资料与信息技术结合方面陆续进行了一些有益的尝试。2005年，在国家科技部专项资助下，中华农业文明研究院启动了中国农业古籍数字化的工作，并制作完成了一批中国农业古籍学术光盘，17种800多卷。2006—2008年，中华农业文明研究院又陆续建设了"中国传统农业科技数据库"、"中国近代农业数据库"、"农史研究论文全文数据库"等农业遗产数据库，并创建了"中国农业遗产信息平台"。《中华大典·农业典》开始尝试开发和利用古籍电子资源进行编纂，相关数据库和应用软件基本研制成功；中华农业文明研究院也充分利用自己开发的各种数据库用于科学研究工作，尤其是《清史·农业志·清代农业经济与科技资料长编》6 卷的编纂工作。一些以农业遗产为主题的文化网站也相继创立，如南京农业大学中华农业文明研究院创办的"中华农业文明网"、中国科学院自然科学史研究所曾雄生创办的"中国农业历史与文化"、中国社会科学院经济研究所李根蟠先生创办的国学网"中国经济史论坛"，等等。

4. 从原来静止不变的农业遗产资料的研究向活体、原生态农业遗产研究和保护的转变

活体、原生态农业也是农业遗产的一个重要组成部分。中国是一个农业大国，拥有悠久的农业历史和灿烂的农业文化。在漫长的发展过程中，中国农民积累了丰富的农业生产知识和经验，创造了许许多多具有民族特色、区域特色并且与生态环境和谐发展的传统农业系统：如桑基鱼塘系统、果基鱼塘系统、稻作梯田系统、稻鱼共生系统、稻鸭共生系统、旱地农业灌溉系统、粮草互养系统，等等。这些珍贵的文化遗产具有很高的科学价值和现实意义。

早在 2000 年，皖南乡村民居和四川都江堰水利枢纽工程就被联合国教科文组织列入《世界文化遗产名录》。近年来，在联合国粮农组织的倡导下，尤其在中国科学院自然与文化遗产研究中心的积极推动下，这方面已经取得了长足的进展。2005 年，浙江青田"稻鱼共生系统"被 FAO 列为首批全球重要农业文化遗产试点；2010 年，云南红河"哈尼稻作梯田系统"和江西万年"稻作文化系统"也被列入试点。2011 年 6 月 10 日，贵州从江"侗乡稻鱼鸭系统"成为中国第四处全球重要农业文化遗产保护试点。

注重动静相宜、科普与科研相结合的各种农业博物馆也相继成立，中国的农业遗产研究开始走出象牙塔，迈向社会。

1983 年，在农牧渔业部的支持下，中国农业博物馆建立，开始大规模征集与古代和近代农业相关的文物，并成为全国科普教育基地。2004 年，南京农业大学创办了中国高校第一个集教学、科研和科普为一体的中华农业文明博物馆。目前也是国家科普教育基地。2006 年，西北农林科技大学博览园建成，一共设有 5 个馆，其中就有农业历史博物馆。各地关于农具、茶叶、蚕桑等专题博物馆则多达几十家。

应该说，截至目前，除了古农书的整理与研究外，中国农业遗产的很多其他工作都仅仅是刚刚起步，例如，全国农业文化遗产的类型、数量、分布及保护情况，农业文化遗产保护相关理论、方法与途径等。哪些亟待保护？如何保护？如何实现社会、经济、文化和生态价值的平衡？所有这些问题都需要认真研究和探讨，需要多学科的协作和多方面的共同努力。2010 年和2011 年，中国农业科学院、中国农业历史学会和南京农业大学中华农业文明研究院在南京陆续举办了两届"中国农业文化遗产保护论坛"，集合政府、学术界和遗产保护地多方面的经验和智慧，探讨中国农业文化遗产保护中亟待解决的理论和实际问题。也是出于这些考虑，中华农业文明研究院决定继承原来编纂《中国农业遗产选集》的传统，启动《中国农业遗产研究丛书》，积极推进中国农业文化遗产研究工作的开展。

生态发展上，人们关注生物多样性的重要性；社会发展上，人们关注社会多元化的重要性；但在人类发展上，我们却常常忽视民族多样性和文化多样化的重要性。一个民族的文化遗产是这个民族的文化记忆。保护文化多样性就是保护人类文化的基因。它既是文化认同的依据，也是文化创新的重要资源。因此，保护农业文化遗产是保护人类文化多样性的一项非常有意义的工作。

中华农业文明研究院院长

王思明

2011 年 6 月 16 日

序　言

————

　　人类文明的发展经历了农业文明和工业文明时代，人和自然的关系也经历了不同的历史阶段。20世纪以来，以西方文化为主导的工业文明取得了巨大成就，人类社会的发展也因而被推进到了一个前所未有的高度。然而，人类也为此付出了巨大的资源环境代价，其赖以生存的自然家园遭到了前所未有的破坏与损毁。直到这时，人们才醒悟，三百年的工业文明带给人的并不完全是福音。人类应该认真地反思自己给大自然造成的各种不利改变和负面影响，及时调整文明航向，走上人与自然和谐发展的生态文明之路。

　　国际社会对生态环境的关注与反思肇始于20世纪70年代。其时，西方社会曾发起过一场生态学运动，绿色风云波及很多国家。在环境问题的刺激以及各种环保活动的浸润和感召下，几十年来，"生态"、"环境"这样的词语在我们的日常生活中频频出现；同时，生态学这个建立时间不长的学科，也迅速崛起并不断地社会化，成为与诸多自然科学和人文社会科学都有交叉关系的一门显学。正由于生态学的一些基本理论与方法已经逐渐融入到各学科所展开的相关研究之中，所以便形成了许多具有时代特征的生态与环境问题研究视角。一般认为，"生态学"概念最早是由德国生物学家E·海克尔于1886年提出的，而生态学呈现出明显的人文转向是在20世纪60年代。美国海洋学家蕾切尔·卡逊1962年出版的《寂静的春天》（Silent Spring）是世界上第一部有影响的环境史著作。此后，美欧以及其他一些国家不少从事人文社科研究的学者都将视野扩大到了生态史领域，相关研究成果不断涌现。在这一探索过程中，许多中外学者都注意到中国农业文明持久发展的生态文化因素或历史经验，也对其某些农业开发活动所导致的生态破坏问题予以总结和思考。英美等国学者自 20 世纪初期以来，就一直注意研究中国农业数千年地力不衰的经验，从中寻求可资借鉴的生态学思想，倡导生态农业和有机农业。我们自己更要增强对中国农业生态文化的自觉和自信，让其为当今中国的生态文明建设服务。

从某种意义上看，中国传统农业实质上就是一种生态农业、有机农业。因为它主要依靠农业系统内部的物质能量循环，以很少的自然资源消耗或外部投入，取得了较大的收益，并实现了农业自身的持续发展。据现代农业生态学理论，生态农业以农业生态系统为基础，其主要特点是农业生物种群的多样性和物质转化利用的多层次性。在生态农业内部，各种生物占有自己适宜的空间，遵循生物竞争与互补的原则，和谐地生活在一起，按照各自的需要同化外界因子，进行多样性的物质生产，从而提高物质转化和利用的效率。虽然生态农业这一理念和相关技术是从国外引进的，但是中国传统农业自身已经包含了大量有关生态农业至为关键的积极因素。这些积极因素以物质循环利用、改善并保护农业环境为核心，包括天地人"三才"生态思想、阴阳五行学说、"三宜"耕作原则、旱作保墒、轮作复种与间作套种、有机肥积制与施用、农林牧桑渔综合经营技术模式、水土及生物资源合理利用、病虫害农业防治及生物防治、自然力利用等，内容十分丰富且形成完整的文化体系，具有明确的生态保护功能，对中国农业生产及社会历史发展产生了重大影响。相比之下，当代农业应属于一种工业式农业而非自然农业，它主要以外源性物质和能量投入加以维持，从而改变了农业生产的自然生态，导致生态系统的异常和食物链的畸形，进而威胁到人类的生存环境、食品安全以及社会文明的可持续发展。可以说，从先秦两汉至明清以来，中国传统农业依靠手工劳动和农家肥料，采用用地养地相结合、多种经营等具有生态学意义的农业技术措施，长期保持了较高的产量水平，而且没有出现地力衰退的现象，循此可以解释中国传统农业和社会文明长期延续不衰的原因。随着当今社会历史的发展，上述传统农业生态思想与技术精华，日益显示出其顽强的生命力、影响力和实际应用价值。

就中国现代农业发展的历史与现实问题而言，20世纪八九十年代以来，中国农业的生产水平由于制度变革和科技进步而有了很大提高，但同时也面临着资源短缺、生态破坏和食品安全问题的严峻挑战。在这种情况下，合理利用自然资源，改善生态环境，实现中国农业的可持续发展，成为十分迫切的任务，因而关于生态农业以及传统农业生态文化的研究很受关注。从当代生态农业建设的实践来看，农业科研工作者对中国现代生态农业的理解、研究和推广，已经将传统农业的生态文化因素考虑在内，试图依据整体、协调、循环、再生的原则，建立起农业生产体系及生态系统。在农业史研究领域，很多学者借鉴生态学理论，探讨中国传统农业中所包含的生态思想及生态技术成就，研究成果层出不穷。中国农业历史深厚的生态文化积淀和相关的丰硕学术成果，为本书作者全面理解和阐述传统农业的生态意义，进一步揭示"传统农业文化根植于自然的土壤"这一基本观点，奠定了良好的基础。

本书的撰著设想曾以"中国传统农业的生态学内涵及意义研究"为题，于2005年获得教育部人文社科基金立项资助。2011年10月课题结项，结项后又对最终成果进行了反复修改。本书试图借鉴农业生态学理论，从思想与实践的各个层面揭示传统农业生产的生态内涵及生态功能，认识传统农业生态文化的现实意义。当然，中国传统农业在拓展过程中的开山种粮、围湖造田也有破坏环境的一面，作为农业生态文化发展的历史实际，这方面的问题也需要予以总结。由于要从生态学的视角来阐释中国传统农业生产的特点及相关的科技内容，贯通农业生态保护的历史与现实问题，所以课题研究时空跨度大，头绪纷繁，写作中难免出现失误及漏洞。加之拙作各章的内容前人均有高论，要超越或出新实属不易。好在该选题注重考察视角的转换，从广义的层面理解传统农业的生态内涵及生态功能，突出研究内容的综合性、知识性及史鉴意义，而无意于标新立异。书中插图尽量选择以描绘主体为中心的场景性图片，以便体现出一定的生态意味。另外需要说明的是，本书主要论述中国历史上主流传统农业文化或者说汉民族农业文化的生态意义，对于非汉族的农业生态文化几乎没有涉及。虽然书的交稿期限一延再延，写作已经尽心尽力，但因自己学术水平有限，书稿内容仍不够新颖和完善，与当初设定的目标有一定距离。敬请读者和专家学者批评指正。

作　者
2013 年 7 月

目　　录

第一章　中国传统农业生态文化
形成和发展的因素

中国自古以农立国，传统社会生活的各个层面都与农业生产有密切关系，农业文化必然成为传统文化的主体。在特定的自然环境、小农经济条件、政治宗法制度及社会伦理之下，中国农业文化形成了自己的特色。这种特色人们可以从不同的角度去认识和总结，得出的结论也可能见仁见智。如果从生态学角度看，中国农业文化的特色在于它非常注重通过人力协调农业生产与环境条件的关系，是一种生态型文化。在这样一种生态型文化体系中，农业生产以及生活是中心事物，它产生、发展及演变与其所处的自然与社会环境密切相关，包含大量合理性和科学性成分，因而能够生生不息。

第一节　自然环境条件

人类文化的创造与发展，既与社会发展相关，又与自然环境变迁有密切关系。我们知道，农业是自然再生产和社会再生产的统一，自然环境为农耕以及与之相关的农业生活提供了重要的物质支撑，在很大程度上决定着农业文化的性质。中国自成一体、独具特色的非生物和生物环境构成一个巨大的资源系统，其中包括气候、地形、地貌、水土、动植物等各种因素。古往今来，这些因素广泛而深刻地影响了人们的农业生产与生活，为社会文明的发展提供了基本环境条件，并促使人们创造了丰富多彩的农业生态文化。

一、气候条件与地形地貌

中国西依高山，东临太平洋，地势西高东低，地形类型多样，有山地、高原、平原、盆地，等等，很早就形成了自成一体的地域环境格局。从地质史上看，第三纪晚期后，巨大的青藏高原就以海拔 4 000～5 000 米的高度耸立在中国西部①。喜马拉雅山体升起成为世界第三极，给中国以及世界带来巨大影响。

1. 气候条件

喜马拉雅山阻挡印度洋季风北上，致使中国西北内陆干旱化，并形成内陆高压冷气团与西南、东南暖湿季风相互作用，控制了中国的气候变化，使我国出现了世界上最强大的季风环境，大陆性季风气候特征显著。另外，西高东低的地势，有利于东部海洋吹来的暖湿气流进入内地，并在一定程度阻挡了西伯利亚的冷气团，使我国冬季气温不致过低，气候复杂多样。具体而言，中国冬季多北风，夏季多南风，四季分明，雨热同季。每年 9 月到次年 4 月间，冬季风从西伯利亚和蒙古高原吹过来，寒冷干燥，由北向南势力逐渐减弱。每年的 4～9 月，夏季风从太平洋和印度洋上吹过来，温暖湿润，影响到大兴安岭、阴山、贺兰山、冈底斯山一线以东、以南的广大地区。依照温度指标，可划分为热带、亚热带、暖温带、中温带、寒温带和青藏高原区六个温度带；依据水分条件，从东南到西北可划分为湿润、半湿润、半干旱、干旱四类地区。

复杂多样的气候，有利于各种植物和农作物的生长，为人们提供了丰富的动植物资源；季风气候区广大，雨热同期对农作物、树木、牧草的生长和成熟有利；夏季高温，扩大了喜温作物生长的北界，使中国成为水稻生长界限最北的国家。中国的气候也有一定缺点：受季风强度影响，各地降水的年际变化很大，易产生水旱灾害；寒潮、霜冻和台风引起的灾害性天气，危害农作物的收成。另外，气候概括一个地区的天气特征，包括气温、日照、雨量等因素，它由太阳辐射、大气环流和地形地貌等因素相互作用所决定，人类对于气候的变化与波动只能积极地加以适应。

从历史的角度来看，气候演变与农业文化发展关系密切，农业活动对气候变化的适应过程导致了农业生态文化的发生和演变，传统农业时期抗旱保墒耕作技术的进步、中国经济文化重心的南移等都与气候变化有很大关系。

---

① 施雅风、李吉均、李炳元等：《青藏高原晚新生代隆升与环境变化》，广东科技出版社，1998 年 2 月

2. 地形地貌

青藏高原的形成深深影响了中国人赖以生存的地貌形态，如三级地貌台阶的形成，黄河、淮河、长江和珠江等河流自西向东流以及其间山脉纵横走向，盆地罗列情况及其形态等均与青藏高原的抬升有重大关系。

在地形地貌上，中国地形西高东低，山多平原少，深刻影响热量、水土资源的分布和利用。中国地势从西向东呈阶梯状逐级下降。最高一级阶梯为青藏高原，平均海拔4 000米以上，号称"世界屋脊"。第二级阶梯由内蒙古高原、黄土高原、云贵高原和塔里木盆地、准噶尔盆地、四川盆地构成，平均海拔1 000~2 000米。从大兴安岭、太行山、巫山和雪峰山麓向东到海岸线，地势下降到海拔500~1 000米为第三级阶梯。第四级阶梯为中国大陆架浅海区，水深平均不到200米。

全国各类地形的百分比为：山地占33%，高原占26%，丘陵占10%，盆地占19%，平原占12%。此外，构建地形骨架的山脉近30条，大致呈网状排列，纵横交错，地貌类型也极为复杂。如黄土高原，千沟万壑，支离破碎；西北边地，多沙漠戈壁；华北平原，地表平坦，棕壤广布；东北平原，黑土肥沃、平野千里；长江中下游地区，河湖密布，植被繁茂。由此导致中国土地类型复杂，热量、水分资源以及植被、土壤类型区域性特征明显。

从气候、地形和地貌条件这些基本地理因素看，强盛的东亚季风气候、大跨度的经纬度和悬殊多变的地形等因素，使中国形成了东部季风区、青藏高原区和西北干旱区三大自然区域。其中，季风区占全国总面积的47.6%，涵盖了黄河流域和长江流域，人口也占全国的绝大多数。这里光热资源丰富、雨热同季、四季分明；水资源相对丰富，若以秦岭—淮河一线作为南方与北方的分界线，南方降水多，北方降水少，作物生长季降水量占年降水量的60%~80%。东部季风区的自然环境，为农业生产提供了有利条件，所以这里种植业自古发达并占据农业的主导地位，是华夏文明的发源地。

总之，中国幅员辽阔，领土东西横跨60多个经度，距离约5 200公里（1公里=1千米，下同），南北跨越近50个纬度，距离约5 500公里。气候上跨亚寒带、温带、亚热带和热带，此外还有青藏高原气候区域。地形起伏多山，平原面积相对较少。土壤南方酸性黏重，北方碱性松细，土壤有机质含量较高，水资源南北分布很不均衡。身处这种不同气候和山石水土环境中的人们，依靠不同的自然资源，从事着农林牧副渔等各种生产活动，过着不同的生活，形成了内容丰富的农业生态文化。

3

二、气候因素的影响

前已述及，黄河流域和长江流域所在的东部季风区，地形多样，四季分明，光热资源比较丰富，农业自古发达。这既为中华文明的发生、发展奠定了物质基础，也造就了独特的农业生态文化。

中国农业自古以来就以农作物种植为主体，而农作物的生长对光照、热量、降水和土壤等自然环境因素的依赖性很强。在原始农业以及传统农业的生产水平下，人们往往把自己看作是与自然环境相对等的一部分，既要做到人与自然相适应，又必须为社会性的生存目标去应对自然环境的挑战，天、地、人一体的思想逐渐深入人心，形成一种典型的农业生态观念。这种观念产生以后，始终贯穿于农业生产和生活之中，指导循环往复的农业活动。

我们知道，农业生产过程包括春耕、夏耘、秋收、冬藏四个基本环节，年年如此，周而复始。农民在长期的生产实践中，自然会产生循环的观念和整体联系的思想；不论谷子、麦子还是水稻的种植必须遵循一定的时令节气，所以人们必须关注和掌握四季变换、冷暖交替以及雨雪降临的规律，把作物生长与气候变化对应起来，这样才可获得好收成；另外，季风区水土资源地域差别明显，并呈带状分布，农业生产必须因地制宜，所谓"水处者渔，山处者木，谷处者牧，陆处者农"①。这些农业生产实践活动，都是传统农业生态文化产生和发展的源泉。

另一方面，农业生产是自然再生产与社会再生产的统一过程，即农业生产并非单纯的自然再生产过程，它是以人类对生物自然再生产过程的干预为特征的，本质上是一个经济再生产的过程。因此，在农业生产中，人们不是简单地适应自然条件，更重要的是能动地顺应和改造自然条件，而这种能动性的发挥，往往并不以优越的自然条件为前提。马克思曾经说过："过于富饶的自然'使人离不开自然的手，就像小孩子离不开引带一样'。它不能使人的发展成为一种自然必然性，因而妨碍人的发展。"② 就是说，相对不利的自然条件，反而更能激发人们以劳动战胜自然的意志。

中国农业具有良好的物质基础和广阔的发展余地，但其自然条件对中国农业生产并不都是有利的，有些地方的农业环境还比较严酷。例如，黄河中

---

① 《淮南子·齐俗训》

② 马克思：《资本论》第一卷，人民出版社，1975年，第205页

下游雨量并不充沛，而且降雨多集中在秋季，春旱多风，秋季又容易发生洪涝灾害。在历史上，这一地区可谓旱涝频仍，而以抗旱保墒为核心，以"耕—耙—耱"为技术特征的精耕细作农业，恰恰在这一地区首先发生。长江下游地区在《禹贡》一书中被描述为"厥土惟涂泥，厥田为下下"，后来江南人民经过长期摸索和艰苦劳动，克服低洼易涝的不利环境条件的影响，建立治水与治田相结合的塘浦圩田系统，创造了以水稻种植为主体的水田精耕细作技术体系，当地的经济面貌终于彻底改观，唐宋以后江南已成为全国的粮仓。在改造利用盐碱地、山区低产田等方面，中国农民也有许多独特的技术经验和发明创造。在某种意义上讲，中国农业的精耕细作技术传统就是充分发挥人的主观能动性，因时因地制宜、趋利避害的农业生态文化体系。在其他地区，如岭南地区、云贵高原、东北地区、西北干旱半干旱地区，也都因为自然环境的差异形成了各具特色的农业生态文化。

同一个大区内还因地形地貌等的差别，形成了不同的农业生态文化类型，如盆地生态文化与丘陵生态文化等。就前者而言，上古时期，中国农业文化以关中盆地、晋南盆地及太行山前丘陵地带发展最快。夏商周三代及以后的各族文化，无不在中原以外的山间盆地发源定型，强大后逐鹿中原建立王朝，盆地环境对中国历史文化的影响非常强烈。

研究者利用生态节制理论分析了中国的盆地文化，认为中国农业文化的生态节制行为与长期的盆地生活经验有关。例如，相对封闭的盆地为一个家族或群体提供了稳定的领地或家园，他们的生存和发展完全寄托于这块有限的土地，由此产生了强烈的家园意识及生态保护行为。在这样的家园中，由于生物地理区与文化的空间分布相重合，居住者与环境之间建立了密切的关系，从而有助于人们全面认识盆地生态系统的结构和功能，促进其环境保护意识的早熟。这具体表现在：第一，每个成员都把自己的人生看作家族生命延续的一个阶段，从而有"不孝有三，无后为大"[1]的思想观念。第二，把祖先遗留下来的家业看作神圣的东西，崇尚传家守业，以图世泽绵延。这种后嗣道德使得人们能把家族的长远利益与个人眼前利益结合起来，从而使生态节制成为自觉自愿的行动。村落分布的边缘优先原则、"风水林"保护和水资源合理利用等，都是农业生态节制行为的典型[2]。

---

[1] 《孟子·离娄上》
[2] 俞孔坚：《盆地经验与中国农业文化的生态节制景观》，《北京林业大学学报》，1992 年第 4 期

三、水土环境的影响

中国历来就有"一方水土养一方人"的说法，在影响中国农业文化形成和发展的诸多环境因素之中，水土条件的基础作用尤为明显。

自古及今，中国农业文明首先深深受惠于黄土。中国土地的最大特点就是黄土分布广且深厚，除通常所讲的黄土高原外，正如黄土的物质来源于降尘一样，它可以分布到大部分中国，只是有厚薄、断续、新老、原生与次生的不同而已。黄土由粉砂（粒径 0.005～0.05 毫米）、细砂（粒径大于 0.05 毫米）的颗粒组成，因多孔隙而形成松散物理性状的橙色、灰黄色沉积物[①]。另据分析，黄土由 50 余种碎屑矿物形成，含氮、磷、钾以及 40 多种微量元素和 20 多种氨基酸[②]。

更为重要的是，黄土在与一定量的水分结合之后，会呈现出一种极为特殊的"自行肥效"现象。国外地质学家研究证实，黄土吸水犹如海绵，黄土的柱形纹理和高孔隙性有很强的毛细管吸收力，能使蕴藏在深层土壤中的无机质上升到顶层，为农作物的根部所吸收，黄土因此而具有了"自行肥效"的特殊能力。由于黄土中含有丰富的苛性钾、磷和石灰，一旦加入适当的水分，它就成了极其肥沃的土壤[③]。

在全新世气候适宜期，中原地区温暖湿润，既占北方黄土之利，又占南方降水之利，水土两利促进了中原核心文化的形成和发育。黄土高原区虽属半干旱型气候，降雨量有限，并且集中在夏季，但这样的降水已经能够使黄土在一定限度内呈现出其"自行肥效"。还有学者注意到黄土尘降的生态意义，指出中原地区虽经八千年之耕种，并未引起水土流失而危及人们生存，与持续不断的尘埃对耕土的补充有密切关系，尘降对于中国农业之重要犹如"天上的尼罗河"[④]。

黄土地上长成的粟，耐旱、耐瘠、可久藏，品质优良，营养丰富，滋养着人们创造了华夏文明。黄土地干爽宜人，少有虫蚊叮咬和瘴气侵袭，黄土

---

① 刘东生等：《黄土的物质成分和结构》，科学出版社，1966 年

② 文启忠等：《中国黄土地球化学》，科学出版社，1989 年

③ 冀朝鼎著、朱诗鳌译：《中国历史上的基本经济区与水利事业的发展》，中国社会科学出版社，1981 年，第 15－16 页

④ 周昆叔等：《中国生存环境历史演变规律研究》，《中原古文化与环境》，海洋出版社，1993 年

区文化发达与延续当与此有关。广泛的黄土分布，也有利于我国文化统一性的形成。石耜是新石器时代流行于黄河中下游的一种挖土工具，是锹的原型。它适于在黄土上耕作，也分布到西辽河上游西拉木伦河和广西西部[1]。在相同黄土母质形成的土壤上耕作，利于农具和耕作方法的推广，自然会由此形成一定的文化联系和内涵相近的农业生态。

刘东生院士曾从季风角度分析黄土堆积与人类的密切关系，认为"人有亲黄土"的特点[2]。的确，华北旧石器、新石器文化繁荣在黄土上，三峡、澧水下游、江浙均有黄土分布，那里的文化也与黄土有关。传说中的黄帝活动在黄土高原，"有土德之瑞，故号曰黄帝"。旧时黄帝设社稷坛以"五色土"祈求农业丰收，国泰民安，黄土居五色土的中心。凡此说明我们的祖先长期生活在黄土地上，耳濡目染，把黄土转化成了神圣的文化观念。所以中国文化就其与黄土的渊源来说，也可称之为"黄土文化"，而黄土文化实际上就是一种生态文化。

值得进一步指出的是，虽然都是黄土地，但在其他各种自然因素的综合作用之下，黄土地区会形成地域生态文化分区，就是说，各个地区的文化会产生一定差别。各地区黄土文化的差别是其相互交流的前提，而这种交流又会因为黄土文化的共性而变得比较容易和方便。例如，以地形和水流环境为基础，黄河中下游渭河盆地至郑州以东，历史上很早就形成东西古文化交流通道，分布大量新石器时代遗址和四大古都，为中华文明的重要发源地；还有伏牛山、太行山东麓冲洪积扇和嵩山东边的侵蚀堆积平原，形成了南北古文化交流通道。这一"十"字形古文化传播通道对促进中国东西文化交流起到关键作用。这种带有自然生态特征的区域文化交流，不但能取长补短，而且在广阔的空间上有回旋余地。当一方灾难来临时，其他地方还是风调雨顺，可以进行生态迁移和粮食调剂。由自然环境差异造成的生态多样性是中国文化丰富多彩的源泉，也是中国文化生生不息的关键[3]。

同样，江南地区独特的农业生态文化也与其水土环境有密切关系。江南地区气候条件优越，地势平坦，土壤肥沃，江海环抱，湖泊河港纵横，水资

---

① 刘壮己：《中国古代的石耜》，《农业考古》，1991 年第 1 期

② 刘东生：《黄土石器工业》，载徐钦琦等主编：《史前考古学新进展——庆贺贾兰坡院士九十华诞国际学术讨论文集》，科学出版社，1999 年；刘东生在 2003 年银川"纪念水洞沟遗址发掘 80 周年国际学术讨论会"的演讲

③ 参阅周昆叔：《环境考古》，文物出版社，2007 年，第 177 页

源丰富。在传统农业时代的生产力条件下，人们尽量去适应和利用自然环境，以充分获取它所提供的自然生产力。江南地区稻作农业起源很早，但直到汉代这里仍是"地广人稀，饭稻羹鱼，或火耕而水耨"的景象①。与其说这是当时生产力低下，农业开发能力不够所造成的，还不如说是人们适应当地自然环境所作出的合理选择。

魏晋南北朝时期，江南的土地开发兴盛起来，但大多数还局限于"带湖傍海"的条件优越地区。唐代以后，江南的垦殖范围扩大到湖沼地带及丘陵山地，农业开发的措施，一是捍海筑堤围田，建立起既能灌溉又能排涝的塘浦圩田系统；二是修筑梯田，为农业生产创造良好的水土条件。经过唐、五代及两宋时期的开发，太湖流域既种粳稻，又种菜、麦、麻、豆，"耕无废圩，刈无遗垄"②，旱涝保收。江南其他地方的许多沼泽洼地，也都纷纷被开辟为圩田，从而大大提高了农业产量。当时大规模的圩田兴修，虽然是唐宋时期江南地区人口剧增对土地需求量日益扩大的产物，但江南地区水乡泽国的环境却是产生这些圩田的自然基础。

到了明清时期，江南人民继续在当地水土条件的基础上，采取各种措施，尽量发挥当地的农业生产潜力。首先，扩大棉田与桑地，以进一步适应当地的土壤及水资源条件，优化农业布局。太湖周围的低田地带为壤质黏土，适宜种植桑树，中性壤土适宜种植喜湿的水稻。沿江沿海的高田地带，多沙质微碱性土壤，适宜种植耐旱并有抗碱能力的棉花。稻、棉、桑遂成为当地农作物种植的最佳选择，形成以生态条件为基础而且经济效益良好的种植结构。其次，江南人民在土地耕作上，投入更多劳力，发展了深耕、套耕等精耕细作技术；又特别注重粪肥、河泥、绿肥、豆饼等肥料的施用，发展了垫底、接力等合理施肥技术。清代江南以"粪多力勤"为核心的农业技术体系的形成，正是当时稻、桑、棉种植扩大，自然环境条件得到较好利用的集中表现。

四、中西自然环境差异及其民族文化特点

从比较视角而言，由驯化导致的农牧业决定着人类早期文明的基本形态有不少相近之处，只是因为自然环境条件的差异，各地区后来所走的文

---

① （西汉）司马迁：《史记·货殖列传》，中华书局标点本，下同，二十四史版本不再标注
② （宋）吴泳：《鹤林集》卷39，"隆兴府劝农文"

明发展道路不同。以古希腊、古罗马为代表的西欧等国因其自然环境特点趋向海洋文化与农牧并重的文化，而中国文化则趋向大陆文化与农耕文化。

1. 古希腊与古罗马文化

古希腊是西方文明的摇篮。希腊半岛的陆地部分山多土薄，山脉丘陵纵横交错，仅有一些支离破碎的小块平原。这里属于典型的地中海海洋气候，夏季温度偏低，冬季温暖湿润。雨天多，降水均匀，空气湿度大，有效积温不足。希腊的内陆交通极为不便，多靠海运，尤以爱琴海航运居多。希腊境内多山，耕地缺乏，土壤黏重、肥力低、酸性较强，大多不适宜种植粮食作物，只利于种植葡萄、橄榄等经济作物以及在山地上放牧牛、羊，因此，粮食不能自给，只有通过商业贸易才能维持生存和发展，而且这种贸易只能是海外贸易。

古希腊曲折的海岸，众多天然的海湾良港，温和的气候，晴朗的天空以及风平浪静的海洋，又为这种航海贸易提供了便利条件。商品经济必须以公平作为交换原则，商业贸易则要求有相对自由的环境，这些都有助于古希腊人平等观念的形成和民主政治的建立。另外，人口增加而导致资源无法负荷时，希腊人只有到海外去建立殖民地。公元前8—前6世纪的时代，人口增加导致的资源短缺，促使希腊人进行了大规模的海外殖民运动，殖民范围几乎遍及地中海沿岸和黑海沿岸地区。殖民运动不仅缓和了希腊的社会矛盾，促进了商品经济的发展，它还与大规模的航海贸易活动相结合，形成了古希腊民族勇于开拓的精神。特定的环境条件使希腊人对自然的依赖性不断减弱，原本直观、整体的思维取向不断减弱以致渐失根基，结果是强调人对自然的驾驭与征服。

古罗马文明是古希腊文明的继续和发展，其文明类型是典型的"海洋文明"，农牧经济方面更重视畜牧业，甚至明确指出"牲畜是一切财富的起源"①，其民族文化特点也是强调人的地位和作用，崇尚人的力量。

2. 中国文化

古代中国的核心地带均处在最适合人类生息的温带地区，这里气候温暖，四季分明。虽然远离大海，相对闭塞，但是疆域辽阔，有利于农业文明发祥和土地文化积累。正如古希腊小块平原有助于形成它天然的政治单

---

① M. T. 瓦罗：《论农业》，王家绶译，商务印书馆，1981 年

位——小国寡民的城邦一样，古代中国广阔的平原也有助于其形成庞大帝国和专制政体。尽管古代中国集权政治的形成与宗法制等社会因素有直接关系，但绝不能否认地理环境的重大影响。特定的自然地理环境，决定了农业是古代中国赖以生存和发展的主要经济部门，也决定了古代中国一开始产生的就是一个农业民族，其文化主体是以土地为根本的农业文化。

在气候较为温暖湿润的黄河中下游和长江中下游地区，中国先民从1万年前就开始从采猎经济阶段向农耕时代迈进，这里发现的大量新石器时代遗址都有农具和谷物遗存。从夏商周三代到春秋战国时期，中国已经由原始农业阶段进入传统农业阶段，铁器牛耕的普遍使用使农业生产力达到很高水平，农业成为富国强兵的基础。秦汉大一统封建帝国更是把农业经济作为立国之本，一直实行重农抑商的国策。秦汉之后，中国社会历经动荡和朝代更替，但重农政策一直延续下来，农业的地位也逐步得到强化。农民们被一小块土地牢牢地束缚在一个狭小的天地里，伴随着斗转星移，日出而作，日落而息，辛勤劳作，天、地、人三者浑然一体[①]。

尤其是中国传统农业受天时地利等自然因素的影响很大，寒来暑往，四季交替，周而复始；作物从播种、耕耘到收获、贮藏，年年如此，不断延续。在这一循环、延续过程及规律的启示下，人们便形成了一种循环论的思维方式。中国政治生活中"分久必合，合久必分"的朝代盛衰更替，更强化了这种循环思想。中国农民世代以土地为生，整天面对的是黄土和庄稼，形成了以庄稼以及土地为中心的观念，能否多打粮食，维持温饱，一来要靠辛勤劳动，二来则要祈求风调雨顺、社会安定。这反映在农业实践中，一方面人们只得顺应自然的节奏去生活，另一方面还要努力地与天灾人祸抗争。尚农重土的生活方式以及由此形成的一些思想文化观念，诸如追求和睦、稳定、久远等，正是对人力与自然力相互作用过程的合理认识。实际上，中国人务实保守、重视经验、崇尚自然的民族性格均与其农耕环境有关。

---

① 孟广林：《"神人相分"与"天人合一"——有关中西传统思想底蕴的辩证思考》，《河南大学学报》（社会科学版），2004年第5期

第二节　社会经济因素

中国农业文化是在小农经济的土壤以及农耕社会环境中孕育和成长起来的。以粮食种植为主、多种经营的小农经济模式奠定了传统农业生态文化的基础，以土地私有和租佃制为核心的农业经济关系对农业生态文化也有很大影响。

一、耕织结合、多种经营的小农生产模式

一家一户的小农经济构成了中国传统农业最基本的经济细胞，其生产的主要目的是为了满足自己的需要，其生产结构必然是小而全的。耕织结合、多种经营是人们对这种小而全的生产结构的概括，它实际上也是传统农业生态文化的经济根基。

小农经济的本质内涵包括两个方面，一是以个体家庭为生产和消费单位，即把物质再生产和人口再生产结合在个体家庭之中，二是以直接小生产者的小私有制为基础，对土地、农具、耕畜等生产资料有程度不同的所有权。小农的基本生产特点是耕织结合，五谷桑麻六畜多种经营，利用简单的自然分工把小农业和家庭手工业结合在一起，辛勤劳动，生产出最必需的生活用品，勉强维持一家人的生计。

战国时期孟子描述了小农理想的生产、生活状况："五亩之宅，树之以桑，五十者可以衣帛矣。鸡豚狗彘之畜，无失其时，七十者可以食肉矣。百亩之田，勿夺其时，八口之家可以无饥矣。"汉代《淮南子》曾对统治者提出要求："教民养育六畜，以时种树，务修田畴，滋殖桑麻。"汉代龚遂曾任渤海郡太守，他在"劝民务农桑"之外，还要求农民"家二母彘、五鸡"，"口种一树榆、百本薤、五十本葱、一畦韭"。西魏时，苏绰与宇文泰谈论治国之道，其中之一就是"三农之隙，及阴雨之暇，又当教民种桑、植果，艺其菜蔬，修其园圃，畜育鸡豚，以备生生之资，以供养老之具"[①]。历史文献中关于"男力稼穑，女勤纺织"、"日操锄犁，晚动机杼"、"晴事耕耘，雨勤织绩"、"农时俱在田首，冬月则相从夜织"的记载，也是对小农家庭各种生产情形的生动描述。还要说明的是，农民家庭的以粮为主与多

---

① （唐）令狐德棻：《周书》卷23《苏绰传》，中华书局标点本

种经营往往是相互联系的。人们很早就利用畜力耕田、畜粪肥田，并利用秸秆、糠麸等农副产品喂猪养羊，做到了农牧互相促进（图1-1）。

图1-1　田庐（王祯《农书》）

从另一方面来说，农民家庭的耕织结合也是为生活所迫。中国封建社会土地地主制下的小农包括自耕农和佃农，从两汉到明清，佃农的生活状况，与自耕农大致可以等量齐观，国家和地主在争夺农业劳动力方面逐渐形成某种均势。这种均势的形成，与其各自把向农民收取的地租率和赋税率维持在农民收入的50%左右有关。实际上，这也正是农民所能承受的极限。而这个极限的形成，则与"农桑"之外的粮食替代物有关，否则农民将难以生活下去。乾隆三十六年（1771年），皇帝东巡至山东，诗云："迤逦烟郊枣栗稠，小民生计自为谋。地方大吏来迎驾，先问漯乡安妥不。"①诗意耐人寻味：只要枣栗长得好，皇帝就不必担心老百姓因灾荒无食而流离失所，造成社会动荡。傅筑夫先生曾说："由于地主阶级及国家的剥削非常残酷，农民不能完全依靠租来的或自有的少量土地来维持生活，而必须经营一些可能经营的家庭副业，用以满足自己的需要，另一方面还可以把多余的一点产品出卖，来补助生活。"②

总之，历史上小农耕织结合，多种经营的生产结构，是农业生态文化发展的重要条件。

---

① 乾隆《御制诗集》三集卷95
② 傅筑夫：《中国封建社会经济史》第一卷第四章，人民出版社，1981年

二、土地私有制及土地经营形式

战国秦汉时期，以铁犁牛耕使用和推广为标志的生产力发展，导致土地私有以及地主制经济的建立，而以精耕细作为核心的传统农业技术也进入成型期，这实际上体现出新的农业自然及社会生态关系的确立。从生态学视角来看，精耕细作农业的核心就是千家万户的小农通过辛勤劳作，竭力改善作物与其生长环境之间的关系，抗御自然条件的不利影响，提高单位面积产量。中国以土地私有及租佃制为核心的农业经济关系变化，对农业生态文化发展有深远影响。

1. 从土地公有到土地私有的变化

夏商西周时期，中国实行共同体的土地所有制，其性质为土地公有制，表现形式为井田制。[①] 井田制实际上是适应农田排水和土地耕作的需要，将大片土地用沟洫、道路划分成像"井"字形的规整田区，故名为井田。井田制下有"公田"和"私田"之分，"私田"就是国家通过共同体授给农民的份地。由于土地肥瘠良恶不同，有的无须休耕，有的需要休耕，所以当时授田百亩（1 亩≈207 平方米，夏商西周）只是基本数额，在实际授田时会有所调整。《周礼》曰："不易之地家百亩，一易之地二百亩，再易之地家三百亩。"[②]《春秋公羊传》何休注曰，井田制下的田地分配，要按高下善恶将田地分为上中下三品，"肥饶不得独乐，硗埆不得独苦，故三年一换土易居，财均力平。"可以看出，这一时期不论是国家授田还是农民种田，已经把农业生态条件考虑在内了。

春秋战国时期，社会剧烈变革，农民成为小土地所有者，自耕农大量涌现。因为土地的收入直接关系到全家生活，农民"是故夜寝早起，父子兄弟不忘其功，为而不倦"[③]。由于自耕农贫富分化等原因导致少数自耕农上升为地主，大多数则沦为要依靠耕种地主土地而谋生的佃农。同时，军功赏田、权贵侵占、土地买卖等因素，催生了占有大量土地的地主阶级。秦汉之际，随着土地私有制的确立和发展，中国形成以地主制经济为主导的经济制

---

① 《孟子·滕文公上》对井田的描述："乡田同井，出入为友，守望相助，疾病相扶持，则百姓亲睦。方里而井，井九百里，其中为公田。八家皆私百亩，同养公田。公事毕，然后敢治私事"

② 《周礼·地官·大司徒》

③ 《管子·乘马》

度，其中包括了地主自营经济、佃农经济、自耕农经济三种经济成分。这三种经济成分都在一定程度上促进了传统农业生态文化的形成和发展。

2. 地主家庭的土地经营与农业生态

中国地主家庭对土地的基本经营形式是出租，但自己也附带雇工经营一些田园，满足其生活需求。《晋书·江统传》说，秦汉以来，"公侯之尊，莫不殖园圃之田，而收市井之利"，这种情况在《四民月令》、《齐民要术》等农书中都有所反映。如汉代的所谓"豪人之室"，是"陂池灌注，竹木成林，六畜放牧，鱼蠃梨果，檀漆桑麻，闭门成市"①。北齐颜之推是主张家庭消费品自给自足的地主，他提倡粮食、桑麻、蔬果、鸡豚、栋宇、器械、柴薪、脂烛都要自行经营，并以"家无盐井"为憾事②。南朝谢灵运在今浙江上虞一带所经营的"大庄园"，粮蔬果药俱备，自称"既耕以饭，亦桑贸衣，艺菜当肴，采药救颓"，③ 不必和手工业者、商人、渔人和畜牧业者打交道。

隋唐以后，迄于明清，农村市镇和城市商业逐渐发达起来，在市场供应改善的条件下，地主家庭的自给生产有所萎缩，但一直没有消失。许多乡居地主压缩自给生产，扩大市场购买量，因之有的仅存耕稼，有的只有园蔬。清代不少地方"士人家不畜僮仆，有场圃者雇人种蔬，无者采买于市"④。有的地主则说，"居乡可以课耕数亩，其租倍入，可以供八口。鸡豚畜之于栅，蔬菜畜之于圃，鱼虾畜之于泽，薪炭取之于山，可以经旬累月，不用数钱"⑤。此外，由于庶民地主、中小地主发展，宗族同居之制衰落，地主家庭逐渐小型化，自给生产规模相应缩小。这里要说明的是，地主的自给性生产往往实行多种经营，其中包含的农业生态内容很丰富，汉魏至明清时期许多具有经营手册性质的农书对此有所明确反映。

3. 佃农的土地经营与农业生态

佃农经济是以土地租佃制为基础的，汉代以后佃农经济广泛发展。中国租佃制的地租形态主要是产品地租而不是劳动地租，产品地租让农民可以自己支配劳动时间，因而它比劳动地租较能调动农民的生产积极性，有利于以

---

① （南朝宋）范晔：《后汉书·仲长统传》，中华书局标点本
② （北齐）颜之推：《颜氏家训》"止足"第十三
③ （南朝梁）沈约：《宋书·谢灵运传》，中华书局标点本
④ 光绪《处州府志》卷24"庆元县"
⑤ （清）张英：《恒产琐言》，《清经世文编》卷36

精耕细作为特点的传统农业生态文化演进。

唐代以前，基本上实行分成租，而且多数情况下保持在农民收获的50％或略高一些的比例上①。唐代以后出现了定额租。对于农民来说，遇到荒年时定额租的剥削比分成租要重，但在正常年景下，定额租留给他们的剩余产品则比分成租要多。因此，交纳定额租的农民通常比较愿意增加土地的生产性投入，如精细的土壤耕作、良种选用、轮作复种、施肥和灌溉等，以改善农业生产条件。明清时期不少地区出现的永佃制，在一定程度上避免了佃农生产性投入被地主的夺佃行为所无偿占有，保护了佃农的利益，也避免了农业生产中的短期行为和掠夺性经营，对于维持农业生态的良性循环有一定作用。

4. 自耕农的土地经营与农业生态

自耕农是小块土地的所有者和经营者，其生产条件无法与地主相比，只有通过辛勤劳动、多种经营来维持一家人的基本生活，所谓"春不得避风尘，夏不得避暑热，秋不得避阴雨，冬不得避寒冻，四时之间亡日休息"②。

战国时期，自耕农大量出现，生产积极性较高。自耕农一般以粮食种植为主，兼营蚕桑畜牧等副业，以满足家庭成员的衣食需要。汉代以后，封建大土地所有制迅速发展，自耕农丧失土地的现象日益严重。但自耕农经济就像遍地的小草一样，看似柔弱但生命力很强。有学者曾说："每次大动乱，特别是农民战争爆发之前以及进行过程中，虽然为数不少的个体小农遭到毁灭，然而具有顽强生存能力的个体小农又会在原地或异乡僻壤重建起简单再生机制，恢复基本的生产活动。犹如蚯蚓，截去一段肢体，又会再生出更长的一段。这就是新王朝经济得以恢复和发展的前提。"③乱世如此，治世也不例外。

自耕农是皇粮国税的主要来源，也是徭役和兵役的主要承担者，所以历代明智的统治者都比较注意维护自耕农的经济条件。所谓"封建盛世"，就是广大自耕农在比较安定的环境下，勤谨治田的结果。具体到农业上，则有"人勤地产"的说法，中国历史上没有出现地力衰竭的现象，首先与自耕

---

① （东汉）班固：《汉书·食货志》："或耕豪民之田，见税什五"，中华书局标点本
② 《汉书》卷24《食货上》引晁错言
③ 王家范、谢天佑：《中国封建社会农业经济结构试析——兼论中国封建社会长期停滞问题》，载《中国农民战争史研究集刊》第3辑，上海人民出版社，1983年

农、佃农的辛勤劳动是分不开的（图1-2）。而正是大量的劳动力投入，造就了中国传统农业的生态化特征。

图1-2　"耕获图"（五代时期，敦煌61窟）

三、土地国有制及农业政策措施

土地私有制的确立并不意味着全国的土地都变成私有了，从秦汉到明清，封建国家仍然掌握着相当数量的国有土地。在不同的历史时期，国有土地的数量会有所变化。汉代以后，随着土地私有制的发展，国有土地不断被排挤和侵蚀，皇帝也可以通过赏赐等方式随意处置国有土地，国有土地在社会经济中的地位不断下降。这种情况导致的土地制度变化也给传统农业生态带来一定影响。

汉代国有土地中的可耕地称为"公田"或"官田"。国家常把官田假给贫民耕种，收取假税。边郡屯田则是汉代官田经营的另一重要形式。汉政府在张掖、敦煌等西北边郡的屯田曾延续了相当长的时间，目的在于且耕且战，抵御边患。汉代以后，历代政府都出于政治、军事目的，在边疆地区实施屯田战略。大量屯兵移民在偏远地区开荒种粮，对当地农业开发起到一定作用，但在生态本来脆弱的西北边地，农业开发对自然环境的负面影响非常明显。

前已述及，小农家庭为了维持生活，一般实行农桑畜牧多种经营。实际上，为了稳定财政收入，在国有土地较多的历史时期，国家便以大规模的经济制度安排来促进农业的多种经营。如西晋实行的占田制，北魏以及唐代的均田制等。北魏太和年间，孝文帝为了解决"地有遗利，民无余财，或争亩畔以亡身，或因饥馑以弃业"[①] 的严重社会问题，下令推行"均田制"：15 岁以上的男子受露田 40 亩，妇女 20 亩，需要休耕的荒地加倍或加两倍授给。拥有奴婢和耕牛的人，可以多受田。奴婢受田数同于良人，初受田者，男子另给桑田 20 亩，必须在 3 年内种上规定数量的桑、榆、枣树。不宜种桑的地方，男子给麻田 10 亩，妇女 5 亩。桑田属永业，可以买卖，露田属口分，不准买卖，身死及年满 70 岁时，归还官府[②]。

唐代以后，虽然已经没有了实行这种大规模制度安排的条件，但中央和地方政府常以法令形式，倡导农民在从事农桑之外，兼营副业。元代在 1260 年颁布的"种植之制"中规定："每丁岁种桑枣二十株。土性不宜者，听种榆柳等，其数亦如之。种杂果者，每丁十株，皆以生成为数，愿多种者听……仍令各社布种苜蓿，以防饥年。近水之家，又许凿池养鱼并鹅鸭之数，及种莳莲藕、鸡头、菱芡、蒲苇等，以助衣食。"[③]（图 1-3）清代雍正皇帝也曾谕令："我国家休养生息数十年来，户口日繁，而土田止有此数，非率天下农民竭力耕耘，兼收倍获，欲家室盈宁必不可得……舍旁田畔以及荒山旷野，度量土宜，种植树木。桑柘可以饲蚕，枣栗可以佐食，柏桐可以资用，即榛楛杂木亦足以供炊爨。其令有司督率指画，课令种植。仍严禁非时之斧斤，牛羊之践踏，奸徒之盗窃，亦为民利不小。至孳牲畜，

图 1-3 王祯《农经》
（四库本）"水塘"

---

① （唐）魏征：《魏书·高祖纪》，中华书局标点本

② 参阅《魏书》卷 110《食货志》

③ （明）宋濂：《元史》卷 93《食货一》，中华书局标点本

如北方之羊，南方之羕，牧养如法，乳字以时，于生计咸有裨益。"① 这些
法令强调农业的综合性经营，虽然有明显的政治目的，但对农业生态保护有
一定意义。

总之，从农业经济的层面来看，几千年来，中华民族赖以生存的农业生
产方式是以家庭为单位的小农经济，中国农业文化的生态意蕴和具体技术规
范，都可以从这种生产方式中得到说明。如何克服外在不利因素，在有限的
土地上获得较好收成，维持一家人的温饱，是农民的最大愿望。农业是一种
自然再生产与社会再生产的统一体，农民在生产过程中，始终要考虑通过各
种具体经营措施处理好作物与外界自然环境（气候、土肥、水利）以及社
会环境（地主、国家、市场）的关系，这种关系就构成农业的"天—地—
人—物"生态系统。

第三节　哲学思想依据

中国文化观念以为万物产生于宇宙生成过程中共同的自然根源，最终形
成天人合一的思想。这种思想能够促进人们从过程取向上理解宇宙由无机物
演化出有机物，由有机物演化出生命，由生命演化出人类的进化过程，从而
把握万物与人类同源同根之统一性，肯定人类具有生物性，也具有一定的特
殊性。同时，它也能够促进人们理解人类与非人类生命在生命之网上的复杂
关系，把握人类生存与自然界的有机联系。作为中国古代自然哲学的基本理
论，天人合一思想最能体现中国传统整体思维方式的特点。其思想体系所包
含的宇宙、天地、气化、阴阳、五行等基本概念及相关学说，不仅组成了中
国哲学儒道两大体系的骨架，而且构筑了中国传统文化的理论基础。以下重
点阐述天、地、人整体思维对农业文化的渗透和影响，揭示中国传统农业生
态文化形成和发展的哲学思想因素。

一、"天人合一" 思想与 "三才" 生态系统论

中华民族立足于其生产、生活环境，在天地人整体思维的基础上，形成
了"天人合一"的哲学思想或可称之为宇宙系统理论。在这个思想体系中，
天地人"三才"是宇宙系统的基本要素，气化、阴阳、五行是宇宙系统联

---

① 《圣谕广训·世宗宪皇帝圣训》卷25 "雍正二年甲辰二月癸丑" 条

结与变化的机理。这样的思维框架对中国文化以及传统农学的影响十分深远。

　　一般认为，"天"和"人"是中国传统文化中出现最早的一对哲学范畴，它的内涵相当复杂，不同时代不同学派对"天"和"人"有着不同的理解。春秋战国时期，"天人合一"的哲学思想体系已基本形成。当时诸子百家从不同角度来探讨自然与社会问题，其天人合一思想的表现形式不尽相同，但天、地、人三位一体的整体思维取向显而易见。这种整体思维模式在道家表现为"道生万物"的形态，在儒家则表现为"太极化生万物"的形态，其共同特征是把宇宙万物看成是由同一根源化生出来的，人类只是天地万物中的一个部分，人与自然是息息相通的一体，由此便衍生出天地人"三才"一统的观念及与之相关的元气论和阴阳五行思想。可以说，"三才"论实际上是先秦时期人们对天人关系认识逐步理性化、科学化的结晶。儒家在肯定天地人一体的同时，还讲究"人与天地相参"，认为天没有目的和意志，强调具有精神意识主体的"人"在天地人系统中具有能动调适作用，即人不是自然界的主宰，却可以在遵循自然规律的前提下，"制天命而用之"①。

　　"三才"（或作"三材"）一词始见于《易传》。《易传·系辞》："易之为书也，广大悉备。有天道焉，有人道焉，有地道焉，兼三才而两之，故六。六者非它也，三才之道也"。《易传·说卦》也说："昔圣人之作易也，将以顺性命之理，是以立天之道曰阴与阳，立地之道曰刚与柔，立人之道曰仁与义，兼三才而两之，故易以六爻以成卦。"文中说由六爻组成的《易经》的卦象分别代表天地人"三才"。一般认为，《周易》产生于殷周之际，按照上述说法，"三才"观念很早就产生了。唐·孔颖达《周易正义》卷首，甚至把"三才"追溯到传说中的伏羲作八卦之时。实际上，《易经》原本只有卦画而无卦名，作为一种纯粹的类文字符号，八卦中的阴爻和阳爻只是表示卜筮时所得的偶数和奇数，八卦中的三爻或六十四卦中的六爻的卦象，都是数占和符号，不包含天地人的哲学意义。春秋战国时期，儒家学派开始以天地人相互联系的思想来阐述其基本内容，形成了《易传》，天地人"三才"作为明确的哲学概念，应是这个时候才出现的。

　　汉代哲学以讨论宇宙生成为主体，产生了以"元气"为基础的天地人

_____

① 《荀子·天论》

宇宙模式。董仲舒《春秋繁露·立元神》："天、地、人，万物之本也，天生之，地养之，人成之，三者相为手足，不可无一也。"董仲舒又说："天地之气去，合而为一，分为阴阳，判为四时，列为五行。"① 由此构建了以气论基础，阴阳五行说为框架的天地人宇宙模式。在此基础上，董仲舒还提出天人感应的思想："天有阴阳，人亦有阴阳，天地之阴气起，而人之阴气应之而起。人之阴气起，而天地之阴气宜应之而起，其道一也"②，把天地人用阴阳之气相感联系起来。汉代之后，天人合一及天人感应思想随时代变化出现了一些新的关注点和表述形式，各种学科、学派都用相关概念来阐述自己的学说，但人们始终都没有脱离天地人系统的整体思维框架。以天、地、人三位一体为核心的"三才"构成中国古人宇宙观的核心，几千年来人们无不围绕着"三才"阐发自己对自然与社会的看法，并以其独有的主观能动性调适人类社会与天地万物的关系。

考察中国传统农学的内容，可以明显感受到三才、元气、阴阳和五行等思想观念深植其中，形成独特的农业生态文化体系。李约瑟认为，中国传统农业所遵循的有机论自然观在认识自然时与西方机械宇宙论有明显不同的特征：在中国古代自然哲学中，"事物以特定的方式而运行，并不必然是由于其他事物的居先作用或推动，而是因为它们在永恒运动着的循环的宇宙之中的地位"，"它们是依赖整个世界有机体而存在的一部分"③。中国有机论自然哲学的特点在于它把整个农业生产体系看作一个有机系统，以元气说明农业生产各环节的基本构成之同质性，以阴阳认识农业生产内部的对立统一，以五行表示万物的分类属性④。在有机论哲学观指导下，中国传统农业形成了以"两论"（三才论和元气论）、"两说"（阴阳说和五行说）和"两观"（圜道观和尚中观）为指导思想的生态文化体系⑤。这一体系从整体上把握农业生产与自然界之间的关系，描绘出一幅天、地、人、物（生物有机体）相互联系的图景，对传统农业生产实践有重要指导意义。

---

① （西汉）董仲舒：《春秋繁露·五行相生》
② 《春秋繁露·同类相召》
③ 《李约瑟文集》，辽宁科技出版社，2005 年，第 305 页
④ 赵载光：《中国古代自然哲学在科学认识史上的价值——兼论传统文化向现代化的转型》，《湘潭大学学报》（哲学社会科学版），1999 年第 2 期
⑤ 郭文韬：《中国传统农业思想研究》，中国农业科技出版社，2001 年 12 月，第 377 页

二、"元气"论与动植物生长发育学说

上古时期，由于生产经验的不断积累，人类逐渐开始了对自然现象本质的探讨，即力图从宇宙万物纷纭复杂的表象背后，寻找出它们共同的本原。在中国的诸多本原论中，以"气"为宇宙万物本原的理论得到长足发展，成为中国古代自然观、宇宙观的主流，并由此构成宇宙天地人物的生存演化图式。中国传统农业生态文化关于动植物生长发育以及耕作栽培时宜等方面的内容，即受到传统哲学"气"论的很大影响。

"气"由自然现象概念上升为哲学范畴，经历了漫长的过程。在甲骨文和金文中，已有"气"字。"气"为象形字，其原始意义为"云气"。在云气之外，物质燃烧能产生"烟气"、水分蒸腾能产生"水气"、风吹过来人则能感觉到"风气"等。"气"概念的形成，起初与空气、风、火、烟等自然形态以及人的呼吸、感觉有关。在古人眼中，气是物质性的，但它可以流动和变化，能聚能散，能升能降，弥漫于天地，充塞于万物，出入于人体，天与地、人与神、人与天地万物都可以借助气来沟通，云气就成为神民、天地相互作用的中介物了①。这样，对"气"特性的各种解释及其在社会实践中的应用，就形成了元气学说。

春秋战国时期，气论与阴阳、五行合流，阴阳学说和五行学说又赋予"气"以各种各样的性质，并使千变万化的事物分属于阴阳、五行，元气论亦成为人们解释天地万物生成以及各种自然和社会现象的理论依据。《左传·昭公元年》有"天生六气"之说："六气曰：阴、阳、风、雨、晦、明也。分为四时，序为五节，过则为灾。"这里所说的"六气"包含了三对相反相成的"气"，它们的对立运动若失其常序，就会造灾害或疾病。《管子》提出"精气"为本原物质，认为精气"下生五谷，上为列星，流于天地之间，谓之鬼神，藏于胸中，谓之圣人。"②《管子·形势解》则说阴阳二气的消长是春夏秋冬四时循环以及万物生长收藏的原因，从事农业生产必须遵循季节变化与万物荣枯的自然规律。道家创始人老子认为，道化生出混沌的气，天地万物都是由阴阳二气的交感运动化生出来的。庄子也认为"气"

---

① 胡维佳：《阴阳、五行、气观念的形成及其意义——先秦科学思想体系试探》，《自然科学史研究》，1991 年第 1 期
② 《管子·内业》

是天地人物共同的本原物质，人的生死存亡，物的成毁美恶，都与气的聚散有关："人之生，气之聚也。聚则为生，散则为死。"①

西汉时期，董仲舒从天人感应的观念出发，以阴阳中和为基本内容阐述其元气论。他认为，天地之气，合而为一就是元气，元气一分为二就是阴阳之气，阴阳之气消长盛衰，就形成四时五行。《春秋繁露·循天之道》："春气生而百物皆出，夏气养而百物皆长，秋气杀而百物皆死，冬气收而百物皆藏，是故唯天地之气而精，出入无形，而物莫不应。"春夏秋冬四时之气，是万物生长收藏的原动力，精微的天地之气出入无形，但万物无不相应而变。东汉王充《论衡·自然》："天地合气，万物自生，犹夫妻合气，子自生矣。"天与地在不断的运动中，"下气蒸上，上气降下"，二者结合，万物自生。王充将"万物自生"的原因归结为自然无为的"气"，肯定了自然界的物质性以及自然变化的客观性。

汉代以后，人们从多方面阐释元气论，新说迭出，但气为万物本源的观念始终未变。北宋大儒周敦颐的《太极图说》对《易经》的相关学说做了进一步阐发，认为天地之道，以阴阳二气造化万物，"二气交感，化生万物。万物生生而变化无穷焉。"明末清初思想家黄宗羲关于"气"的论述："通天地，亘古今，无非一气而已。"② 他还说，气是宇宙中唯一的存在，各种事物都由气所化生，气的最大特点是运动和变化。"夫大化流行只有一气，充周无间，时而为和谓之春，和升而温谓之夏，温降而凉谓之秋，凉升而寒谓之冬。"③ 季节的变化和温寒凉的更替，是由阴阳二气的矛盾所促成的。"气若不能自主宰，何以春而必夏、必秋、必冬哉？草木之荣枯，寒暑之运行，地理之刚柔，象纬之顺逆，人物之生化，夫孰使之哉？皆气自主宰也。"④ 天地万物人类的运动变化，都是气自身运动变化的表现形式，是气的内在规律所决定的。清代思想家戴震则论述了气与动植物的关系，他说植物"根接于土壤肥沃以通地气，叶受风日雨露以通天气"；动物则"呼吸通天气，饮食通地气"。

总而言之，中国传统哲学认为气或元气是天地人物共同的本原物质，天

---

① 《庄子·知北游》
② （清）黄宗羲：《宋元学案·濂溪学案》
③ （清）黄宗羲：《南雷文案·与友人论学书》
④ （清）黄宗羲：《明儒学案·崇仁学案》

地阴阳之气的交感和合是化生万物的动力。人作为天地间唯一的智慧生物，应当在顺应自然的基础上，主动调节阴阳之气使之趋于和谐。在这样的哲学思想指导下，"气"成为传统农业生态系统"生生不已"的中介质。既然传统农业活动在自然环境中进行，人就要在生产实践活动中努力协调自然与动植物的关系，寻求"气"的通达、和合，不失时机地进行耕播收获，促进农作物生长发育和成熟①。

三、阴阳、五行学说与农业生态平衡思想

"阴阳"对立统一，"五行"相生相克，它们最早可能是从农业生产中孕育出来的，后来上升为哲学概念，渗透和运用到各个传统学科之中，人们一度热衷于识阴阳消长，辨五行顺逆。这里主要阐述阴阳五行学说与农业生态文化发展的联系。

1. "阴阳"学说

商周时期，阴、阳多指天气阴晴、气温寒暖、阳光向背等自然现象，阴阳相对的哲学概念也已出现，但运用尚不普遍。春秋战国时期，人们开始普遍使用"阴阳"来解释各种自然和社会现象，阴阳成为中国传统哲学的重要范畴。

《老子》曰："万物负阴而抱阳，冲气以为和"，阴阳被看作宇宙万物内在的两种力量，它们相互对立，虚不可见，但又统于一体，形成和谐状态。春秋时越国范蠡用阴阳观念阐释用兵之道：阴阳变化和日月更替有规律可寻，用兵之道可借鉴天地自然的运行规律。被动防御时用阴蔽之道，主动进攻时用阳察之道；敌近则用柔顺示之以弱，敌远则用刚硬示之以强②。《礼记·月令》和《吕氏春秋·十二纪》等文献则按照一年十二个月的次序，以阴阳五行消长变化为主线，把天象、气候、物候、政令、农事以及祭祀全部联系在一起，构建成天地人相统一的月令模型。

秦汉时期，人们认为自然和社会的各个方面，都体现为阴阳对立统一的关系，阴阳学说的运用更加广泛。它不仅与天文、律历、医学、农学等各门学科相结合，成为中国传统科学的理论基础，而且被用来解释各种社会现象。例如，在医学方面，《黄帝内经》以阴阳学说为理论基础，系统阐述人

---

① 胡火金：《试论气观念与传统农业的生态化趋向》，《中国农史》，2001 年第 4 期
② 《国语·越语下》记范蠡语

体生理、病理现象和疾病诊疗方法，成为中医学的奠基之作。《素问·阴阳应象大论》："阴阳者，天地之道也，万物之纲纪，变化之父母，生杀之本始，神明之府也，治病必求于本。""阴静阳燥，阳生阴长，阳杀阴藏，阳化气，阴成形。"阴阳对峙变化是生物有机体生长发育的动因，其中阳是化生的根源，阴是构成形体的依据，医治疾病必须从"阴阳平衡"方面寻找根本方法。在社会现象的解释方面，《黄老帛书》称："凡论，必以阴阳之大义。"认为处理各种事情都应考虑其阴阳属性。董仲舒用阴阳五行学说来解释自然与社会的关系，构筑起其"天人感应"理论。他说："君臣父子夫妇之义，皆取诸阴阳之道。"① 将阴阳的自然属性扩展到社会伦理方面，为其政治主张寻找理论依据。

宋明理学将气、阴阳与五行学说综合起来，使阴阳学说的内容更为丰富。宋代濂洛学派创始人周敦颐的《太极图说》吸收儒道各家学说，将阴阳、五行和气化理论整合为一体，解释宇宙万物及人类社会的产生和运行过程。"阳变阴合而生水火木金土，五气顺布，四时行焉……二气交感，化生万物，万物生生而变化无穷焉。"② 张载、程颢、程颐、朱熹等人的著作也都对阴阳学说作了充分阐发。关学创始人张载说，一阴一阳是"范围天地、通乎昼夜，三极大中之矩。"③ 即阴阳对立统一是天地自然运行的基本法则。明代思想家王廷相则构建出宇宙万物及人类的变化程式："气种（元气）—阴阳二气（真阳之气，真阴之气）—五行—金石草木—天地日月云雨露—人。"显示出天地人物系统的密切联系，并强调了宇宙万物生成的时间顺序。

总之，阴阳学说主要从物质运动方面揭示天地万物的形成、变化以及它们之间的关系，认为阴阳二气的升降、进退、消长是事物发展的根本原因，人们应根据阴阳二气的变化来把握天地人这个大系统的内在关联。从阴阳学说的内容来看，天地间万事万物都可由阴阳运动变化得到解释，农业生产系统也不例外。关于阴阳学说对传统农学上的渗透和影响，在《氾胜之书》、《齐民要术》、陈旉《农书》等农学著作中都有反映，尤其是明清时期出现了《农说》和《知本提纲·农则》两部农学理论著作，二者均以阴阳五行

---

① 《春秋繁露》卷十二 "基义"

② （明）曹端：《太极图说述解》，《四库全书·子部儒家类》，另见《宋史·周敦颐列传》

③ （北宋）张载：《张载集》"正蒙·太和篇第一"，中华书局，1978 年

理论来阐释农业生产原理。

2. "五行"学说

"五行"观念的起源，大概来自于先民对物质属性的认识以及粗略分类，后来发展成为一种哲学范畴，用来解释万事万物的属性、类型与联系。"五行"与"气"、"阴阳"等学说一起，强化了传统农业文化的生态意义，对传统农业思想与实践产生了很大影响。

先秦时期，五行学说含义广泛。人们受"尚五"意识的引导，把事物分成五类的现象很普遍，如五祀、五官、五常、五方、五声、五色、五味、五谷、五行、五材等，在此基础上产生了具有哲学意义的"五行"学说。成书于春秋或战国时期的《尚书·洪范》中已明确说明："五行，一曰水，二曰火，三曰木，四曰金，五曰土。水曰润下，火曰炎上，木曰曲直，金曰从革，土爰稼穑。"关于"五行"的性质，《尚书大传·甘誓传》曰："水火者，百姓之所饮食也。金木者，百姓之所兴作也。土者，万物所资生也，是为人用"。"五行"之间的基本关系是相生相克：木生火，火生土，土生金，金生水，水生木；水克火，火克金，金克木，木克土，土克水（图1-4）。可以看出，在五行结构系统中，木火土金水是具有特定属性和作用的物质元素，因而它们具有规定其对象特性的功能；另外，"五行"似乎与农事活动有直接联系，甚至就是对农业生活的概括。

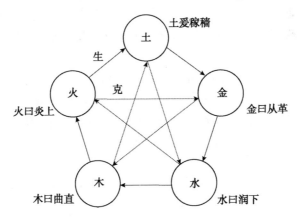

图1-4　五行生克关系图

"五行"学说形成之后，又与其他时空概念相互配合，组成一个反映事物性质、类别和联系等范畴的框架体系。农业社会人们最关注生活的时序问题，因此，四时便引领五方、阴阳、五行等，使事物的多样性统于一体，组合成一个动态平衡和相对稳固的大系统。由于五行代表各类事物的属性和相互关系，所以一般作为该系统的基本结构。秦汉以来，五行学说在传统医学中得以普遍应用，其特点就是将五行与人的身体及情志相对应，阐释人体生理、病理变化。《黄帝内经》就以五行说为指导，从医学角度构建了五行系统，认为五行相生相克，具有保持人体生理平衡的功能，为疾病诊治提供了理论依据。其五行系统将人及其赖以生存的外在条件均纳入其中，前者包括人体生长发育、组织器官、脉象以及人的情志，后者包括气候、时节、食物来源等，实际上构建了人体生态系统。

两宋时期，理学开创者周敦颐把五行看作从无极到万物化生的一个环节，认为"阳变阴合而生水、火、金、木、土"，阴阳五行之气是凝合成万物的质料。新学代表王安石认为，阴阳二气变合而生五行，但其五行说比较客观，并具有农业生态意味："北方阴极而生寒，寒生水。南方阳极而生热，热生火。故水润而火炎，水下而火上。东方阳动以散而生风，风生木。木者，阳中也，故能变，能变故曲直。西方阴止以收而生燥，燥生金。金者，阴中也，故能化，能化故从革。中央阴阳交而生湿，湿生土。土者，阴阳冲气之所生也，故发之而为稼，敛之而为穑。"①

明清时期，五行说摆脱了理学的限制，人们对五行的物质属性作了进一步探索。明代王廷相《慎言·五行篇》说："五行之性，火有气而无质，当作最先；水有质而不结，次之；土有体而不坚，再次之；木体坚而易化，再次之；金体固而不烁，当以为终。"② 这里反映的五行次序是火、水、土、木、金。清代王夫之在《周易外传·乾》中认为，五行就是五种物质元素，"有木而后有车，有土而后有器，车器生于木土，所生者为之始。"五行作为物质元素是不灭的，"车薪之火，一烈已尽，而为焰，为烟，为烬，木者仍归木，水者仍归水，土者仍归土，特希微而人不见尔。"

值得注意的是，在五行说的影响下，先秦文献中已常见农业上的五分法分类系统，反映出传统农业诸生态因子间的内在联系。如五气：风、热、温、燥、寒；五土：山林、川泽、丘陵、坟衍、原隰；五化：生、长、化、收、藏；五谷：麦、菽、稷、麻、黍；五畜：羊、鸡、牛、犬、彘；五果：

---

① （北宋）王安石：《临川文集·洪范传》
② （明）王廷相：《王氏家藏集》卷三十三，王孝鱼点校本，中华书局，1989年

李、杏、枣、桃、栗；五菜：韭、薤、葵、葱、藿；五虫：鳞、羽、倮、毛、介。秦汉及其以后，五行说对传统农学的影响更加广泛和深刻。西汉董仲舒曾提出一套"五行顺逆"方案，要求按照一年四季木、火、土、金、水的顺应和逆反情况来保护动植物。以"春"为例，"木者春，生之性，农之本也。劝农事，无夺民时，使民岁不过三日，行什一之税……恩及草木，则树木华美而诸草生。"① 春天是万物生长的大好季节，必须重视农业这个立国根本，鼓励农民抓紧时间耕作，不要耽误农民播种的时机。要把恩惠施及到草木身上，勤于管理施肥，草木才会长得华美。清代杨屾《知本提纲·农则》用"天地水火气"这个新五行说，取代了"金木水火土"的旧五行说，认为"阴阳均平，五行和谐，材料具备，造化自成"，阐述了农业生态系统的动态平衡结构以及"天地水火气"的环境功能。

　　总之，五行学说源于人们对自然界各种事物属性及其相互关系的思考和归纳，并随着人们认识的发展而逐渐完善。五行学说的系统观念及"生克制化"关系，阐明了复杂事物系统分类及普遍联系、互相制约的平衡原理，在中国古代科学文化中占有重要地位②，传统农学深受其影响。

---

① （西汉）董仲舒：《春秋繁露·五行顺逆》
② 胡化凯：《五行说与中国古代科学》，1994 年中国科学技术大学博士论文

第二章 传统农业"三才"生态系统思想及其运作理论

从生态学角度看，中国传统农业非常注重农作物与其生长环境之间的关系，竭力以最少的外部物质与能量投入，获得较好的收成。天地人"三才"及与之密切相关的气、阴阳、五行学说源于农业生产实践，从宏观上揭示出农业系统内各要素的生态关系，反映出农业的本质特点。农业"三才"生态系统的内涵和功能，人们习惯用"天时"、"地利"、"人力（人和）"、"物宜"来表述，它实际上体现的就是传统农业生态系统思想。那么，这些农业生态要素之间是如何联系起来，构成一个协调统一的整体，从而发挥各自的功能，维持系统的动态平衡呢？传统科学的"气"及"阴阳"、"五行"学说，为作物与天地人"三才"协调统一，保持系统动态平衡的机理提供了合理解释。中国传统农业正是以"三才"农业生态思想体系为指导，延续数千年而不衰。

第一节 农业"三才"生态系统学说的形成与发展

天地人"三才"论源于农业生产实践，后经人们不断阐发和运用，成为中国传统思维的一个基本模式，古代农学的发展深受其影响。战国末期的《吕氏春秋》"士容论·审时"首次精辟地阐述了传统农业的天地人"三才"理论："夫稼，为之者人也，生之者地也，养之者天也。"以往的研究者对《吕氏春秋·审时》农业"三才"论解释精当，但他们关注的是"天"、"地"、"人"在农业生产中的不同地位和作用，强调人力因素或人的主观能动性在农业生产中的作用，而对"三才"论中所包含的生态文化内涵发掘不够。

一、农业"三才"生态系统学说产生的思想源流

春秋战国时期传统农业逐步确立，并出现以研讨农业科技见长的农家学派，可惜这一时期的农家著作均已亡佚，农家学说的大致内容仅可从战国末期的杂家著作《吕氏春秋》中略见一斑。

《吕氏春秋》系秦相吕不韦门客集体编纂，其"士容论"有关农业的四个篇章"上农"、"任地"、"辩土"、"审时"已联结成一个体系①。"士容论·审时"首次提出农业"三才"论："夫稼，为之者人也，生之者地也，养之者天也。"在这个表述中，"稼"（农作物）是整个农业生产系统的核心，"人"、"地"和"天"则构成作物生长的环境条件，农作物与天时、地利、人力之间构成一定的生态关系，形成农业生态系统。可见，在传统农业确立时期，人们已对农业生产中各大因素的作用及其相互关系有了明确认识。这一经典表述揭示出农业的生态本质，理论性很强，显然是农业科技进步以及人们对相关农业问题深入研究的结晶，我们可称之为农业天地人"三才"生态理论。

传统哲学中的"三才"论是围绕一般的自然与社会问题而言的，而农业生产的对象是生物有机体，所以农业"三才"论关注的核心是动植物。应当说，农业"三才"论更接近现代科学意义上的生态学说，完全可以看作是古代农家学派一种带有专业性质的农学理论创新。那么，农业"三才"生态论的思想源头在哪里，又是如何演化而来的？这首先要从思想史的角度，分析先秦时期人们对天、地、人等自然与社会要素的认识过程。

从哲学思想发展的角度看，"三才"理论是中国传统哲学的核心内容，它的形成要有三个条件：一是神义的天要向与地相对的自然之天转化，二是"地"在天人关系中的地位要体现出来，三是人要在"天"或神面前站立起来②。远古时期，人们对自然的认识很有限，那时的天是神义的天。殷代卜辞用"帝"、"上帝"来指代天，"天"还作"大"字解。大约商末周初，"天"用以表示人们头顶上的浩渺苍天，天的自然义有所显现。不过，古人看到天上日月生辉，风云变换，雨雪时降，常以为那里住着主宰人间吉凶祸福的至上神，于是"天"成为至上神的代称。西周时期，"天"依然可以向

---

① 石声汉：《中国古代农书评介》，农业出版社，1982年
② 李根蟠：《农业实践与"三才"理论的形成》，《农业考古》，1998年第2期，第101页

人间发号施令，赐福降祸，人则"夙夜畏天之威"①，匍匐在天神脚下。在西周末年以前的文献中，将"天"和"地"或其他事物相配或并言者凤毛麟角。如果说，中国历史上很早就有了天人关系的概念，那么它就是上天对人的主宰或人对上天的敬畏和服从。这一时期，天地人并称的"三才"生态观应处于孕育阶段。

西周末年，周太史伯阳父用天地阴阳二气的失序来解释地震的产生，认为自然灾害的连锁反应导致西周的灭亡②，这应是"天"自然化的标志。《国语·周语上》记载，宣王即位，不籍千亩，虢文公谏曰："不可。夫民之大事在农，上帝之粢盛于是乎出，民之蕃庶于是乎生……古者太史顺时覛土，阳瘅愤盈，土气震发，农祥晨正，日月厎于天庙，土乃脉发。先时九日，太史告稷曰：'自今至于初吉，阳气俱烝，土膏其动，弗震弗渝，脉其满眚，谷乃不殖。'"虢文公说春耕时机的把握，不但观看天象，也要看地脉，每年开春，当房宿（农祥）清晨悬于中天，日月相逢于"营室"所在的天宇时，"土乃脉发"，大地的气脉开始搏动，土壤变得松散润泽，这时就要进行春耕。其中包含了对土地性状的描述，出现了"土膏"、"土气"、"土脉"等传统土壤学概念。这实际上已经把农业生产中的天地人三要素都考虑到了，特别是对土壤生态的认识和对土地耕作的高度重视，使人感到西周末年农业"三才"生态学说已呼之欲出。

春秋时期，人们认为天有阴阳风雨晦明"六气"，地有金木水火土"五行"，六气、五行都是具有一定规律性的自然现象。这样，"天"的神义虽未销声匿迹，却已黯然失色。轻天重人，民为神主的观念也纷纷出现。人们认为君王首先要按照时令安排好农业生产，如果倒行逆施，导致年啬民怨，仅靠丰盛的祭品来媚神徼福是没有用的③。与"天"相配的概念如"天地"、"天道"等也频频出现，它反映出"天"义的自然化和"地"在天人关系中的地位受到重视。《左传·昭公二十五年》子太叔引子产的话："夫礼，天之经也，地之义也，民之行也。"这里开始把天、地、人三要素并列起来了。老子《道德经》："人法地，地法天，天法道，道法自然。"④"道"

---

① 《诗经·周颂·我将》
② 《国语·周语上》
③ 《左传》桓公二十六年
④ 《道德经》"象元第二十五"

有规律、道理等含义，这里用"道"把天、地、人统一起来，强调人要尊重和顺应自然秩序。可见大约在春秋中晚期，天地人"三才"观念已经出现。

战国时期，"三才"观念往往成为诸子百家论述自然和社会问题的思维模式和立论依据，"三才"学说的理论表述形式逐渐明确起来，其内涵亦不断得以阐发和运用。不论从形式还是从内容上看，战国"三才"学说，都比以往的天人关系论更为科学合理，原因在于它突出了"地"和"人"两大因素的作用。孟子在谈论军事时说："天时不如地利，地利不如人和"①，这句话是儒家"三才"论的经典表述，它突出了地利因素，并强调"人和"在战争中的首要作用。荀子继承先儒思想而有所发展，他将天道与人道区别看待，提出"天人相分"、"制天命而用之"的著名论点。荀子认为，"天"和"人"各有其特点和职能，人有目的和意志而天没有，人可以在掌握天的运行规律的基础上，利用它来为自己服务。"天行有常，不为尧存，不为桀亡。应之以治则吉，应之以乱则凶。强本而节用，则天不能贫。"② 荀子明确指出，发展社会生产，不能立足于天的赐予，只能立足于人的劳动。他还批评庄子那种"与天为一"的观点，说其"蔽于天而不知人"③，将社会治乱归咎于天，忽视了人的作用。

除儒家、道家以外，法家、农家、医家等学派也从各自的立场和需要出发，阐述和运用了天地人"三才"思想。这一时期《吕氏春秋·审时》出现的农业"三才"论，其思想渊源无非是前贤对天人关系的认识，但它结合农业生产实践做出了新的总结，形成专门的农业生态系统理论。

二、农业"三才"生态系统学说形成的实践因素

前面阐述了农业"三才"生态学说的思想渊源，那么，突破"天"神的观念，促成"三才"理论形成的根本动力是什么呢？它主要是农业生产实践发展的结果。

1. 夏商周三代时期

农业"三才"论反映的是作物与其周围环境的关系，它最初是由人对

---

① 《孟子·公孙丑下》
② 《荀子·天论》
③ 《荀子·解蔽》

自然的认识发展而来的。从采集狩猎到农业起源，人类为求得生存繁衍，一直在与自然进行顽强抗争。在畏惧自然、适应自然和利用自然的漫长岁月中，逐步加深了对自然界的认识。相传黄帝"迎日推策"，帝尧"敬授民时。"[1] 在原始农业早期，木石工具简陋，土地耕作粗放，人类干预自然的能力很有限，农业取决于上天的恩赐，顺应天时、依赖自然成为其有效获取食物来源的最佳选择。

夏商周时期的农业生产力水平逐步提高。商代所有重大农事活动都要祭祀和问卜，这与当时生产力水平低下，人类在大自然面前显得软弱无力有关。西周农业则有了明显进步，人们在河流沿岸的低平地区开辟农田，修筑沟洫排水洗碱，实行垄作、条播和中耕，是传统精耕细作技术萌芽。与此相关，人们不再匍匐于天地神灵的脚下，思想观念逐渐发生变化，尤其是对天地自然与农业生产、生活的联系有了新的认识。三代时期中国先民的主要活动地区在黄河流域，这里的气候四季分明，加之当时历法体系还不成熟，人们主要通过观察物候天象来掌握农时。不论是耕种牧养，还是采集狩猎，先民们都必须对自然界的日出日落、昼夜交替、寒来暑往以及草木荣枯、鸟兽出没等规律性现象有所了解。

物候现象是大自然变化的直接信息，观察物候便成为人们最早掌握农时的一种手段，这一时期的文献《夏小正》、《诗经·豳风·七月》等均可见到比较完整的物候记载。《夏小正》的记载如"獭祭鱼"、"雁北乡"、"鹰则为鸠"、"陨麋角"等。《豳风·七月》则说："四月秀葽，五月鸣蜩。八月其获，十月陨萚。"即四月里葽草开花，五月里蝉儿鸣叫。八月里开镰收获，十月里枝叶凋落。这时，掌握时令季节可以俯察大地，也可以仰观天象。"三代以上，人人皆知天文。七月流火，农夫之辞也。三星在天，妇人之语也。月离于毕，戍卒之作也。龙尾伏晨，儿童之谣也。"[2] 从事农业生产的劳动者对于天上的星相很熟悉，由此形成以观察天象变化确定时节的天文历。恩格斯说："必须研究自然科学各个部门的顺序的发展。首先是天文学——游牧民族和农业民族为了定季节，就已经绝对需要它。"[3] 三代时期农业生产的进步也使夏商周王朝将观象授时作为其为政大事。夏代有掌天地

---

① 《史记·五帝本纪》

② （清）顾炎武撰，黄汝成集释：《日知录集释》，上海锦章图书局印，1927 年

③ 恩格斯：《自然辩证法》，人民出版社，1971 年，第 162 页

四时之官，并对这一官员要求甚严，"先时者杀无赦。"① 商周时期更加重视设官观测星象，掌管农时，明确提出"食哉惟时"的观点。

由于农时掌握在早期农业活动中居于首要地位，与"天"密切相关的时间规律等成为先民认识自然的开端，以时令为线索的生产、生活经验也最先积累和普及起来，并促成了物候学、天文学以及历法知识的初步发展。《夏小正》、《诗经·豳风·七月》、《礼记·月令》以及《吕氏春秋·十二纪》等先秦文献对天象、物候、时节的记载以及以时系事的体例，均反映出天时把握在早期社会经济活动中的重要意义。

进一步来说，"时"作为"天"的重要属性，往往代表着自然以及社会的运行秩序。这种天时与人事相联系的整体观念，贯穿于社会生活的各个具体层面，形成以时系事并具有普遍指导意义的月令文化体系。时令观念的强化及相关自然科学的发展，说明人对自然的认识和把握达到了新的高度。人在生产实践中与自然互动，并以天时为主线，从整体观念上去把握自然界以及人世间的万事万物，促进了传统天人关系思想的初步形成。

2. 春秋战国时期

随着铁器牛耕的推广普及和农业文明的发展，春秋战国时期社会上出现大量"一夫挟五口，治田百亩"的个体农户，人类改造自然的能力有所增强。这主要表现在人们对自然的注意力逐步由天上转移到地上，由顺应天时转移到干预土地上。围绕土壤耕作，初步建立了精耕细作的传统农业技术体系。虽然战国时期天时把握依然很受人们重视，但通过土地耕作来增加生产已成为主要的农业技术手段。人在天地万物中的地位凸显了出来，对待自然的态度也发生了转变。

《左传·昭公元年》载晋赵武言："譬如农夫，是穮是蓘，虽有饥馑，必有丰年。"就是说，虽然灾荒不可避免，但只要农民坚持劳作，就一定能获得好年成。由于认识到农业生产必须依靠人的力量，"民生在勤，勤则不匮。"一些因祭天媚神而破坏生态的行为也受到指责和惩罚。《左传·昭公十六年》记载："郑大旱，使屠击、祝款、竖柎有事于桑山。斩其木，不雨。子产曰：'有事于山，艺山林也；而斩其木，其罪大矣。'夺其官邑。"郑子产曾提出"天道远，人道迩，不相及也"的观点，他不相信祭祀能消灾免祸，认为只有通过人类自身的努力来发展生产才是最可靠的。

---

① 《尚书·夏书·胤征》

战国时期，铁农具在黄河流域基本普及，农田灌溉工程相继兴建，农业生产有了巨大进步。人们利用自然、干预自然力量显示出来了，改良土壤，提高作物产量的信心也空前增强。荀子说："今是土之生五谷也，人善治之，则亩数盆，一岁而再获之；然后瓜桃枣李一本数以盆鼓，然后荤菜百蔬以泽量。"① 荀子的描述，显然建立在农业技术进步的基础之上。与此相关，战国时期人们开始更多地关注土地生产力问题，对天时的注意力有所下降。《管子·地员》主要讨论土壤的种类、性状及其与植物生长的关系。《吕氏春秋》"任地"、"辩土"篇提出土地整理、土壤耕作改良等十大农业问题及解决这些问题的技术措施；"审时"篇依然强调"得时"的重要性并将之与庄稼丰歉联系起来，但农事的时间安排已不作为其重点内容。当时历法的进步和二十四节气的发明，使人们只要观看历本就可知晓农时，农业活动的重心转向土壤耕作与改良方面。在这种情况下，人力和土地因素在天人关系的思维框架中显得更为重要，过去的天人关系论发生了实质性变化，农业领域的天地人"三才"生态系统论也应运而生，相关经典性表述首次出现在《吕氏春秋》"审时"篇之中。

三、秦汉以后农业"三才"生态学说的阐发和运用

前已述及，天地人"三才"论源于农业生产实践，后经人们不断阐发和运用，成为中国传统思维的一个基本模式。农业"三才"学说是农家学派的一种带有专业性质的生态理论创新，其表现形式即是天、地、人、物（稼）的和谐统一。这在中国古代的农家月令书和其他综合性农书中有集中反映。

西汉《氾胜之书·耕田》开篇就说"凡耕之本，在于趣时和土，务粪泽，早锄早获。"就是说农业生产的基本原则，在于抓住时节，整理土地，保持土地肥力和水分，及早锄地，及早收获。其中包括了农业生产过程中的六个主要环节，"趣时和土"分别是指天的因素和地的因素；"务粪泽"、"早锄早获"则与人和物的因素有密切关系。书中在谈到土壤耕作技术时，指出春耕、夏耕和秋耕的适宜时机，是在"天地气和"的时候。因为在这个时候耕作，土壤疏松柔和，耕作效能好、质量高，可显著改善土壤的水肥气热条件，形成"膏泽"这样一种最佳土壤生态状况，为农作物生长发育创造良好的土壤环境。在《耕田》篇结尾，氾胜之再次强调："得时之和，

---

① 《荀子·王制》

适地之宜，田虽薄恶，收可亩十石（1 石 = 13.5 千克，汉代）"。就是说，人们只要能把握好天时地利，在贫瘠的土地上也能获得好收成。

北魏贾思勰《齐民要术》引述《礼记·月令》、《氾胜之书》、《淮南子》等多种典籍的材料，来说明天时、地利与人力的关系，要求人们在农业生产过程中遵循天地人物和谐统一的原则。更重要的是，《齐民要术·种谷》有针对性地阐述了以作物为核心的农业"三才"生态思想。"凡谷，成熟有早晚，苗秆有高下，收实有多少，质性有强弱，米味有美恶，粒实有息耗，地势有良薄，山泽有异宜。顺天时，量地利，则用力少而成功多，任情反道，劳而无获。"谷子（粟）是当时北方地区的主要粮食作物，作者在全面总结和认真分析谷子各种物性（遗传特点）的基础上，从天时、地利、人力三方面提出提高谷子产量和品质的基本要求以及违背这一要求的后果，深化了农业"三才"生态学说。

南宋农学家陈旉以南方稻作农业为基础，对农业"三才"论做出了不少创造性的阐述。农业"三才"生态理论不但是陈旉农学的中心思想，而且是他写作农书的基本依据，这在《农书》的框架结构、具体内容和理论总结中均有体现。《农书》卷上属于总论性质，其篇章不是按作物而是按专题划分的，称为"十二宜"。"天时之宜篇"、"地势之宜篇"，论述天时和地利之宜；"耕耨之宜篇"、"粪田之宜篇"、"薅耘之宜篇"、"财力之宜篇"等，论述人力的作用；"六种之宜篇"论述各种作物的栽培顺序。可以看出，书中特别突出一个"宜"字，其中显然包含了因时、因地、因物制宜的农业生态观念。陈旉还强调说，"农事必知天地时宜"，这样一定会促进作物的生长发育和成熟。

在"天时之宜篇"，陈旉认为："盖万物因时受气，因气发生，其或气至而时未至，或时至而气未至，则造化发生之理因之也。"虽然时节早晚、地势高下和土壤肥瘠等自然条件对农业丰歉影响很大，但这些方面的"宜"或"忌"可以通过人的聪明才智来把握和调节。所以，陈旉非常重视发挥人在农业生产中的主观能动性，提出了"在耕稼盗天地之时利"[1] 的命题。

---

① "盗天地之时利"一语源出《列子·天瑞》："吾闻天有时，地有利。吾盗天地之时利，云雨之滂润，山泽之产育，以生吾禾，殖吾稼，筑吾垣，建吾舍。陆盗禽兽，水盗鱼鳖，亡非盗也。夫禾稼、土木、禽兽、鱼鳖，皆天之所生，岂吾之所有？然吾盗天而亡殃。"陈旉自号"全真子"，他接受道家《列子》的有关理念，并创造性地把它作为自己农学理论的纲领

在"地势之宜篇"，陈旉说："夫山川原隰，江湖薮泽，其高下之势既异，则寒燠肥瘠各不同。"对这些土地的治理和利用方法也各有所宜。在"粪田之宜篇"，作者总结了粪田改土，因土用粪的经验，批判了土地长期耕种就会"土弊气衰"的说法，对粪田改土的意义做了独到总结，提出"时加新沃之土壤，以粪治之，则益精熟肥美，其力当常新壮"土壤学理论。在"六种之宜篇"，陈旉则为人们制定了一个"种无虚日、收无虚月"的种植规划，对各种作物的轮作复种作了详细安排。

元代王祯《农书》"农桑通诀"部分是农业通论，其中透露出"天地人物和谐统一"的农业生态思想。"农桑通诀"正文首篇是"授时篇"，接着是"地利篇"，再接下来是"孝弟力田篇"，三篇所阐发的正是农业"三才"思想。"天气有阴阳寒燠之异，地势有高下燥湿之别"，所以要"顺天之时，因地之宜，存乎其人"[1]。就是说，人在农业生产中的主要任务，就是协调生物有机体同外界环境条件的关系，做到"天与人合，物乘气至"[2]。在天、地、人、物这四大生态要素中，首先要重视"天时"或"农时"。"四时各有其务，十二月各有其宜，先时而种，则失之太早而不生；后时而艺，则失之太晚而不成。故曰虽有智者，不能冬种而春收。"难能可贵的是，为了使人们能正确地掌握农时，王祯按照"二十八周天之度，十二辰日月之会，二十四气之推移，七十二候之变迁"等天体运行和气候变化规律，创制了一个"授时指掌活法之图"。该图"如环之循，如轮之转，农桑之节，以此占之"，将它和"授时历"配合使用，就可以准确地把握农时了。为实现农业"三才"的和谐统一，还要做到"因地之宜"。王祯在《农桑通诀·地利篇》借鉴"风土"观念，并利用其他农书中的材料，阐发其因地制宜的农业生态观点："风行地上，各有方位。土性所宜，因随气化，所以远近彼此之间风土各有别也。"

明代《农说》以阴阳五行学说来阐释农学原理，书中主要联系南方稻作，对"三才"论所包含的生态关系作了进一步总结："天之生人，必赋以资生之物，稼穑是也。物产于地，任得为食，力不致者，资生不茂矣。"这句话提到天、地、人和物，而论述的核心是物产或庄稼。其意思是说，庄稼是人类赖以生存的物产，它生产于土地上，作为人们的食物来源，如果不努

---

[1] （元）王祯：《农书·农桑通诀》"垦耕篇"

[2] （元）王祯：《农书·农桑通诀》"授时篇"

力耕作，物产就不会丰茂。书中还说："合天时，地脉，物性之宜，而无所差失，则事半功倍矣。"同样将"物性"专门提出来了。庄稼是农业生产的主要对象，是整个农业生态系统的中心，《农说》的相关阐述显然比前代更为深刻。

我们说，"三才"理论把人的因素放在主要地位，揭示了人在农业生态系统中的主导力量，这无疑是正确的。而只有将农学研究的重心转移到农业生产的对象——生物方面，才能为认识天、地等环境条件以及发挥人力的作用提供更为可靠的客观基础。马一龙"合天时、地脉、物性之宜"的见解，被后人称为农业的"三宜"理论。它在"三才"的基础上增加了"知物性之宜"这一因素，从而把影响农业生产的基本因素归结为四个方面。在这四个方面因素之中，作物的特性是农作的出发点，天时和地利是满足物性的基本条件，而人力则是调节、控制其他因素，保证农业生产顺利进行的主体。

明代以前，"三才"理论对关乎农业发展的天、地、人多予留意，积累了大量相关知识，而对作物本身这一生态系统的核心反倒缺乏深入考察，这无疑影响了传统农业生态文化的发展。马一龙"合物性之宜"的见解，在以下几方面深化了农业"三才"理论的内容：第一，指导人们在遵循"三才"论的基础上，注意对农作对象自身特性、结构、功能等的认识，以提高其他因素作用的成效。否则，"知天之时，识地之宜，昧其苞命，亦无以善其后"，即虽能掌握时宜和地宜，但在一定程度上不懂得作物特性，不懂得农作物和种子生命力的强弱，仍不能获得好收成。明清时期，《理生玉镜稻品》、《群芳谱》、《救荒本草》、《植物名实图考》等一批作物性状研究著作的相继出现以及《国脉民天》、《农政全书》等对作物品种的重视，乃至近代西方植物学的传入等，也应是对传统"知物性之宜"思想的继承和发展。

第二节　农业"三才"生态系统的四个要素

从生态学角度看，农业生产的实质是人们通过一定技术措施协调农作物与环境条件的关系，促进农作物与其环境之间的物质和能量交换，增加农产品生产，这就构成了农业生态系统各要素的组合关系和动态平衡。传统农学对农业生产本质的表述虽然比较宏观，但其对作物、人、天、地等系统要素以及各要素之间生态关系的理解，则与现代农业生态学基本一致。以下主要阐述传统农业生态系统内各要素的内涵及其与农业生产的关系。

一、"稼"及"物性"概念与作物生态

传统农业"三才"论中，"稼"即庄稼、农作物，它接受阳光雨露的滋润，从土地中吸收养料，也是人们作务的对象，属农业生态系统中的核心要素。就农业本身而言，人们顺天时、量地利，辛勤劳作之目的就是为了促进庄稼生长，获得好收成。这里的"稼"看似是针对五谷而言的，实际上概括性很强，将其扩展到所有的农作物乃至家畜、家禽亦无不可。

古代文献中还有"物"这样一个意义较宽泛的概念。《周礼·地官》记载，"大司徒"的职责之一是"以天下土地之图，周知九州之地域广轮之数，辨其山林、川泽、丘陵、坟衍、原隰之名物。以土会之法，辨五地之物生。"意思是说，大司徒专门负责调查山林、川泽、丘陵、坟衍、原隰等五类土地所适宜生长的动植物。《管子》"地员篇"指出："凡草土之道，各有谷造，或高或下，各有草物……凡彼草物，有十二衰，各有所归。"指明"草物"与土壤之间的关系。可见这些文献中所见的"物"主要指各种动植物，在农业上即为农作物和家畜，而且这些"物"往往与"土"联系在一起，一开始就体现出某种生态关系。

"稼"或"物"是对农业生态系统核心要素的概括，它包含的动植物种类很多。"稼"或"物"的种类不同，就形成一定的"物性"差异。人们要想提高农牧业产量，就必须了解动植物之"物性"。古人认为各种生物的物性差别是自然规律，人类不能违背和改变。宋代陈埴《木钟集》："四时荣枯，虽有大分，然一物自为荣枯，乃物性不齐。"明代叶子奇："物性可齐乎？曰：不可也。曰：何也？子独不见乎，物有直行者，狗马是也，有曲行者，蚯蚓是也，有横行者，郭索是也……"[①] 既然物性各有不同，人们就应当顺应物性，使万物各得其所。

古代典籍中有许多关于物性各有所宜，人类应当顺遂物性的记述。《韩非子·扬权》已明确提出"物宜"问题："故物者有所宜，材者有所施，各处其宜，故上下无为。使鸡司夜令，令狸执鼠，皆用其能，上乃无事。"因此，农业生产"务于畜养之理，察于土地之宜"，将物宜与土宜结合在一

---

① （明）叶子奇撰：《草木子》卷一"管窥篇"，《四库全书》"子部·杂家类"

起，才能促进五谷六畜的生长。西汉陆贾《新语》要求"不违天时，不夺物性"。东汉王充《论衡·奇怪篇》："万物生于土，各似本种……物生自类本种"。唐太和四年（830 年）三月"禁弋猎勑"："春夏之交，稼穑方茂……令禁麛卵，所以保兹怀生，下遂物性。"[①] 唐代元稹曰："人之情莫不耀所能，党所近，苟得志必快其所蕴，物性亦然。故鱼得水而游，鸟乘风而翔，火得薪而炽。"[②] 宋绍兴三年（1133 年）五月，"韩世忠进生鹿，上不欲，却谕辅臣将放之山林，以适物性。"[③] 康熙皇帝"至巡幸各省，于风俗民情无不谘访，即物性、土宜皆亲加详考。"[④]

古代文献所言之"物性"，实际上主要是指生物的生理特征和生活习性。按照现代科学概念，生态是指生物在一定自然环境下生存和发展的状态，也指生物的生理特性和生活习性。所以古人所说的"物性"与现代"生态"概念有相通之处，农业上的"物性"观念实际上是古人对作物及家畜生态的一种认识。

可惜的是，虽然农业"三才"学说已将天、地、人、物（稼）这四者联为一体，形成了对农业生态系统的全面认识，但相对而言，"三才"理论体系对"稼"的关注和研究不够，或者说缺乏对作物本身特性的深入考察。《中国农学史》指出，除《吕氏春秋·审时》篇和《齐民要术》曾提到一些作物性状外，直到明代很少见这方面研究的记载，中国"农业对于作物特性的研究差不多处于停滞状态，没有什么发展"[⑤]。农业生产的发展不仅受到自然环境和社会因素的影响，还受生物有机体生长发育规律的制约。只有将农学研究的重心转移到动植物的遗传特性方面，才能为人的主观能动性的发挥提供可靠的客观基础，减少人们在认识天地等自然环境条件时的盲目性[⑥]。

二、天时及其与作物生长的关系

"天"与"天时"概念有区别，也有联系，从"天"到"天时"有一

---

① （宋）宋敏求编：《唐大詔令集》卷八十，《四库全书》"史部·诏令之属"
② （宋）欧阳修撰：《新唐书·元稹传》
③ （宋）李心传撰：《建炎以来系年要录》，《四库全书》"史部·编年类"
④ 《授时通考》卷四十七"劝课"
⑤ 中国农业遗产研究室编：《中国农学史》（下册），科学出版社，1984 年
⑥ 张景书、李晓娥：《物性认识："三才"论的深化和完善》，《西北农业大学学报》，1998年，第 6 期，第 40 页

个认识过程。中国古代文化中的"天"有多种含义，主要包括自然的天和人格神理念上的天，传统农学所言的"天"相当于自然意义上的天，主要是指气候条件如光照、温度、热量、降水、刮风等，作物的荣枯丰歉与此有很大关系。这些气象因子既有年内变化，也有年际波动，前者形成"月令"或"四时八节二十四气"，后者形成"年景"或"年成"差异。

1. 一年四季的天时节令

《说文·日部》："时，四时也。""时"的本义为四时或时令。春秋时代，人们开始把天与时、气等联系起来，产生"天时"、"天气"等概念。《左传·昭公元年》："天有六气，降生五味……六气曰阴、阳、风、雨、晦、明也。分为四时，序为五节，过则为灾。"《吕氏春秋》"当赏"：庄稼生长"养之在天"，"民以四时、寒暑、日月星辰之行知天"[①]。就是说，"气"是"天"的本质，"时"是"气"运行所呈现的秩序，春夏秋冬更替的时序性是天最重要的特征。这里的"天"已不再是上帝意志的体现，而是自然界本身的运动，这种运动通过时令和气的变换体现出来。

黄河流域是我国农业文明的发祥地，这里地处北温带，四季分明，春生夏长，秋敛冬藏，植物生长发育的过程与季节交替的节律完全一致。农业的耕种收获必须了解和关注这一基本规律和其中的细节变化，以便做到"顺时"、"趋时"、"不违农时"、"因时制宜"，更好地利用光、热、水、气等气象条件，预防自然灾害，提高作物产量。正因为以自然再生产为基础的农事活动首先取决于气候变化的时序性，所以，《尚书·尧典》说"食哉惟时"，历代王朝也都将制历授时看作为政大事。农业生产的需要以及长期的制历授时实践，促使古人综合运用天象、气象、物候、节气等多种手段，构建了一个指时体系。其中以二十四节气和物候相结合最有特色，也最能反映天时节令与作物生长的关系。

古人最初主要是通过观察天象和物候来捕捉气候变化的信息，大约从商代开始就已使用以太阳纪年、月亮纪月的阴阳历了。阴阳历必须设置闰月来调整季节之寒暖，平年354天或355天，闰年383天或384天，造成农事季节和月份有一定矛盾，农业上使用不便，所以人们就逐步摸索出二十四节气来辅助阴阳历（图2-1）。由于有闰月，这就使得季节在月份中不十分固定。例如，某种物候有时在月初出现，有时又在月末出现，二十四节气就是

---

① 《吕氏春秋》卷二十四"不苟论第四·当赏"

为了精确指示气候的变化而创立的。二十四节气，简单地说是以太阳运动为依据，将太阳年三百六十五天的气候变化，分成二十四等份，每一个等份称为一个节气。在二十四节气中，每个月内含有两个"气"，一般在前者称为"节气"，在后者称为"中气"，汉武帝时采用的太初历已通过在没有中气的月份置闰的办法，解决了季节和月份的矛盾问题。出土文献可以证明，西汉时肯定已用节气注历，从那时起只要观看历书就能掌握农事节令了。

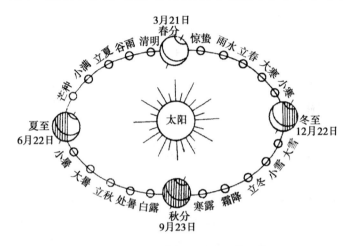

图 2 - 1　二十四节气及地球公转示意图

二十四节气产生于古代黄河流域，最能反映该地区的气候和农事特点，也最能反映古人对天时这一环境要素与作物生长关系的把握程度。首先，二十四节气反映太阳运动所引起的气候变化。在气候因素中，阳光、热量、降水、气温等均对作物生长发育有直接影响，农业生产如果错过时令，便会造成减产乃至绝收。其次，二十四节气是长期农事活动的结晶。立春、春分、立夏、夏至、立秋、秋分、立冬、冬至，这八节是反映四季变化的，农业生产过程无不与此有关。小暑、大暑、处暑、小寒、大寒五个节气，反映气温变化，指导人们根据气温冷暖安排农业生产、生活。雨水、谷雨、白露、寒露、霜降、小雪、大雪等，是关于雨量的，作物生长离不开水分，雨露霜雪均与降水有关，"春雨贵如油"、"瑞雪兆丰年"等谚语也说明了这一点。小满、芒种、惊蛰、清明则有关农事和物候，其中小满表示麦类作物的成熟状况，芒种表示有芒作物开始成熟，此时也是秋季作物播种最繁忙的季节。直至今天，中国人依然利用二十四节气来判断农业生产及日常生活时令。

2. 农业年际丰歉循环规律

中国古代对以年为单位的周期性气候变化与农业丰歉的关系也比较关注，用来表示当年收成好坏的"年景"、"年成"等概念，在民间以及古代诏谕奏疏类文献中经常用到。从文献表述来看，年景丰歉似乎与人力无关，主要在于是否风调雨顺。"雨旸时若"，就会年景丰稔；发生旱涝灾害，年景就不好。既然作物收成与年景关系较大，古人就试图预测年景，并把握年景变化的规律。大约战国时期出现的以十二年为周期的岁星纪年法，已将旱涝灾害、农业丰歉的循环过程反映出来了。

岁星，即木星，明亮醒目，有星占"司岁"的作用，是古人认识较早并极为重视的一颗行星。岁星纪年是在天象观测和星占基础上创始和使用的，是上古时代人们将木星周天的知识和木星占卜功能相结合的产物，后来的干支纪年源于岁星纪年[①]。古人常把岁星的十二年周期与农业的丰歉周期联系在一起。《淮南子·天文训》："摄提格之岁，岁早水，晚旱，稻疾，蚕不登，菽麦昌，民食四升"。"岁星之所居，五谷丰昌，其对为冲，岁乃有殃……三岁而改节，六岁而易常。故三岁而一饥，六岁而一衰，十二岁一康。"《史记·货殖列传》则引述"计然之术"，根据岁星在天上的方位，对异常气候进行了总结，说明农业有丰歉循环现象："故岁在金，穰；水，毁；木，饥；火，旱……六岁穰，六岁旱，十二岁一大饥。"即水旱交替导致农业生产有年度差异性，不同年份收成不同，大致十二年一个小循环，农业经营应注意这种年景变化规律。

据研究，古人把木星周期与水旱灾害以及农业丰歉循环相联系，可能是因为木星的恒星周期11.86年与太阳黑子活动周期11.11年接近，即古人总结的木地关系，相当于今人讨论的日地关系。现代天文学表明，太阳黑子活动的周期性变化作用于地球气候条件，便与水旱灾害、农作物丰歉等社会大事发生联系，这是有可能的。竺可桢先生统计了正史记载的太阳黑子次数，把它与严冬数相比较，发现太阳黑子次数多的世纪，对应的严冬次数也多。

除利用岁星周期判断农业丰歉之外，古代还利用其他天文气象指标来预测年景好坏。《史记·天官书》记载："夫自汉之为天数者，星则唐都，气则王朔，占岁则魏鲜。"[②] 司马迁说，魏鲜主要通过观测腊祭明日和正月一

---

① 刘坦：《中国古代之星岁纪年》，科学出版社，1957 年

② 《史记·天官书》

日的风向这样的气象要素，来占卜当年作物种植宜忌和丰歉情况。《天官书》："风从南方来，有大旱灾；从西南来，有小旱灾；从西方来，有战祸，从西北来，大豆成熟，迅速发生战争；从北方来，是中等年成；从东北来，是上等年成；从东方来，有大水灾；从东南来，人民有瘟疫，年成坏……"

总之，在科学不发达的时代，对于天气状况的年际变化及其对农业的影响，只能依靠过去积累的一些天文、气象及物候经验加以大致判断，其中难免包含不少附会和迷信成分。岁星纪年与水旱灾害周期的联系，是古人对天、地、人、物系统思考和认识的又一重要成果。它反映到农业生产中，就形成了作物丰歉与外界自然环境状况相统一的生态思想，这种思想促使人们针对水旱灾害规律，采取相应措施，趋利避害。

三、土地要素与农作物的关系

"土地"概念看似简单，实际上包含的内容十分丰富，人们对其含义的理解也有差别。《说文》对"地"字的解释："元气初分，轻清阳为天，重浊阴为地，万物所陈。"从一般文化意义上看，"地"是与"天"相对的概念，天为阳、地为阴，天在上，地在下，天尊地卑。

农业"三才"论中的"地"同样是与"天"相对而言的，但主要指能生长作物的"土地"及与之相关的"土壤"。《国语·周语上》所载虢文公的话中首次提到了"土气"、"土脉"、"土膏"等词语，实际上是把土壤中蕴含的气体、水分、养料等看作一个处于变动状态的统一体。就是说，传统农学所言的"地"应是地形地貌、土壤性状及肥力等多种因子的综合体，它同"天"一起构成动植物生长发育的自然环境要素。人们常说，一份耕耘一份收获，土地因素容易干预和控制，所以土地耕作成为传统农业技术的核心内容。

土地上有各种动植物资源和矿物资源，又能生长农作物，是人类生活资料和生产资料的来源，所谓"万物本乎土"，"百谷草木丽乎土"[1]，"有土斯有财"[2]。土是衣食之源，是财富的象征，所以人们对土有了深厚感情，形成尚土重农的民族传统，并逐步创造出各种有关土地的文字以及"地利"、"地财"、"地用"这样的概念。甲骨文中的"利"字，从刀从禾，原

---

① 《周易·离·彖辞》
② 《礼记·大学》

义应为收割禾谷，可泛指土地上的出产，"利"作"锋利"、"利益"解只是其引申义。正如清代学者俞樾所说："盖利之本义谓土地所出者。土地所出莫重于禾；以刀刈禾，利无大于此者矣。"① 可见，"地利"完全是从农业生产活动中得出的概念。庄稼"养之在地"，地利又是与地宜或土宜紧密联系的，土宜则地利，由此便导引出"土宜"或"地宜"的生态观念。春秋战国时期，有关"土宜"、"地宜"的文字记载已相当普遍，人们认识到，土地位置、土壤性状及其所含营养成分有差异，"土宜"、"地宜"便有所不同，土地生态知识开始汇聚成一个体系。这在《尚书·禹贡》、《周礼·地官》和《管子·地员》等文献中有集中反映。

《尚书·禹贡》根据土壤肥瘠，将全国九州的土地分为上中下三类，每类再分为三品，形成九个等级，然后按田地等次和当地特产确定贡赋。一般认为，《禹贡》成书于战国时期，但其中包含了夏代"任土作贡"的影子。表明古人很早就掌握了全国各地的土壤状况，认识到农作物生长的"地宜"现象。《周礼·地官》记载，山林、川泽、丘陵、坟衍、原隰等五类土地各有其适宜生长的动植物。例如，山地森林里，动物主要是兽类，植物主要是柞栗之类的乔木；丘陵地带，动物主要是鸟类，植物主要是梅、李等核果类果木；冲积平地，动物以甲壳类为主，植物以豆科为主②。

《管子》"地员篇"对土地与植物之间生态关系的研究更为深入。"地员篇"指出，由于土壤不同、高度不一和地下水位深浅的差异，五种土地适合生长的植物也有差别。例如，文中阐述了山地植物垂直分布的生态现象，排列出山地植物从高到低的分布顺序：落叶松—山柳—山杨—榀楸—刺榆③。"地员篇"作者还总结出丘陵地一个小地形中的植物分布情况。书中指出："凡草土之道，各有谷造，或高或下，各有草物……凡彼草物，有十二衰，各有所归。"意思是土壤所处的地势高下不同，土壤性质就不同，其所生长的植物也有差异，即各种草木都有自己的生长位置④。

战国时代土地生态问题研究的进展，对当时的土地规划以及作物栽培具有重要指导作用，并对后世因地制宜农业思想的发展产生了深远影响。它同

---

① （清）俞樾：《儿笘录》，《春在堂全书》，光绪九年重定刊本
② 唐德富：《我国古代的生态学思想和理论》，《农业考古》，1990 年第 2 期
③ 汪子春等：《中国古代生物学史略》，河北科技出版社，1992 年，第 24 页
④ 夏纬瑛：《管子地员篇校释》，中华书局，1958 年

时说明，农业"三才"思想的形成有深厚的科学根基。

四、人力要素与农业生产

人是农业生产的主体，人通过劳动实践，协调天地自然与动植物之间的关系，将自然再生产与社会再生产统一于同一过程之中。在农业"三才"理论的表述中，围绕作物这一核心，与天时、地利并列的是人力或人和，所谓庄稼"生之在天，养之在地，为之在人"，这反映了人们对"天、地、人"关系中"人"的地位和作用的一种认识。

值得注意的是，在战国秦汉文献关于"三才"学说的表述中，"人力"和"人和"均有出现。对这两种提法的联系和差别，学者们有不同看法。有人认为，战国讲"人和"，秦汉讲"人力"前者强调适应自然，后者强调改造自然，这是农业生产发展的反映。也有学者对上述解释有异议，认为"人力"概念比"人和"概念为早，"人力"注重人的劳动能力，"人和"强调发挥人类社会的群体力量，"人和"要比"人力"高一个层次，是"三才"理论所包含的整体观的一部分[①]。下面主要从农业生态的角度，阐述"人"在"三才"理论体系中的作用。

"三才"理论把人的因素归结为"力"，以"人力"和"天时地利"并提，实际上源自农业实践。"力"字在甲骨文中作"＜"，是原始农具之耒形，大概因为用耒耕作要用力气，可见人力自始就与农业劳动有关（图2-2）。在古代社会，土地和劳动力是最主要的生产要素，相关文献的论述很早就反映出人力在农业中的作用。《尚书·盘庚》："若农服田力穑，乃亦有秋。"《左传》襄公十三年："小人农力以事其上。"这里的"力"均是指劳动力。《管子·八观》将劳动力、土地与作物及收益之间的关系论述得更清楚："彼民非谷不食，谷非地不生，地非民不动，民非作力毋以致财。夫财之所生，生于用力，用力之所生，生于劳力。"

"和"字"从口，和声"[②]，原有同声应和之义。"三才"学说中的"人和"讲的是人们之间的和谐或相互配合，注重通过调节社会关系来发挥人类个体的力量。《管子·禁藏》云："顺天之时，约地之宜，忠人之和。故

---

① 参阅李根蟠：《"人力"、"人和"及其他——农业实践与"三才"理论的形成之二》，《农业考古》，1998 年第 2 期

② 许慎：《说文解字》"口部"

图2-2　神农耕田画像石

风雨时，五谷实，草木美多，六畜蕃息，国富而兵强，民材而令行。"《荀子·富国》讲人要有威仪，方足以实施其管理职能，"若是则万物得宜，事变得应，上得天时，下得地利，中得人和"。

"人力"与"人和"的含义既有联系，也有区别。在先秦典籍中，《管子》讲"人力"最多，而《荀子》谈"人和"最多，《荀子·王制》中的一段话，还精辟地说明了二者之间的关系。"水火有气而无生，草木有生而无知，禽兽有知而无义。人有气，有生，有知，且有义，故最为天下贵也。力不若牛，走不若马，而牛马为用，何也？曰：'人能群，彼不能群也。人何以能群？'曰：'分。分何以能行？'曰：'义。故义以分则和，和则一，一则多力，多力则强，强则胜物。故宫室可得而居也。故序四时，裁万物，兼利天下。无它故焉，得分义也。'"这段话清楚地表明，"人力"与"人和"存在着有机联系，农业生产离不开人类个体的劳动能力，但更是一种社会群体的行为。在荀子看来，要发挥群体的作用，使个人之力变成群体的合力，就必须按"义"规定各人的名分和分工，使群体和谐一致。"和"正是为了发挥和加强"力"的作用，而这又是人类能胜过于其他物种，为"天下贵"的关键所在。

可见，传统农业"三才"论讲"人力"，更强调"人和"，体现出一种更深层次的生态关系。随着农业生产的发展，后来人们对"人"的认识进一步拓展和深化，其中既包括人的劳动，还包括相关的工具、技能等，相关问题将在后面的章节中论及。

第三节　气论与农业生态系统的运作机理

万物由气而生、因气而化是传统气论的主要内容。从生态学角度看，古人所言的"气"或"元气"相当于现代科学的物质和能量概念。传统农业生态思想强调作物与其耕作栽培环境之间的关系，在这个作物与环境构成的生态系统之中，存在着物质与能量的交换。在古人看来，"气"是天地万物之本原，充当农业生态系统沟通中介、保持系统协调与平衡的要素就是气或元气，而阴阳、五行等则是气的具体表现形态。基于传统哲学对"气"的特性和功能的认识，"气"成为传统农学的重要思想基础。人们采用元气论来阐释农业生态系统运转机理，元气论在传统农学中得到进一步发挥和应用。

一、月令体文献的"气"概念与农业生态变化

传统农学认为，农业生态系统由动植物、天、地、人四大要素构成，而这四大要素都与气的运行有密切关系。这一认识春秋战国时期已经形成，并在相关月令书和农学著作中有明确反映。作为战国后期乃至西汉早期最有代表性的月令体文献，《吕氏春秋·十二纪》和《礼记·月令》不仅阐发了天地人生态系统理论，而且反映出元气、阴阳、五行等与自然条件、农业生产的联系，其中涉及"气"的概念主要包括天气、地气、阴气、阳气、暖气、寒气、生气、杀气等。《十二纪》和《月令》的内容很接近，以下仅以《月令》为依据，选取其中有关"气"的记载予以总结，并分析其农业生态含义。

孟春之月："天气下降，地气上腾，天地合同，草木繁动。"

仲春之月："日夜分，雷乃发声，始闪电……行夏令，则国乃大旱，暖气早来，虫螟为害；行秋令，则其国大水，寒气总至；行冬令，则阳所不胜。"

季春之月："生气方盛，阳气发泄，生者毕出，萌者尽达……行冬令，则寒气时发，草木皆肃。"

仲夏之月："日长至，阴阳争。"

季夏之月："行冬令，则寒气不时。"

孟秋之月："行春令，则其国乃旱，阳气复还……行冬令，则阴气大盛。"

仲秋之月："日夜分，雷乃收声。杀气浸盛，阳气日衰。"

季秋之月："是月也，霜始降……寒气总至。"

孟冬之月："天气上腾，地气下降，天地不通，闭而成冬……行冬令，则冻闭不密，地气发泄。"

仲冬之月："日短至，阴阳争，诸生荡。"

可以看出，天气和地气的升降是季节更替的决定性因素。孟春之月，天气下降，地气上腾，天气与地气"合同"，草木便开始萌发。孟冬之月，则是天气上腾，地气下降，天气与地气不相通达，从而导致冬天的到来。季节更替和草木荣枯，都是由天气和地气的运动变化所促成的。按照现代气象学和农学理论来解释，文中的"天气"和"地气"实际上是一种综合性指标，包括温度、光照、水分、热量、土壤性状等各种相互联系的因素，这些因素的协同作用促成了农业生态系统的变化。

仲夏之月，"日长至，阴阳争"；仲冬之月"日短至，阴阳争"。前者指夏至日到了阳气的顶点，此后阴气就逐渐强盛起来；后者指冬至日到了阴气的顶点，此后阳气将逐渐强盛起来。就是说，阳气和阴气得消长，是以夏至和冬至为临界点的。在仲春之月和仲秋之月，都有"日夜分"的说法，前者指"春分"，后者指"秋分"。春分以后进入"生气方盛，阳气发泄，生者毕出，萌者尽达"的季春时节。秋分以后则进入"杀气浸盛，阳气日衰"，"寒气总至"的时节。这里阳气、阴气的消长与生气、杀气的盛衰是一致的，其中生气、杀气是通过植物生态来表述环境变化的。另外，仲春、季春和季夏之月所见之"暖气"、"寒气"，主要用来说明气候变化状况，意义与"阳气"、"阴气"接近，但主要指气温高低。

清代张宗法的《三农纪·月令》综合了上古月令书和其他文献的相关内容，加上自己的注释，形成了完整的农家月令体系，尤其是其中增加了一些关于"气"的概念[①]。在有关节气的记载中，有生气、舒气、长气、化气、收气、藏气等说法，分别对应于仲春、孟夏、季夏、仲秋、孟冬、季冬等时节，这些概念显然是古人根据植物与环境的相互关系而创立的，具有一定的生态内涵。例如，（仲春）春分：厥阴风，木主之，谓生气。（孟夏）小满：今阳气少满而将损，少阴君火主之，谓舒气。（季夏）大暑：暑至此而尽泄，大往也，少阳相火主之，谓长气。（孟冬）小雪：阳明燥金主之，谓之收气。在有关候应的记载中，则有寒严之气、三阳气、阳春之气、阳春清新气、众气、日与雨交之气（指虹霓）、火气、一阴之气、肃杀之气、土气、六阴之气、暑热之气、金气等说法。例如，（孟春）二候，蛰虫始振，蛰藏之虫，今感三阳气，悉震动而醒之。（仲春）一候，桃始花，木得阳春之气而放浪。（孟夏）一候，苦菜秀，感火气而味苦。三候，麦秋至，麦以

---

① 郭文韬：《中国传统农业思想研究》，中国农业科技出版社，2001年，第88－92页

夏为秋，感火气而死。（孟冬）二候，地始冻，土气凝寒，未至于坼。

总之，天气和地气，阴气和阳气，暖气和寒气，生气和杀气，这四对相反相成，互相依存的"气"，是推动季节更替的动力，反映的主要是农业环境状况；生气、舒气、长气、化气、收气、藏气、杀气等，则是以生物有机体的生长发育及衰老状况指示天地阴阳之气变化的概念，其中，前四者可归结为阳气，后三者则可归结为阴气，它们反映的实际上是与季节更替相一致的农业生态变化状况。

二、综合性农书的"气论"与生态技术原理

"气"的属性具有物质和能量的双重含义，古代农学家和思想家常常借助它的运动变化揭示作物与环境之间的关系，阐述农学原理及农业生态技术原理。

西汉著名农学家氾胜之最早用"气"来阐释适时耕作的原理，反映出传统的土壤生态观念。《氾胜之书·耕田》："春冻解，地气始通，土一和解。夏至，天气始暑，阴气始盛，土复解。夏至后九十日，昼夜分，天地气和。以此时耕，一而当五，名曰'膏泽'，皆得时功。"[1] 这里讲的是春耕、夏耕和秋耕的适宜时期及其理由：春天解冻以后，地气开始通达，土壤首次处于和解状态，这是春耕的适宜时期；到夏至的时候，天气开始热起来，雨水也多了，土壤呈现输送和解状态，这是夏耕的适宜时期；到秋分的时候，昼夜长短相等，天气和地气达到了十分调和的状态，这是秋耕的适宜时期。作者指出，在适当的时候耕作，有利于改善土壤性状，耕作效果很好，可以"一而当五"。接着作者又交待了每次耕作的具体要求及禁忌。例如，"秋，无雨而耕，绝土气，土坚垎；名曰腊田。及盛冬耕，泄阴气，土枯燥；名曰脯田。脯田与腊田，皆伤。"可见当时民间还用干肉的形态来形象地描述土壤耕作不当的后果。

《氾胜之书·耕田》涉及的"气"概念有天气、地气、阴气、和气、春气、土气等。应当说，所言的各种"气"主要与土壤生态有关，内容比较具体，对农业生产实践的指导意义更强。其中的"天气"主要指气温状况，"地气"和"土气"主要指土壤温度和水分状况，"阴气"主要指降水以及土壤的水分状况，"和气"主要指气温和土壤性状都很适宜耕作的状况。由

---

[1]　石声汉：《氾胜之书今释》，科学出版社，1956年，第3页

于土壤耕作始终是中国传统农业的首要内容，所以氾胜之的相关论述被后来的农学家反复引用和阐发，其中以"气"为核心的农业土壤生态观对传统农学影响深远。

北魏贾思勰《齐民要术》强调作物栽培管理应当因时因气而变，其内容具有明显的生态化特征①。"春气冷，生迟。不曳挞则根虚，虽生辄死。夏气热而生速，曳挞遇雨必致坚垆。其春泽多者，或亦不须挞。必欲挞者，须待白背，湿挞则令地坚硬故也。"这里的"挞"是一种用于压实土壤的农具，贾思勰认为季节不同则气和作物生长状况不同，耕作措施也应有区别。另外，《齐民要术》还较早利用气论来反映动物生态，阐述相畜术原理②。"良多赤，血气也；驽多青，肝气也；走多黄，肠气也；材知多白，骨气也；材多黑，肾气也。"③ 就是说，良马眼中多红色，是血气旺盛；驽马眼中多青色，是肝气旺盛；快马眼中多黄色，是肠气旺盛；聪明的马眼中多白色，是骨气旺盛；有力的马眼中多黑色，是肾气旺盛。马的"口中色"："欲得红白如和光，为善材，多气，良且寿。即黑，不鲜明，上盘不通明，为恶材，少气，不寿。"马口的颜色，红白分明，光泽柔和，这种好马气势旺盛，驯良且长寿。马口中发黑，不鲜明，这种马材力不好，气势不旺，也不长寿。

南宋陈旉《农书》用"元气论"阐述农业生态原理，有不少精彩论述。其"天时之宜篇"说："四时八节之行，气候有盈缩踦赢之度，五运六气所主，阴阳消长，有太过不及之差，其道甚微，其效甚著。盖万物因时受气，因气发生，其或气至而时未至，或时至而气未至，则造化发生之理因之也。"万物是在时气的作用下生长发育的，但"时"和"气"并不总是同步的，有的时候节气到了而农时未到，有的时候农时到了而节气未到，农业生产只有"顺天地时利之宜，识阴阳消长之理"，作物收成才有保证。陈旉进一步指出："在耕稼盗天地之时利，可不知耶！"④ 告诫人们从事农业生产要顺应时令节气，抓住耕作机会，趋利避害。

元代农学家王祯说"人与天合，物乘气至"⑤，从珍惜农时的角度总结

---

① 胡火金：《试论气观念与传统农业的生态化趋向》，《中国农史》，2001 年第 4 期
② 郭文韬：《中国传统农业思想研究》，中国农业科技出版社，2001 年，第 93 页
③ （北魏）贾思勰：《齐民要术》"养牛马驴骡等第五十六"
④ （南宋）陈旉：《农书·天时之宜篇》
⑤ （元）王祯：《农书·农桑通诀》"授时篇"

了"时气"的农业生态思想。他的一首五言诗写道："天地始一气，施生本相资。用道以分利，所贵在适时。时既有盈缩，气因为盛衰。盛气忽已及，顷刻不可遗。"① 诗歌表达了时令盈缩、元气盛衰在农业上的重要性，要求人们抓紧耕作，不误农时。王祯《农书·农器图谱》还联系"田漏"这种农家计时器的功用，叙述了"时气"的意义："大凡农作须待时气，时气既至，耕种耘籽，事在晷刻，苟或违之，时不再来，所谓寸阴可竟，分阴当惜，此田漏之所作也。"

三、农学理论书的"气论"与生态技术原理

1. 马一龙《农说》的"气论"

明代江苏溧阳人马一龙，嘉靖丁未（1547 年）进士，官至国子监司业。辞官归乡后，有感于传统农学理论缺乏，"农不知道，知道者又不屑明农"的情况，写成《农说》一书，主要借鉴和利用气论和阴阳五行学说阐述农业技术原理。《农说》明确指出："阳主发生，阴主敛息，物之生息，随气升降。"因为阳气是主宰生物发生的，所以，"生物之功，全在于阳。蓄阳不及，发生乃微。"认为生物的生长发育要靠阳气的蓄积，如果阳气蓄积不足，生物发育就衰微。生物从极盛走向衰亡，也是由于阳气衰竭所致。以这种思想为基础，马一龙提出在耕作中要把握"阳荣阴卫"原则，这里的阳荣阴卫实际上是阴阳和谐的形象表述。

在阐述冬耕宜早，春耕宜迟的道理，马一龙说："云早，其在冬至之前；云迟，其在春分之后。冬至前者，地中阳气未生也；春分后者，阳气半于土之上下也。其意皆在阳荣阴卫，欲使微阳之气不泄，求其壮盛而已。"就是说，当土壤中阳气旺盛，并有阴气在土壤外面护卫时，耕作才最适宜。因为"天地之间，阳常有余，阴常不足"，所以农业生产还要注意"扶阴抑阳"，做到"损有余，补不足"。他列举了"阳有余"的害处："今有上农，土地饶，粪多而力勤，其苗勃然兴之矣。其后徒有美颖，而无实粟"。并说阳有余，雨热相交，易造成虫害。"热气积于土块之间，暴湿雨水，酝酿蒸湿，未得信宿，则其气不去，禾根受之，遂生虫。"马一龙指出，要提高产量，仅靠粪多力勤不够，耕作过程中还要注意调节阴阳之气，防止庄稼徒长或遭受虫灾。

---

① （元）王祯：《农书·农器图谱》"授时之图"附诗

2. 杨屾《知本提纲》的"气论"

清代关中人杨屾《知本提纲·修业章》也对农业"元气论"作了比较深入的阐释。这部书正文只是提纲，详细解说为杨屾的学生郑世铎所作。师徒二人有关元气论的主要思想包括："一元分四有"，天地水火四者都是从元气中分化出来的。"四精合一气"，元气是无形的，天地水火四有是有形的，无形的气可以转化为天地水火等有形物质，而有形物质也可以转化为无形的气。"元精合和，方能化生万物"，只有天地水火气五者合和才能化生万物。作者在上述思想理论的基础上，论述了元气与作物生长、耕作栽培的生态关系。

杨屾说："阴阳相济，氤氲化生乎衣食。"认为衣食源于阴阳二气的化生作用。作者还用气论来解释耕作栽培原理。关于中耕的好处："锄频则浮根去，气旺则中根深。下达吸乎地阴，上接济于天阳。"关于农作物收获时宜："稽得其时，则气充而多脂；稽失其时，必气泄而多淬。"关于灌溉的作用："日烈雨燥，雨泽井灌，得水阴之润而后化。"郑世铎解释说："日本太阳而气烈，风本少阳而气燥。土既犁耖，经日烈风燥，阴质尽化阳亢，何以发育？必复得水阴之气，敛其过泄之阳，合其润泽之阴，阳变阴化，阳生阴成，包含融结，以大发育之功也。"就是说，犁耖耕作可以清除土、水之宿寒阴气，使土地由阴变阳，但犁耖之后要得水阴之气，把"藉日阳之暄"和"得水阴之润"结合起来，这样才能做到阴阳协调，使土壤水气等环境条件适合于农作物的生长发育。

综上所述，"气"论因古人探索天地万物的本原及其相互联系而形成，并在传统农学得以阐发和运用，由此形成的农业生态思想对中国传统农业发展有重要影响。古人以为，天地万物的生成变化都由阴阳二气的交感运动决定，气是自然万物形成和发展的基础。当时不可能对物质内部结构及其生存演化机制进行彻底剖析，相关认识只是停留经验积累、直接观察和宏观思考层面上，这在很大程度上规定了中国传统科学技术的整体思维特征。由于"气"观念的渗透和影响，传统农业科技注重揭示生物有机体与外界环境相互统一的原理，形成了重整体、重联系、重功能的理论倾向。在农业生产实践中，人们注重对农作物生长收藏过程和技术要领的把握，要求顺应时序，因地制宜，轮作复种，采取有效措施协调外界环境与生物机体的关系，以促进动植物生长发育，农业生态化倾向明显①。

第四节 阴阳学说与农业生态系统的运作机理

前已述及，中国传统哲学认为，"阴阳"是"气"对立统一的两个方面，处于不断运动和变化之中，阴阳的矛盾运动成为万事万物存在和发展变化的根据。"阴阳"学说一般用于解释天地人物系统演变的过程和规律，农学家则经常利用它揭示农业生态原理及农业生态系统的运作机制。从相关文献资料来看，阴阳学说在传统农学中的运用和阐发可以分为宋元及其以前和明清时期两个阶段。明清以前，古农书及相关农业文献着重于实用性，阴阳说一般限于对农作过程及具体技术原理的说明，贯穿或融会于相关记载的字里行间，极少有专题性的长篇大论，而且"阴、阳"这样的字眼似乎更多地具有自然生态意义，理论意义一直不很明显。明清时期，人们开始系统地运用阴阳、五行学说来系统地阐释农学原理，尤其是土壤耕作中的生态原理。

一、宋元及其以前阴阳说在农业生态阐释中的运用

《诗经》主要反映西周至春秋之事，包含不少反映农事活动的篇章和诗句。《诗经》中不时可见到"阴、阳"这样的字眼，其中单言"阴"、"阳"并与农业有关者如："芃芃黍苗，阴雨膏之。"②"迨天之未阴，雨彻彼桑土，绸缪牖户。"③"七月流火，九月授衣。春日载阳，有鸣仓庚。"④"我泉我池，度其鲜原。居岐之阳，在渭之将。"⑤"阴阳"连用者："笃公刘……既景乃冈，相其阴阳，观其流泉。"⑥可以看出，《诗经》中的"阴、阳"是指与农业活动相关的天气阴晴、阳光向背等自然环境现象。

《吕氏春秋》"士容论"中的四篇农学论文取材于前代农书，其"辩土"篇在述及农田"畎亩"的规格时说："亩欲广以平，圳欲小以深，下得

---

① 胡火金：《试论气观念与传统农业的生态化趋向》，《中国农史》，2001 年第 4 期，第 60 页
② 《诗经·曹风·下泉》
③ 《诗经·豳风·鸱鸮》
④ 《诗经·豳风·七月》
⑤ 《诗经·大雅·皇矣》
⑥ 《诗经·大雅·公刘》

阴，上得阳，然后成生。"就是说，土地整理时要把垄台做得宽而平，沟垄做得窄而深，这样才能下得阴气，上得阳气，更好地促进庄稼生长。这里的下阴上阳相当于"地阴天阳"，下阴指水肥条件，上阳指光热条件，均为农作物生长的自然环境条件，意思是合乎规格的垄作方式才能保证光热水肥供给，促进农作物生长发育。《吕氏春秋》"十二纪"中则运用阴阳观念阐述季节变化与草木的生长过程：孟春之月"阳气始生，草木繁动，令农发土，无或失时"；仲夏之月"日长至，阴阳争，死生分"；季夏之月"草木盛满，阴将始刑，无发大事，以将阳气"；孟冬之月"阴阳不通，闭而成冬"，等等。从中可以看出阴阳盛衰与作物生产周期的联系：天地气合—萌动，阴气发泄—生长，阴阳气争—发育，阳气日衰—成熟，气闭成冬—收藏。

西汉《氾胜之书》"耕田"很重视耕田时机的把握，开篇就讲到："春冻解，地气始通，土一和解。夏至，天气始暑，阴气始盛，土复解。夏至后九十日，昼夜分，天地气和。以此时耕，一而当五，名曰"膏泽"，皆得时功。"联系书中的其他记载会发现，作者阐释土壤耕作和作物栽培问题，经常使用天气、地气、阴气、和气、春气、土气、土和解、膏泽等多个生态意味明显的概念和范畴。按照阴阳概念来看，其中属于阳气的范畴有：阳气、天气、春气；属于阴气的范畴有：阴气、地气、土气等；所谓"和气"是指"天地气和"、"阴阳调和"的状态，土和解、膏泽则是指土壤性状或土壤生态状况。

氾胜之认为，土壤耕作的时宜很重要，只有"天地气和"、阴阳调和时去耕田，才能收到良好效果。因为北方地区冬季寒冷，土壤有冻土层，春耕要在耕层土壤解冻、地气通达后才能进行。在这里，地气通达既有气温的因素，也有土壤温度、水分和生物等因素。春耕适宜期就是气温变暖，土壤生态开始好转并呈现"膏泽"状态的时候。同样，作者将夏至作为夏耕的适宜期，将秋分作为秋耕的适宜期，也是因为这个时候阳气与阴气和谐，土壤温度和水分等生态条件都达到了耕作的最佳状态。这个时候耕作，有利于保水保肥，消除杂草和病虫害，调节土壤生态，耕作效率最高，耕作一次顶得上耕作五次。否则，若在"和气去"时耕作，"四不当一"。这里以为，氾胜之利用阴阳概念来描述土壤耕作时机，可能受到汉代阴阳学说的影响，但也可能当时人们在农业生产中就有这样的说法。

东汉至宋元时期，著名月令体农书和综合性农书，如崔寔《四民月令》、贾思勰《齐民要术》、韩鄂《四时纂要》、陈旉《农书》、王祯《农书》等都有运用阴阳概念来说明农事节令或解释农业技术原理的情形。如南宋陈旉《农书》说:"万物因时受气,因气发生","顺天地时利之宜,识阴阳消长之理,则百谷之成,斯可必矣。"只是相关内容很有限,始终未能形成较为完整的体系。其中所见的阴阳概念,也往往被赋予一定的自然生态含义。另外,阴阳范畴的内涵和使用频次也没有超越先秦文献《吕氏春秋·十二纪》、《礼记·月令》以及西汉的《氾胜之书》。阴阳五行学说在农学领域长期未尽其用,这一点和传统医学文献形成鲜明对照。直到明清之际,阴阳五行学说才成为传统农学较为系统的理论工具,明代马一龙《农说》和清代杨岫《知本提纲·农则》对此有集中表现。

二、明清时期阴阳学说在农业生态阐释中的运用

1. 马一龙《农说》中的阴阳学说

《农说》用阴阳代表温度、湿度、光照、地势等作物生长的环境因素,以水稻生产为对象,阐述耕地深浅与地势高下、施肥与地力、密植与土壤肥瘠等农业生态关系。

对于作物生长发育的环境因素,马一龙认为:"凡日为阳,雨为阴,和畅为阳,沍结为阴,展伸为阳,敛诎为阴,动为阳,静为阴,浅为阳,深为阴,昼为阳,夜为阴。"阴和阳是相互对立、相互联系的两个方面,在一定条件下可以发生转化,一年四季十二个月和一日之中阴阳二气的盛衰消长处与不断变化之中。"察阴阳之故,参变记之机",才可以"知生物之功"。

作者还说:"阳主发生,阴主敛息,物之生息,随气升降",即农作物生长发育随着阴阳二气的升降盛衰而变化。接着提出:"生物之功,全在于阳,阳之生物,欲盛必蓄,蓄之极而通之大,盛而后必衰者,气之终也。"如果"蓄阳不及,发生乃微"。就是说作物的生长和止息是由阴阳二气的消长决定的,阳气的功能在于促进作物生长,如果不尽量蓄积阳气,农作物的生长发育就要衰微了。

对于具体农业技术问题,马一龙也试图用阴阳说予以解释。在说明"冬耕宜早,春耕宜迟"的道理时,作者指出要把握"阳荣阴卫"的原则,就是说,当土壤阳气旺盛,并有阴气在外面护卫时,耕作才最适宜。关于耕地的深浅,书中认为,"地之高下,有气脉所行而生气钟其下者,有气脉所不钟而假天阳以为生气者,故原之下多土骨,而隰之下多积泥,启原宜深,启隰宜浅,深以接其生气,浅以就其天阳"。这里用阴阳理论解释耕地时高

原宜深、下隰宜浅的道理，认为原上深耕利于衔接地下的生气，隰处浅耕利于阳光照晒，蓄积阳气。

《农说》对历代农书强调的稻田晒垡烧土和水耕问题也有一套"阴阳"理论。"阳泄殆尽，而阴即凝其中矣"，"岁久不耕之地，纯阴固结"，"冬春二时，不见天阳亦犹是耳"，多年未耕的地和冬春雨雪不断而难见阳光的田，阴气凝聚，必须借助太阳照晒使阴气消散；"敛而固结者，火攻"，就是田地未经耕锄而荒芜阴湿时，要用火来烧；"亢而过泄者，水夺"，阳气盛极而过度外泄者，要以水来追夺等。总的原则是"独阳不长者，济之以阴"，"独阴不长者，济之以阳"，"补不足而损有余"，达到阴阳二气的平衡。

在没有现代科学知识的时代，将农业生产过程和环境条件，用阴阳对立、互相转化的观点加以阐述，难免有一定局限性，甚至有牵强附会之嫌，但其在中国农业生态史上的成就不可忽视。

2.《知本提纲》中的阴阳学说

继马一龙之后，清代陕西兴平人杨屾又以阴阳五行说阐释北方旱地农业的技术原理，其精彩之处也在于他揭示了传统农业技术的生态含义。

《知本提纲》以天、地、水、火、气为五行，并称其为生人造物之材，这与以前所言的金、木、水、火、土有所不同。其五行又分为两类：天、地、水、火称为"四有"或"四精"；气则为"精之会"。作者认为天、火为阳，地、水为阴，气则贯串其中，使阴阳达于和谐。据杨氏学生郑世铎在《知本提纲·一本帅元章》中的解释，气既是"生人造物之材"，又有协调其他四种材料的作用。杨屾论述作物的生长发育过程以及耕作栽培技术均使用了上述原理。

《知本提纲》认为，耕作栽培的原则是"损其有余，益其不足"，达到"阴阳和谐，五行合和"的地步。对于土壤耕作，书中讲道："土啬水寒，犁破耖拨，借日阳之暄而后变，日烈风燥，雨泽井灌，得水阴之润而后化"。意思是说利用犁耖翻耕，清除土水之啬寒阴气，土地就会转阴变阳，从而有利于农作物的生长。但犁耖之后要得水阴之气，来化解太阳暴晒带来的过多阳气，使得阴阳协调统一，为作物生长创造良好的土壤环境。郑世铎就此注释说："土为少阴而气啬，水为太阴而气寒，必得阳火蒸发，始能生物。故犁破耖拨，翻其结快，上承日阳之照，消砾寒啬之气，自然转阴为阳而变其本体。物生有资矣"。这是说对于固结潮湿之地，应当利用耕翻暴晒措施来消除其阴气，增加其阳气，以便于作物生长，道出了土地耕犁秒拨的生态理论依据。

不过，物极必反，阳气也不能过盛，阴阳应和谐统一："日本太阳而气烈，风本少阳而气燥，土既犁秒，经日烈风燥，阴质尽化阳亢，何以发育，必取得水阴之气，敛其过泄之阳，合其润泽之阴，阳变阴化，阳生阴成，包含融结，以大发育之功"。可见土壤耕翻后还要注意保墒防旱，以防"阴质尽化阳亢"走向另一个极端，妨碍作物生长发育。

书中还总结说："盖独阴不生，孤阳不长。阳施阴承，阴化阳变，阴阳交而五行和，五行和而万物生。故犁秒灌溉，必勤其功。"进一步借助阴阳五行原理，阐明要通过犁秒、灌溉等耕作栽培措施，协调土壤水气等环境条件与农作物生长发育的关系，使阴阳交济、五行和合，以促进作物生长发育，提高农业产量。

总之，明清时我国传统农学理论已形成比较完整的体系，反映出在西方近代农学传入之前，中国传统农学所达到的理论水平。联系当代生态学理论来看，古人利用气论、阴阳五行学说对农业生产系统的描述和解释，包含丰富的农业生态思想。

第五节　五行学说与农业生态系统的平衡原理

阴阳学说与五行学说开始各有其不同的来源，从战国后期至西汉中期，二者相互渗透、融合，逐步发展成为中国文化的骨架[①]。"五行"原本被视为构成万物的物质元素，继而转换成一个万物按五行法则生克流转的时空系统。五行学说应用"水火木金土"之间的相生相克关系，探索事物之间、事物与环境之间的相互作用，属于一种传统的生态系统观念。战国秦汉时期五行说与阴阳说相结合，形成阴阳五行学说体系，用来解释各种自然与社会现象。

一、五行说的农耕渊源及哲学流变

五行观念的起源，应来自于先民们的生活经验以及对事物粗略分类的意识。由于对四季变换、东西南北中五方以及事物之间普遍联系的认识，水、

---

① 庞朴：《阴阳五行探源》，《中国社会科学》，1984 年第 3 期

火、木、金、土被抽象出来成为五种属性，从而建立了五行学说。

上古时期，方位对于先民不断迁移的采猎和农业生活十分重要，所以，五方观念成熟很早。殷墟卜辞："己巳王卜贞图岁商受年，王曰吉。东土受年，南土受年，西土受年，北土受年。"[1] 胡厚宣先生说，这是占卜商与东南西北四方受年之辞。商亦称"中商"，以中与东南西北并举表达出五方观念。"癸卯今日雨，其自西来雨？其自东来雨？其自北来雨？其自南来雨？"[2] 这里应是占卜雨来自何方。占卜雨和风的卜辞中只提到东南西北四方，未提中方，实际上占卜者是以自己为中心的，合起来就是五方。

由于农业生活与四季变换、阴晴雨雪的联系十分紧密，受到这些自然现象的启示，古人便以四时配四方，把时间观念和空间观念结合起来了。商王朝所在的中原地区，春季多东风，夏季多南风，秋季多西风，冬季多北风。草木春天复苏，犹如被东风唤醒；夏天烈日炎炎，热风好像来自南方；秋天西风萧瑟，天气变凉，草木零落；冬天北风呼啸，天寒地冻，万物收藏。"东方曰析"，"析"从木，古人给东方以"木"的属性。"南方曰炎"，"炎"从火，古人赋予南方以火的属性。可见，虽然殷商时代还没有"五行"一词，但五方五时观念的出现，说明当时"五行"思想已开始萌芽。

西周至春秋时期，"五行"概念正式出现并逐渐发展成为一种学说。《尚书·洪范》以其子的名义正式提出了"五行"说："五行，一曰水，二曰火，三曰木，四曰金，五曰土。水曰润下，火曰炎上，木曰曲直，金曰从革，土爰稼穑。润下作咸，炎上作苦，曲直作酸，从革作辛，稼穑作甘。"在这里，人们已经从世间的万事万物中抽象出五种基本元素，并赋予其特定的属性和功能。土为稼穑之本，所以居于中央，为五行最尊。《国语·郑语》所载周太史史伯的话："故先王以土与金木水火杂，以成百物"，就体现出以土为主体的"尚土"思想。

春秋时代，五行相生相胜的观点逐渐流行开来。《尚书·虞书·大禹谟》和《左传·文公七年》关于"水火金木土谷"的记载次序[3]，反映的是五行相胜的思想，即水克火，火克金，金克木，木克土，土克水。最关键的是，水火金木土相生相克，才能最终生成能为人们所食用的谷物，这其中

---

① 郭沫若：《殷契粹编》907，《郭沫若全集·考古编3》，科学出版社，2002年
② 郭沫若：《卜辞通纂》375，《郭沫若全集·考古编2》，科学出版社，2002年
③ 汉儒将"水火金木土谷"称为"六府"

显然有农业生产的影子。有人甚至直接从农业生产角度对五行的相生相克加以解释："植物燃烧是木生火，烧荒后土壤变肥是火生土，从土中掘出金属矿物是土生金，以金属物凿开岩石以取得泉水和井水是金生水，水滋润土壤，植物方能生长是水生木。以耒耕松土是木克土，以土筑成堤堰是土克水，以水扑灭山火是水克火，以火炼制金属工具斧钺是火克金，以青铜斧伐木制工具是金克木"①。水火金木土五种物质元素之间的相生相克以及它们对谷物生产的作用，体现的正是传统意义上的农业生态关系。可见至迟在春秋时期五行相生相胜的学说体系已建立起来了，而这一学说的源头应是长期的农业实践活动。

战国秦汉及其以后，五行说与阴阳说结合在一起并扩散到整个思想文化领域，把事物分成五类、五种的现象大量出现，形成一个无所不包的以"五"为单元的世界图式，不论是政治观念、哲学思想还是自然科学，都深受它的影响。战国阴阳家邹衍提出了"终始五德说"，用五行相胜说来表达朝代更替。吕不韦组织编纂的《吕氏春秋》全盘接受"终始五德说"，用五行相胜观解释黄帝到周代的历史变迁，为秦朝建立提供理论依据，实际上形成一种终而复始的历史循环论②。秦汉时期，五行学说在传统医学方面得以普遍应用，其特点就是将五行与人的身体及情志相对应，阐释人体生理、病理变化。《黄帝内经》即以五行说为指导，从医学角度构建了五行系统，认为五行相生相克，具有保持人体生理平衡的功能，为疾病诊治提供了理论依据。

前已述及，五行学说源于人们在长期农业生产活动中对自然界各种事物属性及其相互关系的思考和归纳，五行学说体系随着社会进步和相关思想认识的不断发展而逐渐丰富起来。五行先是同自然现象中的五方、五材、五味、五色、五季、五星相对应，进而与社会现象中的五官、五臣、五常相对应，再进而与人的五脏、五腑、五体、五窍、五脉、五志等身体情志相对应。在五行对应结构系统中，木火土金水是具有特定属性和作用的物质元素，因而它们具有规定其对象特性的功能。在五行原理中，最基本的关系是五行相生相克，且具有"五行相生，隔一致克"或"比相生而间相胜"的规律。

---

① 《中国古代农业科学技术史简编》，江苏科学技术出版社，1985 年版，第 290 – 300 页

② 《吕氏春秋·有始览》

五行学说阐明了复杂事物的系统分类、普遍联系以及互相制约的平衡原理，具有重要的科学意义。中国传统农学曾利用五行说的"生克制化"理论，揭示出农业生产技术原理以及农业生态系统的动态平衡特征。

二、五行学说的农业生态含义

五行说认为五行是万物生成的基础，它源于农业生活实践，对农业生产影响很大。这主要表现在五行说对水火木金土物质属性的认识以及寻求事物内在联系并构建事物生克关系的解说，早在战国秦汉时期就将农业生产系统的天时、地利、人力、物性诸要素的内在属性、功能等作出了安排和规定，从而构成了具有生态意义的认识框架。后来这种认识不断深化和完善，其中包含的农业系统内部物质转化和能量传递的思想，在很大程度上体现出五行学说的农业生态内涵及其对传统农业发展的重要影响。

《吕氏春秋·十二纪》、《礼记·月令》等与农业生产有关的月令体文献，以十二个月为依据，把自然变化（天象、气候、物候、方位）与相关的社会活动（政令、农事、祭祀），统统纳入五行这个框架之中，构建成一个整体系统。有关自然变化的内容是：木为春之德，草木滋生，色尚青，方位尚东；木生火，火为夏之德，万物生长，日丽中天，色尚赤，方位尚南；金为秋之德，生物收成，日偏西，色尚白，方位尚西；水为东之德，生物肃杀，日落山，色尚黑，方位尚北。与上述天象变化、季节转换、动植物生长、大地色彩相适应的的社会活动也进入了五行系统：木为春，春耕开始，王布农事，万物滋生，禁伐木杀兽，不称兵以免耽误农事。火为夏，五谷茂盛，农时正忙，不兴土功，毋发大众，劳农劝民，不失农时。金为秋，五谷收获，修困仓，补城郭，伐薪为炭，劝种麦。水为冬，严寒将至，捕鱼伐木，整修农具，备办武器，完缮要塞等①。将政令纳入以时间序列为基础的五行系统，使各种社会经济活动依时而行，有利于农业生产发展，也符合动植物生长发育规律，具有生态保护意义。

上述月令图式还通过五行系统将时间与空间统一起来了。月令图式认为，春夏秋冬四季，首尾相接，构成一个年循环。四季分属五行：春属木，夏属火，秋属金，冬属水。土行无时可配，附于夏秋之间。另外，五行又与五个方位相配列：东方属木，南方属火，西方属金，北方属水，中央属土。

---

① 《吕氏春秋·十二纪》

通过五行配属，以时间为主线而将时间和空间联结起来。

这种时间、空间与五行的配属，是从我国中原地区的地理条件派生出来的。春季风从东方吹来，草木生发；夏日炎阳似火，南方更为炎热；秋季西风萧瑟，万木凋落；冬季多刮西风，天寒地冻，滴水成冰。中央为四方之枢纽，具有支配作用，犹如土在五行中的地位，故中央属土。春夏秋冬之所以按照固定次序循环往复，就是因为五行相生的缘故。这样，时间可以表现空间的属性，空间则可以表现时间的特点，二者相互渗透和包含。自然界和人类社会的一切要素都可以纳入五行框架之中，与四时五方相联系，农业生产也不例外。以下根据先秦两汉文献的相关记载，列出以五行为基准的农业分类体系（表2－1）。

表2－1 以五行为框架的农业分类体系

五行配属 ＼ 五行	木	火	土	金	水
五季	春	夏	季夏	秋	冬
五候	温和	炎夏	溽蒸	清切	凝肃
五时	平旦	日中	日西	日入	夜半
五气	风	暑	湿	燥	寒
五方	东	南	中	西	北
五土	山林	川泽	丘陵	坟衍	原隰
五化	生	长	化	收	藏
五味	甜	酸	苦	辣	咸
五谷①	麦	菽	稷	麻	黍
五畜	羊	鸡	牛	犬	彘
五果	李	杏	枣	桃	栗
五菜	韭	薤	葵	葱	藿
五虫	鳞	羽	倮	毛	介
五贼	蟊	螣	蛾	螟	蟘

在这个体系中，天时、土地、方位、植物、动物、耕作等，都按照五分

---

① 五谷、五畜、五虫等都有多种说法

法归类,说明古代很早就对农业生态系统有了全面认识和良好把握。除此以外,先秦时期还有以五行框架为基础的更为深入的农业生态认识,这在《管子·地员》中有明确反映。《管子·地员》是战国时期有关生态植物学方面的著作,其内容深受五行学说的影响。它在论述江淮河济大平原的土壤时,就是根据五行配置对土壤性质和功能进行分类研究的。具体分类见下表(表2-2)。

表2-2 《管子·地员》的土壤性状与功能分类

土性土宜　　　　土壤名称		息土	赤垆	黄堂	斥埴	黑埴
土壤性质		冲积土	赤色、疏松、刚强、肥沃	沙质、脆弱	棕色黏壤	黑色黏壤
适宜农作物		各类谷物	谷物、麻类	黍、秫	菽、麦	稻、麦
植物分布	草	苍(藿香草)、杜松(芒)	白茅、藋	白茅	苋(沙草)	苹(扫帚草)、蓨(蒿)、藋
	木	楚(荆)、棘(丛生小草)	赤棠(杜梨)	椿、槐、桑	杞(杞柳)	白棠(杜梨)
地下水	名称	五施(水位37尺(1尺≈23.1厘米,下同,战国))	四施(水位28尺)	三施(水位21尺)	再施(水位14尺)	一施(水位7尺)
	色质	水泉苍色	水白而甘	黄而有味	赤而碱多	水黑而苦
民众生活		体格强壮	人民多寿	民多流徙,常有水灾	民多流徙	

《管子·地员》还对"九州之土"的种类、等次优劣及其与农业生产的关系作了分析,其中包含了丰富的土壤生态知识。受五行学说的影响,18种土壤名称都冠以五字:五息、五沃、五位、五隐、五壤、五浮、五怸、五垆、五剽、五㙂、五沙、五塥、五犹、五状、五埴、五穀、五潟、五桀。这18种土壤再根据各种色质分为5种,共计90种。书中对土壤等级与土壤生态的认识见下表(表2-3)。

表 2 - 3 　《管子·地员》土壤等级与土壤生态表

土壤等级和名称		土壤性状与土壤生态
上土	五息	冲积土，湿而不黏，干而有润，不泞车轮，不泥手足
	五沃	湿润肥沃，多孔隙，疏松，有蚯蚓
	五位	土肥，干而不裂，色青细密不结块，不粉散
	五隐	有杂质，轻疏而肥沃，粉解若灰
	五壤	土壤粉细，含有水分
	五浮	含有沙粒而保藏水分，且不离不裂
中土	五恋	形状轻疏，但能保持水分
	五垆	强力刚坚
	五炫	粉然如糠，疏松而脆
	五剽	粉状、轻散
	五沙	栗然如碎米，细土与粗粒夹杂
	五塥	有砾石的土，不耐水旱
下土	五犹	土状如粪
	五状	状如红土
	五壏	细密黏土
	五觳	贫瘠，不耐水旱
	五泻	坚脆而多盐质
	五桀	海滨盐碱土，咸而苦

　　西汉淮南王刘安编纂的《淮南子·地形训》中总结了五行生胜说与农作物生长发育的关系，其中包含一定的生态意义。"木胜土，土胜水，水胜火，火胜金，金胜木。故禾春生秋死，菽夏生冬死，麦秋生夏死，荠冬生中夏死。"高诱注："禾者木，春木王而生，秋金王而死"；"豆，火也，夏火王而生，冬水王而死"；"麦，金也，金王而生，火王而死"；"荠，水也，水王而生，土王而死"。就是说，五行与农作物的对应关系是：禾木、豆火、麦金、荠水。按照五行生克规律，禾属木，春木旺而生，秋金旺而死；菽属火，夏火旺而生，冬水旺而死；麦属金，秋金旺而生，夏火旺而死；荠属水，冬水旺而生，季夏土旺而死。用五行生胜说阐释禾、豆、麦、荠的生态演替过程，反映出人们对作物生长发育规律的朴素认识，这为汉代发展"麦豆秋杂"二年三熟轮作复种制奠定了基础。

　　传统农学经典《齐民要术》的编纂以实用为宗旨，书中主要总结具体的农业技术经验，但为了说明农作物的生长发育过程，也引用了《说文》、《杂阴阳书》等文献中与五行说相关的一些材料。例如，贾思勰在《大豆篇》引用《杂阴阳书》："豆，生于申，壮于子，长于壬，老于丑，死于寅。"在《大小麦篇》又引《杂阴阳书》："麦，生于亥，壮于卯，长于辰，老于巳，死于午。"中国古代常用十二地支和十二个月相对应，认为农作物在一个生命周期中，都要经历"生、长、化、收、藏"这五个生态阶段，作物不同，各个阶段对应的月份也有所不同。

　　元代王祯《农书》载阐述农作物生长发育规律时，也应用了五行学说。书中谈到大小麦时说："《说文》曰：麦，金旺而生，火旺而死。夫八月乃金旺之月，麦于是而生；五月乃火旺之月，麦于是而死。是知物之生成，各有其时。"[1] 王祯还说粟有五变："一变而以阳生为苗，二变而秀以为禾，三变而桀然谓之粟，四变入白米出甲，五变而蒸饭可食。"王祯甚至运用五行相克原理来解释消除木瓜酸味的方法："夫木瓜得木之正，故入筋。试以铅霜涂之，则失酸味，受金之制也。五行生克之义，于此盖亦可验。"[2]

　　明清时期，人们试图揭示耕作栽培的原理，阴阳五行学说便成为传统农学的理论根据。明代《农说》和清代《知本提纲·农则》是利用阴阳五行学说阐释农学原理的代表性作品。由于五行学说关注的是事物的内在联系和整体性，所以它能较好地揭示出传统农业的生态特点。《农说》认为，阴阳二气的变化，是日月代明，四时更迭，寒暑交替的动因，"水火相射，五行杂糅"则是形成万物的重要质料。书中所言的"五行杂糅"与稻作农业紧密联系，内容具体而深入。首先，"土"是农业的根本："草木之生，其命在土，生成化变，不离土气。"这与先秦时期"土与金木水火杂，以成百物"的思想是一脉相承的，但《农说》阐述了调节土壤生态，改善土壤性状的相关技术措施。土壤"敛而固结者，火攻"，"亢而过泄者，水夺"，就是说土壤湿冷板结，生态恶化，影响作物生长时，要用"火攻"方式来调节；作物收获之后，冬春时节未降雨雪，土壤干燥缺水，不能蓄肥保墒，则要用"水夺"方式来解决。这样才能达到"水火协调，阴阳相济"的目标。

　　为了实现"火攻"、"水夺"的技术措施，农人"不能不假于物，以为

---

① （元）王祯：《农书·百谷谱·大小麦》

② （元）王祯：《农书·百谷谱·木瓜》

力胜之具耳！"这里的"假于物"是指从事农业生产要借助各种农具，关键是马一龙由此将五行与农具的创制和使用结合起来了："其始也直木而耒，其次也横木而耒，又其次遍木而齿，曲木末而铲，凿木首而锄，继之以耰，终之以涂，无不加以铁焉。以木直而铁坚也，攻之无遗类矣。"人们在采取改善土壤生态、提高作物产量的农业技术措施时，往往有力不从心之感，这就促使人们去创制农具。制造农具的材料主要是"木"和"铁"，而铁属"金"。这样，木、金与土、水、火实现了"五行杂糅"，五行说对农业生产的指导作用体现出来了。

《知本提纲》对五行说的阐发和运用也有一定特色。作者认为，元气、阴阳、五行三者是不可分割的整体，元气一分为二是阴阳，再细分就是五行，"阴阳交而五行和，五行和而万物生"[①]。作者还用"天、地、水、火、气"的新五行说代替了旧五行说，并指出天地水火气五行的具体养成造化功能："天成皮肤包括，土成骨肉质体，水成津液润泽，火成温暖宣畅，气成呼吸长养"[②]。农业生产应顺应自然变化，但更重要的是通过各种技术措施培补"五行"之不足，保证其均平和谐，促进作物生长发育。"物产本于五行，然比常相培补，始能发育滋长。故风动以培其天，日暄以培其火，粪壤以培其土，雨雪以培其水。但雨雪恒多愆期，惟应时灌溉，不懈其力，则不假天工而五行均培，长养有资，丰亨尚何难哉！"

由于天地人物宏观及微观系统的运作都受到五行"生克制化"机制的约束，所以若将五行学说推至农业生态系统，也能说明其内部各种因子的物质能量循环过程及系统的动态平衡特征。中国传统农学及农业生产实践深受五行学说的影响，所以，中国农业的生态化趋向尤为明显。就是说，五行学说要求人们必须根据自然环境条件和动植物生长发育规律，去安排和从事农业生产活动，实现增产目标。

---

① （清）杨屾：《知本提纲·农则·耕稼》
② （清）杨屾：《知本提纲·一本帅元章》

第三章 传统农业因时因地制宜的
生态原则

因时、因地、因物制宜的思想，贯穿于传统农业的各个层面，成为其基本指导原则。"三宜"的实质是在尊重自然的前提下，发挥人的主观能动作用，实现农业生产、生活与环境条件的统一，形成一定的生态秩序及规则。它主要表现在以下三个方面：首先是把农业与气候条件结合起来，形成相关的农时知识及月令文化体系。其次是把农业与土地、土壤条件联系起来，形成地宜或土宜知识。最后是把农业与动植物不同性状及区域分布联系起来，形成相关的物宜知识、风土论等。"三宜"原则是"三才"理论与农业生产实践相结合的产物，属于中国传统农业生态思想体系的重要组成部分。

第一节 时令把握与农业时宜

古人认为天的最大特征就是"时"，天道即体现在天时上。"天道圜，地道方"，天时循环，日夜交替，斗转星移，四时变换，周而复始，并导致动植物"萌而生，生而长，长而大，大而成，成乃衰，衰乃杀，杀乃藏"，生生不息。天的圜道规律及其对自然万物的影响，促使人们掌握农业时宜，顺应天时变化，春种、夏耘、秋收、冬藏。

一、仰观天象和俯察物候

1. 仰观天象

采猎和农耕生活，与时节变化关系密切。夏商周三代时期，农业发展已对农时把握提出了较高的要求。在四季分明、冬季寒冷漫长的黄河流域，人们更是迫切需要知道春季或播种季节来临的时间，观天授时就成为上古时期农业管理的重要内容。上古时期习惯用北斗七星[①]斗柄在初昏时的指向来判定季节，后来发展到以昏中星定季节。

关于前者，民间有这样的说法："斗柄东指，天下皆春；斗柄南指，天下皆夏；斗柄西指，天下皆秋；斗柄北指，天下皆冬。"（图3－1）关于后者，《史记·历书》记载，公元前两三千年颛顼帝设"火正"之官观测"火"星的昏见，恢复了民众的生产生活秩序。当时中国的"大火"星（天蝎座的心宿二）约于春分黄昏时出现在东方地平线上，所以当时便设立专门的官职守望这个星宿，以便告知人们时令季节。《尚书·尧典》则以鸟、火、虚、昴四星为仲春、仲夏、仲秋、仲冬黄昏时之中星，这四颗恒星在南中天时，分别相当于春分、夏至、秋分、冬至。实际上是以观察星象的办法，来判定一年四季的循环往复。

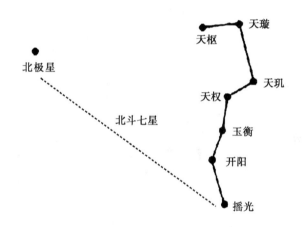

图3－1　北斗七星示意图

古人很早就注意到，大多数恒星的位置在相当长的时间内不会改变，太阳在恒星间作周年运动，才产生了季节变化，斗柄指向和昏旦中星的改变都与太阳运动有关，标志着日月五星运行的度次。事实上由昏中星沿天赤道往西90余度便是太阳在恒星间的方位，而当黄昏斗柄指向东方时，平均温度

---

① 大熊星座的一部分恒星，七颗亮星在北天排列成斗（或勺）形。七颗星名是天枢、天璇、天玑、天权、玉衡、开阳和摇光。前四颗称"斗魁"，又名"璇玑"；后三颗称"斗柄"，又名"玉衡"。北斗七星常被当作指示方向和认识星座的重要标志

开始摇摆着上升，预告立春或春季的开始，人们应作好农事方面的准备。以每月太阳在恒星间的方位与北极星相连，便将天球分割成十二个橘瓣状的天区，称为十二星次，日月五星及其他天象在恒星间的方位，就可以用十二星次来表示。同时，古人推定太阳的位置，研究月亮和五星运动时，还以恒星为背景，把它们划分成许多区域（星座），形成二十八宿[1]（图3－2）。

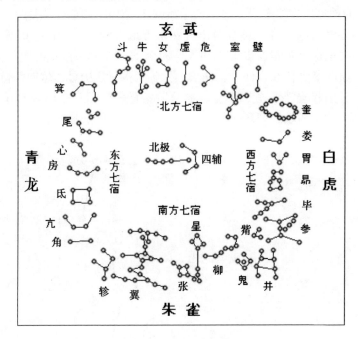

图3－2　二十八宿示意图

战国时期十二星次和二十八宿系统已趋成熟和完善。由于二十八宿的划分比十二星次详细，更由于十二次的划分没有以距星为明显标志的二十八宿来得直观，所以我国最终以二十八宿配以天极作为天文坐标系统的基础[2]。二十八宿为我国古代天文观测提供了极为方便的工具，为"治历明时"提供了切实可行的方法，使人们对时间节律的把握成为可能。

中国人对行星的观测和认识也很早，战国秦汉时期已能精确测量行星的

①　包括角、亢、氐、房、心、尾、箕、井、鬼、柳、星、张、翼、轸、奎、娄、胃、昴、毕、觜、参、斗、牛、女、虚、危、室、壁

②　陈久金：《天文学简史》，科学出版社，1985年，第74页

位置。五星中的木星在星空绕行一周大约需十二年，若将全天分为十二星次，则其每年大约运行一个星次，故又将木星称为岁星。战国时期我国已使用岁星纪年法来纪年。但实际上木星的周期是 11.86 年，并不是正好十二年移动一个星次，这样就会出现岁星超辰现象，造成纪年的混乱。战国末期人们又将十二星次与六十干支相配合来纪年。此后，岁星纪年逐渐被至今沿用的干支纪年所替代。

2. 俯察物候

掌握时令季节有多种方法，可以仰观天象，也可以俯察大地。"凉燠寒暑谓之气，草木虫鱼谓之候，天变于上，物应于下。"① 物候是指生物的生命活动和非生物的变化对节候的反应，如植物开花结果，动物蛰眠迁徙以及霜降解冻等，是大自然告诉人们季节变化的最直接的信息，观察物候变化也是把握天时的最简单、准确的方法。可以认为，原始农业产生之后，物候就成为人们耕种收获的参照系。此后，随着农业生产的进步，物候知识不断积累，形成独有的指时体系，人们据此编制成物候历来指导农业生产活动。

夏商周三代，原始农业已经相当发达，人们对农时十分重视，加之天文历法还不成熟，物候学有了很大发展，用物候来指示农时已相当普遍，在《诗经·豳风·七月》、《夏小正》等先秦文献均可以见到比较完整的物候记载。如《豳风·七月》中的物候："五月斯螽动股，六月莎鸡振羽。七月在野，八月在宇，九月在户，十月蟋蟀入我床下。"五月里蚱蜢弹腿响，六月里蝈蝈抖翅忙。七月蟋蟀野地鸣，八月屋檐底下唱，九月跳进房门槛，十月到我床下藏。《夏小正》全文共四百多字，它的内容是按一年十二个月，分别记载每月的物候、气象、星象和有关重大政事，特别是农业方面的大事，从中可以看出当时人们已掌握了不少物候学知识，其中很多物候记载还被后世有关典籍所沿用，如"獭祭鱼"、"雁北乡"、"鹰则为鸠"、"陨麋角"等。

战国秦汉时期，随着传统农业的确立和发展，物候学知识形成比较完整的体系。战国成书的《吕氏春秋·十二纪》详细记载和总结了一年十二个月的物候现象，并与节令相结合，用以指导各种农业生产活动。后来这些节气和物候知识，又被辗转抄入《淮南子·时则训》和《礼记·月令》等篇章之中。秦汉时期，随牛耕铁犁的普遍应用以及人口的增加，农业生产有了

---

① （明）陈眉公：《致富奇书广集》，钟山逸叟增定，抄本，4 册

显著进步，各种农事活动的安排更加精细，人们在二十四节气和物候知识长期积累的基础上，归纳整理成七十二候。汉代《逸周书·时训》所记物候现象虽然没有超越《吕氏春秋·十二纪》，但它分一年为二十四气七十二候，每月六候，每候五天，划分细致、排列整齐，形成较为严格的全年物候历。如《时训》中说："立春之日东风解冻，又五日蛰虫始振，又五日鱼上冰。雨水之日獭祭鱼，又五日鸿雁来，又五日草木萌动。惊蛰之日桃始华，又五日仓庚鸣，又五日鹰化为鸠。春分之日玄鸟至，又五日雷乃发声，又五日始电"等（完整内容见表3-1）。

表 3-1 《逸周书·时训》二十四气七十二候表

月份	二十四气	七 十 二 候		
孟春	立春 雨水	东风解冻 獭祭鱼	蛰虫始振 候雁北	鱼上冰 草木萌动
仲春	惊蛰 春分	桃始华 玄鸟至	仓庚鸣 雷乃发声	鹰化为鸠 始电
季春	清明 谷雨	桐始华 苹始生	田鼠化为鴽 鸣鸠拂其羽	虹始见 戴胜降于桑
孟夏	立夏 小满	蝼蝈鸣 苦菜秀	蚯蚓出 靡草死	王瓜生 麦秋至
仲夏	芒种 夏至	螳螂生 鹿角解	鵙始鸣 蜩始鸣	反舌无声 半夏生
季夏	小暑 大暑	温风至 腐草为萤	蟋蟀居壁 土润溽暑	鹰如鸷 大雨时行
孟秋	立秋 处暑	凉风至 鹰乃祭鸟	白露降 天地始肃	寒蝉鸣 禾乃登
仲秋	白露 秋分	鸿雁来 雷乃收声	玄鸟归 蛰虫坏户	群鸟养羞 水始涸
季秋	寒露 霜降	鸿雁来宾 豺乃祭兽	雀入大水为蛤 草木黄落	菊有黄华 蛰虫咸俯
孟冬	立冬 小雪	水始冰 虹藏不见	地始冻 天气腾地气降	鸡入大水为蜃 闭塞成冬
仲冬	大雪 冬至	鹖鴠不鸣 蚯蚓结	虎始交 麋角解	荔挺出 水泉动
季冬	小寒 大寒	雁北乡 鸡始乳	鹊始巢 征鸟厉疾	鸲始鸲 水泽腹坚

从表3-1可以看出，七十二候的候应有两类：一类是生物物候，动物方面的如候雁北、玄鸟至、蚯蚓出、寒蝉鸣等，植物方面的有桃始华、萍始生、苦

菜秀、禾乃登等；另一类是非生物物候，如东风解冻、雷乃发声、凉风始至等。其内容非常广泛，不乏合理性和科学性，对农事活动曾起过一定指导作用。只是由于候的时间单位较小而气候的年际及地区差别很大，故难以广泛应用。

北魏时期（5世纪），七十二候物候历被载入国家历法之中，政府还根据当时国都所在地的情况对七十二候稍作调整。据《魏书》记载，北魏所颁布的七十二候与《逸周书》有所不同，在立春之初加入"鸡始乳"一候，而把"东风解冻"、"蛰虫始振"等候统一推迟5天。而平城的纬度在西安、洛阳以北4度多，海拔又高出800米左右，实际上物候相差决不止一候①。北魏贾思勰《齐民要术》记载了许多黄河中下游地区的物候知识，如阴历三月杏花盛开，阴历四月上旬枣树开始展叶，桑花凋谢。

唐宋及其以后，传统物候学进步缓慢。唐朝都城在长安；北宋都汴梁（今开封），此时都城所在地与秦汉接近。所以，唐宋史书所载七十二候，又与《逸周书》所记大致相同。元明清三朝均建都北京，纬度要比长安和开封、洛阳偏北5度之多，但这几代史书所载七十二候和国家历书所载物候，却一概沿袭《逸周书》的候应，未加改动。这一方面与后世士大夫潜心八股、菽麦不辨，所做历书因袭古籍、不知变通有关；另一方面是因为我国幅员辽阔，各地气候条件及候应差异较大，物候历改不胜改，即使改了也往往顾此失彼。所以干脆世代沿袭，不作调整和改动②。

与官方史书及历书中带前代物候的照搬照抄相比，唐宋以后，民间的物候观测及应用取得一定成绩。南宋淳熙七年和八年（1180—1181年），浙江金华人吕祖谦（1137—1181年）进行了金华地区的物候实测。在他的观测记录中，载有腊梅、樱桃、桃、梨、梅、杏、紫荆、海棠、兰、竹、豆蓼、芙蓉、莲、菊、蜀葵、萱草等二十四种植物开花结果的物候，还有春莺初到、秋虫初鸣的时间③。这是世界上最早凭实际观测而得到的物候记录，很有科学价值。

3. 制定历法

春秋中叶，中国已有了初步的历法。历法的确立应当在战国中期，当时采用的四分历以365又1/4日为一年，已比较精确，所以，在以后相当长的

① 竺可桢、宛敏渭：《物候学》，科学出版社，1980年版，第8页
② 洪世年、陈文言：《中国气象史》，农业出版社，1983年版，第24页
③ （南宋）吕祖谦：《庚子·辛丑日记》，《东莱吕太史文集》卷十五，续金华丛书本

时间里只重视改元而不改历法。公元前 4 世纪，多个大国都制订有自己的历法，历法的岁首有周正、殷正和夏正等，合称"古六历"。

秦统一之后，采用比较接近实际的颛顼历。秦颛顼历以 10 月为岁首，闰月置于岁末，以 19 年插入 7 个闰月的办法调节节气，成为我国统一行用的第一部历法。汉武帝太初元年（公元前 104 年）颁行著名的太初历。太初历以 29 又 43/81 日为一朔望月的长度，以正月为岁首，冬至所在月为 11月，无中气之月为闰月，这些规定形成了中国历法的基本格局，一直行用至今。它所具备的二十四节气、朔晦、闰法、五星周期、交食周期等项目也是后世历法的主要内容。后来又经过多次改历，中国的历法更为精确和完善，节气、置闰也成为中国历法的重要特点。

中国古代历法以太阳纪年，以月亮纪月，是阴阳合历。由于回归年、朔望月和日之间都没有整数倍数的关系，十二个朔望月比一个回归年少十一天左右，必须设置闰月来调整季节，而闰月使得季节在月份中不十分固定，例如某种物候有时在月初出现，有时又在月末出现。为了合理置闰，准确反映季节变化，人们创立了二十四节气。二十四节气，简单地说是以太阳运动为依据，将太阳年三百六十五天的气候变化分成二十四等份，每一个等份称为一个节气①。据《尚书·尧典》记载，至迟西周时代已有了春分、秋分和夏至、冬至的概念。战国末期，二十四节气已基本成型。西汉初年，淮南王刘安等人编写的《淮南子·天文训》中已有二十四节气的全部名称，而且排列顺序与今天完全一致。文献还证明，西汉时已用二十四节气注历，从那时起人们只要观看历书就可以知道农时节令了。

前已述及，二十四节气完全是太阳位置，也就是气候寒暖的反映，它与农业生产的关系极为密切，并充分体现出农业的生态特点。二十四节气可分为四类：第一类是关于四季变化的，包括立春、春分、立夏、夏至、立秋、秋分、立冬、冬至。这八个节气最为重要，古人常说的春生夏长，秋收冬藏无不与此有关。第二类是关于气温的，有小暑、大暑、处暑、小寒、大寒五个节气，是根据气温高低安排生产、生活的反映。第三类是关于雨量的，它们是雨水、谷雨、白露、寒露、霜降、小雪、大雪等。作物生长离不开水分，雨露霜雪均与降水有关。第四类是关于农事和物候的，包括小满、芒

---

① 二十四节气：立春、雨水、惊蛰、春分、清明、谷雨、立夏、小满、芒种、夏至、小暑、大暑、立秋、处暑、白露、秋分、寒露、霜降、立冬、小雪、大雪、冬至、小寒、大寒

种、惊蛰、清明。其中，小满表示麦类作物的成熟状况，芒种表示有芒作物开始成熟，惊蛰则是说气温上升，土地解冻，蛰伏过冬的动物开始活动。

总之，在传统农业时代，"天"是影响社会生活和农业生产的重要环境因素，而天最本质的内容和最大的特征是通过一定的时序表现出来的，所以"天"这个因素常常被称作"天时"或"农时"。为了在农业生产中因时制宜，古人观测天象气候，记录物候，制定历法，做了很多尝试和努力，由此积累了丰富系统的天文气象知识。另外，古代还有意识的将天体运行、气象变化、物候特征与农事活动统一起来，寻求它们之间最佳的对应关系，建立农时体系，以便更好地服务于农业生产实践，这一点下节论及。

二、因时制宜思想与农业生产实践

农业首先是一种自然再生产，所以中国古代向来重视"天时"对农业的决定性影响。为了准确地掌握天时、遵守农时，我国很早就产生了"农事月历"之类的书籍，在古农书和其他相关文献中，也有大量关于农业生产应因时制宜的论述。从农业生态学角度看，因时制宜就是正确处理农业与天时要素的关系，合理利用自然界的光热水气资源，保证农业活动的正常进行。

1. 先秦时期的农业时宜知识

《诗经·小雅·鱼丽》："物其有矣，唯其时矣"；《孟子·梁惠王上》："不违农时，谷不可胜食"；《荀子·王制》："春耕，夏耘，秋收，冬藏，四者不失其时，故五谷不绝，而民有余食也。"这些都说明古人很早就特别强调遵守农时的意义。而具体的"治历明时"思想在《夏小正》一书中已有明确反映。

《夏小正》全文共400多字，大约产生于西周初期，反映的主要是当时淮河、长江下游沿海一带的物候情况①。书中按一年十二个月的次序，分别记载每月的天象、气象、物候和有关重大政事和农事活动，关于物候和农事记载尤为突出，生态意味浓厚。下面以正月和九月为例予以说明。

正月天象：鞠则见；初昏参中，斗柄悬在下。

正月气象：时有俊风；寒日涤冻涂。

正月物候：冬眠的虫儿醒了，大雁北飞，野鸡振翅鸣叫；水温上升，鱼

① 夏纬瑛：《夏小正经文校释》，农业出版社，1981年

向水面游动，这时水面还有薄冰；园子里的韭菜长出了新叶，田鼠开始出洞活动；水獭把捕食的鱼摆放在河岸上，好像祭祀一样；鹰变成了鸠（实际上是古人对鹰去鸠来的误解），柳树生出叶芽，梅、杏、山桃都开花了，缟（一种莎草）已经结实（应该是已经生出花序，缟草的花序和果实相似），母鸡又开始下蛋了。

正月农事：修理农具，整理疆界，规定农奴要耕种多少田地，采摘芸菜。

九月天象：天象的特点是太阳靠近大火（心宿二），大火隐而不见。随后大火和太阳同时出没，好像联系在一起。

九月物候：这时天气转冷，大雁南飞，燕子也飞走了，熊、黑、豹、貉、鼬等哺乳动物住到洞穴里，黄色的野菊花开了，麻雀飞入海中变为蛤（古人认为蛤是麻雀变来的）。

九月农事及政事：播种冬小麦；天子王公开始制作冬季服装。

战国文献对农时的认识趋于深入系统。《吕氏春秋》"上农"诸篇始终贯穿着重视农时的思想，在耕种、收获的各个技术环节上都强调农时掌握的重要性。"上农"篇将"敬时爱日"，防止"为害于时"作为扩大土地生产力的关键措施之一；"任地"篇前10句有关土壤耕作原理、原则，而后面15句则讲了"耕种收获之时"，并用节气和物候将之标示出来；"审时"开篇就说："凡农之道，候之为宝"，就是说，农耕中最宝贵的是农时。"审时"篇接着论述了"得时"、"先时"、"后时"对粟、麦等六种作物产量和品质的影响，指出"是故得时之稼兴，失时之稼约。茎相若（而）称之，得时者重，粟之多。量粟相若而舂之，得时者多米。量米相若而食之，得时者忍饥。"另外，《吕氏春秋·十二纪》及后来农家月令书以时系事的体例本身便是古代因时制宜的农业生态文化例证（表3-2）。

表3-2 《吕氏春秋·十二纪》所载时令与农政、农事活动

月份	物候	节令	主要农政、农事活动（仅说明大致含义）
孟春	东风解冻，蛰虫始振，獭祭鱼，候雁北。草木萌动	是月也，以立春	天子举行亲耕仪式，表示重视农业。王者安排农事，教导农民因地制宜，种植五谷。禁止伐木，禁止猎杀鸟兽
仲春	始雨水，桃李华，苍庚鸣，鹰化为鸠。玄鸟至。雷乃发声，始电。蛰虫咸动，启户始出	是月也，日夜分	修建房舍。不做妨碍农业的事情。不使川泽、陂池枯竭，不焚烧山林。统一度量衡，校正度量衡器具

（续表）

月份	物候	节令	主要农政、农事活动（仅说明大致含义）
季春	桐始华，田鼠化为鴽，虹始见，萍始生。生气方盛，阳气发泄，生者毕出，萌者尽达。鸣鸠拂其羽，戴胜降于桑		兴修堤防和沟渠，开通道路。禁止狩猎、捕鱼。不许砍伐桑柘。劝勉妇女养蚕
孟夏	蝼蝈鸣，蚯蚓出，王菩生，苦菜秀。靡草死	是月也，以立夏	劝民耕田，不误农时。不许发动民众大兴土木。不许砍伐大树。驱赶野兽，不让它们毁坏庄稼。不能举行大型田猎活动。麦子成熟，农民进献麦子。蚕事结束
仲夏	小暑至，螳螂生，鵙始鸣，反舌无声。鹿角解，蝉始鸣，半夏生，木堇荣	是月也，日长至，阴阳争，死生分	农民收获糜谷。把母畜从畜群中分开来饲养，拴缚幼驹
季夏	凉风始至，蟋蟀居宇，鹰乃学习，腐草化为萤。树木方盛。水潦盛昌		捕捞龟鳖。收购饲草。印染布匹。命掌管山泽的官员进山巡察树木，防止有人砍伐。焚烧杂草并浇灌田地
孟秋	凉风至，白露降，寒蝉鸣，鹰乃祭鸟	是月也，以立秋	谷子成熟，农民向天子进献。征收租税。整修堤防，疏通沟渠，防止水灾
仲秋	凉风生，候雁来，玄鸟归，群鸟养羞。雷乃始收声，蛰虫俯户。杀气浸盛，阳气日衰，水始涸	是月也，日夜分	征收祭祀所用的牲畜。修建粮窖粮仓。督促民众收获和集聚粮草。劝勉农民种植麦子，不要错过农时。统一和校正度量衡器
季秋	候雁来，宾爵入大水为蛤。菊有黄华，豺则祭兽戮禽。伐薪为炭，草木黄落。蛰虫咸俯在穴，皆墐其户	是月也，霜始降	天子田猎，训练兵马。伐薪为炭
孟冬	水始冰，地始冻，雉入大水为蜃，虹藏不见	是月也，以立冬	检查粮食积储情况。收取渔业税
仲冬	冰益壮，地始坼，鹖鴠不鸣，虎始交。芸始生，荔挺出，蚯蚓结，麋角解，水泉动	是月也，日短至	用粮食酿酒。贮藏粮食，圈养牛马畜兽。按照规定到山林薮泽中获取野生动植物，不许侵占掠夺。砍伐林木，割取竹箭
季冬	雁北乡，鹊始巢，雉鸡乳。征鸟厉疾。冰方盛，水泽复		开始捕鱼。劝告民众预留作物种子。农官安排农事，修理和备办农具。不能安排农民干其他事情

2. 汉唐时期的农事时宜知识

西汉《氾胜之书》除提及通常情况下作物的播种量之外，还特别注意适时播种，深知播种时机对作物生长和收成好坏影响极大："种麦得时，无不善，夏至后七十五日种宿麦。早种则虫而有节，晚种则穗小而少实"。由于秦汉之际二十四节气和七十二物候齐备，人们更易通过节气和物候把握播种时机，各种作物都定有明确的播种期，并且能根据土地情况加以变通。

《氾胜之书》："黍者，暑也：种者必待暑。先夏至二十日，此时有雨，强土可种黍"。《四民月令》："桑葚赤，可种大豆"，"蚕大食，可种生姜"，"蚕入簇，时雨降，可种黍、禾及大、小豆、胡麻"，"凡种大、小麦，白露节可种薄田，秋分种中田，后十日可种美田"。

东汉崔寔《四民月令》根据一年十二个月的时令变化，对洛阳地区以农业生产为核心的农业生活作出恰当安排，是古代农家月令书的代表作（表3-3）。

表3-3 《四民月令》的农事时宜知识

月 份	星宿、节气与物候	农 事
一月	自朔暨晦。正月之旦，雨水中。百卉萌动，蛰虫启动，地气上腾，土长冒橛，陈根可拔	农事未起。急菑强土黑垆之田。可种春麦，可种瓜、瓠、芥、葵、蘘、大小葱、苏、苜蓿及杂蒜、芋。可别蘘。粪田畴。移栽树木，修剪树枝。酿酒做酱
二月	春分中。阴冻毕释，雷且发声，榆荚成，玄鸟至	蚕事未起。可菑美田缓土。可种禾、大豆、苴麻、胡麻，掩树枝。收薪炭，采草药，收榆荚
三月	昏参夕。清明节，谷雨中。时雨降，暖气将盛。杏花盛，桑葚赤，蚕毕生，榆荚落	命蚕妾治蚕室。可菑沙、白、轻土田。可种粳稻及稙禾、苴麻、胡豆。别小葱。可种大豆，可种蓝。采药。开始养蚕
四月	立夏节。蚕大食，蚕入簇，布谷鸣	可种生姜。可种黍、禾、大小豆、胡麻，收芜菁、芥、亭历、冬葵，收小蒜。做酱。缲丝剖绵。做枣糒
五月	芒种节，夏至日。暖气始盛，阴慝将萌，霖雨将降	可种胡麻、禾及牡麻，可种黍，别稻及蓝。可菑麦田，刈茭刍。储米、谷、薪炭。准备干粮。做酱
六月	中伏，大暑	趣耘田，菑麦田。可种冬葵、芜菁、冬蓝、小蒜，别葱。可蓄瓠、藏瓜、收芥子。织染。砲麦做麴
七月	处暑中	可种芜菁及芥、牧宿、大小葱子、胡葱，别蘘，刈刍茭，菑麦田，收柏实。作麴
八月	白露节，秋分中。暑小退，凉风戒寒	种大小麦，种大小蒜、芥，可种苜蓿。断瓠作蓄，收韭花，作捣虀，可干葵，收豆藿。刈萑苇及刍茭。可采车前实、乌头、天雄及王不留行
九月		治场圃，修囷仓。藏茈姜、襄荷。作葵菹、干葵。采菊华，收枳实
十月		趣纳禾稼。可收芜菁，藏瓜。渍麴，酿冬酒，作脯腊、糖饴。可别大葱。可析麻。收栝楼
十一月	冬至日，阴阳争	埋五谷测岁宜。伐竹木。籴粳稻、粟、米、小豆、麻子
十二月		休农息役，合耦田器，养耕牛

北魏《齐民要术》对作物播种期、播种量、播种深度之间的关系有了进一步认识，记载了10多种作物的播种期，并有"上时"、"中时"和"下时"之分，其中"上时"是最适宜的播期。还总结了因时因地播种的一系列技术经验，如"良田宜种晚、薄田宜种早，良地非独宜晚，早亦无害；薄地宜早，晚必不成实也"①。耕地深度应因时制宜。《要术》说："初耕欲深，转地欲浅"，因为"耕不深，地不熟，转不浅，动生土也"。秋季深耕利于接纳雨雪，熟化土壤。春夏浅耕则可防止土壤水分蒸发，也不致于翻出生土，影响作物播种和生长。唐代韩鄂《四时纂要》的内容多采自《四民月令》、《齐民要术》等前代农书，以月令形式反映出黄河中下游地区的农业生产和农村生活状况，其中明显包含了农业生产应因时制宜的生态思想。兹就其中按月安排的农业活动略作归纳（表3-4）。

表3-4 《四时纂要》的农事时宜生态知识

月建、节气	主要农事活动
孟春建寅。自立春即得正月节。雨水为正月中气	种藕，治薤畦，耕地，垄瓜地，种葵，秧薤，栽树移桑，种梓，种竹，种柳、松柏杂木，种榆，种白杨林，养羊，备种子，选耕牛、贮羊粪，竖篱落，粪田开荒
仲春见卯。自惊蛰即得二月节。春分中气	耕地，种大豆，种瓜，种胡麻，种韭，种茄，种薯蓣，下鱼种，种桐，种红花，种百合，种枸杞，收茶子，种谷，区种大豆，种早稻，种芋，种薤
季春建辰。自清明即得三月节。谷雨为三月中气	种谷，种大豆，种麻子，种黍稷，种瓜，种水稻，种胡麻，种紫草，种蓝，种冬瓜，莴苣，种姜，种石榴，栽杏，种菌子，种蘘荷，种薏苡，交配驴马
孟夏建巳。自立夏即得四月节。小满，四月中气	锄禾，种谷，种黍、稻、胡麻，种椒，剪冬葵，收茶，贮麦种，放养种鱼，作养鱼池
仲夏建午。自芒种即得五月节。夏至，五月中气	晒麦地，种小豆，种槐，种麻，种胡麻，收红花子，栽蓝，栽早稻，种桑葚，移竹，种诸果，沤麻
季夏建未。自小暑即得六月节。大暑，六月中气	种小豆，种晚越瓜，移栽早稻，插柳，种秋葵，种胡荽，种荞麦，造神曲，翻晒大小麦，种萝卜
孟秋建申。自立秋即得七月节。处暑，七月中气	耕茅草荒田，开荒田，肥谷地，种苜蓿，种葱、薤，种胡荽，种蔓菁，种蜀芥、芸薹，种桃、柳，造米醋，收角蒿，藏瓜、桃，收瓜子
仲秋建酉。自白露得八月节。秋分，八月中气	春谷地耕翻压青，种大麦，种小麦，浸谷种，种苜蓿，种葱、薤，种大蒜，种诸种菜，踏蘘荷，耩薤，剪羊毛，牧猪，养母猪，肥豚，收地黄，收牛藤子

① 《齐民要术·种谷》

（续表）

月建、节气	主要农事活动
季秋建戌。自寒露即得九月节。霜降，九月中气	采白苏子喂鸡，收五谷种子，藏冬菜，收菜子，收枸杞子，收梓实，收栗种，藏干栗
孟冬建亥。自立冬即得十月节。小雪为十月中气	枸杞子酒，翻区种瓜田，耕冬葵地，种豌豆，区种瓠，种大麻，区种茄，盖冬瓜，收冬瓜，收枸杞子
仲冬建子。自大雪即得十一月节。冬至，十一月中气	试种谷，贮雪水，选羔种，籴粳稻、粟、大小豆、胡麻，伐木，取竹箭，造农具
季冬建丑。自小寒即得十二月节。大寒，十二月中气	造醋酒，造酱、鱼酱、兔酱、淡脯、白脯、兔脯、干腊肉，造英粉，贮糯米，留种子，蒸乏猪，斩伐竹木，修造农具，溉冬葵，烧苣蕒地，扫蠹，嫁果树，瘗果斫树

《四时纂要》中的"月建"如"孟春建寅，仲春建卯"等，即以十二个月和十二地支相配合，描述一年十二个月之中阴阳二气的消长转化和万物生长收藏的联系，指导人们按照时节来安排农事活动。十二个月和十二地支相配合的生态意义在《史记》和《汉书》中已有全面阐释。例如，子与十一月相配，"子者，滋也。言万物滋于下也。"阳气发动，生物滋长萌芽。丑与十二月相配，"丑，纽也。言阳气在上未降，万物未出。"阴尽阳生，幼芽出土。寅与一月相配，"寅者，言万物始生寅然也，故日寅。"生物开始发育演变。卯与二月相配，"卯之为言茂也，言万物茂也。"生物逐渐繁茂。未与六月相配，"未者，言万物皆成，有滋味也。"果实成熟，香浓味厚。《四时纂要》的作者将相关"月建"概念运用到农业活动的安排之中，对中国传统生态农学有一定贡献。

3. 宋清时期的时宜生态知识

元代王祯制成"授时指掌活法之图"，将中原地区的月份、物候、星象、二十四节气、农事活动等归于一图，是对物候历表达形式的一种革新，对农事物候历的制定有一定影响。"授时指掌活法之图"呈圆盘型，可分为八个圈层和12个条块，各有相对应的文字及图像（图3－3）。

第一圈层是圆盘的中心，画着北斗七星，这是因为古代是根据北斗星的斗柄指向来确定季节的。据古人记载，北斗星在不同的季节和夜晚的不同时间，出现于天空的不同方位，看起来是在绕着北极星转动。初昏时斗柄指东是春天，指南是夏天，指西是秋天，指北是冬天。斗柄指向东方时，平均温

贡"的影子，即国家根据各地区的土壤肥瘠制定贡赋等级。它把当时全国的土地划为九州，又将九州的土壤分为白壤、黑坟、白坟、斥、赤埴坟、涂泥、壤、垆、青黎、黄壤十种。总的来说，"壤"是指土性和缓而肥美的土壤，包括白壤、黄壤等，主要分布在冀州、豫州、雍州；"坟"指土性膨松而隆起的土壤，主要分布在兖州、青州等地；"垆"是指土性刚硬的土壤，主要分布在豫州；"埴"是指黏质土壤，主要分布在徐州；"黎"是指青黑而疏松的土壤，主要分布在梁州；"斥"指盐渍土，主要分布在青州滨海地区；"涂泥"是指黏质湿土，主要分布在扬州和荆州。据考证，它大体符合我国土壤的分布状况①。

　　这十种土壤名称中的白、黑、赤、青、黄显然是指土壤的颜色；壤、坟、斥、涂泥、垆、埴等则是指土壤质地。二者相组合，形象地反映出土壤的性质和状态。对这些土壤的性状、肥力等，《禹贡》中有说明，汉代以及后世学者也有阐释②。试举几例："白壤"，西汉经学家孔安国说："无块曰壤，水去，土复其性，色白而壤"，该解释反映出白壤的性状及其与水分、盐分之间的关系。白壤可能指含有盐分而质地疏松的土壤，当有水时，盐分融解，水干以后，盐分凝结，地面又成白色；白壤土质柔软不结块，土性和缓，肥力中等，相当于今天所称的盐渍土。"黑坟"，孔安国注释说，黑坟指"色黑而坟起"③。有专家研究认为，坟在这里是指土壤性状，而不是指土壤的地貌特征。坟有坟起或隆起的意思，黑坟黏粒含量高，属比较肥沃的土壤，相当于今天的砂姜黑土④。"黄壤"，分布于雍州。指雍州的土壤主要为黄色壤土，性质柔和，即今天所称的淡栗钙土和黄绵土。以下列表说明《禹贡》所记载的九州土壤状况及其与当地物产的生态关系（表3－6）。

　　① 陈恩凤：《中国土壤地理》第七章，商务印书馆，1953年

　　② 参阅辛树帜：《禹贡新解》，农业出版社，1964年；中国科学院自然科学史研究所：《中国古代地理学史》，科学出版社，1984年；林蒲田：《中国古代土壤分类和土地利用》，科学出版社，1996年

　　③ 《尚书·禹贡》孔安国注

　　④ 林蒲田：《中国古代土壤分类和土地利用》，科学出版社，1996年版，第33页

表3-6 《禹贡》九州土壤与当地物产的生态关系①

州名	地理环境		土壤性状		土地等级	物产分布		
	区位	当今地区	色质	土类考证		作物	果树、林木	动物
冀州	壶口至梁山及其支脉	河北西部、山西、河南北部等	白壤	盐渍土	中中			皮服
兖州	济水与黄河之间	山东西部和北部、河南东南部	黑坟	灰棕壤	中下		木、漆、桑	桑蚕
青州	渤海与泰山之间	山东东部等地	白坟、海滨广斥	灰壤、海滨盐渍土	上下	葛、大麻	松、山桑	畜、蚕
徐州	黄河、泰山及淮河之间	山东南部、江苏北部、安徽北部等地	赤埴坟	棕壤	上中		木、桐、桑	蚕
扬州	淮河与黄河之间	江苏、浙江、安徽南部、江西等地	涂泥	湿土	下下	麻类	橘柚、小竹、大竹	革
荆州	荆山与衡山的南面	湖北、湖南等地	涂泥	湿土	下中	蔓菁	橘柚、柘、桧、柏	草
豫州	荆山与黄河之间	河南、湖北北部等地	壤、下土坟垆	石灰性冲积土	中上	麻类	漆	
梁州	华山南部到怒江之间	陕西南部、四川等地	青黎	无石灰性冲积土	下上			铁
雍州	黑水到西河之间	陕西中北部、甘肃等地	黄壤	淡栗钙土	上上			

除《禹贡》之外,《周礼》、《管子》、《史记·夏本纪》、《淮南子》、《氾胜之书》等书中也有类似的土壤分类及土宜描述方法。如《周礼》提到的九种土壤:驿刚、赤缇、坟壤、渴泽、咸舄、勃壤、埴垆、强榠、轻爨;《管子》所记的平原五土:息土、赤垆、黄堂、赤埴、黑埴;汉代《氾胜之书》提到的缓土、黑垆土、强土、轻土、弱土等。土壤性状不同,其适宜生长的作物和耕作利用方法也有不同。

2.《周礼·地官》"知土辨物"

《周礼·地官》记载,"大司徒"的职责之一是:"以天下土地之图,周

---

① 据郭文韬:《中国传统农业思想研究》(中国农业科技出版社,2001年,第215页)表格改编

知九州之地域广轮之数，辨其山林、川泽、丘陵、坟衍、原隰之名物。以土会之法，辨五地之物生。一曰山林，其动物宜毛物，其植物宜皂物，其民毛而方。二曰川泽，其动物宜鳞物，其植物宜膏物，其民黑而津。三曰丘陵，其动物宜羽物，其植物宜核物，其民专而长。四曰坟衍，其动物宜介物，其植物宜荚物，其民皙而瘠。五曰原隰，其动物宜臝物，其植物宜丛物，其民丰肉而庳。"兹列于表3-7。

表3-7　《周礼》"辨五地之物生"

五地	动物	植物	人民
山林	毛物（虎豹）	皂物（柞栗）	身体多毛而胖
川泽	鳞物（鱼类）	膏物（莲芡）	体黑而有润泽
丘陵	羽物（鸟类）	覈物（梅李）	体态圆而长高
坟衍	介物（龟鳖）	荚物（豆科）	白皙而瘰瘦
原隰	臝物（人类）	丛物（萑苇）	肌肉丰厚而矮小

意思是说，大司徒专门负责调查山林、川泽、丘陵、坟衍、原隰等五类土地所适宜生长的动植物，山地森林里，动物主要是兽类，植物主要是柞栗之类的乔木；河流湖泊里，动物主要是鱼类，植物主要是水生或沼生植物，如莲、芡等；丘陵地带，动物主要是鸟类，植物主要是梅、李等核果类果木；冲积平地，动物以甲壳类为主，植物以豆科为主；高原低洼地（相当于沼泽化草甸），动物以蚊、虻一类昆虫为主，植物则以丛生的禾草或莎草科植物为主[①]。这段记载对五种不同的自然环境及其所适宜的动植物作了全面论述，反映出当时人们已认识到土地条件不同，上面生长的动植物以及人的体质也有差异，观察到生物有机体与其周围环境的密切关系，这明显属于生态观念。

古人还认为，山川薮泽都是"地"的构成部分，且都是由气生成的，不破坏自然，不妨碍地气正常运行，才能保证土地的永续利用。

"古之长民者，不坠山，不崇薮，不防川，不窦泽。夫山，土之聚也；薮，物之归也；川，气之导也；泽，水之钟也。夫天地成而聚于高，归物于下，疏为川谷，以导其气；陂塘污庳，以钟其美。是故聚不阤崩，而物有所归；气不沉滞，而亦不散越，是以民生有财用，而死有所葬。"[②]

---

① 唐德富：《我国古代的生态学思想和理论》，载《农业考古》，1990年第2期
② 《国语·周语下》"齐太子晋谏灵王语"

土地高下，物类各有所宜，相关要素不遭到破坏，阴阳之气不失其序，动植物才会繁衍丰茂，老百姓才会财用充足。以上述认识为基础，上古统治者提出了保护山林川泽的思想，并制定了不少环境保护措施。

3. 《管子·地员》"草土之道"

《管子·地员》对土地与动植物之间生态关系的研究更为深入，书中所总结的"草土之道"反映出这一时期我国植物生态研究取得新的进展，对农作物栽培有重要指导作用。"地员篇"可分为两个部分，前半部分主要论述平原和山地的各种生态状况，指出土地高度、地下水位和土壤类型不同，土地适合生长的植物就有差别；后半部分主要说明各种土壤的性状及其所适宜的植物种类。

在前半部分，作者首先描述了植物的垂直分布和生态序列现象，并将山的高度、相应的地下水位状况与生长的典型植物相联系。文中写道："山之上，命之曰悬泉，其地不干，其草茹茅与芦，其木乃㯉；凿之三尺而至于泉。山之上，命之山復嵝，其草鱼肠与菀，其木乃柳；凿之三尺而至于泉。山之上，命曰泉英，其草蕲、白昌，其木乃杨；凿之五尺而至于泉……"①从高到低分别叙述了山地的植物分布及地下水位情况。例如，文中对山地木本植物分布的认识：山地最高的部分生长着落叶松，次高的部分生长着山柳，往下第三部分生长着山杨，再往下第四部分的高度上长着榗楸之类杂木，第五部分为山麓地带，这个高度长有刺榆（图3-4）。这些情况与华北地区山地植物的分布差异不大，可见两千多年前，人们已比较准确地观察到山地植物垂直分布的生态现象②。

"地员篇"还总结出丘陵地一个小地形中的草本植物分布情况。书中指出"草"与"土"之间的关系："凡草土之道，各有谷造，或高或下，各有草物。"即土地所处的地理位置不同，土壤性质也不同，其所生长的植物也有差异。接着按照地势高低由下到上依次列出十二种植物的分布序列。"叶下于鬱，鬱下于苋，苋下于蒲，蒲下于苇，苇下于藿，藿下于蒌，蒌下于荓，荓下于萧，萧下于薜，薜下于萑，萑下于茅。"夏纬瑛先生认为，其中的"叶"就是荷；"鬱"是水生植物菱或菰；"苋"是生在浅水中的莞属植物；"蒲"是今菖蒲属中的植物；"苇"是芦苇，生在浅水及水边的湿地，

---

① 夏纬瑛：《管子·地员篇校释》，农业出版社，1981年，第29页

② 参阅汪子春等：《中国古代生物学史略》，河北科技出版社，1992年，第24页

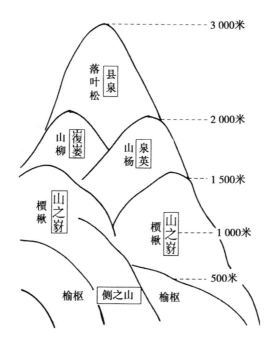

图3-4 山地植物垂直分布示意图
(采自夏纬瑛《管子·地员篇校释》)

介乎水陆之间;"蓷"是旱生的苇;"莪"即莪蒿,生长地势与"蓷"接近而较高;"芹"当是现在的扫帚菜;"萧"当是现在耐旱的蒿属植物;"薜"是莎草类植物,这里指的是生长在干燥地方的某些种类;"萑"是益母草,能生长在比较干燥的地方;"茅"就是现在所说的白茅,生长在较干旱的高地①。作者在这里把各种水生、湿生、挺水、中生、旱生草本植物的不同生长环境作了较详细的记录,反映了地势高下与水分等生态因子对植物分布的影响,注意到植物分布与环境的密切关系(图3-5)。

《管子·地员》的后半部分,专门讨论土壤环境及其所适宜的作物、草木种类,说明土壤的性状、肥力、位置等对于植物生长及分布的生态关系。书中指出,天下"九州"的平原、丘陵、山地各有不同的土壤,生长着不同的植物,并详细记述了上、中、下三类共三十种土壤的性状和适宜生长的动植

---

① 夏纬瑛:《管子·地员篇校释》,农业出版社,1981年,第37页

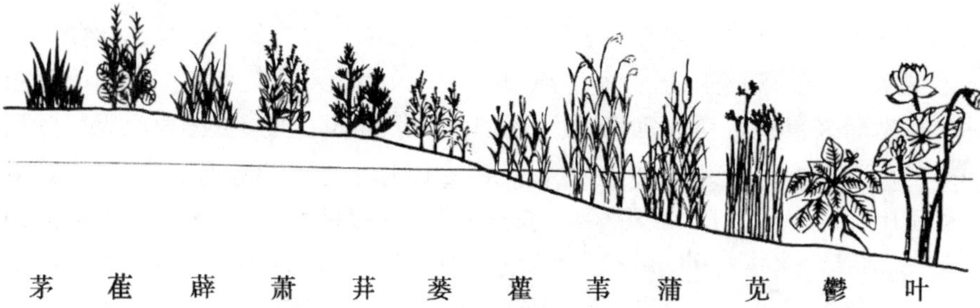

图3－5　草本植物生态系列示意图（夏纬瑛《管子地员篇校释》）

物。其中粟土“干而不格，湛而不泽，无高下葆泽以处”，在上等土壤中位居第一。作者在解释粟土时说：“九州之土，为九十物，每州有常而物有次。群土之长，是唯五粟……五粟之状，淖而不肕，刚而不觳，不泞车轮，不污手足。其种大重细重、白茎白秀，无不宜也。五粟之土，若在陵在山，在隫在衍，其阴其阳，尽宜桐柞，莫不秀长；其榆其柳，其檿其桑，其柘其栎，其槐其杨，群木蕃滋，數大条直以长。其泽则多鱼，牧则宜牛羊。其地其樊，俱宜竹箭、藻、龟、楢、檀；五臭生之，薜荔、白芷、蘪芜、椒、莲。”可见当时对不同土壤的动植物生态已有全面细致的研究。《管子·地员》的前半部分在记述渎田（平原地区）的各种水土状况和植物类型的时候，也涉及土壤类型及植物生态问题，不再详述（具体内容见表3－8）。

表3－8　《管子·地员》对平原地区土壤类型及植物生态的总结①

土壤名称	息土	赤垆	黄堂	斥埴	黑埴
土壤性状	冲积土	赤色、疏松、刚强、肥沃	沙质、脆弱	棕色黏壤土	黑色黏壤土
土地等级	最上	最上	下等	中等	上等
适宜作物	适宜种植各种谷物	适宜种植谷物、麻类	适宜种植黍秫	适宜种植菽麦	适宜种植稻麦
植物资源	苍（藿香草）、杜松（芒），楚（荆）棘（丛生小枣）	白茅、蘿（苇），赤棠（杜梨）	白茅，椿槐桑	茵（沙草），杞（杞柳）	苹（扫帚草）、蓨（蒿）、蘿，白棠（杜梨）

① 据郭文韬：《中国传统农业思想研究》（中国农业科技出版社，2001年，第216页）表格改编

"群土之长，是唯五粟（息）"，在《管子》所谈到的多种上等土壤中，息土即粟土，被看作"群土之长"。这大约是因为息土作为冲积土，颗粒均匀，细而不黏，构造疏松，肥力高，蓄水力好，即使久旱不雨，作物也能繁衍生息。另外，息土最适宜种植粟这种当时黄河流域的主要粮食作物，所以息土又被称为粟土①。《管子》还把含盐多的土壤列为最差的土壤，称为"桀土"。书中认为"五桀之状，甚咸以苦，其物为下。""五桀"即"桀土"，这种土壤"甚咸以苦"，属于盐碱土，不利于农作物生长。一般说，盐碱土不经过改良是很难耕种的，故《管子》把它列为最差的土壤。

可以看出，《管子·地员》已揭示出这样的生态学原理：在不同的环境条件下，一定的土壤生长着一定的植被，彼此依存，形成特有的生态系统。这样的认识为因地制宜发展农业生产提供了理论依据，在中国农业史上有重要贡献。李约瑟博士曾这样评价中国人在土壤学及生态学方面的贡献："土壤学连同生态学和植物地理学，确实都好像发源在中国。"②

二、秦汉以后地宜思想的发展与运用

先秦时期，人们对地宜的认识侧重于土地条件与动植物分布的关系方面，类似"上田弃亩，下田弃畎"这样因地制宜的土地利用思想尚不普遍。秦汉以后，地宜思想逐步发展，并应用于作物种植和土地利用、土壤耕作等各个方面，成为人们从事农业生产的基本原则。

1. 汉唐时期的地宜思想与农业实践

西汉前期成书的《淮南子》指出，农业经营的原则是"水处者渔，山处者木，谷处者牧，陆处者农"。"肥硗高下，各因其宜。丘陵坂险，不生五谷者，以树竹木。"司马迁在其《史记·货殖列传》中，将当时的国土划分为山西、山东、江南、龙门碣石以北等四大经济区域，每个大区中又指明若干小区，描述其经济特征以及风俗习惯之异同。例如，山西经济区的关中："膏壤沃野千里"，人民重农好稼，经济文化发达。山东经济区的齐地："齐带山海，膏壤千里，宜桑麻，人民多文采布帛鱼盐"。江南的楚越地区，

① 参阅中国科学院自然科学史研究所地学史组：《中国古代地理学史》，科学出版社，1984年

② （英）李约瑟、鲁桂珍：《中国古代的地植物学》，董恺忱、郑瑞戈译，《农业考古》，1984年第1期

"地广人稀，饭稻羹鱼，或火耕水耨，果隋赢蛤，不待贾而足，地势饶食，无饥馑之患"。龙门碣石以北的半农半牧区，气候干冷，土地平坦，草场广阔，畜牧业发达，出产马、牛、羊和畜产品①。另外，司马迁还列举了不少因地制宜，发展农业商品生产的事例，所谓"安邑千树枣，燕秦千树栗，蜀汉江陵千树橘，齐鲁千亩桑麻"；"陆地牧马二百蹄，泽中千足彘，水居千石鱼陂，山居千章之材，城郊千畦姜韭"等。这说明秦汉时期人们已充分认识到地理环境及土地条件与农业生产、社会生活的关系，因地制宜的农业生态思想与实践有了较大发展。

秦汉以来，地宜生态思想和技术措施还贯穿到农业生产的各个具体环节，这在传统农书中有集中反映。西汉《氾胜之书》继承和发展了先秦时期因时因地耕作的思想，指出土壤有"强土"和"弱土"之不同，耕作时应区别对待，抓住耕作时机，采用适宜的耕作方法，以改善土壤结构，实现"和土"的耕作目标。"春地气通，可耕坚硬强地黑垆土。辄平摩其块以生草；草生，复耕之。天有小雨，复耕。和之，勿令有块，以待时。所谓'强土而弱之'也。"对于轻土弱土，则在杏花盛开的时候开始翻耕，杏花落的时候，再耕。对于作物的播种时期，《氾胜之书》也强调"因地为时"："三月榆荚时，雨，高地强土可种禾。"东汉《四民月令》说，麦子的播种时间因田地肥瘠不同而有早晚之分："凡种大小麦，得白露节，可种薄田；秋分，种中田；后十日种美田。"

北魏贾思勰《齐民要术》认为，作物播种时间早晚因土地性质不同而各有所宜："良田宜种晚，薄田宜种早"；种植谷子的田地有上、中、下三个等次的差别，当然上等田最为适宜："凡谷田，绿豆、小豆底为上，麻、黍、胡麻次之，芜菁、大豆为下"；同一作物，土地肥瘠不同，所适宜的播种量也不一样：种谷"良地一亩，用子五升，薄地三升。"②《齐民要术》还以各种树木、竹子为对象，分别就其生长习性及对其他生物的生态影响，总结了因地种树经验。"下田停水之处，不得五谷者，可以种柳。"因为柳树能耐水湿。柞"宜于山阜之曲"。榆树"其白土薄地，不宜五谷者，唯宜榆及白榆"。种竹"宜高平之地（近山阜尤是所宜，下田得水则死）。黄白

---

① 《史记·货殖列传》
② 《齐民要术》"种谷第三"

软土为良。"① 意思是说，不宜五谷之地，应想办法种植竹木，这样既不与粮食作物争地，又能充分利用各种土地资源，获林木之利。

隋唐时期，南方水田耕作农具江东犁（曲辕犁）的发明与推广，各式水车的普遍使用以及南方地区茶叶、蚕桑生产的发展，实际上都是因地制宜的农业生态思想不断传承和运用的结果。

2. 宋元时期的地宜思想与农业实践

随着南方农业的开发和发展，宋代的地宜思想与实践又增加了新的内容，这主要表现在土地利用规划和水田的因地耕作方面。南宋陈旉《农书》"地势之宜篇"专门论述地宜问题："夫山川原隰，江湖薮泽，其高下之势既异，则寒燠肥瘠各不同。大率高地多寒，泉冽而土冷，传所谓高山多冬，以言常风寒也；且易以旱干。下地多肥饶，易以淊浸。故治之各有宜也。"指出土地位置不同，其地势、温度、肥瘠、旱涝情况也不相同，应结合南方地区的水利条件，采用不同的措施进行土地规划与治理。书中重点介绍了高田、下地、坡地、葑田、湖田等五种土地利用方式，其中高田利用将种稻、灌溉、防涝、蚕桑和畜牧等有机结合在一起，规划尤为合理精详。其核心是在高田中开凿陂塘，田里种稻，塘中蓄水，灌溉防涝，塘堤上种植桑柘，树下系牛。这样，"牛得凉荫而遂性，堤得牛践而坚实，桑得肥水而沃美，旱得决水以灌溉，潦即不致于弥漫而害稼。高田早稻，自种至收，不过五六月，其间旱干不过灌溉四五次，此可力致其常稔也。"这种规划强调因地制宜，符合科学原理，可看作是传统土地利用生态化的典范。

元代官修农书《农桑辑要》"地利篇"进一步总结了自然地理环境的地域分异规律，用以指导农业生产："洛南千里，其地多暑，洛北千里，其地多寒，暑既多矣，种艺之时不得不加早；寒既多矣，种艺之时不得不加迟。"这里以洛水为界限，从总体上说明南北两地的农业生态状况。在局部地区，"山川高下之不一，原隰广隘之不齐，虽南乎洛，其间山川高旷，景气凄清，与北同寒者有焉；虽北乎洛，山隈掩抱，风日和煦，与南方同暑者有焉。"就是说，地宜总体上有南北差异，但就小区域来说，农业生产还受地形和地势的影响，人们在耕作栽培过程中应采取相应的措施。元代农学家王祯也总结了全国的农业地宜状况，他说："天下地土，南北高下相半。且以江淮南北论之，江淮以北高田平旷，所种宜黍稷等稼，江淮以南，下土

① 《齐民要术》"种槐柳楸梓梧柞"、"种榆白杨"、"种竹" 等

涂泥，所种宜稻秫。又南北渐远，寒暖殊别，故所种早晚不同。惟东西寒暖稍平，所种杂错，然亦有南北高下之殊。"① 作者根据全国的土地条件，南北以江淮为界，指出农业地域分异的纬度地带性，还注意到其东西分布的非纬度地带性，认识到农业地宜或地域性分异是由两种地域分异规律共同决定的。

3. 明清时期的地宜思想与农业实践

明清时期，大量方志文献和农书的记载表明，人们对农业生产的地宜问题有了更为全面而细致的认识。清代杨屾《知本提纲·农则》将"耕道"概括为："通变达情，相土而因乎地利，观候而乘乎天时。"尤为重要的是，明清时期，因地因土制宜的思想被应用到农田水利、施肥、作物种植、垦荒等更多的农业生产环节中去。这主要表现在人们会根据当地的热量、水利、地形、土壤等各种生态环境要素，选择相应的技术措施。例如，新疆坎儿井、甘肃砂田、西南地区的冬水田、长江中下游地区的圩垸修筑、南方山地丘陵及泉水利用、珠江三角洲的桑基鱼塘等，都是传统农业因地制宜的典范。

以地带垂直差异较为显著的西南地区来说，人们通常在河谷地带种植水稻、棉花和其他小春作物，而以水稻为主，普遍实行一年两熟制，种植比较精细。半山地带种植旱作物，有麦类作物、豆类作物和粟谷类作物，此外亦有少量的梯田水稻，存在着一年两熟制，耕作比较粗放。半山以上地带，则种植粟谷类作物，以耐寒的荞麦和青稞为主，只能实行一年一熟的种植制度，耕作则很粗放。实际上，全国各个地方都有这种因地种植的经验。人们往往根据地形地势，把田地分为高田、低田、山田、围田、湖田、平地、坡地等不同类型，安排相应的作物或采用相应的种植制度。明代弘治《温州府志》就把当地的田地分为三类，即平田、低田和山地，在平田上发展双季间作稻，在低瘠田亩，"单插一季稻苗"，在山地上，则种麦、豆、桑、麻、木棉花。清代刘贵阳《沂水桑麻话》总结了山东沂水县二年三收的经验，书中把农田分为两类，一是所谓坡地，"两年三收"初次种麦、麦后种豆，豆后种蜀黍、谷子、黍稷等。而涝地"二年三收，亦如坡地，惟大秋概种穄子"。

再具体到土壤与作物种植和耕作之间的关系问题上，可以看出明清时期

---

① （元）王祯：《农书·农桑通诀》"地利篇"

南北各地积累的土宜经验十分丰富。嘉庆《直隶绵州志》卷 13《风俗》记载："土之腴美者，以黑沙土为最。稻后种豆麦小春，收后又复种稻，一年可以两获……青黎土、黄沙土田皆产苕……趁苕花大浪时，犁翻引水，污汇至腐，耕起插秧已茂。秋后又可苕可麦可菜可胡豆。黄泥田不宜小春，亦蓄冬水……水足，更宜多沃以粪，地力方厚。沙砾田宜种小春，瘠者宜饭以苕，但此田十亩之水方足一亩之用，宜源源接济，勿使断流。黑泥田多冷浸，只宜早稻，若种豆粟，唯在粪多……旱地以土厚为最，倚粪为主，因土种植。春耕宜迟，必待地气之通。秋耕宜早，务乘天气之暖，阳和之气掩卷土中，地气方旺。谚云，耕宜深，种宜浅，锄宜多。地薄者，捡去砾石，培以沃土，加以粪壤，可转硗为肥。河坝地多白沙，只宜旱种，不耐天干。"① 文中总结了当地各种田地类型及其耕作宜忌，内容相当细致且实践性很强。

即使开垦荒地，也讲究因土制宜。《新疆志稿》卷 2《农田》记载："垦荒之法，先相土宜。生白蒿者为上地，生龙须草者为中地，生芦苇者多碱，为下地，然宜稻。既度地利，乃刈而焚之，画成方罫形。夏日则犁其土，使草根森露，曝之欲其干也。秋日则疏其渠，引水浸之，欲其腐也。次岁春融则草化而地亦腴。初种宜麦。麦能吸地力化土性，使坚者软，实者松。再种宜豆，豆能稍减碱质。若不依法次第种之，则地角坼裂，秀而不实矣。如是而三年后，五谷皆宜，每种一石，约可获二十石。"这表明，清末新疆的农业耕作中，人们认识到土地肥力与植被之间存在着密切关系。不仅不同的土地适宜于不同的作物，初垦土地和复垦土地的不同特点也关系到作物品种的选择。作物品种选择得当，则自然土壤能较好地转变为农业土壤；反之，则土地性状变差，作物生长也会受到影响。

另外，清政府的农业技术推广，也比较注意因地制宜。例如，乾隆二年（1737 年），清政府曾制定过一个农业技术推广原则："第五方之土宜不同，南北之民情不一，其教导之法，应令让大吏董率所属，随地制宜，因民劝导。黍高稻下，勿违其性；水耕火耨，各当其宜。或饬老农之勤敏者，以劝戒之；或延访南人之习农者，以教导之；或开渠筑堨，以备蓄泄灌溉；或树桑养蚕，以资民生利用。务使农桑之业，曲尽地之所宜。"② 显然，这一技

① 此文原系乾隆十三年（1748 年）《什邡县志》所在什邡知县史进爵所撰写的"耕作之法"
② 《清高宗实录》卷四十四

术推广原则的核心是"因地制宜"。有学者认为，清王朝在技术推广方面与前朝颇有不同。清以前的王朝对于技术推广的态度一般只停留在劝勉层面，而清王朝却颇多地注意环境条件和技术细节，因而技术传播与推广的成效比较明显[①]。

第三节　因物制宜的生态思想及其农业实践

古文献中所说的"物性"、"物情"、"天性"，一般是指动植物的生物学特性。而现代的"生态"概念，除了表示生物与其生长环境之间的关系之外，还表示生物的生长发育状态即生物学特性。就前者而言，农业生物与环境条件是相统一的；就后者而言，物性和生态一词有相通之处。古人认识到，物性体现在各个方面，如动植物的遗传性、变异性以及生长发育的阶段性等。在这种思想认识的基础上，人们在农业生产实践中运用和阐发了因物制宜的生态观念，并正确处理了风土条件与异地引种的生态关系问题。

一、动植物的物性与农业的物宜思想

动植物物性的遗传性指的是各种生物的性状能够传给子代，使子代和亲代之间具有相似性；变异性指的是子代与亲代之间以及子代与子代之间所具有的差异性；生长发育的阶段性则是指动植物在其成长过程的不同阶段所表现出的性状特征及环境适应能力。随着古人对动植物物性认识的不断深化，传统农业因物制宜的生态思想与实践也更加具体和明确。

1. 古代关于农业生物遗传性的认识和实践

战国时期，人们已经把物种的遗传性状看成是自然规律。汉代王充《论衡》对植物生态以及选育优良品种的重要性作了很好的阐述。《论衡·奇怪篇》："万物生于土，各似本种……物生自类本种"。《论衡·物势篇》：生物"因气而生，种类相产，万物生天地之间，皆一实也"。就是说，生物种类的性状是可以遗传的，且万物的生殖都是通过种子来实现的。《论衡·初禀篇》指出，植物的性状是由其前代通过种子传递的："草木生于实核，出土为栽蘖，稍生茎叶，成为长、短、巨、细，皆由实核。"即植物的个体

---

① 参阅萧正洪：《环境与技术选择：清代中国西部地区农业技术地理研究》，中国社会科学出版社，1998 年，第 322–323 页

发育，是从实核（种子）开始的，种子发芽出土后长出茎叶，草木种类不同，茎叶长成后的形状就不相同。

贾思勰《齐民要术》有不少涉及生物遗传性和变异性的记述，而且相关内容与因物制宜的农业活动联系在一起。书中所言的"性"或"天性"，相当于现代遗传性的概念，且相关内容明确地表达出因物制宜的生态思想。《种谷篇》在讲到谷子种类时说："凡谷，成熟有早晚，苗秆有高下，收实有多少，质性有强弱，米味有美恶，粒实有息耗"①。《养牛马驴骡篇》则说："服牛乘马，量其力能；寒温饮饲，适其天性"。类似的记载还有很多，如梁秫"收刈欲晚"，是因为"性不零落，早刈损实"。茌蓼要"候实成，速收之"，因为"性易凋零，晚则落尽"。大豆"必须楼下"，因为"豆性强，苗深则及泽"。"榆性扇地，其阴下五谷不殖"。"李性耐久，树得三十年，老虽枝枯，子亦不细"。紫草"性不耐水，必须高田"。竹子"性爱向西南引，故于园东北角种之，数岁之后，自当满园"。

元代王祯《农书》除了引述前代文献关于生物物性及物宜的内容之外，还增添了一些相关的新材料。"九州之内，田各有等，土各有产。山川阻隔，风气不同。凡物之种，各有所宜。故宜于冀兖者不可以青徐论，宜于荆兖者不可以雍豫拟。此圣人所谓分地之利者也。"全国各地农业自然条件不一样，所适宜种植的作物也有不同。水稻"非水则无以生，故种艺之法，宜选上流出水，便其性也。"② 南方的一些特有果木，荔枝"性不耐寒"，龙眼"木性畏寒"，橄榄"性畏寒"等。

明清时期，农业生产的"物宜"原则更为具体、明确。从马一龙的《农说》和杨岫的《知本提纲》可以看出，明清时期已正式将物宜作为耕作的基本原则。山西寿阳的地方性农书《马首农言》则集中记述了几种主要作物的土壤耕作技术：谷子，"耕一次，耙二次，以多为贵。俗谓：'耕三耙四锄五遍，八米二糠再没变'。"黑豆，"原，子三升半，犁深三寸；隰，子亦如之，深则二寸。深随耐旱，少不发苗；浅虽发苗，后不耐旱。"春麦，"以犁耕而种者，宜浅不宜深"；"以镢勾开地界而种者，勾毕足覆土踏之"。杨岫的《知本提纲》还提出施肥的"三宜"原则，其中的"物宜"就是根据作物种类特性使用不同肥料，如谷子宜用黑豆饼和绿肥，蔬菜宜用

---

① （北魏）贾思勰：《齐民要术·种谷篇》
② （元）王祯：《农书·百谷谱》"水稻"

人粪和油渣等。

清代陈淏子《花镜》一书，对动植物的遗传性及相关的生态状况有更深刻的论述。《花镜·课花大略》："生草木之地既殊，则草木之性情焉得不异？故北方属水性冷，产北者自耐严寒；南方属火性燠，产南者不惧炎威，理势然也。如榴不畏暑，愈暖愈繁；梅不畏寒，愈冷愈发。荔枝、龙眼，独荣于闽粤；榛、枣、柏，尤盛于燕齐。橘柚生于南，移之北则无液；蔓菁长于北，植之南则无头。"作者阐述了植物遗传性的成因，即各种植物生长的环境条件不同，导致其形成不同的遗传特性。原产于北方的耐寒，原产于南方的耐热，这种遗传性实际上就是其生态适应性。以下列举《花镜》描述草木习性（遗传特性）与物宜的部分内容，反映古人对植物生态的观察及相应的农业活动（表3-9）。

表3-9 《花镜》关于草木习性与物宜的描述

生物类别	名　称	生态（遗传特性）与物宜
木类	柏	诸木向阳，柏独西指，其性坚致，有脂而香
	山茶	性喜阴燥，不宜大肥
	瑞香	其性喜阴耐寒，然又恶湿
	南天竹	其性喜阴而恶湿。不宜浇粪，但用肥土
	柳	本性柔脆，北土最多
	杨	柳性耐水，杨性宜旱
	梧桐	稍长移种背阴处方盛，地喜实，不喜松
	胡椒	喜阴恶湿，宜壅河泥
	茶	性畏水与日，不浇肥者，茶更香美
果类	梅	性洁喜晒，浇以塘水则茂，肥多生秀
	桃	性早实，三年便结子
	李	性较桃则耐久，可活三十余年
	郁李	性洁喜暖，春间宜载高燥处，浇以清水，不用大肥
	石榴	性宜砂石。性喜暖，虽酷暑烈日中，亦可浇以水粪
	枇杷	性不喜粪，但以淋过淡灰壅之，自能荣茂
花类	牡丹	其性宜凉畏热，喜燥恶湿，惧烈风酷日
	杜鹃	性最喜阴而恶肥
	海棠	性不喜肥，颇畏寒，宜避霜雪
	紫荆花	性喜肥，畏湿
	铁线莲	性喜燥，宜鹅鸭毛水浇
	水仙	因性喜水，故名水仙
	秋海棠	性喜阴湿
	素馨花	性畏寒，喜肥
	菊花	其性喜阴燥而多风露之所

2. 古代关于农业生物变异性的认识和实践

中国古代对变异性同样早有认识。《周礼·考工记》所言的"橘踰淮而为枳"就是对植物变异性的形象描述。就选育动植物优良品种而言，人们既需要利用遗传性规律保存其优良性状，又需要利用变异性规律改造其低劣性状。《齐民要术》对农作物变异性的记述更为具体。《种蒜篇》说："并州无大蒜，朝歌取种，一岁之后，还成百子蒜……芜菁根，其大如碗口，引种它州，子一年亦变。大蒜瓣变小，芜菁根变大，二事相反，其理难推……并州豌豆度井陉巳东，山东谷子入壶关、上党，苗而无实。皆余目所亲见，非信传疑。盖土地之异者也。"这段话的意思是说，山西并州的大蒜种来自河南朝歌，种过一年之后，蒜瓣就变小了。而并州的芜菁引种到其他地方，芜菁根却变大了。并州的豌豆拿到河北井陉以东去种，山东的谷子拿到山西壶关、上党去种，都只能徒长，而不开花结实，这大概是由于土地的不同而引起的。

宋代王观在《扬州芍药谱》中说："扬州之芍药，受天地之气以生，而大小深浅，亦随人力之工拙而移其天地所生之性。故异容异色，间出于人间。"芍药接受天地之气而形成的生态特征，是可以通过人工培育而改变的。宋代刘蒙《菊圃》说，"花大者为甘菊，花小而苦者为野菊"，如果把野菊种在园圃的肥沃之处，就能使它长得像甘菊一样。清代《花镜》对植物变异的阐述更为细致。"花主园丁，能审其燥湿，避其寒暑，使各顺其性，虽遐方异域，南北易地，人力亦可以夺天工。"[1] 就是说，人们只要掌握了花卉植物的生态特点，做到"各顺其性"，即使植物的生活环境发生改变，它们依然能正常生长发育。《花镜》还指出人工选择及培育对于草木性状变异的作用："凡木之必须接换，实有至理存焉。花小者可大，瓣单者可重，色红者可紫，实小者可巨，酸苦者可甜，臭恶者可馥，是人力可以回天，惟在接换而得其传耳。"

生物物性除遗传性和变异性外，还可以从其他方面去理解，如生物生长发育具有阶段性，环境影响生物生长发育，生物对环境也有一定选择性和适应性等。其中生物对环境的选择性和适应性思想对农业生产实践有很大影响，元明时期在作物引种过程中对"唯风土论"的批判正是这种思想的反映。

---

[1] （清）陈淏子:《花镜》"课花大略"

二、对"唯风土论"的批判与异地引种

《周易·未济·象传》有"辨物居方"的说法，所谓"辨物"指的是要辨别生物的遗传特性，"居方"则是按照生物的遗传特性给它们创造适宜的生长条件。由于生物和环境是一个对立统一体，各种生物都要求一定的生态条件，所以人们在协调生物和环境的关系时，必须遵循"辨物居方"的原则，实行因物因地种植。

"橘逾淮北则为枳，叶徒相似，其实味不同，水土异也。"① 元明以前，人们在农业生产中注重因地制宜，认为有些作物脱离了原来的生长环境，性状就会发生改变，这种思想有一定合理性。但也有人将作物对环境的选择性绝对化，忽视了在人力干预下作物对环境的适应性以及某些变异的有利性，从而产生了"唯风土论"的思想。唯风土论者过于强调风土即气候和土壤条件对于作物生长发育的制约作用，认为一种作物只能在其原产地生长，逾越这个范围，作物就会变异乃至死亡，所以他们反对异地引种。

从元代开始，元代政府为了解决民众的穿衣问题，拟在全国推广棉花和苎麻的种植。但这一举措遭到某些人的非议，他们以"风土不宜"为依据，反对木棉的推广及异地引种。为了批驳那些唯风土论者的观点，推广木棉种植，元代官修农书《农桑辑要》特设"论九谷风土及种莳时月"、"论苎麻木棉"等专篇。从作物生态角度来看，这些篇章的主要观点是，在异地引种时，注意气候和土壤条件是必要的，但作物对环境也有一定适应性，如果因物制宜、种植得法，棉花和苎麻就能够成功推广。

"苎麻本南方之物，木棉亦西域所产，近岁以来，苎麻艺于河南，木棉植于陕右，滋茂繁盛与本土无异。二方之民，深荷其利。悠悠之论，率以风土不宜为解，盖不知中国之物出于异方者非一，以古言之，胡桃、西瓜，是不产于流沙葱岭之外乎？以今言之，甘蔗、茗芽，是不产于牂柯、筰笮之表乎，然皆为中国珍用，奚独至于麻棉而疑之！虽然抵之风土，种艺不谨者有之，抑种艺虽谨，不得其法者亦有之。"

其主要观点是：唯风土论者仅以某些引种失败的事例，来否定棉花等作物的推广，是不对的。实际上有些引种者之所以失败，可能是种艺不当或不得其法，即人力因素造成的，不能将所有引种失败都归咎于气候和土壤条件

① 《艺文类聚》卷二十五引《晏子春秋》

的限制。应当说，《农桑辑要》中批驳"唯风土论"的内容，对元代棉花等纤维作物的引种和推广起到了积极作用。

明代末年，作物引种事例日益增多。从国外引进的重要作物有甘薯、玉米、花生、烟草、马铃薯等，国内南种北移和北种南移之事亦屡见不鲜。这时又有人以风土论为借口，反对作物的异地引种。而徐光启以其丰富的农学知识，结合农业试验，阐述了"有风土论，不唯风土论，重在发挥人的主观能动性"的基本观点，竭力为新作物、新品种的推广扫清思想障碍①。

徐光启首先承认风土条件对某些作物异地引种有限制作用，但这样的作物并不多。"荔枝龙眼，不能逾岭；橘柚柑橙，不能过淮；他若兰、茉莉之类"。他指出，所谓"风土不宜"，主要是气候作用的限制，与土壤关系不大，"其中亦有不宜者，则是寒暖相违，天气所绝，无关于地。"这种分析显示出作者的农学素养。徐光启接着指出："古来蔬果，如颇棱、安石榴、海棠、蒜之属，自外国来者多矣；今姜、莳荠之属，移栽北方，其种特盛，亦向时所谓土地不宜者也……凡地方所无，皆是昔无此种，或有之而偶绝，果若尽力树艺，殆无不可宜者"。为此，徐光启列举历史上大量引种成功的事例，对一些官僚和游闲之民以"风土不宜"为借口，因循守旧，反对新作物引种的言论作了有力批驳。

徐光启提到宋真宗成功引种"占城稻"的事例："真宗从占城移至江浙，江翱从建安移之中州，稍一展转，便令方内足食，则言土地不宜，使人息意移植者必不可也。"他还讲到棉花引种的事例：《农桑辑要》成书于元初，当时有人便云木棉种陕右，不宜行之其他州郡，独孟祺、苗好谦、畅师文、王祯之属，能排贬其说，"至于今率土仰其利，始信数君子非欺我者，呜呼！岂独木棉哉。"徐光启认为，只要用心栽培，许多作物就可能突破地域生态条件限制，成功推广，不可轻信传闻，捐弃佳种美利。除了从理论上对唯风土论加以批驳之外，徐光启还身体力行，用农业试验来证明作物异地引种的可能性"余故深排风土之论，且多方购得诸种，即手自树艺，试有成效，乃广播之。"徐光启有关风土问题的论述，再次突破了作物异地引种的思想障碍，有力地促进了明代末期新大陆作物的引种和推广。

徐光启在风土问题上所持的思想观点，使他在棉花、甘薯等作物的推广方面做出了重大贡献。若从农业生态学角度看，农业生物和环境条件是相互

①　郭文韬：《中国传统农学思想研究》，中国农业科技出版社，2001年，第237页

统一的整体，生物对气候、水土等环境条件有一定选择性，也有一定的抗逆性，采取相应的技术措施，按照农业生物遗传变异规律，协调生物有机体同外界环境的关系，促进农作物正常生长发育，正是农业生产的任务。元明以来，农学家在作物生态适应性方面的新见解，对于作物异地引种和推广有重要意义。

第四章 先秦至宋元时期的土地
开垦及其生态效应

人们从事农业活动，很早就注意"相地之宜"。最初的农田，一般都在有稳定水源的定居点附近，世界上一些大河流域能成为农业文明的摇篮，显然与人类对自然环境的选择和利用有直接关系。春秋战国时期中国传统农业确立之后，人们利用和改造自然的能力大为增强。在人口逐渐增多、衣食需求日益增加的情况下，古人一方面努力提高耕地的单位面积产量，另一方面则与山争地、向水要田，开辟新的土地，扩大"造田"面积。就后者而言，中国的土地资源开发，经历了一个由中原到边疆，由平原到山地丘陵以及湖沼滩涂的大致过程，出现了区田、代田、畲田、梯田、圩田、架田、沙田、湖田等各种土地开垦与利用方式。这些宋元之前已基本齐备的传统土地资源开发利用方式，对区域土地生态和农业景观影响很大，其中包含着合理开发和利用土地、保护土地资源的有益经验，也有不少破坏生态环境的教训。

第一节 夏商周时期的土地开垦利用与环境适应

古史传说中的炎黄时代，是我国农业起源并初步发展的时代[1]，这一时期原始农业文化的形成与炎黄活动的地域环境有密切关系。夏商周时期是原始农业向传统农业的过渡阶段，人们的农业生活方式是迁移和定居相结合，而以定居为主。迁移之目的主要是为了寻找适应农业生活的居住环境，较长时间的定居则使土地规划与利用受到重视。在这个过程中，农业地域逐步拓展，区域生态状况发生一定变化，以环境适应为核心的农业文化不断积累起来，奠定了传统农业时期土地资源开发利用的基础。

---

① 邹德秀：《绿色的哲理》，农业出版社，1990年，第39页

一、炎黄时代土地生态文化的诞生

据研究，以炎帝为领袖的神农氏族较早在黄土高原地区从事农耕活动，对原始农业发展有很大贡献。《淮南子·修务训》："古者民茹草饮水，采树木之实，食蠃蚘之肉，时多疾病毒伤之害，于是神农乃始教民播种五谷，相土地，宜燥湿肥硗高下，尝百草之滋味，水泉之甘苦，令民知所辟就。"其中播种五谷、合理利用土地、选择植物和水源等活动，正是先民不断适应地域环境变化，从植物采集过渡到种植作物、定居生活的写照。

炎帝神农氏部落有不少分支，并在发展过程中不断向东方及其他地区迁移，土地开发利用范围逐步扩大。在当时的生产力条件下，这种迁移带有趋利避害的生态适应性质。其中姜姓部族的共工氏向东发展，曾长期活动于今河南西部的伊洛流域。传说中的共工氏常与水有联系并曾治理过洪水。说明共工氏时代的农业生产已由丘陵、台地向平原扩展，治水成为突出问题。伴随着氏族部落的迁移，神农氏将农耕文化带到了他们所能到达的地域之中，促进了黄河流域乃至长江流域原始农业的发展和社会进步。

古史传说中，继神农氏炎帝而兴的是黄帝。黄帝距今约 5 000 年，这个时代正是农业文明确立并发展的时代。黄帝"有土德之瑞，故号黄帝。"[①]司马贞《索隐》："炎帝火，黄帝土代之"。这实际上反映了从炎帝到黄帝，人们所处的农耕环境和农业生产方式发生了变化。炎帝时代是刀耕火种，黄帝时代则以黄土地上的耕耕或锄耕为主。联系黄帝族所在的地区来看，黄帝之称与其部族所居住的黄土地颜色有直接关系。史前文化比较发达的海岱文化、河洛文化和江汉文化，崇尚的颜色各不相同。据《史记·五帝本纪》记载，黄帝族崛起之后，在阪泉战胜炎帝，于涿鹿擒杀蚩尤。过去部落林立的局面，经过这次大震荡，逐渐融合与同化，形成部落联盟，上述三大文化区均纳入黄帝族的势力范围。黄帝族的胜利，使黄帝族世代生活的黄土地成了天下最好的土地，黄土之神黄帝也成了中央之神。"这种文化中心的观念，使得黄帝族和周边各族，都把黄帝族居住的黄土高原视为中央之土，把黄土高原颜色视为中央之色，把黄帝族的首脑视为'黄'帝，久而久之，黄色就成了至尊的颜色，就成了帝王的专用色了"[②]。

---

① 《史记·五帝本纪》
② 吴天明：《黄帝与黄色》，载《光明日报》1997 年 12 月 9 日《史林》版

从农业生态的角度来说，土地是农业生产的基本条件，黄土又是黄河流域农业环境中最为显着的特征，黄帝之称因土而来，决非偶然。黄帝族兴起的黄土地区气候干旱，森林植被稀少，最普遍的植物是耐旱耐盐碱的蒿属和藜属草本植物[①]；土壤质地疏松多孔，颗粒细小，肥力较高，使用简陋的木石工具即可垦耕，这对原始农业的发展是有利的。正因为肥沃疏松的黄土有利于原始人类的垦耕活动，黄河流域便成为我国农业发生和发展最早的地区之一。黄土地区的先民以木石农具开垦土地，种植粟黍等耐旱作物，土地利用大力向低平地区拓展，奠定了中原地区进入文明时代的基础。黄河流域的一些著名农业遗址，如裴李岗文化遗址及其稍后的仰韶文化遗址、龙山文化遗址的分布地域与黄帝族的活动范围基本一致。就是说，黄帝族所生活的黄土环境，有利于粟作农业文明的发展。

二、夏代任土作贡与土地生态利用

夏代任土作贡，进行土地资源利用规划的内容在《尚书·禹贡》中有所反映。近代多数学者认为，成书于战国时期的《尚书·禹贡》，尽管掺杂着夏代以后社会的某些理念，但其素材确实包含了夏代历史的影子。《禹贡》记载了先秦时期九州（冀、兖、青、徐、扬、荆、豫、梁、雍）的土地、物产及贡赋情况，反映出当时土地开发利用的区域差异和相关的土地生态状况。可以看出，地处黄河中下游地区的冀、兖、青、徐、豫诸州是农业比较发达的地区。这里田土肥沃，适于农耕，贡赋较高，且贡物以农产品居多。

若以贡赋数量而论，冀州：赋上上错，田中中；豫州：其田中上，赋杂上中。就是说豫州的土地列为中上等，但其贡赋却是上中等，居第二位。而冀州田中中，贡赋却是上上，居第一位。可见冀州和豫州是当时最繁荣的农业区，也是夏王朝贡赋之主要来源地。冀州的中心地区是大夏故地，约当今晋南地区。《左传·定公四年》服虔注："大夏在汾浍之间"，顾炎武也说："所谓大夏者，正今晋、绛、吉、隰之间也。"[②] 从土地生态的角度看，晋南地区成为夏王朝的发祥地，显然得力于其适宜农耕的水土环境。"荆河惟豫

---

① 何炳棣：《黄土与中国农业的起源》，香港中文大学，1969 年，第 177 – 178 页
② （清）顾炎武：《左传杜解补正》，《四库全书》本

州"，豫州地处荆山和黄河之间①，其境约相当于今黄河以南、湖北西北部、山东西南隅和安徽西北角这一广大区域，但其中心在豫西地区。这里地处伊洛河流域，土质柔细，低洼处是肥沃的黑土，出产粟米漆丝，农产丰富。"昔伊、洛竭而夏亡"②，说明伊洛流域的土地生态状况与夏王朝兴衰有重要关系。

其他各州夏代以后也得到初步开发。《禹贡》说，济水、黄河之间的地区是兖州，境内九条河道都疏通了，雷夏泽蓄积成了一个湖泊，雍水、沮水合流入湖，民众得以从山上迁到平地居住，以栽桑养蚕为生。这里的土质色黑而肥厚，水草茂盛，林木高大。田属第二等，赋税居第九位，贡品是漆和蚕丝，还有用竹筐盛着的有花纹的丝织品。大海、泰山之间的青州亦以生产丝、麻着称，可见齐鲁一带的桑麻业很早就兴盛起来了。

至于长江下游的扬州，《禹贡》说这里生长着密密的箭竹，野草肥嫩，树木高大，土质湿润。田属第九等，赋税居第七位，丰年可居第六位。贡品是三种金属，还有玉石、竹箭、象牙、皮革、羽毛等，有时还根据命令进贡包裹着的橘子、柚子。可见扬州一带当时农业还不发达，贡物主要是野生的土特产品。荆州的开发也很有限，但云梦一带平原地区的湖泽这时已得到修治，后来这里也成为重要的农业区，楚人以此为依托，迅速崛起。

三、商族和周族的农业生态迁移

1. 商族的农业生态迁移

商的始祖契大约与禹舜同时，这时我国已为父系氏族社会。契之后，商族逐渐发展壮大起来，传到十四代商汤就建立了商王朝，这期间计有四五百年的历史。《史记·殷本纪》，"成汤，自契至汤八迁"。这可以理解为商族建国之前曾经过多次大的迁徙。从商族先民的主要活动看，当时的迁徙应是较长距离的移居，而不是小范围的移动；这种迁徙首先是为了适应自然环境，满足农业生产、生活的需要，它实质上是一种生态性迁移。如果找到宜居之地，人们就可能长期定居。据研究，商族先民曾较长时期在漳河流域从事农牧业经营，在迁徙和定居交替进行的过程中，商族的农业文化逐步发展并积累起来，社会文明不断进步。因为在早期的农业发展中，迁徙和定居缺

---

① 《史记》集解引孔安国曰："西南至荆山，北距河水"
② 《国语·周语上》

一不可。一味地迁徙不利于农业生产发展和农耕文化积累；长期定居一地则无法解决土地的撂荒耕作或者说地力衰竭问题。

成汤之后，殷商又多次迁徙，盛衰交替，但迁来迁去，总不出今河南、山东二省境内黄河两岸地区，其中盘庚迁殷的农业生态意义最为明确。公元前14世纪，商朝国君把都城从奄（今山东曲阜）迁到了殷（今河南安阳），此后历时二百七十三年，商朝再也没有迁都。对于盘庚迁殷的原因，历来说法不一，有些学者主张生态环境变化是主要原因。盘庚迁殷以前，商朝都城在奄，该地位于黄河下游东南岸，经常受到黄河水患的影响。盘庚迁殷时，向民众做了不少解释工作。从《尚书·盘庚》的记载及后世的相关诠释来看，盘庚迁殷的主要原因是黄河水泛滥，给商人带来了大灾大难，要想求得生存，必须避害趋利，远走他乡。另外，盘庚时期，商王朝的社会矛盾日趋激化，抗御自然灾害的能力大为减弱，如果再不迁徙，就可能造成社会动乱，导致政权消亡。

盘庚新都在殷地（安阳），这里依山带河，北有漳水、滏水，南有开阔的平原，而洹水流经其间；气候温和湿润，土质松软，水源充足，林草丰茂，动物繁多，既有利于农业发展，也有利于从事狩猎和手工业。东边的黄河虽然常泛滥，但殷地居于由西向东的缓坡倾斜地带，可受黄河之利，而无黄河洪水之害。加之盘庚迁都后，注意保护和治理殷都的生态环境，使商王朝以殷地为依托，逐步走向繁荣强盛。

2. 周族的农业生态迁移

周人以农立族，发祥漆渭之会，周族的兴起和发展也经历了漫长的农业生态适应过程。后稷时代，周族先民一直在有邰（今陕西武功）生息，垦辟土地，种植粟黍，生态条件优越的漆水河畔有不少周人辛勤劳作的遗迹。不窋时，周人迁至关中西北部的豳地（旬邑西南），居豳十二世。后稷子不窋末年，"夏后氏政衰，去稷不务，不窋以失其官，而奔戎狄之间。"[①] 这是周族向关中西北部的一次大迁徙。当时豳地尚未开发，农业条件远不及有邰。但迁豳后周人大兴农耕，公刘时已重振祖业。据说，公刘考察豳地山川原隰，按阴阳寒暖和泉流分布规划农田；以日影辨别方位，勘定田地疆界[②]。在他率领下，周人"务耕种，行地宜，自漆、沮度渭，取材用，行者

---

① 《史记·周本纪》

② 《诗经·小雅·公刘》

有资，居者有畜积，民赖其庆。百姓怀之，多徙而保归焉。"① 周朝的事业由此兴旺起来了。

　　周人在豳地苦心经营500余年，农业区日益繁荣。但周族的农业发展，引起北境游牧民族本能的抵抗，农牧争地矛盾日益尖锐。游牧族经常攻击周人，劫财占地。周族首领古公亶父为了避祸保民，便带领全族南越梁山，再迁于岐山脚下（图4-1）。岐山之下，渭水之滨，"周原膴膴，堇荼如饴"②，周原土地平坦而肥沃，野菜也甘甜如饴，自然环境特别适宜农耕。擅长农耕的周民族以此为根据地，逐渐发展壮大。《史记·周本纪》载，古公亶父善安抚同族，优待归附部落，四方民众争相入周境。这时古公便改变戎狄的部分风俗，建筑城郭房屋，让民众分成邑落定居下来。又设立官职管理各种事务，为土地开垦和农作物种植的发展创造了良好的社会环境。周民族得天时地利人和，其重农好稼传统得以充分发扬，筚路蓝缕，披荆斩棘，在荒芜的周原上开辟出大片良田沃壤，社会文明有了很大进步，奠定了周朝王业的基础③。

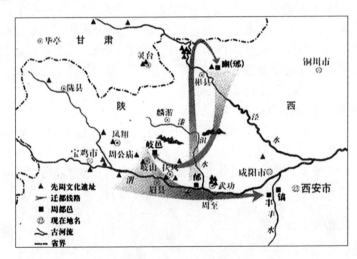

图4-1　周人迁徙示意图

（采自《中国国家地理：陕西专辑（上）》）

---

① 《史记·周本纪》
② 《诗经·大雅·绵》
③ 《史记·周本纪》

四、西周的区域土地开发与农业生态变化

西周王朝建立之后，以宗法制为基础，"授民授疆土"，即分民分土，使卿大夫以至于士的各个等级都有一定财产支配权，周王室仅处于共主地位。这便推动各个封国垦辟土地，扩大田地面积，增殖户口，开拓财源，从而促进了周族先进农业文化的传播以及各地区农业生产的发展。

在齐鲁地区，据说姜太公到齐国后，修明政治，顺应当地的风俗习惯，简化礼仪，发展工商业和鱼盐生产，四方民众多来归附，齐成为一个大国①。正因为齐鲁能因地制宜发展生产，所以后来出现"膏壤千里，宜桑麻，人民多文采布帛鱼盐"、"颇有桑麻之业"的局面。

魏唐地区在西周时期大致包括今汾河下游谷地及运城盆地。朱熹《诗集传》说魏地"其地陋隘而民贫俗俭"，唐地"其地土瘠民贫，勤俭质朴"。《左传·定公四年》说，周初唐叔被分封至唐地之后，"启以夏政，疆以戎索"，曾大规模地开展过土地的度量疆理工作②。

在吴越地区，周文王时太伯逃避至吴越一带，自号"句吴"。西周初期，周王朝的势力达到江南地区，太伯、仲雍之后周章被封于吴地③，周文化对吴越地区的影响加深。当时尽管地处夷蛮的吴国仅为一小封国，但吴的兴起对江南原始农业的繁荣却有重要作用，这从商周时期湖熟文化遗址中发现的生产生活用具和粮食可反映出来④。越与吴相邻，地处太湖之南，亦属水乡泽国，经营水稻种植，相似的农业环境使吴越的农业发展颇多相似之处。

在荆楚地区，楚之先祖熊绎在周成王时被封于楚蛮。熊绎到楚地后"辟在荆山，荜露蓝蒌，以处草莽，跋涉山林以事天子，唯是桃弧棘矢以共王事。"⑤ 可见楚国自西周初年就在长江中游地区披荆斩棘，土地开垦，发展农业，当地的生态面貌开始发生改变。考古资料证明，两湖地区有众多西周晚期的铜器出土，还发现有粳型稻谷遗存⑥。古文献和金文中也不乏周昭

①　《史记·齐太公世家》

②　田昌五：《解井田之迷》，《历史研究》，1985 年第 3 期

③　《史记·吴太伯世家》

④　刘兴：《吴国农业考略》，《农业考古》，1982 年第 2 期

⑤　《左传》"昭公十二年"

⑥　陈振裕：《湖北农业考古概述》，《农业考古》，1983 年第 1 期

王南征皆告失败的记录，说明西周末年楚的经济和军事实力已比较强大。

总之，周初土地分封制把周族的农业传统和先进农业技术带入宗周的各个地区，黄河流域和长江流域不少宜农地区的农业生态面貌及相关的农耕文化基本形成。

五、商周的沟洫制与农田生态景观

原始农业发生之初，土地整理尚比较简单。人们只要将杂草清理干净，对土地稍作翻耕即可播种。夏禹时期，黄河流域洪水泛滥，民众生产生活受到严重威胁。为了战胜洪水，大禹"尽力乎沟洫"，组织民众疏浚河道，并在田地里开挖畎浍（排水沟），以排除积水，改善农业生产环境。农田内大小不同的排水沟，使地面自然形成了垄台或高畦。到了商周时期，这种田间沟洫依然普遍存在。有研究认为，农田沟洫系统的存在是夏商周时期黄河中下游地区农业的显著特点之一①。也可以说，沟洫系统构成当时农田生态景观的基础。

西周时期的土地疆理与农田沟洫，在多部先秦文献中都有反映。从中可以看出，所谓土地疆理，与井田制下的土地规划和分配有关。规整的农田沟洫，自然将田地划分成条块形的相对高起的"亩"。《诗经》的不少诗篇在讲述土地耕作时，都提到了亩，而且这些亩或南北或东西，有一定走向。"三之日于耜，四之日举趾，同我妇子，馌彼南亩，田畯至喜。"② 即正月将农具修理好，二月下地春耕，老婆和孩子送饭到田头，田官见了很高兴。这里的"南亩"表明农夫耕作的土地呈南北走向。"以我覃耜，俶载南亩，播厥百谷。"③ 是说用锋利的耜去垦耕田垄呈南北向的土地，播种庄稼。"今适南亩，或耘或耔，黍稷薿薿。"④ 意思是农夫到田里去耕耘，黍稷长得很茂盛。再如"乃疆乃理，乃宣乃亩，自西徂东，周爰执事。"⑤ 即周人在田地里辛勤劳作，开挖沟洫，修整土地，垄亩呈东西走向。

一般认为，夏商周时代的农田沟洫以防水排涝为主要目的，这与当时黄河流域的农业环境分不开。上古时期黄河流域以半干旱草原为主，同时存在

---

① 梁家勉：《中国农业科学技术史稿》，农业出版社，1989年，第51页
② 《诗经·豳风·七月》
③ 《诗经·小雅·大田》
④ 《诗经·小雅·甫田》
⑤ 《诗经·大雅·绵》

着较大的水面和众多的沼泽沮洳。这里土壤疏松，植被稀少，夏秋之间又常有暴雨，容易造成土壤侵蚀和河流泛滥。在农业发生之初，人们往往把耕地选择地势较高且靠近水源的台地上，以后逐渐向河流两岸的平野发展，防洪排涝就成为垦田殖谷的前提。大禹治水的传说，正是上古先民克服不利自然环境条件，防治洪涝，排除积水，在平原地区从事农耕活动的反映。殷周时代农田疆理的重要内容也是平治水土，改善农业环境，所以周人还把开挖沟洫看作是大禹事业的继续。纵横交错的沟洫可以阻挡或减轻地表径流对土壤的冲刷，径流中的水一部分渗入地下，径流中的泥沙则大部分沉积在沟洫中。这样，进入河流中的水量和泥沙就会大大减少，从而实现土平水清的环境改善目标。

可以说，农田沟洫系统构成夏商周农业发展的环境基础，休闲耕作制、垄作、条播的出现以及土地面积单位"亩"的产生等均与此有关。值得提及的是，这一时期的农业生态景观主要局限于黄河中下游地区和长江中下游的部分地区。"西南夷"、"百越"、"戎狄"等所在的边远地区还处于采猎、游牧为主的蛮荒时期，农业经济的地位很低，总体上应该是林丰草茂的自然景观。

第二节　春秋战国时期土地利用与农田生态变化

春秋战国时期传统农业逐步确立，土地利用相应地发生了一系列变化。随着井田制的崩溃，畎亩制或垄作制从井田中分离出来，成为一种独立存在的土地利用方式；铁器牛耕的发展使得农业技术有了质的飞跃，中原地区以抗旱保墒为核心的土壤耕作进一步精细化，出现了缦田制和土地连种制；各诸侯国的土地开发也不断推进，其中今山东半岛、山西北部地区、成都平原、江汉平原以及长江三角洲的开发都使得当地的农业生态景观发生了较大变化。

一、从畎亩法到平作制

据《左传》记载，鲁成公二年（公元前590年），晋齐交战，齐国战败，被迫求和。在晋国提出的条件中，有一条要求"齐之封内尽东其亩"，即要求齐国疆域内的垄全部向东。齐国听到后马上回复说，过去先王经营农业，都注意"物土之宜，而布其利"，故《诗经》中说"我疆我理，南东其亩"。你们要将齐国的田垄全部向东，只考虑你们战车行驶的方便，而不顾农业生产的"土宜"。这岂不违背先王之命，违背祖宗成法，这一点我们不能答应①。这说明农田的作垄修畦在春秋以前已存在，而且垄的方向是根据"土宜"来决定的，基本上是南北走向。

"垄上曰亩，垄下曰畎"②，由于畎亩依然是春秋时期农田的突出特征，所以当时许多文献都以"畎亩"来指代农业或农田，把农人称为"畎亩之人"③，把牛耕称为"畎亩之勤"④。由于农业环境的变化，大约到了战国时期，以往农田挖沟排水的做法，逐渐演变成一种抗旱保墒的畎亩制土地利用方式。畎亩法的特点是"上田弃亩，下田弃畎。"⑤意思是在高燥的田里弃亩种畎，就是将庄稼种在垄沟里；在低湿的田地里弃畎种亩，将庄稼种在高畦上。这样高田可防旱，低田可防涝，反映出当时土地利用范围的扩大。从吕书的相关记述来看，当时主要的土地利用方式仍以"下田弃畎"为主，即将庄稼种在垄台上，垄台之间有垄沟相隔，所谓的"畎亩法"与后世的"垄作法"比较接近。

畎亩法对垄台垄沟的大小、形状和庄稼种植都有一定要求。根据《吕氏春秋》"任地"篇的记载，亩（垄台）的宽度为六尺，相当于耜的长度，畎（垄沟）的宽度为八寸，相当于锄头的宽度。"故亩欲广以平，畎欲小以深；下得阴，上得阳，然后咸生。"就是说亩要修得宽广而平坦，畎要开得窄而深，农作物向下可以得到水分供给，向上可以得到更多的光照，就能根深叶茂，更好地生长发育。种庄稼时，"稼欲生于尘，而殖于坚"，即表土要松细，下层要坚实，也就是"上虚下实"，以使作物生长有良好的土壤环境。还要求作物六尺宽的垄台上种植五行作物，行距为一尺。另外，作物种植的疏密也有讲究。"慎其种，勿使数，亦无使疏"。"苗，其弱也欲孤，其长也欲相与居（俱），其熟也欲相扶；是故三以为族，乃多粟。"就是说合理密植才能高产。

《吕氏春秋》"任地"和"辩土"篇所记载的种垄弃沟的土地利用方式与西周及其以前的沟洫制有一定联系，但又有很大不同。两相比较可以看

---

① 《左传·成公二年》
② 《国语·周语》韦昭注："下曰畎，高曰亩。亩，垄也"
③ 《国语·周语》
④ 《国语·晋语》
⑤ 《吕氏春秋·士容论》"任地"

出，西周及其以前黄河流域的土地利用当以沟洫排水为条件，而战国时期畎亩制则是重蓄轻排，即重在蓄水保墒，畎的功能已经发生变化。垄沟旱可以蓄水，涝也可以排水，还有利于农田通风透气，增产效果较好，在当时的社会经济条件下是一种较为理想的土地利用方式。但开沟做垄费时费力，大面积推广有一定难度。值得注意的是，战国时期铁犁牛耕逐渐普及，如果田地里六尺宽的垄台和一尺宽的垄沟相间，这些沟沟坎坎必然影响牛耕的使用。所以战国时期尤其是战国后期，不开沟造垄，作物种子播种在地面的缦田制或平翻低畦方式已比较普遍。缦田制在牛力铁犁协助下，实行精耕细作，照样能够保证作物收成。

战国以后，随着黄河流域的农业自然环境和社会经济条件的变化，缦田制成为土地利用方式的主流和农田生态景观的基础。《说文》："缦，缯无纹也"，就是说"缦"原指一种没有花纹的丝织品，后来演化成对田地形态的一种描述。《汉书·食货志》颜师古注："缦田，谓不为圳者也"，可见缦田也就是不做垄沟的平作法。汉代，我国已发明了犁壁，耕犁具备了较好的翻土和碎土功能，全翻垡的翻耕法也就应运而生。翻耕之后，再加上耱地作业，就使农田成为没有沟畎的平板地，这种平板地即后世北方地区最常见的缦田。可以说，战国秦汉时期，我国已经形成了以平作为主，垄作为辅的耕作体系和土地利用体系。魏晋南北朝以后，南北各地的平作制有很大发展，平作制成为主要的农田生态景观，传统农业精耕细作技术体系也主要是依赖平作制建立起来的。

二、从土地休闲制到连种制

夏商周时期由撂荒耕作制发展到休闲耕作制，西周时期出现了以菑、新、畬为特点的土地利用方式。春秋战国时期，土地利用又由休闲制向连种制过渡，土地分配制度也随之有所调整，由此导致的作物种植和草木生长变化与农田生态直接相关。

1. 土地休闲制

西周时期的土地开垦与利用，在《诗经》等文献中有零星反映，可以看出当时主要是通过开垦比较平坦的荒地来扩大耕地面积。《诗经·小雅·采芑》："薄言采芑，于彼新田，于此菑亩"。《诗经·周颂·臣工》："嗟嗟保介，维莫（暮）之春，亦又何求，如何新畬"。《周易·无妄·六二爻辞》："不耕获，不菑畬，则利有攸往"。关于菑、新、畬的含义，《尔雅·

释地》解释："田，一岁曰菑，二岁曰新田，三岁曰畬"。这几句话应作何解，历来学者有不同的意见，但都认为与垦荒有关①。

结合其他文献注释可以看出，菑、新、畬分别表示一块农田在三年之中所经历的不同利用阶段，或者说由荒地变成农田的过程中所经过的三个阶段。第一年将荒地中丛生的草木烧掉或铲除，但不予耕种，让田地休闲。第二年休闲田地力有所恢复，重新耕种。第三年，田地经一年耕作，土力舒缓柔和，故称"畬"。它可看作时当时人们在处理用地与养地关系方面的一大进步。在长期的土地开垦利用过程中，区域生态环境会发生相应变化。黄河中下游地区过去的大片天然草地、林地逐渐消失，出现了几乎单纯的农田生态景观，这种情景至迟在战国时期就已经固定下来了。

2. 土地连种制

随着农业生产的进步，春秋战国时期，连种制逐渐普遍起来。战国时期成书的《周礼》记述周代建国制度，其中涉及的土地耕作与分配制度有理想化色彩，它实际上反映了西周至战国时期土地利用的总体变化状况。其中记述的周代土地利用制度主要包括两大区域类型，但每种类型的具体土地利用方式既有休闲制，也有"不易之地"即连年种植的方式，似乎休闲制占比例较大。

一是"都鄙"地区（天子宗亲及公卿大夫的采邑）的土地制度："凡造都鄙，制其地域而封沟之，不易之地家百亩（1亩≈194平方米，先秦战国，下同），一易之地家二百亩，再易之地家三百亩。"② 据郑玄注引郑众的解释："不易之地岁种之，地美，故家百亩。一易之地，休一岁乃复种，地薄，故家二百亩。再易之地，休二岁乃复种，故家三百亩。"即根据田地的肥瘠来确定其分配数量和利用方式。"易"是轮换之意，"不易"即连年种植，"一易"是地种一年休一年，"再易"是种一年休两年。

二是"乡遂"地区（平民百姓生活的城郊和乡村）的土地利用制度："辨其野之土，上地、中地、下地，以颁田里。上地，夫一廛，田百亩，莱五十亩，余夫亦如之；中地，夫一廛，田百亩，莱百亩，余夫亦如之；下

---

① 关于菑、新、畬的多种解释，参阅梁家勉：《中国农业科学技术史稿》，农业出版社，1989年，第60页

② 《周礼·地官·大司徒》

地，夫一廛，田百亩，莱二百亩，余夫亦如之。"① 郑玄注曰："莱谓休不耕者"，即休闲地。在分配土地时配有莱，说明当时"乡遂"地区耕地是定期休闲，轮换耕种的，这与"都鄙"的土地利用制度基本一致。

到了战国时代，连种制应当获得了较大发展。在秦国，商鞅大力提倡"垦草"和"治莱"②，在东方六国，人们"辟草莱，任土地"③，土地开发利用达到了新水平。"垦草"即开荒，"治莱"是利用休闲地，"任土地"则是提高土地生产力。先秦诸子还屡屡谈及当时农夫"百亩之田"、"百亩之守"，反映了当时连种制已比较普遍。《吕氏春秋·先识览·乐成》："魏氏之行田以百亩，邺独二百亩，以田恶也。"这里应是说，魏国大多数土地适合连种，属"不易之地"，农夫耕田百亩，只有邺地土地瘠薄，属"一易之地"，农夫可分田二百亩。

土地连种制的普及，是当时社会经济发展的要求，也是农业生产技术进步的结果。铁农具的普及和牛耕的初步推广，提高了土地翻耕效率；中耕除草、农田施肥以及大豆种植受到普遍重视，土地用养结合有所发展；"今兹美禾，来兹美麦"，禾（谷子）与冬麦的轮作换茬也出现了。这些都为土地连种的实行提供了条件，也使中原地区的农田生态景观发生了较大改变。

三、以自然生态为依据的土地利用规划

一般认为《周礼》是战国时期的作品，其主要内容是总结周代的建国制度，实际上其中也包含了大量战国时代的土地利用规划思想。从相关记载可以看出，当时的土地利用规划的原则是在土地资源调查评估及环境容量考察的基础上，通过综合措施提高土地生产力和人口容量，建立都城、聚落。为确保土地利用规划的实施，《周礼》设立多种官职，并采取一系列土地利用措施，如土圭之法、土宜之法、土会之法、土化之法、土均之法、任土之法等。这些方法在以往的农史研究中多有涉及，这里主要探讨《周礼》土地利用规划的生态内涵。

1. 土地资源调查与评估

实行土地规划，首先要进行土地资源调查和评估。在农业社会中，土地

---

① 《周礼·地官·遂人》

② 《商君书》的"垦令"、"算地"等篇

③ 《孟子·离娄上》

的用途除了营建都邑村镇以外，主要用于种植农作物，这两种用途对土地资源的要求不一样，所以，土地资源调查和评估的重点也有区别。前者偏重于土地位置和地形、地貌的勘测，后者更关注土壤性状优劣和肥力高低的考察，所以在《周礼》一书中出现了"辨土"和"辨壤"的区别。

《周礼·地官司徒》"土宜之法"："以土宜之法辨十有二土之名物，以相民宅而知其利害，以阜人民，以蕃鸟兽，以毓草木，以任土事。辨十有二壤之物而知其种，以教稼穑树艺。"可以看出，"辨十有二土之名物"主要在于辨别土地位置及地形高下，评估土地环境，确定适宜人们居住的地方，以便营建都邑。又如《周礼·夏官司马·原师》："掌四方之地名，辨其丘陵、坟衍、原隰之名物之可以封邑者。"即原师的职责在于掌管各地地名，考察地形，辨别自然物产，以确定营建都邑之地。因为按照《周礼》的记述，九州的土地包括山林、川泽、丘陵、坟衍和原隰五种类型，土地类型不同，所适宜生长的动植物以及所居人民，也会有一定差异。所以，人们用"土会之法"来考察土地生态和物产差异，以合理开发利用自然资源，并以此作为计算贡赋的依据。

"辨十有二壤之物"则是观察和分辨不同区域的土壤色质、性状以及肥沃程度，以测知该土壤所适宜种植的农作物，明确土壤改良的方向。《周礼》将土壤分为九种，土质不同，施肥种类和改良措施也有不相同。值得提及的是，当时人们不是被动地适应环境，而是在土地资源调查的基础上，有意识地采取一定技术措施即"土化之法"来改良土壤，增加土壤肥力，提高土地的承载力。《周礼·地官草人》："草人掌土化之法以物地，相其宜而为之种。"郑玄注曰："土化之法，化之使美，若氾胜之术也。以物地，占其形色为之种，黄白宜以种禾之属。"就是说人们可以通过施肥和耕作措施改变土壤性状，使得土地肥美，宜于种植农作物。

与上述"辨壤知种"的农业资源调查相关，《周礼》又有"三农生九谷"的说法。对所谓"三农"的含义，汉儒有不同的解释。郑众说是山农、泽农和平地农，郑玄则以为原、隰和平地三者，历来学者争论不休，没有定论。如果把"山"理解为高地，亦即高而平的"原"，把"泽"当作下湿的地讲，也就是"隰"，那么二郑之说就没有什么差别。所谓"三农"就是对高地、平地、低洼地三种类型土地的利用。"生九谷"则是指这三类土地可以用来种植各种谷物。

《周礼》还讲到"大司徒之职掌邦之土地之图……以天下土地之图周知

九州之地域广轮之数，辨其山林川泽丘陵坟衍原隰之名物"。这里列举了种种不同的地势，地势不同，农业类型就有区别。依汉儒的解释，高平曰原，下平曰衍，下湿曰隰，这里列举的几种地势之中，最宜于种植业的当推"原"、"衍"、"隰"，山、林、川、泽等其他类型的土地也许更适合于林、牧、渔业。郑玄解释"三农"，大约是要指明最适合谷物种植的土地。再说，"三农"的"三"和"九谷"的"九"也许都不是确指，而是指代多种农业生产活动和多种作物而已，这种理解又可以把"山农"、"泽农"都包括在内。不管怎样解释，最后必须肯定，那时候土地用为农田还应该是最主要的①。

2. 土地利用的总体规划

在土地资源考察、评估的基础上，充分考虑人口数量与土地承载力的关系，以环境容量思想来指导土地利用规划，即《周礼·土方氏》所谓"以土地相宅而建邦国都鄙"，意思是把人口规模、都邑大小和土地面积作为土地规划的三个基本要素，并使三者保持适宜的比例关系。实际上，除《周礼》之外，先秦其他典籍也有相关论述。《尉缭子》"量土地肥硗而立邑建城称地，以城称人，以人称粟。"②《礼记·王制》"凡居民，量地以制邑，度地以居民，地邑民居，必参相得。"正是这种思想指导下，那时候人们建立了王城、都及聚落（邑）三级城镇以及相关的圈层状农业生产、生活体系。

"王城"即国都，不仅其方位、规模很有讲究，而且城内城外要进行功能分区。如《周礼·地官》："载师掌任土之法……以廛里任国中之地，以场圃任园地，以宅田、士田、贾田任近郊之地，以官田、牛田、赏田、牧田任远郊之地"。就是说，城中为住宅用地，城外郭内场圃可种植瓜果蔬菜，近郊和远郊地区为各种性质的农田及草地，主要用于生产粮食，饲养牲畜。城郊外围还有林区，可供应木材，还可调节气候，保持水土。这样就形成了以王城为中心的层层扩展的环形土地生态结构模式。《尔雅·释地》曾将这种模式做了扩展："邑外谓之郊，郊外谓之牧，牧外谓之野，野外谓之林，林外谓之坰。"

都是指诸侯、公、卿等的城邑，都外各分封地均按国野体制建置采邑，

---

① 王毓瑚：《我国历史上的土地利用》，《中国农业科学》，1980 年第 1 期
② 《尉缭子》卷一"兵谈第二"

形成一系列小型城邑，以为国都屏藩。鄙即都所治之邑，贾公彦疏云："三等采地皆有城郭，是其鄙所居也……"。采邑的结构模式与王城相同，只是规模较小，并按大小不同分为三等。凡设立都鄙，先划定区域，如家邑 25 里（1 里≈415.8 米，周秦汉时期），小都 50 里，大都 100 里，然后在边界挖沟堆土植树。人们的住宅在城邑之内，依据城内的户数，在四野中制地与之，户数的多少要与土地的面积相符，民众少而土地广，则民众迁入；反之，则民众迁出。

邑如同今天的村落，分布在王城乡遂地区和都周围的都鄙地区，其邑制、田制和土地分配有不同的规定，邑制与田制也有一定的对应关系。就邑制而言，六乡的编户组织是以五户为基本单元，称为"比"，25 户为基本组合单位，称为"闾"，共分六级："五家为比，五比为闾，四闾为族，五族为党，五党为州，五州为乡。"六遂与六乡制同而名异。在王城的乡遂地区，其乡遂之邑与其编户组织是相对应的。这些邑大小相包，各有地域并在疆界掘沟植树以为分界。乡遂之邑，以 25 家为制，但如果不足 25 家，或四邻，或三邻，或二邻，皆可为邑。乡遂田制与邑制是相统一的，授田与制邑家数必须相对应。六乡与六遂的以沟洫制为基础的田制也基本相同，即每夫（一夫百亩）的田间有遂，遂旁边有径，十夫的田间有沟，沟旁边有畛……万夫的田间有川，川旁边有路，通达到王畿。乡遂土地的分配都实行三等田莱之制（莱谓休不耕者），不管是上地、中地、下地，每家每年可以耕种的田地都是一百亩，只是莱地的多少不同。（表 4-1）

表 4-1 乡遂邑制与田制的对应关系

邑制	六乡 六遂 室数	二比 二室 10 室	闾 里 25 室	族 酂 100 室	党 鄙 500 室	二党 二鄙 1 000 室	州 县 2 500 室	四州 四县 10 000 室
沟洫制	田制 面积 农田水利网	10 夫 1 000 亩 沟		100 夫 10 000 亩 洫		1 000 夫 10 万亩 浍		10 000 夫 100 万亩 川

都鄙地区实行井田制，《周礼·小司徒》云："九夫为井，四井为邑，四邑为丘，四丘为甸，四甸为县，四县为都。"这是根据用于耕种并交纳田税的土地来说的，称为实地，田间沟洫则为虚地。乡遂与都鄙地区田制虽不同，而田间沟洫尺度是相同的。这些沟洫与田地交织在一起，形似井字。都

鄙地区土地的分配也是实行三等田制，其与乡遂地区的唯一差别，就是对于分得一百亩上地的人家，就不再分配五十亩休耕之田。都鄙的编户组织是根据井田制来制定的，一般情况下，一井九室即九家，邑四井则三十六家，丘四邑则一百四十四家[1]。邑三十六家聚于一处，耕其邑外之田三千六百亩（表4－2）。如果地狭势偏，不足四井，则或三井，或二井，或一井，都可以为邑。

表 4－2　都鄙邑制与田制的对应关系

邑制	邑的规模室数	一井之邑 9室	四井之邑 36室	一丘之邑 144室	一甸之邑 576室	一旬之邑 576室	一县之邑 2 304室	一都之邑 9 216室	四都之邑 36 864室
井田制	田地划分	井	邑	丘	甸	成	县	都	同
	面积	方1里	方2里	方4里	方8里	方10里	方20里	方40里	方100里
	实地	1井	4井	16井	64井	64井	256井	1 024井	4 096井
	虚地					36井	144井	576井	5 904井
	田间水利网	沟	—	—	—	洫			浍

总之，上古时期的土地利用规划是从环境容量出发，按照土地的承载力度，使人口规模、城邑大小和土地面积三者相互对应，并在聚居形态上，以城市为中心，由内向外遵循一定的圈层规则，充分利用土地，栽培瓜果蔬菜、饲养牲畜以及种植粮食作物，农业生产既为城市提供农产品，也改善了城市周围的生态环境。若将《周礼》的相关内容与《管子》"地员篇"相比，可以看出前者的土地利用规划意味较浓，而后者主要是对土地与动植物之间自然生态关系的观察和记载，其中所总结的"草土之道"仅对农作物栽培有间接指导作用。中国学界常将《周礼》所设想的城镇周围聚落环境与农牧业生产布局，与后世西方学者杜能提出的农业区位论相比照，对其科学性予以充分肯定，认为这样的土地规划思想促进了土地资源的合理开发和永续利用。

四、区域土地开发与农耕区扩展

春秋三百年间，各诸侯国为求得生存和发展，纷纷变法图强。当时东方各大国农业发展水平接近，所以能够交相称霸；秦地处西陲，虽亦称霸主，但相对来说尚比较落后，无力东扩。战国时期，铁器牛耕逐渐普及，传统农业确立，社会经济进一步发展。秦国经过商鞅变法之后，国力逐渐强盛起

---

① 《周礼·小司徒》郑玄注

来，东方各国面对秦强大的攻势，似乎只有招架之功，以致兵败地削，被秦逐个吞并。春秋战国时期及其以后，区域土地开发及农耕区扩展一直没有停止，农业生态面貌也在逐步发生变化（图4－2）。以下选取若干典型地区，分而述之。

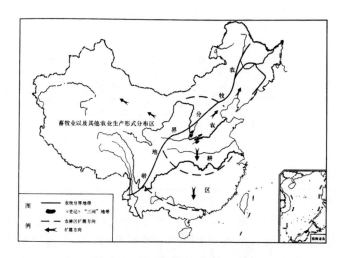

图4－2　中国古代农耕区扩展图
（采自邹逸麟《中国历史人文地理》）

1. 齐　国

齐原是周初在东方的封国，姜太公始封于此，当今山东一带。据《史记》记载，姜太公时期，齐国的经济文化已得到发展并形成一定的地域特色。春秋时期，齐桓公时任用管仲为相，整治内政，按土地肥瘠定赋税轻重，推广铁农具，促进鱼盐布帛生产，齐国很快崛起，称霸诸侯。这一时期齐国尽据海滨之地，更享鱼盐之利，而且开疆辟土，种植桑麻五谷，增殖财富。《汉书·地理志》云："齐地……东有淄川、东莱、琅玡、高密、胶东；南有泰山、城阳；北有千乘、清河，已南渤海之高乐、重合、阳信皆齐分也"。齐的强盛显然与其农业区的扩大有直接联系。齐桓公之后，诸公子争权夺利，齐国内乱并走向衰落。后来，卿大夫田氏减轻赋税，"修功行赏，亲于百姓"，人民纷纷归附田氏①。田氏最终打垮姜齐国君，取得了政权，

———————————

① 《史记·田敬仲完世家》

齐国再度复兴。司马迁说："吾适齐，自泰山属之琅琊，北被于海，膏壤二千里，其民阔达多匿知，其天性也。"①

2. 晋　国

春秋早期，晋国北部多为戎狄游牧地区，只晋南有封国，以农业为主。晋献公时，先后攻灭多个小国，统一汾河流域，兼跨黄河南岸，是当时唯一可与齐相抗衡的国家。晋惠公时曾修明政教，实行爰田制，让老百姓长期固定使用耕地，"自爰其处"，提高其生产积极性。还赐给戎狄南鄙之田让其开垦，"除翦其荆棘，驱其狐狸豺狼"。② 于是晋国的农业有了很大发展。晋文公当政时，减轻赋敛，通商宽农，推动经济发展③，并北和戎狄，尊崇周室，晋国强盛起来，西拒强秦，南阻荆楚。

春秋后期，韩、赵、魏三家分晋。韩魏地处黄河中下游冲积平原，土质肥沃疏松，宜于农耕，是开发较早的农业区。战国初年，魏文侯任用李悝作"尽地力之教"，督促农民精耕细作，增加粮食生产。西门豹引漳水溉邺，使常遭水旱之害、盐碱严重的河内地区，变成富庶的农业区。魏惠王时还开凿鸿沟，引黄河水灌溉农田。苏秦曾称道魏国庐田庑舍众多，农业发达，甚至没有刍牧牛马之空地④。赵国的中心地带在华北平原，漳水、汾水和滹沱水流域，土地平坦，灌溉便利，农业繁荣，城市密集，经济相当发达。苏秦曾说："当今之时，山东之建国，莫强于赵"。赵武灵王胡服骑射、向北开拓疆土，除攻灭中山外，还北征林胡、楼烦，"攘地北至燕、代，西至云中、九原。"⑤ 农业区逐步向外拓展，国势一度很强盛。

3. 楚　国

楚当今河南南部、湖南、湖北及皖北、苏南、浙东一带。楚自熊绎受封，便开始了对国都丹阳（今湖北南漳县城附近）所在之沮漳河下游地区的农业开发。春秋初年，楚熊通请周室尊楚，自立为武王，控制随国，大肆兼并江汉平原上的弱小方国，开始垦殖江汉之南的僰地，并将之据为己有。楚文王时，为便于控制新领土，并向河南南部与淮河流域发展，遂将国都南迁至郢（今湖北江陵）。此后，楚逐步由一个地小势卑、以蛮夷自称的国

① 《史记·齐太公世家》
② 《左传》襄公十四年
③ 《国语·晋语》
④ 《史记·苏秦列传》
⑤ 《史记·赵世家》

家，发展成为问鼎中原的泱泱大国，这显然得力于其农耕区的扩展。

楚人向来重视农业开发和水利建设。楚之中心地带处于江汉平原，多湖泊水泽，楚庄王时（公元前613—前519年），便任用孙叔敖修筑大型水利灌溉工程期思陂，促进了稻作农业的繁荣。后来楚人一直注重兴修水利，利用汉水、云梦之野和三江五湖附近的渠系，发展稻作农业。此外，春秋战国时期楚地冶铁业发达，钢铁冶炼技术先进。春秋时的湖北大冶铜绿山冶炼遗址除发现大量兵器和礼器外，还发现了铁耙和铁耒等各种农具。铁耙的出现，标志着开沟、施肥、整畦、起垄、作塍等耕作技术有了新发展。1956—1984年楚地曾出土战国铁器30余次，其中，江陵占了一大半，主要是农具类生产工具①。这些铁农具，锄、镢、铲、耒、耙、斧等种类齐全，形制多样，增强了楚人砍伐林莽、垦辟土地以及筑渠引水的能力，极大地促进了其农业区的扩展和国力的强盛。

4. 吴 越

吴本南方小国，曾受制于楚。寿梦时吴国逐渐崛起，西抗强楚。考古材料说明，春秋时期吴国已大量使用犁耕，中耕除草也比较精细，使用了青铜制的铲、锄、耨等农具，收获用的锯齿形铜镰和铜铚也出现了。据文献记载，吴王夫差为北上争霸还开凿邗沟，沟通江淮。虽因大量耗用民力，加之战事频繁导致亡国，但后来邗沟两岸农田却得灌溉之利；江淮水系相贯通，也为此后长江流域的开发打下了基础。

越都会稽，初亦属楚。越早期"文身断发，披草莱而邑焉"，社会经济发展比较落后。勾践时，越国开始兴盛。公元前494年，越为吴王夫差打败。后来越王勾践得范蠡、文仲辅佐，卧薪尝胆，"身自耕作，夫人自织"②，与百姓同苦乐，致力于发展农业生产，意欲报仇雪耻。二十多年后越终于灭掉吴国，达于极盛。后来越又向楚挑衅，但其国力毕竟有限，难敌强楚，被楚威王所灭。楚吞并吴越两国土地后，统一了长江中下游地区。

5. 秦 国

秦本西方小国，其先祖好善畜牧。春秋时期，秦在与戎狄的斗争和融合中，逐渐壮大起来。秦襄公以平戎救周之功，得以封为诸侯，并获得了岐以

---

① 陈振中：《青铜生产工具与中国奴隶制社会经济》，中国社会科学出版社，1992年版，第487–491页

② 《史记·越王勾践世家》

西的土地①。秦立国之后，逐步将戎狄等游牧部落驱逐出关中，占据岐丰宜于农耕的地区，并接收未随平王东迁的"周余民"，继承了周族先进的农业文化。秦德公时秦人迁居雍地，欲以关中为据点，广地益国。秦穆公时，"益国十二，开地千里，遂霸西戎"②，使秦统治地域由关中农区扩大到陇西、北地等农牧交错地带。穆公时还尽力压服强晋，向东进取，将土地扩展到黄河西岸。

秦孝公任用商鞅变法之后，秦国经济军事实力大增，于是立足关中农区，依托巴蜀、西戎，远交近攻，势不可挡，最终荡灭六国，统一天下。秦东征西讨，向外扩张的过程，也就是其农业经济区不断拓展的过程。以开发巴蜀而言，秦惠文王时，秦挥师灭掉蜀、苴、巴，又攻取楚汉中，秦本土通过汉中与巴蜀连成一片。巴蜀地区自然条件优越，物产丰饶，也是较早与秦发生联系的地区之一。秦灭巴蜀后，移秦民入川，建立蜀郡，筑城防，兴水利，修栈道，采取一系列措施发展巴蜀经济。尤其是秦昭王时蜀守李冰主持治理岷江，兴建了著名的都江堰工程，灌田万顷，从此，成都平原成为"水旱从人，不知饥馑"的天府之国。史称"秦并六国，自蜀始"，这其中的决定因素是其拥有了巴蜀农区的富饶。

第三节　秦汉魏晋南北朝时期的土地
开垦利用及其生态影响

秦汉时期，全国形成若干重要农业区，黄河中下游地区农业的核心地位进一步确立，中原地区的农业生态面貌逐步定型。当时陕西关中地区是全国的政治经济中心，也是先进农业技术的试验推广基地，土地生态化利用方式以代田法和区田法最为突出。汉王朝坚持拓疆实边政策，广大的西北地区作为抗御匈奴的战略要地得以全力经营，凡适宜农业或农牧皆宜地区都留下了各民族拓荒者的足迹，黄河河套区、河湟谷地、河西走廊、天山南部等地区的传统农业无不开辟于汉代。同时，秦汉时期边郡畜牧业尚比较发达，畜群庞大，朝廷还在黄土高原中北部地区建有大型国家牧苑。魏晋南北朝时期，北方战乱频繁，经济破坏严重，人口大量南迁，相对稳定的南方地区得以迅

---

① 《史记·秦本纪》
② 《史记·秦本纪》

速开发，并由此导致南方农业生态开始发生变化。

一、秦汉时期中原地区的土地利用与农田布置

从微观层面看，传统小农家庭为了维持生活，其生产经营活动主要包括粮食生产和副业生产两大方面。《汉书·食货志》曰："辟土殖谷曰农"，大田里的粮食生产属于主业，是传统农业时代人们的主要衣食来源。"园圃果蓏助米粮"①，副业生产的内容则很丰富，可包括园圃、畜禽饲养、纺织、渔猎采集等，可作为家庭生活的补充，每个小农家庭各有侧重。《汉书·食货志上》曾对农家主业和副业的经营结构作了一个理想化的描述：

"种谷必杂五种，以备灾害。田中不得有树，用妨五谷。力耕数耘，收获如寇盗之至。还庐树桑，菜茹有畦，瓜瓠果蓏，殖于疆场。鸡、豚、狗、彘，毋失其时，女修蚕织，则五十可以衣帛，七十可以食肉。"

这里反映的是小农家庭的生产经营内容，实际上也是对土地利用的安排。五谷桑麻的种植能够保证衣食自给，但瓜果蔬菜的栽培和猪狗鸡等畜禽的饲养对维持农家生计也不可缺少。反映在土地利用上，每户农家都要在有限的土地上及房前屋后栽植桑树、种瓜种菜，有些地主家庭的园圃业还形成专业化商品性生产。如汉代邵平曾种瓜于长安城东，培育出远近闻名的"东陵瓜"②。《史记·货殖列传》还记述了当时人们种植"千畦姜韭"、"千亩卮茜"、"千树枣栗"等大面积瓜果蔬菜和染料作物以及饲养大群猪牛羊的情形。东汉崔寔《四民月令》记述的是地主之家或富裕农户一年中农业生产活动的主要内容，其中瓜果畜禽饲养及酿酒制醋等家庭副业的生产占了相当比重。另外，国家也对农户这样的多种经营行为做出了要求和安排，汉代很多地方官在任时，也积极劝农发展家庭副业。《管子·立政》篇曾说"瓜瓠荤菜百果不具备，国之贫也。"东汉和帝永元五年（93年），"令郡县劝民畜蔬食，以助五谷"③。《淮南子·主术训》还直接从土地利用角度，要求农民家庭农副兼营，衣食自足："人君者……教民养育六畜，以时种树，务修田畴，滋植桑麻。肥硗高下，各因其宜，丘陵坂险，不生五谷者，以树竹木。春伐枯槁，夏收果蓏，秋畜蔬食，冬伐薪蒸，以为民资。"

---

① （西汉）史游：《急就篇》，《四部丛刊续编》本，商务印书馆，1934年
② 《史记》卷53，《萧相国世家》
③ 《后汉书》卷4，《和帝纪》

秦汉小农的这种生产结构或农业经营形式，在其家庭生活环境和农田布局方面必然有所反映。但由于年代久远，缺乏具体的实物参照，人们一般根据对传统农业社会的整体认识，在"男耕女织"、"还庐树桑"、"菜茹有畦"、"瓜果殖于疆场"的农业生态印象中，去复原汉代小农经济的生产结构及其所处的乡村环境。在汉魏时期的画像砖石和壁画上，描绘农业生产场景的画面倒是不少。它们要么表现某一具体的农耕劳作情景，要么表现地主庄园的农业生产场景，也有少量刻画小农家庭生产结构的图像。如在四川新都县发现的一块汉代画像砖，画面上油桐树枝高叶茂，林林掩映着一间狭小的民宅，房屋旁有一女正在持杆摘采桐籽，以供油灯照明①。但这些画面都比较简单，且经过艺术处理，难以确切地表现当时小农经济的生产结构，尤其是不能很好地反映与这种生产结构直接相关的土地利用状况。

2003 年，在河南省内黄县梁庄镇三杨庄北的黄河故道上，发掘出土了四处汉代乡村庭院和农田遗址，这在国内外考古史上均属首次，对研究汉代乡村社会和农业经济等都有重大意义②。该遗址因黄河洪水泛滥而被泥沙深埋地下，乡村社会中普通小农家庭庭院布局、农田垄畦、田间作业形势等均保存完好，各庭院遗址的功能及其相互之间的关系都比较准确。目前该遗址仍在进一步发掘整理中，详细资料尚未公布，因此对有关汉代农村社会、经济问题的探究尚难深入开展。这里仅从考古发掘的有关乡村庭院和农田遗址考察当时的土地利用状况，了解当时的农业生态现象。

在已发掘出土的四处遗址中，第三处庭院面积为 30 米×30 米，庭院布局从南向北依次为：一进院南墙及南大门、南厢房；二进院墙、正房等。周有围墙，墙外有水沟。南门外西侧有水井一眼，庭院后有一厕所。正房后有两排树木残存遗迹，从残存的树叶遗存判断，多为桑树，也有榆树。在庭院的东西两侧水沟外和后面清理出排列整齐的、十分明晰的、高低相间的田垄遗迹，田垄多南北走向，宽 60 厘米左右（图 4 - 3）。南门外不大的活动场所南侧即为农田，有一不宽的道路与外界相通。第四处庭院布局与第三处相同，墙外有树，院后有厕所，厕所后植有树木。院外即为有田垄的农田，田

---

①　夏亨廉、林正同：《汉代农业画像砖石》，中国农业出版社，1996 年

②　《河南内黄三杨庄汉代庭院遗址》，《考古》，2004 年第 7 期；《河南内黄三杨庄发掘多处西汉庭院民居》，《中国文物报》，2006 年 1 月 13 日，2 版；有关三杨庄资料图片参考河南省第六批国宝档案资料

地内发现有车辙及牛蹄痕迹（图4-4）。

图4-3　三杨庄遗址第三处庭院西侧农田

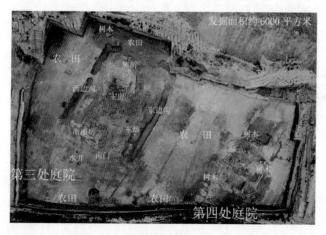

图4-4　三杨庄遗址庭院与农田布置

　　从遗址反映的内容来看，几处庭院面积相当，规格一致，均坐北朝南，为二进院落，真实地反映了汉代乡村民居的基本结构形式。值得关注的是，内黄三杨庄汉代遗址庭院有不同的生产和生活分区，庭院外也有生产和活动的场所，院周植树，院外即农田。它反映的正是汉代乡村社会中一般小农家庭的基本情景，完全合乎汉人理想中的"五亩之宅"、"百亩之田"及"果蔬禽畜具备"的家庭经济结构形态。遗址表现出的庭院星罗棋布、零星分散于农田中，没有房宅毗邻，聚落集中的成片居民区，完全不同于南北朝以后才有的里、市分割的"村庄"概念。

三杨庄遗址所表现的汉代小农家庭有自己私有的土地田宅，规模不大，每户生产和生活用具齐备，自给自足。宅落田旁，场院相邻，井舍相伴，还庐树桑，牛耕于野，车奔于途，鸡豚狗彘各有所养，真实地还原了汉代乡村社会小农家庭经济活动的情景，再现了汉代土地利用状态及农业生态文化。郑州东史马遗址等地墓葬内出土的汉代陶猪圈（圈厕合一）和陶水井也充分显示了中原地区汉代小农家庭的生活情景。比较而言，汉代地主庄园内有的"良田广宅，背山临流，沟池环匝，竹林周布，场圃筑前，果园树后"[①]，有的"高楼连阁，陂池灌注，竹木成林，六畜杂果，檀漆桑麻，闭门成市"[②]，三杨庄遗址反映的这种简单而又丰富的乡村民宅庭院与农田布置形式与地主庄园明显不同，它体现的是汉代黄河中下游传统农业区内广大小农家庭自给自足的生产结构和经济形态，也真实地反映出当时以土地利用为核心的农业生态文化。

二、代田法和区田法：特定自然与社会环境下的土地开垦方式

过去一般认为，汉代北方地区的代田法和区种法，具体耕作措施不同，但都是在一定气候和土地条件下形成的以抗旱减灾为核心的特殊耕作法。不过，从历史实际看，代田法之目的主要在于集中劳动力，拓荒垦殖，增产粮食，更多地属于一种土地开垦方式。

1. 代田法

代田法在《汉书·食货志》有明确记载，它是指播种之前在整理好的田块中开沟起垄，沟深宽各一尺，垄高宽也是一尺，沟垄相间。下种时，种子播种在沟底。幼苗成长期间，要进行多次中耕，以除去苗间杂草，同时把垄上的土逐次锄下沟，培壅到禾苗根部。到盛夏时节，垄土逐渐削平，沟中禾苗根系也扎得很深了。第二年整地时，再把上年作垄的地方开成沟，原来的沟再修成垄。这样沟垄位置相互替换，所以称为"代田"（图4-5）。

汉代广大中原宜农地区的原野早已成为一种平翻低畦或平翻无畦的缦田景观，传统农业精耕细作技术的新成就主要体现在土壤耕作、新品种引进与

---

① 《后汉书》卷49，《仲长统列传》
② 《艺文类聚》卷65引，《东观汉记》

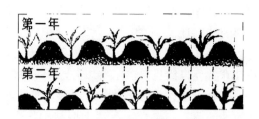

图 4 - 5　代田法示意图（选自《中国农业科技史图说》）

培育、轮作复种、肥料施用、农具改造以及农田水利等方面，土地生产率因此有了很大提高。但这并不排除垦荒拓殖、扩大土地来源这一有效增产途径。在当时的社会经济条件下，从事农业生产的主体是贫苦的自耕农。自耕农家庭男耕女织，赋役负担沉重，仅能勉强维持温饱，投入财力、物力提高土地单产的能力有限。而新品种新农具的使用、土壤的耕摩蔺、农田灌溉等增产措施的资金成本相对较高，他们往往无力承受，不敢采用。自耕农能大量投入而且可以不计成本的，只有他们的劳动力。于是，代田等主要依靠劳动投入就能增产的耕作法应运而生。

代田遮风蓄水，又便于培土壅苗，在高燥苦旱的西北地区抗旱增产效果明显。据说赵过善作代田，他在担任搜粟都尉期间努力推行代田法，先在关中公田上进行实验和示范，然后再向民间推广。代田法种沟不种垄，沟垄相间交替耕播，所以只能达到 50% 的土地利用率。但它可以在干旱贫瘠的风土条件下保证产量，可以达到甚至超过同样环境条件下的平作产量，所谓"一岁之收常过缦田亩一斛以上，善者倍之。"① 在代田法的作业流程中，并无摩蔺土地、灌溉施肥、种子处理等技术措施配套使用的痕迹。其劳作的核心在于开沟作垄、培土壅根。由于每年开沟作垄的劳动量很大，自耕农也往往是不得已而为之。推广代田，一般需要政府组织和推动以及其他外力的驱使。

秦汉时期，北方边郡是兵民屯田的重点地区，垦荒辟土方兴未艾，农耕活动向牧区和农牧交错区大力推进。在农区拓展的过程中，技术含量不高但切实有效的代田方法发挥了重要作用。例如，在偏远的内蒙古高原居延海一带，代田就是主要依靠戍田卒和政府移民来实现的，目的在于就地产粮养兵。居延代田低产但能有所收获，尤其是减少了长途运粮之费，所以，一度

---

① （东汉）班固：《汉书》卷 24 "食货志"

大行其道，垦田面积达到 60 万亩之多①。但是居延屯垦区的耕地并非皆用代田，也不是自居延开发后始终采用代田。当时代田之法多用于垦荒过程之中，经过垦荒治理之后的土地也可改造为水田兼得灌溉之利②。

因为汉代赵过用代田法垦辟土地，成效明显，贫寒人家还可用人力代替畜力耕作，解决役畜不足的问题，所以代田法在清代农地拓展过程中又被人提起："则今之垦荒正宜仿此法也"③。晚清左宗棠平定陕甘回乱时也在陇东、宁南地区教民代田垦荒，"督丁壮耕作，教以区田、代田法。择嶮荒地，发帑金巨万，悉取所收饥民及降众十七万居焉。"④

总之，作为历史上有效的土地开发利用方式，代田法也有较大的局限性，这主要表现在投入劳动量很大，农户一般不会采用。虽然汉代以来不断有人倡导这种以土地开垦为重点的特殊耕作法，但推广效果一直不明确。今日北方农区所采用的"深沟播种"、"根基培土"等措施，有些园艺作物和经济作物的沟垄种植，似与古老的代田法有一定联系。

2. 区田法

区田法又称区种法，其高产特性曾颇受推崇。根据西汉《氾胜之书》的相关记载考释，汉代区田有带状区田和小方形区田两种布局形式。前者适用于平原地区，后者适合于山地。其中小方形区田作法是按照土地条件的好坏，先间隔一定距离开挖六寸或九寸见方、深约六寸的小区，然后把种子下到区中。在作物生长期间，必须采取施肥、灌溉等田间管理措施，肥多水足才能获得丰产。

据《氾胜之书》记载，区田是在荒地上进行的："凡区种不先治地，便荒地为之。"大小麦、大豆和瓜类等各种作物都可以采用区种法。另外，"诸山陵，近邑高危倾阪及丘城上，皆可为区田。"它还适宜于山地、丘陵、陡坡地的开发。从中可以看出，区田法有四个要点：一是区田为应对旱灾而设计，或者说抗旱是推行区田法之目的。清人赵梦龄《区种五种·序》称区田法为"避旱济时之良法而有利无弊者"。清代山西农书《马首农言》也有区田"可备旱荒"之说。二是区田法虽着力于施肥和灌溉，但疏于土壤

①　梁东元：《额济纳笔记》，国际文化出版公司，1999 年，第 69 页
②　陈直：《居延汉简研究》，天津古籍出版社，1986 年，第 9 页
③　（清）贺长龄、魏源：《皇清经世文编》卷 21 "拟以赵过代田法助垦荒议"
④　《清史稿》卷 412 "左宗棠传"

耕作，不提相关的技术要求，直接在荒地上挖坑作区播种即可了事。三是区田法是在"以亩为率"的小块土地上，加大劳动力投入，挖地作区生产。四是区田法为利用一些零星荒废土地或边角地的有效方式。比较而言，区田法的本质与代田法有相通之处，也对土地条件没有要求，属于一定环境下投入大量劳动力，抗旱减灾，扩大土地利用范围，增加粮食生产的方式。不过区田很强调施肥和灌溉，有精耕细作的一面。

从汉代区田法推广的历史实际看，因为要投入大量劳动力和水肥资源，属于集约经营，所以区田难以大面积铺开。它只能是一种在干旱条件下，通过劳力集约和水肥集约，克服土地条件的不足，保证作物产量的特殊旱地利用方式。有学者认为，汉代在关中地区倡行区田，与当时以土壤耕作为核心的精耕细作技术关系不大，而是与当时社会经济条件的变化有密切关系，农史前贤所言区田是针对自耕农的零散耕地应运而生的新技术，对理解区田法颇有启发意义[①]。

汉代关中核心农区耕作技术精细，土地生产率较高，但难免存留有一定面积的不便利用的边角斜坡地带。这些土地难以耕垦，长期荒废。西汉中期以后，土地兼并激烈，大量自耕农失地破产，由此造成严重的社会问题。朝廷曾采取各种抑兼并、招流亡的措施，但效果有限。失去土地的自耕农为了生计尽可能地利用边角地耕垦种植。这些田地面积狭小，土质瘠薄，按照常规耕作法耕种难以见效。在这种情况下，政府便倡导区田法，试图使过去未能开发的山地丘陵及其他零散荒地得到利用，以便保障农民的基本生计，维持社会稳定[②]。

汉代之后，区田法和代田法一样，经常被人记起并加以推行。尤其是每逢灾荒之年，总会有人倡议开种区田，抗旱救荒，但区田同样未能大规模推广，其原因主要在于没有充分考虑区田推行的社会经济环境。

三、汉代西北农业区的开拓及其生态影响

秦末汉初，以游牧为生的匈奴族正当全盛时期，有军队数十万众。匈奴人乘中原农民起义和楚汉相争之际，突破秦长城，直入塞内畜牧；并不断南下掳掠，威胁汉朝心腹长安。汉初国力尚未恢复，对外只能采取妥协忍让政

---

① 卜风贤：《重评两汉时期代田区田的用地技术》，《中国农史》，2010 年第 41 期
② 参阅梁家勉：《中国农业科学技术史稿》，农业出版社，1989 年，第 211 页

策。经过"文景之治"，社会经济逐步恢复。汉武帝时国势大张，锐意拓边广土，根除西北边患。经数十年征战和经营，基本解除了匈奴的侵扰，为整个西北地区的统一及农业开发扫除了障碍。两汉时期大规模的移民实边，促使中国西北的农耕区域大为拓展，生态环境也开始发生改变。

1. 戍军屯垦

戍军屯垦是汉朝的重要拓边策略，河西和河湟农区的开辟多借重屯兵的力量，西域轮台及其以东的车师前部（今吐鲁番）、伊吾（今哈密）等地也分布着汉兵的屯田。

河西走廊是内地通往西域的交通命脉，具有重要战略地位。匈奴退出河西走廊以后，汉武帝在此置张掖、酒泉二郡，布置数十万士卒屯田设防。在河湟地区，汉宣帝时赵充国攻破西羌，由留驻的兵卒择地开田两千顷（1 顷 ≈ 66 700 平方米，秦汉），为湟水流域的传统农业开发奠定了基础，对阻止羌人进犯也有重要作用。

西域天山南北有肥沃的绿洲，也有水草丰美的牧场，可种植水稻、小麦，饲养牛羊。汉武帝时期，汉与西域交往逐渐密切起来，相互派遣使者以至和亲联姻。武帝太初元年（公元前 104 年），西域诸国臣属于汉朝，汉政府开始在此常驻军队，同时在轮台、渠犁一带屯田。后来大司农桑弘羊提出在轮台一带大兴屯田的计划，因武帝晚年开拓雄心锐减而未能实现。但后来经过昭帝、宣帝经营，轮台屯田大兴，远远超过原来的规划。从轮台东往车师前部（今吐鲁番）以及伊吾（今哈密）都分布着汉兵的屯田，甚至连伊循（今若羌）及莎车也辟为屯垦要地。东汉仍然以军屯作为经营西域的根本，除车师前后部及伊吾主要屯区外，沿丝绸之路重要城郭，无不为军屯之地。屯田士卒开渠灌溉、耕作播种采用内地先进经验，传统农艺也必然会为当地居民仿效和学习，从而促进了西域地区的农业开发。

屯田在秦以前的文献中语焉不详，似乎并无多大规模，集中大量军队屯田实始于汉代。戍兵多来自内地农区，农艺娴熟，吃苦耐劳，最能适应在艰苦的边疆从事农业开发。新垦区的建设一般先由士卒屯戍，开创和平环境和一定的生产条件，随后再迁入大批移民耕种。如元狩年间在朔方以西的屯田，就是先由士卒选择便于灌溉、适宜农耕的地方，开凿沟渠，试行播种，并修筑民房城堡及防御设施等。开垦的土地经过一段时间耕种后，再由政府主持交给移民耕种，一个新的乡村聚落就初步形成了。另外，在荒凉偏僻的西北用兵，最大困难莫过于粮草转输。汉代实行屯田，不烦国家长途运粮，军队自食其力，且可供给远征军及往来使者、商旅的粮草用度。这是汉代所以能开拓边疆，又能守卫边疆的历史经验。

2. 移民实边

移民实边策略草创于秦代，汉代不断充实完善并开始大规模实施。西汉晁错首次对移民实边策略加以总结和研究，指出它可以减少屯戍和运输粮草的费用，有效抗御匈奴侵扰①。为了使移民能够在边地安家落户，晁错认为应当在征发、安置、管理等方面采取相应的优惠措施。

第一，要改"谪发"为招募，招募对象有罪徒、奴婢、普通老百姓等。第二，国家要保障移民初到边地时的生活，为其创造进行农业生产的基本条件，包括先在边境屯戍之地建造房屋，置备农具和日常生活器具，发给移民衣物和粮食等。第三，应募的人由政府赐给爵位，免除其徭役负担，鼓励更多的百姓到边疆去从事农耕。第四，移民到达边地以后，要设置伍、里等基层组织，选用奉公明法的官吏加以管理。这些关于移民实边的论述和设想，后来大多得以逐步采纳或变通实施。

西汉初年，汉文帝听取晁错建议，"募民徙塞下"②，开发黄土高原宜农地区。汉武帝时期，匈奴被驱至漠北，由政府组织的移民队伍源源不断地到达人口稀少的边疆地区。当时全国的人口不过 4 000 万，而在武帝数十年间，大批量向西北移民共有 7 次，总计人口在 200 万以上。汉武帝时的西北移民带有一定强制性，但因为采取了切实的移民政策，如授予爵位、免除刑罚，路途中的衣食供给由政府承担，借贷给农具、籽种、口粮等，数百万移民经受住了背井离乡的艰辛，在黄土高原地区居住下来。移民开发还逐步越出黄土高原，走向河西走廊以及大漠南部，西北大片地区由游牧经济转变为农耕经济，生态环境面貌相应地发生了较大变化。

早期西北黄土高原和河西等地的农业是零星散布的，像汉代这样大规模的开发前所未有。汉族本是农业民族，走上西北黄土高原以及河西绿洲之后，便极尽垦辟耕种之能事。汉朝政府也常以先进的生产技术支持垦区农业，在西北边郡推广牛耕和代田法。在河套地区发现的汉代灌渠，陕北米脂、绥德等地画像石上的牛耕、收获图等，均是西北农业开发的真实记录。

---

① 《汉书·晁错传》
② 《汉书·晁错传》

经过汉武帝以后一百多年的开发，黄土高原中部郡县相望，炊烟缭绕，农田牧场随处可见。河西走廊由牧区变为"谷籴常贱"的农业区①，甚至走廊西部干旱荒凉的敦煌郡也出现宜禾、美稷等地名②，还有以力田得谷而立名的效谷县③。东汉王朝也注意向西北边地移民，只是移民的数量和规模没有达到西汉时的水平。

3. 西北边地土地开垦的生态影响

经两汉以屯田为主要内容的经济开发，西北边地由少数民族占据的大片游牧区转变为农业区，农区范围空前扩大，农牧分解线几乎推向黄土高原西北边缘，并与河西走廊和天山南部农业区连为一体，唯有干旱荒漠和草原区还保留畜牧地（图4-6）。除关中以外，河套、河湟、河西、南疆等农区，都是在汉代开发建成的。汉代农区拓展的历史意义值得肯定，但也应看到大规模土地开垦对地区生态环境的不良影响。

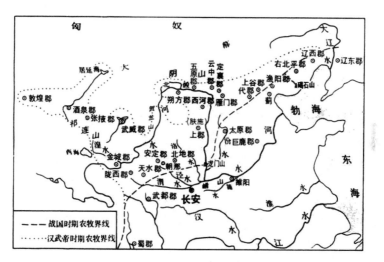

图4-6　战国秦汉时期北部农牧界线示意图
（采自邹逸麟《中国历史地理概述》）

汉王朝向西北边地屯兵移民，进行农业开发，主要是出于政治、军事目

①　《汉书·地理志》
②　王国维：《敦煌汉简》跋十二，载《观堂集林》卷17
③　《汉书·地理志》颜师古引桑钦说

的，带有一定强制性，并且农业生产以粗放耕作、平面拓展为特征。随着战争的停歇或结束，军队撤离，移民内迁，许多地方尤其是黄土高原地区的开发成果往往会消失殆尽，同时会带来严重的生态问题。

林草植被阻滞风沙，保持水土的能力要远高于农作物。西北干旱多风，植被稀疏，生态环境本来脆弱。而边疆农业开发以大片垦辟土地、打破原有植被为基本手段，这必然会雪上加霜，进一步破坏生态环境，造成水土流失以及土地沙漠化。另外，在国力强盛的时候，屯田迅速向前推进，大片草原被辟为农田；国力衰弱时，屯田便自动停止或内缩，而一旦居民点消失，土地弃置不耕，地面上失去了作物的覆盖，原有植被又很难恢复，水土流失便会进一步加剧，一些沙漠边缘的土地则逐渐沙漠化。

由于汉代农业区的北拓和粗放耕作，黄河中游的草原大部分被开垦成农田，一部分山地森林也受到破坏，西北地区水土流失显著加重，这可以从当时黄河水中泥沙增多、下游水灾加剧的情况得到反映。黄河下游地势平衍，黄河出川陕峡谷后，比降骤然减小，流速降低，挟带的大量泥沙相当一部分淤积在河道中，加剧了河槽淤积。西汉末年，黄河下游的很长河段成为"河水高于平地"的悬河。所以一遇洪水，尤其到了黄河汛期，下游经常决溢成灾，对当地农业生产造成严重危害。

汉代西北屯垦引起的土地沙漠化也有不少例证，如乌兰布和沙漠的形成即与汉代的移民垦殖有很大关系。西汉中叶，阴山山脉成为西汉王朝抵御匈奴的主要屏障。朔方郡设立后，西汉多次移民实边，今乌兰布和沙漠北部的牧区就成为汉代的主要屯垦区，农业呈现出一派繁荣景象。但西汉以后，由于政治动乱，朔方郡西部的垦区急剧衰落，汉族人口退出后，这里又成为游牧民族的活动场所，过去良好的草原植被再也未能恢复，而是逐渐演变成了沙漠。因为当地表土之下有沙层，沙源为草原沙化提供了物质基础。另外，西北草原地区风力强盛，强风吹扬使成沙物质形成流动沙丘，草原逐步沙漠化。在地表植被良好的情况下，上述自然条件的不利影响会受到遏制，难于引起严重沙害。如果水利设施良好，地面又有作物覆盖，沙漠化程度也会有所减轻。然而一旦农业衰退，垦区被放弃，在地表常年没有植被覆盖的情况下，必然引起土地沙漠化。西汉时期，垦区原有植被已遭到大面积破坏，加之东汉及其以后游牧民族的过度放牧，土地沙漠化势在必然①。

后世西北地区依然延续汉代的屯田开发手段，水土流失和沙漠化便一年一年扩大，垦殖活动也越来越艰难（图4－7）。今天看来，在西北这些生态脆弱区实施经济开发，应当因地制宜，粮食、林木、畜牧各有侧重，将生态效益放在首要地位，走可持续发展的道路。

图4－7　三国魏屯垦砖画（甘肃嘉峪关出土）

四、汉代关中、巴蜀及西南夷地区的农业开发与生态变化

1. 关中及巴蜀地区

汉代西部核心农区如关中、巴蜀等地的农业开发模式发生了根本变化，基本摆脱了不断开垦土地、扩大种植面积的农业开发模式，开发重点转向农业技术革新和提高单位面积产量方面，因此动植物良种引进及农业技术创新很有成绩，由此也带来了农业生态的改变。

西汉立都长安，继承了秦朝强干弱枝、充实关中的政策。汉初曾将齐楚大姓及开国功臣迁居关中长陵，后来世代都有高官、富贾及豪杰并兼之家迁徙于京畿地区居住。关中人口剧增，导致官民衣食供给成为严重问题。汉初关中土地已开垦殆尽，所产粮食也难以自给，必须依赖黄河下游地区补济，每年漕粮即达百余万石。东粮西运路途遥远、转输耗费巨大；加之河渭水道多艰难险阻，经常发生船毁人亡事故。于是汉王朝开始在关中大兴水利，改

---

① 马正林：《人类活动与中国沙漠地区的扩大》，《陕西师范大学学报》，1984年第3期

进农业技术，挖掘生产潜力，以便就近供养京师人口。

汉武帝时相继开发泾、洛、渭三河水利，修建郑白渠、六辅渠、龙首渠、成国渠、漕渠等大型农田水利工程；同时开修南北山入渭小河上的小型灌渠，构成纵横交错的水利网络，使许多低产旱地和盐碱地，变为高产良田，渭河南岸的长安附近还开发出大片稻作区。汉武帝晚年结束征战，推行重农富民之策，以精通农业的赵过为搜粟都尉，在关中地区大力推广牛耕，采用耧车播种，使农业产量和劳动生产率大为提高。汉成帝时，著名农学家氾胜之受命教田三辅，"好田者"争相仿习。他最重要的贡献是"督三辅种麦，而关中遂穰。"① 即西汉中后期，关中地区已改变了过去"不好种麦"的习俗，冬小麦终于推广开来。冬小麦的推广，使关中的种植制度发生根本变化，引导出丰富多样的轮作复种方式，提高了土地利用率，也改变了当地的农业生态面貌。

巴蜀西汉时期的经济地位可与关中相提并论。楚汉战争时期，巴蜀就是汉军的重要粮草基地。后来诸葛亮在评价四川的战略作用时指出："益州险塞，沃野千里，天府之土，高祖因以成帝业。"② 汉代蜀地的都江堰工程进一步完善，灌溉面积增加，铁农具使用更加广泛，稻作技术也变得相当精细。从出土的汉代画像资料及水田模型看，当时四川水稻生产已采用插秧、施肥、灌溉、耘耨等先进技术，并利用稻田养鱼，出现"民食稻鱼，亡凶年忧"的局面③（图4-8）。

图4-8　四川东汉弋射、收获画像砖
（1972年四川省大邑县安仁乡出土）

汉政府往往用巴蜀粮食赈济关东等地的灾民，并通过栈道向关中运送粮食。

---

① 《晋书·食货志》

② 《三国志·蜀志》

③ 《汉书·地理志》

2. 西南夷地区的初步开发

秦汉以前，云贵高原及四川西南部分布着许多经济文化比较落后的氏族部落，较重要的有僰、滇、劳浸、靡莫、邛、筰、昆明、嶲和夜郎等，合称为西南夷。战国时期，楚国人庄蹻率部下进入云南滇池地区，首次把楚国的先进文化和生产技术带到了云贵高原。秦代西南夷部落开始处于中央王朝的直接统辖之下，常頞受命开五尺道，西南夷和内地的经济文化联系密切起来。据文献记载，秦汉之际，关中和今四川之间、四川和云南部分地区之间，"栈道千里，无所不通"，商人们把邛筰的牛马运进巴蜀，又把巴蜀的铁器输入云南。

西汉初年内忧外患，朝廷无力顾及西南边疆。汉武帝时期，西汉国力强盛起来，便着手进行西南夷地区的开发。当时，夜郎、邛筰、滇等许多部落相继归附汉朝，朝廷遂在此设立郡县统辖，内地的一些先进文化和生产技术被带进了西南民族地区。中央王朝还致力于修桥铺路，改善西南夷地区的交通条件。西南地区山河阻隔，道路工程宏大而艰巨，筑路人的粮食供给成为严重问题。因为粮食长途转输的消耗十分惊人，一人在前面修路，后面要十多个人运输粮食[1]。《史记·平准书》则说："当是时通西南夷道，作者数万人，千里负担馈粮，率十余钟致一石。"汉时一钟合六石四斗，按此推算，粮食在运抵凿道工地时还不到原来的六十分之一。鉴于巴蜀租赋不足抵偿修路消耗，汉王朝遂迁移豪民到云贵高原一带垦田，将所收获的粮食交纳到当地郡县，由大司农属官都内丞按量付钱[2]。这个办法可以就地解决部分粮食消耗问题，也意味着云贵高原地区农业开发之兴起。那些进入南夷地区的豪民，本是巴蜀大姓，他们带着大批农民或奴隶从事垦耕种植，对传播内地的先进农业技术曾起到积极作用。

从考古资料看，西汉后期，西南夷地区出土的铁农具数量和种类明显增多，其中包括锄、铲、斧、臿等各种铁农具[3]，这表明当地生产力水平有了较大提高。汉代西南夷地区的灌溉事业也开始兴起，汉政府委派的地方官吏在水利开发中发挥了积极作用。西汉末年，文齐在云南昭通一带"穿龙池，

---

①　《史记·司马相如列传》

②　《汉书·食货志》

③　参阅云南博物馆：《云南江川李家山古墓群发掘报告》，《考古学报》，1975 年第 2 期；文物编辑委员会：《贵州考古十年》，文物出版社，1990 年

溉稻田，为民兴利"①；后来他任益州太守，又建造陂池，开通灌渠，"垦田二千余顷"②。新中国成立后曾在云南、贵州等地发现了多块东汉时期的陂塘水田模型，形象地反映出当时西南夷地区的农田水利状况。在贵州兴义汉墓中，出土有陶质池塘水田模型，上面水田毗连，灌渠纵横，池塘养鱼、荷花开放，塘岸上栽植树木。它们与巴蜀、汉中一带出土的汉代陶质池塘水田模型所反映的农业生产情形很相似。牛耕技术大约也在汉代末期传入云南，使一些地区原来以旱作为主的锄耕农业，转变为以经营水稻为主的犁耕农业，促进了当地经济文化的全面发展③。

同时也应看到，汉代西南夷地区的农业开发极不平衡，一些山间盆地和郡县治所的农业生产达到了较高水平，而大多地区的农业仍然很原始。其原因一是当时西南地区的开发主要出于政治、军事因素，经济开发只是一种附带行为。二是西南夷地区多丘陵山地，石多土薄，不便耕作，自然条件限制了农业生产的拓展，由此形成的一些风俗习惯也使人们宁愿沿袭原有的农耕传统，而不愿冒风险作出改变④。

五、魏晋南北朝时期黄土高原区的土地开垦及其生态影响

西北边郡地域辽阔，具有适宜畜牧的自然条件和从事畜牧生产的传统。两汉时期，这里的农牧业结构变化的总体趋势是农进牧退，并开始出现不良生态后果。魏晋南北朝时期，中国北方汉族人口大量南迁外流，同时少数民族不断入居内地。北人南迁，促进了南方经济的开发和农业生态面貌的变化。游牧民族内迁，导致北方地区农耕退缩、畜牧业扩展，农牧业的迁移交错产生了一定的生态效应。下面以黄土高原地区为例，阐述农牧业消长变化的生态意义。

大约战国之前，黄土高原主要为游牧族的活动区域。秦皇汉武大力开拓疆土，西北农耕逐步由泾渭流域的河谷、台地扩展到整个黄土高原地区，匈奴等游牧民族退居于阴山以北，农牧分界线推进到黄土高原北部和西部边缘。大规模的土地开垦使黄土高原宜农地区的天然植被遭到严重破坏，水土

---

① （东晋）常璩撰、刘琳校注：《华阳国志校注·南中志》，巴蜀书社，1984 年
② （南朝宋）范晔：《后汉书》，中华书局标点本，1973 年
③ 马曜：《云南简史》，云南人民出版社，1983 年 1 月，第 44 页
④ 王勇：《秦汉时期西南夷地区的农业开发》，《中国农史》，2002 年第 3 期

流失加剧，生态环境恶化。魏晋南北朝时期是匈奴、氐羌等北方游牧民族大量入居内地的时期。由于自然环境的限制，游牧民族入居黄土高原农业区以后，显然无法维持逐水草而居的游牧生活，只能选择以农业为主，兼营畜牧的定居生活。黄土高原的农牧业关系由此发生较大变化，主要表现为畜牧业的增长和农耕的退缩。虽然随着时间的推移，入居民族逐渐弃牧从农，高原并未回归到秦汉以前那种游牧状态，而且随着入居民族汉化程度的加深，农业开发又不断拓展，但这种农牧关系的演替毕竟有一个过程。

　　魏晋十六国二百余年，可以视为"以牧为主"的时期；北朝二百多年，大致可视为"农牧并重"的时期。在前一时期，以阴山为界限的农牧业分区被彻底打破，南匈奴和部分羌族部落逐步向黄土高原推进，先由北部移居中部，然后再转居南部。与此同时，北起朔方、南至上郡一带的汉民纷纷弃田内逃，黄土高原农业衰败。曹魏和西晋政权虽然也曾致力于西北经营，但注意力仅在关陇、河西一线，并未顾及沟壑纵横的黄土高原。十六国时期，西北关陇地区比较注意因地制宜，农牧并重；黄土高原腹地少数民族逐渐改营农业，但农业开发水平和规模十分有限。另外在鄂尔多斯高原以北，则完全是游牧地区。在后一时期，黄土高原北部仍属游牧部落和北魏马苑所在地，因而畜牧比重较大；高原中部和南部随着人口的增长，入居民族汉化程度的加强，由畜牧改营农业的风气兴盛一时，农业开发不断拓展，农耕景象逐步恢复。由于黄土高原区自然条件以及畜牧民族传统的影响，高原各民族改营农业后仍注意牲畜饲养，他们在川谷原峁平坦之处多开地种粮，山沟陡坡无法耕种之地则用于畜牧，从而形成一种农牧结合的经济结构①。

　　魏晋南北朝间的农牧业开发成就远不及两汉，但在区域生态环境变迁史上却是至关重要的时期。游牧民族的相继崛起和大量内迁，迫使农耕区域向南大幅度退缩。汉代垦辟的大片农区再度为游牧民族所占据，农田弃耕后逐渐转变为畜牧之地。畜牧活动对天然植被的破坏通常较农业轻微，古代游牧经营的规模一般不至于引起草场牧地的严重退化。魏晋十六国二百年间，由于畜牧成分的增加以及大面积垦殖活动的停歇，黄土高原以及整个西北地区的植被有一定恢复。北朝二百年中，西北地区农业比重又逐渐加大，但基本上维持农牧并重的局面，加上当地人口减少，新农田的垦辟以及天然植被的破坏有限。魏晋南北朝四百年西部农牧业的此消彼长，对恢复植被、减少水

---

① 张波：《西北农牧史》，陕西科技出版社，1989年，第238页

土流失、调节地区生态的确具有重要作用。

据研究，泾水在北朝时期泥沙减少，出现较清澈的面貌；那条著名的支流"泥水"，已改名"白马水"。可知泥水流域变为养马牧地，流水也不是往日浑浊如泥的状况。黄河泥沙含量似乎有所降低，河床淤积减缓，河泛相应减少，黄河处于较长时期的安澜阶段，前后八百年间下游未发生过大的改道。西北草原荒漠区的沙漠化也有所遏制，十六国时赫连夏国统万城地处毛乌素沙漠南部，经汉代以后农牧迭移变化，到夏国建都时，这里又恢复到水草肥美的草原景观，未引起毛乌素沙漠的大面积南侵。大夏国择都时，赫连勃勃北游到此，惊叹地说："美哉斯阜，临广泽而带清流，吾行地多矣，未有若斯之美"①。毛乌素漠区气温、降雨和地下水条件较好，沙粒细小，农牧结构调整后，生态环境即可逐步恢复。然而在其他沙漠荒漠区的汉代弃耕土地上，植被再现却相当困难。上述事例，表现出东汉至魏晋南北朝时期黄河中游地区土地合理利用的生态效应，这对我们今天从事农牧业开发和生态建设仍有重要启示作用②。

第四节　隋唐宋元时期南方山田低地开垦与环境变化

平坦肥沃的土地最宜于耕种，但这样的土地毕竟难得和有限。随着人口的增加以及农产品需求的增长，人们自然要上山下水，开辟更多的农田。东汉以来，北人大量南迁，南方的土地开发利用进入了一个新的阶段，山谷平地不断扩展，山地丘陵以及浅水湖荡等渐次得到开发利用，出现畬田、圩田等土地利用形式。宋元时期，随着南方人口的不断增长，耕地短缺的矛盾日益尖锐。为了维持生活，人们一方面必须想办法保护好已有耕地，提高土地利用效益，另一方面不得不继续寻找和开辟新的土地，从而出现了梯田、架田、涂田、沙田等多种土地利用方式，南方地区尤其是长江流域的农业生态面貌发生了进一步变化。以下主要以梯田和圩田开发为例，阐述隋唐宋元时期向山要地、与水争田的经验教训。

---

① 《太平御览》，555卷
② 参阅谭其骧：《何以黄河在东汉以后会出现一个长期安流的局面》，《学术月刊》，1962年第2期

一、向山要地的畲田和梯田

长江流域多丘陵山地，在这些地方开发的农田只能以旱作为主，汉魏以前长江流域粟麦等旱地作物的种植尚属零星。而在隋唐至宋元近 800 年岁月里，长江流域丘陵山地的旱作农业大规模扩展，当地的农业生态也发生了较大变化。唐代南方丘陵低山区盛行畲田，南宋以后，畲田在不少地方逐渐被改造为梯田，但这种山地开发方式已使长江流域丘陵低山地带呈现出明显的农业景观，森林植被面貌发生很大变化。长江流域的丘陵低山区域约有 70 万平方公里，估计经过唐宋时期的垦殖活动，绝大部分天然森林植被已被农作物和次生林木所取代[1]。

1. 畲　田

中国先民可能很早就在山坡上种田了。《诗经·小雅·正月》"瞻彼阪田"的"阪田"，可能就是简单的山坡田。汉唐时期，不论南方北方，人们已在山坡上开出了不少农田。唐代文献中称这种顺坡耕种，不设堤埂的坡田为"畲田"。唐诗中很多地方说到"畲田"或"畲种"，有的诗篇还以此为题，讲的都是放火烧山，开地种谷。实际上，"畲田"这种土地利用方式，可以追溯到三国时期。

《太平御览》引《魏名臣奏》，文中已有"其山居林泽有火耕畲种"之说[2]，所谓"畲种"正是放火烧山开田。三国时期中原大乱，逃难的人会跑到山僻之处开山造田，于是便出现"畲种"或"畲田"这样的称呼，《三国志》多处讲到孙吴政权镇压山越的军事行动。古代称长江以南的土著为"越人"，所谓山越，就是中原人大量南迁，土著的越人被逼进了山区。他们要种田，只有在山坡上开垦。此后，南方各地土著人的活动不绝于书，如西川的"僚"，东川的"巴"，五岭一带的"俚"，湘赣各地的"蛮"，汉水流域的"蛮"，其活动情况与东南一带的"越"或"山越"相似，都开出了不少山田，从而在一定程度上改变了南方广大丘陵地带和山区的生态景观。可以说，三国两晋南北朝时期南方丘陵山地已被广泛开辟，这种情形一直延续到唐代以后。

唐代以来，麦、粟等旱粮作物在丘陵山区的扩展及其对森林植被的压

---

① 周宏伟：《长江流域森林变迁的历史考察》，《中国农史》，1999 年第 4 期

② （北宋）李昉等：《太平御览》卷 35，中华书局，2007 年

迫，达到了极致，这主要表现在当时南方丘陵山区畲田的盛行方面，不少文人学士已对畲田的深有感触。唐代元结（719—772年）曾说，"开元天宝之中，耕者益力，四海之内，高山绝壑，未耕亦满"。① 在一定程度上反映出那个时期山地被大量开发的情形。中晚唐的著名诗人刘禹锡和温庭筠都以自己的亲身见闻，描述了南方山区的畲田开发景象。

刘禹锡（772—842年）《畲田行》描述："何处好畲田，团团缦山腹。钻龟得雨卦，上山烧卧木。惊麏走且顾，群雉声咿喔。红焰远成霞，轻煤飞入郭。风引上高岑，猎猎度青林。青林望靡靡，赤光低复起。照潭出老蛟，爆竹惊山鬼。夜色不见山，孤明星汉间。如星复如月，俱逐晓风灭。本从敲石光，遂至烘天热。下种暖灰中，乘阳拆牙蘖。苍苍一雨后，苕颖如云发。巴人拱手吟，耕耨不关心。由来得地势，径寸有余金。"大致意思是巴地山民在初春时期，先将山间树木砍倒，在春雨来临前的一天晚上，放火烧掉，用作肥料，第二天乘土热下种，此后就不用耕耨只等收获了。另外要关注的是，在山民开垦畲田的过程中，要砍倒并焚烧林木，山林中生活的鸟兽必然受到惊扰甚至失去栖息地，生态破坏很明显。

晚唐温庭筠（约812—866年）在任襄阳巡官时作的《烧歌》诗则记述了楚地山区烧畲的景象："起来望南山，山火烧山田。微红久如灭，短焰复相连。差差向岩石，冉冉凌青壁。第低随回风尽，远照檐茅赤。邻翁能楚言，倚锸欲潸然。自言楚越俗，烧畲为旱田……谁知苍翠容，尽作官家税"。放火烧山，火焰烤热了岩石，吞没了林草。农民辛勤耕种，山地上的庄稼长得茂盛，但收获都变成了官家之税。

宋元时期，随着南方经济的开发和人口增长，畲田继续在一些偏远丘陵山区扩展。这些山田瘠地垦种起来费时费力，又只能实行旱作，种些杂粮，收获也很有限，一般富家大户是不屑于耕种的，多是贫苦无地和灾年逃荒的农民为了眼前的生活被逼上了荒山野岭。

北宋王禹偁（954—1001年）被贬商州山区（今陕西商洛）为官时，看到当地农民开山种畲的劳动场景，便作了五首《畲田调》。其中写到："杀尽鸡豚唤劚畲，由来递互作生涯。莫言火种无多利，林树明年似乱麻。""谷声猎猎酒醨醨，斫上高山乱入云。自种自收还自足，不知尧舜是吾君。""北山种了种南山，相助力耕岂有偏？愿得人间皆似我，也应四海少荒田。"

---

① （唐）元结撰：《唐元次山文集》卷3，《四部丛刊初编》，商务印书馆，1929年影印本

商洛山区的畲田是农民通过互助合作的方式开起来的，土壤瘠薄，耕种粗放，春天撒下种子，基本上不再去管，只等秋季收获。产量高低，全凭天时。山田接连种上两三年，地力衰竭，无法再种，只得放弃，在旁处另开新田。

南宋诗人范成大则描述了川峡地区的畲田："畲田，峡中刀耕火种之地也。春初斫山，众木尽蹶。至当种时，伺有雨侯，则前一夕火之，借其灰以粪。明日雨作，乘热土下种，即苗盛倍收，无雨则反是。山多碗确，地力薄，则一再斫烧，始可艺。春种麦豆，作饼饵以度夏，秋则粟熟矣。"意思是说，畲田属于刀耕火种，春季砍倒山上的林木，并在下雨前放火烧掉，草木灰可当肥料使用，下雨后即抓紧播种。山地瘠薄，有时需要反复斫林烧荒，才可以耕种。山地种植的主要是麦子、豆类和谷子等旱地作物。

这种自发垦种行为只顾眼前利益，不会作长远考虑，必然导致山坡上的天然植被受到破坏，水土流失趋于严重，所谓"林木摧残，土石破碎"[1]。而且较低缓的坡地开过之后，接着又去开较高处和较陡的坡地。结果是田越种越高，坡地越来越陡，生态破坏也不断加重，形成了一种恶性循环。大约到了宋代，畲田的盛行已对长江流域丘陵低山地带的森林造成严重破坏，不少地方甚至出现了"虽悬崖绝岭，树木尽仆"[2] 的景象。

另外，宋元时期这种开山造田的情形并不限于南方丘陵山区，在黄土高原区也比较普遍。欧阳修到过山西的河东地区，他说："河东山险，地土平阔处少，高山峻坂，并为人户耕种"[3]。元代王恽描写平阳翼城一带山里的景象："畦田高下画不如"，"山顶开耕自山趾"。[4] 其《山行杂诗》讲的也黄土高原上的情景："山下良田苦不多，耕来山顶作旋螺"。黄土高原地区土层很深厚，夏秋降雨集中，在山坡地上滥垦更容易造成水流冲刷和土壤侵蚀。元代王祯《农书》曾总结了山区土地开发扩展的情景："田尽而地，地尽而山，山乡细民，必求垦佃，犹胜不稼"[5]。

明清时期，由于人口增加和玉米、甘薯等美洲作物的引进，采用畲田垦耕方式的山区开发再度大规模推进，秦巴山区、皖南山区等成为重点开发地

---

① （南宋）朱熹：《晦庵先生朱文公文集》卷一百，《四部丛刊》初编本，1934 年
② （北宋）王禹偁：《小畜集》卷 8《畲田词序》
③ （北宋）欧阳修：《欧阳文忠全集》卷 116
④ （元）王恽：《秋涧集》卷 11，《钦定四库全书荟要》"集部"
⑤ （元）王祯：《农书》"农器图谱"

区，生态影响非常显著，这将在后面的章节中论及。

2. 梯 田

魏晋以后，北方人大量南迁，南方广大丘陵山区的人口不断增加，粮食需求猛增，越来越多的农民在山坡上开辟耕地。起初，人们开山造田采用的是"烧畲"方式。耕种前，先用长刀利斧砍倒山坡上的树丛草莽，然后放火焚烧，用草木灰作肥料。畲田破坏了自然植被，顺坡耕种，不设堤埂，每当大雨倾注，水流顺坡而下，冲走大量田土，造成严重的水土流失，开出的山地也不能持续利用。如何将垦山用山与水土保持相结合，成为开发和利用山区土地资源的关键问题。

后来人们借鉴浅山丘陵地区在山间谷地修筑"陂田"经验，把山坡田改造为水平梯田。梯田的修筑方法是沿着山的坡度，按等高线筑成堤埂，埂内开成农田。这些田块高低不等，上下相接，像阶梯一样。在有水源的地方，人们又将垦山同挖塘、筑堰、叠坝结合起来，使"水无涓滴不为用，山到崔嵬犹力耕"，巧妙地将垦山种粮与水土保持联系起来。

梯田可能至迟在五代时期就出现了，但"梯田"之名最早见于南宋范成大的《骖鸾录》。该书记载的是作者从故乡吴郡去广西途中的旅行见闻，在江西袁州（宜春），范成大看到"岭阪上皆禾田，层层而上至顶，名梯田"①。南宋楼钥《攻媿集》中也有"百级山田带雨耕，驱牛扶耒半空行"的描述。从相关文献可以看出，南宋时期梯田在南方不少地区已成为普遍的山地利用方式。

时代比范成大稍前的方勺在其《泊宅编》卷三曾讲过，福建"垦山垅为田，层起如阶级然，每援引溪谷水以浇灌"，能引水浇灌且如台阶状的山田，显然就是梯田。另据《宋会要》载，嘉定八年（1215年）福建籍官员奏称"闽地瘠狭，层山之颠，苟可置人力，未有寻丈之地不丘而为田，泉溜接续，自上而下，耕垦浇灌，虽不得雨，岁亦倍收"，这里讲的也是福建的梯田。宝庆《四明志·奉化志》"风俗"中说，当地"右山左海，土狭人稠。旧时以垦辟为事，凡山颠水湄，有可耕者，累石堑土，高寻丈而延袤数百尺，不以为劳"。南宋初年叶廷珪在他的《海录碎事》里讲到四川的果州（南充）、合州（合川）、戎州（宜宾）等地，农人在山垅上修堤防蓄雨水，

---

① （南宋）范成大：《骖鸾录》，卷41

种植粳糯稻，谓之"磑田"。① 这里的"磑田"就是梯田。

"翠带千镶束翠峦，青梯万级搭青天，长淮见说田生棘，此地都将岭作田。"② 南宋时期梯田的盛行并非偶然。其一，宋代北方地区战事连绵，人口大量南迁，人多地少的矛盾促使人们想办法合理开发利用山地资源。其二，随着生产力的发展和人们对水土流失危害的认识，唐代流行的不设堤埂、顺坡而种的畲田利用方式逐渐被淘汰。第三，南方各地一方面努力提高平川旷野的水稻生产力，另一方面在山地丘陵修筑梯田。因为只有梯田才能实现灌溉和种植水稻，也才能更有把握地增加稻米生产。

宋代以后，梯田历久不衰，修筑技术也趋于完善，在南北各地都有不少壮丽的梯田生态景观。元代王祯《农书》中详细记载了梯田的修筑方法：先依山坡"裁作重蹬"，即修成阶梯状的田块。然后"叠石相次包土成田"，即用石块垒成梯阶，包围田土，以防水土流失。如果梯田上有水源，便可自流灌溉，种植水稻；若没有水源，也可种粟麦等旱地作物。元朝的袁桷曾作《新安郡岭南十咏》，其中题为《空谷耕云》的一首描述说："斜侧龟背戏，高下鱼丽图，阿童踵其后，黄犊为前驱"，生动地反映出今皖南和浙西交界一带地方的梯田耕作情景。明清时期，山地丘陵区的土地开发进一步扩大，梯田修筑也有所增加。安徽省《英山县志》提到："东西二河上游，及左右山垄之田，大都倚岩傍涧，屈曲层迭多成梯形。"四川和云贵高原的山坡地，很多都开辟成层层梯田。

梯田自唐宋出现以后，世代沿袭，今天依然是不少山区重要的土地利用方式。比较著名的有云南元阳的哈尼梯田（图4-9）、广西龙胜的龙脊梯田、福建尤溪梯田、湖南新化紫鹊界梯田、江西上堡梯田、陕西安康汉阴凤堰梯田等，其宏伟壮丽、自然和谐的农业生态景观让人惊叹不已。举例来说，云南元阳哈尼族人充分利用了哀牢山的地形、气候和自然资源条件，1 000多年来经过世世代代的艰苦开垦和精心管理，逐渐形成了如今稻作梯田系统。这些梯田系统万亩连片、层层叠叠，数百级乃至数千级由山脚直逼山顶，气势恢弘，森林、沟渠、村寨、梯田在不同空间层次有序分布，一年四季农业生态景观各有不同，形成了用养结合、生生不息的物质能量循环格局。它不仅为当地人持续提供衣食来源，还形成了独特的地域文化，实现了

① （南宋）叶廷珪：《海录碎事》，卷20
② （南宋）杨万里：《诚斋集》，卷13

人与自然的和谐。实际上，除云南元阳哈尼梯田之外，其他传统梯田在自然景观和农业生态上也各有特色，这些活态农业文化遗产值得进一步保护和利用。

图 4 - 9　云南元阳哈尼梯田

今天看来，与山坡地的粗放利用相比，梯田逐层滞留山坡的流水，可减少水土流失，是增加山地农田面积，且生态损伤较少的一种开山方法。但梯田毕竟会使天然植被遭到破坏，梯田开发有一定的自然和社会经济条件，它的发展应有一定限度。

二、与水争地的圩田

古代江南地区多河湖滩涂、沮洳沼泽，人们在向山要地的同时，还将田地向低洼处拓展，与水争地，并在这个过程中创造了湖田、圩田、沙田、涂田、葑田、架田等各种各样的土地利用方式。

1. 江南太湖地区圩田的发展变化

圩田就是在江河滩涂或湖泊淤地上筑堤合围挡水所形成的农田（图4 - 10）。它的特点正如南宋诗人杨万里所说："圩者，围也。内以围田，外以围水。"圩田首先出现于长江下游太湖地区，后来扩展到整个长江中下游地区，成为历史时期南方重要的农田生态景观。与圩田相关的还有湖田，即滨湖之田。湖田实际上是把湖边浅水地方改造成田地，其性质与圩田接近，只是湖田有湖岸可以凭借，筑堤比较省事而已。

春秋战国时期，地处长江下游的吴越等国，河湖密布，人多地少，于是人们开始在河湖滩涂上筑围造田，所以早期的圩田又叫"围田"。办法是根

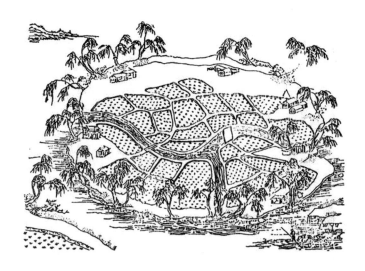

图 4 - 10　王祯《农书》圩田图

据地势把一片低洼地筑堤圈起来，把水挡在外面，里面开垦成田，在围堤的适当地点开口设闸，要灌溉时，放水进来，多余的水，另由别的水口排走，这样就能做到水旱无忧。汉代以后，围湖造田也比较常见了。如果湖泊小浅，就想办法让湖水干涸，湖底成为农田。如果湖泊比较大而深，就在湖边水浅处先筑起一道堤，堤的两端连上陆地，然后把堤内的水排走，这就成为一块好像新月形的田。这样圈起的田，富含腐殖质，自然是上好的肥田。

　　唐代以来，随着经济社会的发展和江南人口的增加，围田的面积不断扩大并连片集中，诸如江河湖泊周围、沼泽洼地等都成为围垦的重点区域。这一时期屯田营田的持续，湖堤海塘的不断修筑以及江东犁、铁搭、龙骨水车等生产工具的发明和使用等因素，也有力地推进了"与水争田"的活动[①]。因为南方的天然湖泊很多，唐代围湖造田一度相当普遍，在丹阳（在今江苏境内）的练湖里就有横截 14 里（1 里≈540 米，隋唐）的长堤，泄去湖水，"取湖下地为田"[②]，不过这也导致围田与蓄洪排涝的矛盾日益突出。为了解决洪涝问题，人们逐渐把围田与有计划地开挖塘浦结合起来，从而在太湖地区出现了塘浦圩田系统。所谓塘浦圩田系统，是指横向挖塘，纵向开

---

① 梁家勉：《中国农业科学技术史稿》，农业出版社，1989 年，第 330 页

② （唐）李华：《润州丹阳县复练塘颂》，《全唐文》卷 314

浦，使河网纵横交错，塘浦之间的平地便是圩田。这种横塘纵浦，圩圩棋布的土地利用系统，能够保证洪水只迂回于塘浦之中最终达于江海，塘浦间的圩田则因为范围广大，圩内留有一定数量的河荡库容，能保证调蓄洪涝，做到旱涝保收。

五代吴越时期（893—978 年）比较重视农田水利建设，采取综合性措施，经过八十多年的经营，太湖塘浦圩田系统臻于完善。当时太湖地区七里十里一横塘，五里七里一纵浦，纵横交错，横塘纵浦之间筑堤作圩，塘浦深阔，堤岸高厚，涵闸林立，水行于圩外，田成于圩内，形成了较好的农田水利生态格局，有效地抵御了水旱灾害[1]。

太湖地区的塘浦圩田体制，在北宋时期开始破坏，元明虽有改善，但成效不大。宋初为了便利漕运，将凡有碍舟楫转漕的堤岸堰闸，皆予以拆毁。接着又长堤于太湖与吴淞江之间，"横截数十里，以益漕运"[2]。诸多举措，造成水流散漫失控，同时又壅阻湖水下泻，加重下游河港淤塞，太湖地区的塘浦圩田系统，由此遭到严重破坏。圩田的破坏又导致江南稻米大幅减产，国计民生受到严重影响[3]。虽然北宋政府曾采取了一些圩田恢复和治理的措施，但一直没有明显效果。豪强地主又乘水利失修、塘浦残缺之机，大肆圈围兼并土地。个体农户只能自筑塍岸，以防水旱、保田畴。于是，唐末五代以来形成的大圩田，逐渐被分割为犬牙交错、分散凌乱的小圩田。这个情况，自南宋到明清一直没有改变[4]。

过去一般将太湖塘浦圩田系统变化的原因归咎于社会经济方面，近有学者认为，10～15 世纪，吴淞江流域从大圩到小圩的田制变化历时近 600 年，这完全是由水环境变化引起的。研究指出，农业开发的加强不是小圩形成的必要条件，治水者放弃吴淞江，是大圩变小圩的关键。吴淞江流域大圩系统的功能是狭水以提高塘浦水位，以此注水吴淞江，以清压浑，防止浑潮淤淀。由于围垦和运河堤的兴建，宋中叶以后吴淞江逐步淤塞，导致以吴淞江为主体的治水格局到 15 世纪发生了质的变化。塘浦提高水位的功能不再受到重视，大圩还有碍于新形成的众浦排水格局的功能发挥，故被小圩所取

---

① 参见缪启瑜：《吴越钱氏在太湖地区的圩田制度和水利系统》，《农史研究集刊》第二册，科学出版社，1960 年

② （北宋）单锷：《吴中水利书》

③ （北宋）范仲淹：《条陈江南、浙西水利》，载《同治苏州府志》

④ 梁家勉：《中国农业科学技术史稿》，农业出版社，1989 年，第 396 页

代，即水流环境的变化促成了小圩的普遍化①。

2. 宋代江南地区圩田、湖田的扩展及其生态影响

入宋以后，江南人口增多，耕地日感不足，圩田扩展依然迅速，成为当地低洼地区的重要水田类型。这些圩田主要集中于太湖流域及长江沿岸的江宁、芜湖、宁国、宣州、当涂等地。与此相关，豪强大姓占湖为田之风席卷整个东南地区，江、浙、皖等滨海沿江州县的大量湖泊被围裹以致废弃。

常锡间的芙蓉湖、丹阳的练湖、浙西的淀山湖以及太湖本身等都被围垦，面积缩小很多。沈括的《万春圩图记》说：从宣州到池州，有千区以上的圩田，万春圩有田达 127 000 亩，圩中大道长 22 里。据《宋会要辑稿》记载，绍熙四年（1193 年），当涂、芜湖、樊昌三县的湖泊低浅去处，都被筑围成田，"圩田十居八九"②。安徽沿江圩区还出现了圈堤联圩的新的围垦形式。联圩即通过筑长堤，将众多小圩联并起来，以收"塞支强干"和防洪保收之效。浙西"陂塘、溇渎悉为田畴，囊日渚水之地，百不存一。"南宋嘉定年间（1208—1224 年）卫泾上奏说："隆兴、乾道之后，豪宗大姓，相继迭出，广包强占无岁无之，陂湖之利日峻月削，已亡几何。而所在围田则遍满矣，以臣耳目所接，三十年间，昔日之日江、日湖、日草荡者，今皆田也。"③

值得提及的是，湖田和圩田过去往往是无主的水洼沮洳地，现在经过筑堤排水，都变成了肥沃的农田。也正因为这两种田地比较肥沃，所以最终会被那些有权有势的人家抢占到手。其次，湖田和圩田开发比较艰难，必须是那拥有较大的财力富家大户才能办得到。另外，为了保证湖田圩田的收成，有力之家往往还得操纵水流，不惜以邻为壑。以上几点就决定了这种水田的利益必然为势豪大户所占有，而众多的小户人家，反而常常遭受到水害的折磨。南宋范成大的《围田叹四绝》便说围田是"壑邻图利一家优，水旱无妨众户愁。"

先以围湖造田来说，沿湖滨的浅水区围完之后，紧傍围堤的湖水下又逐渐淤积起泥沙，过些时候自然就成了浅水区，于是豪强地主便驱使农民再往里围。这样一再地围下去，湖身就越来越小。本来湖泊是天然的水库，一方

---

① 王建革：《水流环境与吴淞江流域的田制》（10～15 世纪），《中国农史》，2008 年第 3 期

② （清）徐松：《宋会要辑稿》，食货六一之一三六，中华书局影印本，1957 年

③ （明）王圻：《续文献通考》，上海商务印书馆，1935 年

面对江河的水流发生调节的作用，同时又是附近一带水田的主要水源。一般的情况是湖泊容纳上游山丘流下来的水，附近水田的田面低于湖面，却又高于江河的水面，引湖水灌田，多余的水泄入江河，这样形成了一种很自然而又合理的排灌制度。围起湖田之后，一般农田和湖水隔开了。只有湖田能获灌溉之益，遇到高处洪水下来，容积缩小了的湖身不能容纳，势必外溢，湖田有比较坚固的围堤捍卫，湖外的一般水田就只有承受泛滥之灾了。

两宋围湖，虽然扩大了土地利用范围，获得了部分耕地，但其造成的负面影响也十分严重，其中最明显的是当地生态环境受到危害，自然灾害频发。因为围湖造田破坏了原有的湖泊河流水文环境，打乱了原有的水道系统，致使外河水流不畅，圩内排水和引水也增加难度，造成"水不得停蓄，旱不得流注"的严峻局面。尤其是围湖区的圩田多建在水流要害之处，且田面反在水面之下，因此对水利工程要求较高，稍有罅隙，便有内涝之患。

古人对围湖造田给圩区水环境所造成的危害早有认识。太湖被围，"旱则民田不占其利，涝则远近泛滥"[①]。鉴湖被围，"春水泛涨之时，民田无所用水"，夏秋之间雨水愆期，又无水灌溉，造成山阴、会稽两县"无处无水旱"[②]。顾炎武《日知录》曾说："宋政和以后围湖占江，而东南水利亦塞。"[③] 另外，大型湖泊，作为陆地水系中的枢纽，具有吞洪吐涝、调节河川径流的重要作用。而大量利用湖边滩地修圩造田，使湖面缩小，这样必然影响湖泊功能的发挥，破坏区域生态环境，致使该地区灾害频发。

三、葑田与架田

南方湖泊众多，为了增加田地，人们就在水面上打主意，造就所谓的"葑田"。葑田有天然葑田和人造葑田之分，人造葑田又称为"架田"。

天然葑田的成因是，湖泊的外缘经常滋生各种水草、植物。这些植物死亡之后，遗体都沉积到湖底。年代一久，湖底越垫越高，又混杂上泥沙，上面就又滋生出各种水草。水草一步步向湖心伸展，湖周边的浅水带也越来越宽。有的浮在水面上的水草，其根部互相纠结在一起，连成一片，似筏子一样可以在水上浮荡，地理学上名之曰"飘浮植毡"。植毡上面混杂泥沙，又

---

① 《宋会要辑稿》，"食货"六一之一二九
② （南宋）徐次铎：《复镜湖议》，载《农政全书》卷16
③ （清）顾炎武：《日知录集释》卷十"治地"，上海古籍出版社影印本，1985 年

能滋长各种喜水植物，这也促进了水草向湖心扩展。古人把这些水草统名之曰"茭葑"。从水草遮蔽湖面这一点来猜想，"葑"字也许是从水草把湖面封闭起来这个意思上推演出来的。人们在这样的"准土地"上以及所谓"飘浮植物毡"上栽种作物，就产生了"葑田"。

不过，天然葑田要多年才能长成一块，于是农民便做成木架浮在水面，在木架里填满带泥的菰根，让水草生长起来。这些水草在木架中不断缠绕连结，越来越密实，便形成了一块水上田地。这块水上田地就是人造葑田，也称为架田。王祯《农书》说葑田就是"架田"，这种田地"以木结为田丘，浮系水面，以葑泥附木架上而种之，其木架田丘随水高下浮泛，自不淹浸。"①（图4-11）架田可以用绳子拴在河岸边，以防随水流漂走，但有时也容易被别人故意拖走，所以历史上曾有田地被偷的故事。如遇大风大雨，怕风浪把架田打沉及损毁作物，还可以把架田像木筏一样撑走，或者用小船把它拖走，停泊在避风的地方，天气好转后再放回去。南宋诗人范成大的《晚春田园杂兴》诗中有"小舟撑取葑田归"的句子，说的就是当时江苏吴县一带水乡的的架田经营情景。

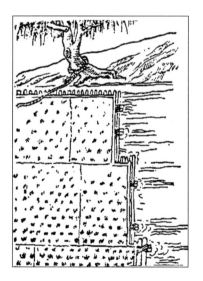

图4-11　王祯《农书》架田图

---

① （元）王祯：《农书》"农器图谱·田制门"

历史上除了木架铺泥的架田以外，还有一种用芦苇或竹编成的架田。它不用铺泥，只用来种蔬菜，历史似乎更早一些。晋代《南方草木状》记载的岭南菠菜田，便是这种架田。书中说："南人编苇为筏，作小孔，浮于水上，种子于中，则如萍根浮水面，及长，茎叶皆出于苇筏孔中随水上下，南方之奇蔬也。"这种实行无土栽培的架田，未见于宋元时期的文献记载，但在清代《广东新语》中又出现了："蕹无田，以篾为之，随水上下，是曰浮田。"①

中国古代天然葑田和人造架田的分布比较广泛，江苏、浙江、广东、广西等很多水网地区都曾流行过。从古籍记载来看，这种架田有很多优点，一是不占土地；二是不缩小实际的水面，并且可大可小；三是随水涨落，并可自由移动，无旱涝之忧；四是不影响渔业，还有利于促进生态平衡；五是投资少而经济效益较高。新中国成立以来，这种水面人造耕地在生产上已不多见。今天，可以探索运用架田方式，在耕地短缺而水域面积较大的地区发展水体农业。

---

① （清）屈大均：《广东新语》卷14

第五章　明清时期土地开垦的扩大及其生态效应

　　明清四百年，中国人口由6 000多万增长到4亿多。人口数量的大幅度增长，成为这一时期土地开垦利用大规模扩展的基本因素。人口的快速增长与耕地的短缺，一方面促使内地农业区不断发掘土地生产潜力，提高粮食单产，另一方面则促使无地或少地的农民自发迁移到边远地区或内地山区种地谋生。中央王朝也仿效前代做法，兴办屯田，移民垦荒，西部各省区的土地得以大规模开发。这一时期甘薯、玉米、烟草等新大陆作物的引进，农业商品经济的发展等也对土地开垦利用产生了深刻影响。土地利用方式的变化和土地开辟范围的拓展，缓解了粮食紧张问题，稳定了社会秩序。但乱垦滥伐也使林草面积进一步减少，负面生态效应日益显著，生态脆弱地区的农业环境则遭到严重破坏。过度的山林荒地开垦使人们尝到了生态苦果，也促使一些地区改变以往的土地资源开发利用方式，探寻保护环境的措施。

第一节　长江中下游地区圩垸田的开发及其生态影响

　　明清时期，人口迅速增长导致与水争田、向山要地的趋势有增无减，长江中下游地区盲目与水争地，围湖筑圩达到了泛滥的地步。洞庭湖、鄱阳湖、太湖以及巢湖等湖泊面积日益缩小，入湖支流水道紊乱，加速了长江泥沙在湖区的淤积，既降低了湖泊调蓄洪水的能力，湖区内的水灾也迅速增加。"江右产谷，全仗圩田。从前民夺湖以为田，近则湖夺民以为鱼"①，两湖平原（江汉平原、洞庭湖平原）的垸田是明清时期与水争地的典型例证。

　　历史上的两湖平原，经过楚人的辛勤开发与汉唐宋元时代的进一步垦

------

　　① （清）包世臣：《齐民四术》卷27 "留致江西新抚部陈玉生书"

殖，已成为长江流域的重要农业区。明朝中叶以后，两湖平原人口渐增，农业开发与水利建设尤为兴盛，水土流失加剧，大量河湖淤浅淤废。湖泊淤废成陆以后，土地肥沃，易于垦耕获利。在经济利益刺激下，两湖平原涌现出众多的垸田，有不少堤垸的前身即是湖泊①。这种以围湖造田为主要途径的农业开发，导致当地的土地状况和水环境发生了很大变化（图5-1）。

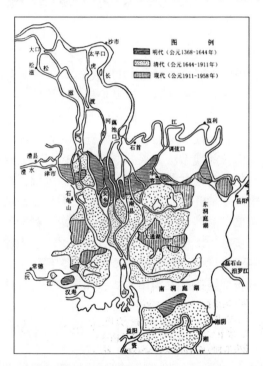

图5-1　洞庭湖区堤垸发展示意图（采自《长江水利史略》）

以洞庭湖平原而论，洞庭湖地跨湘鄂两省，临湖有17个县。这里的垦殖活动开始很早，但筑堤围垦则出现于宋代。明末，大量废弃湖地已变为豪门缙绅的膏腴之产，清末垸田已接近500万亩，但湖区民众却经常遭受水灾之苦。湖南巡抚王国栋在给雍正的奏折中说，湖南环湖州县，堤塍甚多，"缘洞庭一湖，春夏水发，则洪波无际。秋冬水涸，则万顷平原，滨湖居民，遂筑堤堵水而耕之。但地势卑下，水患时有，惟恃堤垸以为固。湖北之

---

①　长江下游叫"圩田"，中游叫"垸田"

堤，御江救田。湖南之堤，阻水为田。湖北之堤，或东西长数百里，南北长数百里。湖南之堤，大者周围百余里，小者二三里，方圆不一，星罗棋布，名虽未堤，其实皆垸。"① 据统计清代堤垸已达四五百处，大多数工程质量不高，经常溃决，导致农田失收。为了保障财赋收入，清政府便拨款帮修，并把部分民垸改为官垸，垸田始有官垸和民垸之分。

据研究，两湖垸田按围垦对象，大致可分为截河和围湖两类。截河是占水道为田，而被占垦的河道，有的是平原上的重要河流，如荆江"九穴十三口"和汉江"九口"的消失，就是典型例证。除这些穴口分流故道外，更多的是围垦逐年淤塞的河港。围湖有两种方式，一种是筑堤保田，另一种是在涸水季节，趁湖干土现，开沟堤造田。其中第二种方式的围湖垸田，比较费时费力，但对湖面的缩小，起了很突出的作用②。

垸田的大规模建设，直接改变了江汉—洞庭平原的河湖环境，这主要表现为大量湖泊的萎缩消失以及两湖平原水系格局的改变。"湖荡洲滩被大面积围垦为农田，原有的水系自然格局被严重改变，湖容量明显减小，平原湖区已不再是长江中游江河的纯天然调节水库，而成了中下游农垦区的重要组成部分。"③ 有学者还进一步指出堤垸改变区域水环境的机理：堤垸发展势必压迫河湖水道、水面，最终影响长江与北岸汉江湖区、南岸洞庭湖之间的关系。长江两岸众多的分流穴口，随着湖区的开发进程而多被淤塞。江北昔日之游陂，因渐变为庐舍畎亩而不得不尽塞穴口，而长江洪水又必须有分蓄调节之地，故南岸洞庭湖区成唯一分流处。嘉靖年间，随着北岸最后一个分流穴口被堵塞，江水由南北分流一变而为专注于南，进入洞庭的水沙量因此大大增加，如若排泄不及势必导致湖水扩张，漫溢成灾④。

由于堤垸过多，江湖蓄泄功能受到严重影响，湘鄂两省水灾频发，并由此导致土地质量下降，农业大幅度减产。在洞庭湖区，土壤一经大水浸渍，其中所含大部分碱性化合物被分解，水退之后，地面即留有一层白色盐碱沉积，土壤性状短期内难以恢复。每次堤垸漫溃，洪水所淹没的农田，土质皆不免受到破坏，淹没时间愈久，破坏愈甚。另外，有时洪水中含沙很多，洪

---

① （清）黎世序：《续行水金鉴·江水》卷152，商务印书馆，1937年，第3546页
② 梅莉、张建国、晏昌贵：《两湖平原开发探源》，江西教育出版社，1995年，第98－100页
③ 梅莉、张建国、晏昌贵：《两湖平原开发探源》，江西教育出版社，1995年，第165页
④ 彭雨新、张建民：《明清长江流域农业水利研究》，武汉大学出版社，1992年，第186－187页

涝所过之处，地表被沙碛所覆，寸草不生，俨同沙漠。因此，水灾导致的土壤生态破坏，严重影响土地利用和农业收成。

两湖地区的农田开发，使这里成为中国著名的稻米产区之一，明代中期以后就有了"湖广熟，天下足"之美誉。但是，洞庭湖等大小湖泊围垦以后水灾加剧，老百姓深受其害，人们因此提出了"废田还湖"、"塞口还江"等主张。不过要废弃大片良田，势必触及各方面的经济利益，因而都难以实行。洞庭湖地区与水争田而导致的农业生态失衡局面一直持续到新中国成立后，大肆的森林采伐还进一步加重了水土流失，当地人民的生产和生活长期遭受自然灾害的困扰。

另外，明清时期，过去地广人稀，开发较少的巢湖流域，圩田修筑开发也兴盛起来了。巢湖流域河流纵横，湖泊众多，兴筑圩埂条件良好。但明清以前这里长期地广人稀，因而人们不必去花大力气与水争田，圩田开发有限。明清时期，人口增长与耕地不足的矛盾日渐突出，于是巢湖流域农民频频围湖废塘为田。围垦活动的广泛兴起，使当地大片平衍沮洳的江湖淤滩得到开发，圩田日益扩大并占到当地耕地面积的多数。圩田面积的增加以及圩田稻作的相对高产，使得它成为民食之本和赋税之源。堤安则丰，堤溃则歉，明清时期巢湖流域圩田稻作已逐渐在地方经济中占据重要地位。但与长流中下游其他地区一样，巢湖圩田的大量修筑也造成了河湖及渠道的淤积与堵塞，河流湖泊的蓄水泄洪能力大大下降，最终加剧了水旱灾害发生的频度和强度[①]。

总之，圩田建设使过去无法利用的低洼湿地得到了开发和改造，对扩大耕地面积，增加粮食生产起到了重要作用，其历史功绩不可磨灭。但值得引以为戒的是，过度的或不合理的河湖滩涂围垦，势必破坏当地生态环境，引发洪涝灾害。频繁的洪涝又使得长江沿岸土壤处于长期的潜水浸渍状态之中，因嫌气条件而产生较多的还原物质。这样，土壤会逐渐变成灰蓝色或青灰色，质地也变黏变硬。加之不注意合理排灌和精耕细作，必然导致土壤性状变差、肥力下降，最终影响稻作农业的发展。

---

① 陈恩虎：《明清时期巢湖流域圩田兴修》，《中国农史》，2009 年第 1 期

第二节　南方山地垦殖及其生态影响

中国南方多山地丘陵，当平原地区开发殆尽，人们便开始向山地丘陵要地。史入明代，长江流域丘陵低山地带的天然森林已损耗殆尽，但位置僻远的中、高山地区域，尚保留着原始森林植被面貌。像秦岭——大巴山区，晚至清前期这里的景象还是"古木丛重，遮天蔽日"、"长林深谷，往往跨越两三省"①。其他如武陵山区、云贵高原山区和川西高原山区等地也属于原始森林比较集中的区域。明清两朝的皇木采办以及清中叶以后大规模的山地垦殖等经济开发活动，使这些地区的天然林木也未能摆脱被大量损毁的命运。

一、秦巴山区的山林开垦与生态破坏

明代的时候，南方大多数山区荒远僻静，前去开垦的贫民并不多。清顺治初年到雍正末期近百年，社会基本安定，赋役相对减轻，农业经济逐步繁荣，人民有了休养生息的机会，但"生齿日繁"的问题逐渐凸显出来。清代中叶以来，人口激增，乾隆年间人口已由清初的 7 000 多万增长到近 3 亿，人均耕地仅有 2.6 亩多②。

在耕地紧张，川原平地开垦接近极限的时候，贫苦农民只能成群结队，向山地丘陵及深山老林进发，开山辟土，种植玉米等高产旱地作物以维持生存。因为玉米、甘薯等产量高且抗旱耐瘠，种植易于获益。另外，清政府为了解决人地矛盾，对垦荒政策再作调整，鼓励农民入山开地种粮。乾隆五年（1704 年）七月，朝廷发布谕令："向闻山多田少之区，其山头地角闲土尚多，或宜禾稼，或宜杂植……嗣后凡边省、内地零星地土可以开垦者，悉听本地民夷垦种，免其升科。"同时要求各省对零星或瘠薄之地制定出具体免税范围。由于山头河尾的零星土地和山坡地、盐碱地及沙土地等劣等土地，税赋轻微甚至免于征税，所以土地开垦不断扩大。除过政府鼓励和引导荒地闲田开发以外，明清时期民间自发的土地开垦活动也逐渐兴盛起来，于是，清代中叶以来秦巴山区就掀起了开山种玉米的高潮③。这在一定程度上

---

① （清）严如熤：《三省边防备览》卷 11，《策略》
② 王育民：《中国人口史》，江苏人民出版社，1995 年，第 548 页
③ 张祥稳、惠富平：《清代中晚期山地广种玉米之动因》，《史学月刊》，2007 年第 10 期

解决了一些贫民的生计问题，但也对生态环境带来了严重影响。

清代垦山地域广阔，川、陕、楚交界山区是开垦重点区域之一，云贵高原山区也多见开山者足迹。当时进入秦巴山区开垦者主要是逃荒避灾的外地贫民，他们在本乡没有赖以生存的土地，只得成群结队，远离家乡，搭棚而居，开山种地，维持生计，被称为棚民。据说嘉庆时，在四川、湖北和陕西，流民客户从各个方向取道进入山区，他们"写地开垦，伐木支椽，上覆茅草，仅蔽风雨，借杂粮数石作种，数年有收，典当山地，方渐筑土屋数板，否则仍徙他处。"①陕西巡抚卢坤所编《秦疆治略》反映出，道光年间陕南汉中、安康、商洛一带土著居民很少，大多数是来自四川、湖北、江西、安徽等地以开山种地为生的流民客户。道光元年（1821年），卓秉恬在《奏陈川陕楚老林情形》中描述了陕南棚民的开山经营情况："（巴山）老林之中，其地辽阔，其所产：铁矿、竹箭、木耳、石菌；其所宜：包谷、荞、豆、燕麦。而山川险阻，地土碛瘠，故徭粮极微。客民给地主钱数千，即可租种数沟数岭。"《秦疆治略》也记载：南郑县"山地高阜低坡皆种包谷，为酿酒饲猪之用"；定远厅"家家皆有酿具，包谷成熟，竟糜于酒，谓酒糟复可饲猪，卖猪又可获利"。略阳县"黑河两岸稍平衍之处，虽作堰开田，种植稻谷，而总以包谷为主"。

山林开垦增加了耕地面积，加之包谷和甘薯等高产作物的广泛种植，粮食产量有了较大增长，从而养活了大量人口，起到了分流人口，稳定社会秩序的作用。但是，"漫山遍谷皆包谷"的山地农业，对生态环境造成的负面影响也不容忽视。山区林草丰茂，古木参天，开垦者进入山区后，第一件事便是砍伐林木，接着是清理土地，种植庄稼。这必然导致地面上原有的树木草皮被挖光铲尽。有的为了加快开地进度，还在小范围内纵火焚林。史称当时开山的方法是："树既放倒，本干听其霉坏，砍旁枝作薪，枝叶晒干，纵火焚之成灰，故其地肥美，不须加粪，往往种一收百。"②"每岁烧荒肥土，田不加粪，盖平地用水，山地用火，秋冬之时，顺风扬焰，四山常有。"③这样焚烧林草开出的土地，在开始耕种的三四年内，相当肥沃，粮食收成较好。但由于耕种期间不予施肥，管理粗放，加之山地水土流失严重，所以几

---

① （清）严如熤：《三省山内风土杂识》卷14
② （清）严如熤：《三省边防备览》卷11
③ 乾隆《竹山县志》卷一〇，《风俗》

年后便出现地力衰退现象，只得重开新地。有关方志记载："至四五年后，土既挖松，山又陡峻，夏秋骤雨冲洗，水痕条条，只存石骨，又需寻地垦种"①。当时流民也有广种薄收，不断更换耕种土地的条件："客民给地主钱数千，即可租种数沟数岭"②。移民所开荒地耕种数年，便会转移到其他地方继续开垦。

如今的研究表明，在坡度大于 25 度的山坡上，不但不能种植农作物，也不适宜于种植果树。因为农作物与果木都需要较大的株距，过密则收成不佳。但是这样低的密度不能保护山坡地的土壤，山坡地的土壤只能由天然植被来保护。嘉道时期不少州县的山林古木已砍伐殆尽，水土流失变得严重起来。水土流失冲毁平地良田，淤塞河道，水旱灾害增多，山下农民深受其害。在汉中灌区，"近年以来老林开垦，土石松浮，每逢夏秋霖雨过多，溪河拥沙推石而行，动将堰身冲塌，渠口堆塞"③。实际上，明清时期与秦巴山区类似的山地开发活动相当普遍，由此引起的环境灾害问题也引起了一定的关注，朝廷为此多次下令禁止乱垦滥伐，并制定了一些处置办法，但实际上没有也不可能收到实效，棚民依然开山耕种不止。

二、四川盆地及云贵高原的山地开垦及生态破坏

四川盆地土壤自然肥力较高，气候湿润，降雨充沛，农业开发历史悠久，经济繁荣。只是四川盆地丘陵山地面积很大，历史上又长期为民族聚居区，所以明清之前盆地内部的土地垦殖不很平衡，农业发展水平参差不齐。其中成都平原土地开垦率最高，农业发达，而川东、川北等丘陵山地区的人口相对稀少，土地开垦率较低。就生态状况而言，唐宋数百年间，四川盆地的垦殖指数保持在 50% ~ 60%，森林覆盖率在 30% ~ 40%。元代至明末，四川丘陵和周边山地开发加快，森林面积逐步缩小。但在此期间，这里战乱频仍，人口锐减，耕地大量荒废，经济开发受阻，森林消失速度减缓，一些地区的植被还有所恢复。所以总体上看，明清之前四川盆地的土地垦殖比例一直不是很大，森林等原生植被的覆盖率还是比较高④。云贵高原暖湿多

① 嘉庆《汉南续修府志》卷 21，《风俗·附山内风土》
② （清）严如熤：《三省山内风土杂识》卷 14
③ 嘉庆《汉南续修府志》卷 20
④ 参阅蓝勇：《历史时期西南经济开发与生态环境变迁》，云南教育出版社，1992 年

雨，山丘纵横，植被十分茂密，开发相对较晚。唐宋及其以前，云贵高原的农田开垦还主要限于平坝地区，丘陵沟谷则草茂林密。元至明代，云贵高原地区的垦殖才逐步扩展开来。

明末至清统一之初，由于天灾和战祸等原因，西南地区大量耕地荒废，人民流离失所。尤其是四川不少州县人烟断绝、田园废弃、经济濒临崩溃。为了恢复和发展农业生产，解决财政困难，顺治六年（1649年），清政府根据各地的建议，制定了招民垦荒的政策：一是肯定农民对所开荒地的所有权；二是规定垦荒免赋升科年限；三是以州县卫所垦荒多少，作为官吏的考核依据。四川以及云贵的荒地很多，成为当时农业开发的重点地区。随着垦荒的进展，清政府以及西南各省区还制定了一些具体的招民垦荒措施，如鼓励地方官从外省招民进入蜀滇黔垦荒耕田，为其提供一定的生产、生活资料，所开垦的土地归垦户所有；兴修灌溉工程，开发水利资源，推广先进耕作技术和高产作物玉米、甘薯的种植等。这些经济开发措施，使西南地区的耕地面积和人口数量逐步上升，呈现出殷实繁盛的景象。但应指出的是，清代前期西南地区大规模开荒种粮，使川云贵一带的森林资源遭到大面积破坏，水土流失加剧。

就四川地区而言，清初战乱停止以后，清政府大量招揽流民入川，奖励垦殖，四川盆地的人口急剧增加，土地开垦不断扩展。大约从乾隆末年开始，人们已经向盆地周缘的丘陵山地进发，开始垦辟坡耕地。坡耕地以及陡坡地的垦殖，必然使大片林木消失。川西北地区"自开屯田招垦以来，居民日盛，樵苏所及，近山童童。"[1] 川北的阆中居盆地边缘，清代中叶以前也是森林茂密的地区。但咸丰时已有人说："近日人烟益密，附近之山皆童。"[2] 四川与云贵二省交界处是清代中叶以来迁入人口较多的地区，山林树木同样被砍伐殆尽。光绪《秀山县志》说原来当地林木不可胜用，至清末则垦辟皆尽，无复丰草长林[3]。清代中后期四川盆地的森林覆盖率迅速下降至20%左右，此后长期在这个水平上徘徊。森林大面积消失，水土流失危害加重，自然灾害频繁发生，灾害强度加大，清代后期四川农业的衰败与

---

① （清）李心衡：《金川琐记》，《小方壶斋舆地丛钞》，第7帙
② 咸丰《阆中县志》卷3
③ 光绪《秀山县志》卷12

此有很大关系①。更为严重的是，这里的生态问题一直未引起重视，近现代人多地少矛盾尖锐，乱垦滥伐现象更为严重。到 20 世纪 90 年代，四川盆地丘陵、平坝地区已经见不到成片森林，盆中丘陵 40 余个县森林覆盖率不到7％，有的不到 3％②。这一带已成为长江上游水土流失最为严重的地区之一，长江中下游的洪水灾害与此有直接关系。

在云贵高原，明清时期大量屯兵移民的到来，使得平原地区的耕地已不能满足人口增长的需要，土地开垦因而不断扩大，偏僻山区也出现了越来越多的垦荒者。玉米、甘薯等适宜山区种植的高产作物引进之后，更加速了对山地的开垦和对森林的破坏。尤其是东部黔桂高原石灰岩地区山峰陡峻，基岩裸露，石多土少，生态环境十分脆弱，植被一但遭到破坏便难以恢复。不过在 20 世纪中期以前，云贵高原的森林覆盖率还保持较高的水平，如贵州省新中国成立初期森林覆盖率尚在 30％ 左右，生态环境问题尚未完全表现出来。从 20 世纪六七十年代开始，云贵山区人口增长过快，大片山地的开垦导致森林资源急剧减少，水土流失以及石漠化等生态问题日益严重，并在当地的地质地貌条件下引发多种自然灾害，严重影响农业生产的发展以及农民生活条件的改善。

第三节　西北地区的土地开垦及其生态影响

西北地区本为生态脆弱之区，天然林草是其最好的环境屏障，但历史上人类农耕活动的不断拓展，使其天然林草遭到严重破坏，环境格局趋于恶化。明清时期伴随着人口的增长和农业开发的进一步加剧，西北地区的生态问题更加严重。同时，人们根据当地的自然环境条件，采取了一些有利于生态保护的农业开发措施。

一、陕北黄土高原的农业开发及其生态影响

陕北高原历史上是一个农牧交错区。秦汉以前，陕北还有广漠的草原和茂密的森林，是戎狄等少数民族的游牧之地。秦汉时期曾多次向陕北及其以北的内蒙古河套与鄂尔多斯地区移民，当地人口有了较大增加。这些擅长农

---

① 蓝勇：《乾嘉垦殖对四川农业生态和社会发展影响初探》，《中国农史》，1993 年第 1 期
② 孙颔：《中国农业自然资源与区域发展》，江苏科学技术出版社，1993 年，第 365 页

耕的内地汉人迁来之后，当地原来以游牧为主的生产方式很快发生了转变，河谷地带甚至一些低矮山坡上出现了田畴密布的景象，大片森林与草原随之消失。唐宋时期，朝廷在陕北黄土高原增设州县，建立堡寨，开荒种粮，一度萎缩的农业生产再度恢复。由于垦伐失度，水土流失和沙漠化日渐加剧。另外，宋与西夏的长期对峙也对陕北一带的社会经济和生态环境造成严重影响。明清以来连续不断的农业开发，最终奠定了这里的基本地貌环境格局（图5-2）。

图5-2　陕北的黄土地貌
（采自许兆超的摄影博客"苍穹下的黄土高原"
http：//xzc-c123. blog. sohu. com/，2010-03-10）

明初设防河套，陕北各州县林木还比较多，覆盖面积也比较大。当时大概出于军事目的，企图利用山林作为防御蒙古骑兵的樊篱，故明政府对山林采取保护政策，严禁延绥军民砍伐沿边林木。那时长城以南各州县的林木生长茂盛，分布也相当广泛，从神木、榆林、绥德到延安以南都可见到成片的苍松翠柏和其他树木①。明代中期，蒙古势力逐步壮大，不断进犯，明军防不胜防，只得退居毛乌素沙漠南缘，并在此修筑边墙，严防死守。由于陕北成为防御重地，明政府在这里大量驻军移民，开垦土地，边墙以内的土地"悉分屯垦，岁得粮六万石有奇"，缓解了军粮的供给问题。但屯田垦殖以及加剧了水土流失，助长了风沙为害，沙漠南移；伐木开山，以木材作薪炭或营建城寨，也使陕北地区的林木遭到过度砍伐。到明弘治时期，延安府的山林大部分被砍伐掉了，所谓"峰头辟土耕成地，崖畔剜窑住作家。濯濯

———————
①　田培栋：《明清陕西社会经济史》，首都师范大学出版社，2000年8月，第31页

万山无草木，萧萧千里少禽鸦。"[1] 森林和草地的破坏，导致干旱、雨、冰雹相继为灾，民众流离失所。

清代初期，陕北人吸取了一些毁林开荒的教训，注意总结发展林业和畜牧生产的经验。康熙《鄜州志》说鄜州地处山区，土地瘠薄，适合农耕的田地很少，但这里"惟宜树宜牧"。康熙《延安府志》提出"省徭薄赋，十年休息，开水利，广树畜，通商贩"的主张。其他一些州县志中也能见到有关开发林牧的主张。正是由于陕北民众对植树造林和发展畜牧的好处有了认识，经过清代长期的自然生长，到民国时期，延安以南地区的山林有所恢复，黄龙山一带成为陕北最大的林区。而延安以北各县大约由于降雨偏少，自然环境相对恶劣，林木恢复困难，至清末仍是树木稀少，天多风沙。另外，清初对各族民众实行分而治之的政策，曾以长城作为汉、蒙民族农牧活动的分界线，长城以北五十里以内为"禁留地"，并立碑为界，界内土地既不许汉民开垦，也不准蒙人放牧。这一时期界内沙蒿、柠条、红柳、沙柳丛生，植被有所恢复。

不过，清政府的禁垦政策并未贯彻始终，康熙年间禁令已有松弛。康熙三十六年（1697 年），蒙古鄂尔多斯贝勒松拉普奏请与内地汉人合伙种地，获得批准，从此农业开发便越过长城，向北扩展。康雍以后，汉人越界种地越来越多，开垦面积逐渐扩大，开垦界限不断向外延伸。大量陕西以及山西等地的农民进入蒙地，春出冬归，结伙盘居，开地种粮，后人称为"伙盘农业"。据道光《榆林府志》统计，仅长城沿线的榆林、横山、神木、府谷四县，在长城外的伙盘就有 1 500 多个。由于大肆开垦，当地的草原植被遭到毁灭性破坏，畜牧业比重大大降低，同时也加剧了长城沿线土壤的沙化，以风沙为主的自然灾害愈演愈烈。气象学家竺可桢曾指出：陕西榆林在明末清初的时候没有多少风沙，属于一个天然草原区。到清朝乾隆时代，山西和陕西北部的农民生活困苦，大量移民到榆林以北关外开垦。因为地旷人稀，农民耕作粗放，不施肥料，几年以后生产减少就另辟新地。原有树木也作燃料烧掉。如此乱垦滥伐，原来的草地漏出泥土，风吹日晒，沙尘便到处飞扬。后来陕西和伊克昭盟的八百多万亩沙荒大都是这样形成的[2]。

---

[1]　弘治《延安府志》卷 1，《诗文》
[2]　竺可桢：《向沙漠进军》，载《竺可桢文集》科学出版社，1979 年，原载《人民日报》1961 年 2 月 9 日

二、陇中地区的土地开垦与砂田建设

明清两代，陇中黄土高原为经略西北的战略要地，大量驻军所需粮草和边费开支急待解决。内地转输粮饷，交通不便，而且劳民伤财。于是，在陇中地区就地垦荒产粮，就成为明清两朝的必然选择。据研究，陇中地区自北宋开始已走上单一的农业开发道路，再经过明清大规模的土地开垦和掠夺式经营，农业生态格局已基本定型。

1. 土地开垦与林草损毁

明代陇中地区的开垦主要采取屯田形式，屯田又以军屯为主。从洪武至万历初二百余年，军屯在陇中各地普遍进行，其规模之大和历时之久均是前代无法比拟的。清初陇中人口稀少，土地大量荒芜，清政府实行的一系列垦荒措施，移民垦荒活动勃然兴起。乾隆年间，陇中民垦进入全盛时期，开荒重点转向山坡地。"陕西、甘肃所属，地处边陲，山多田少，凡山头地角欹斜逼窄沙碛居多，听民试种，永免升科。"① 在开山免税政策的刺激下，陇中地区的可垦荒山荒坡大都变成了农田，有些地方"其地俱系山田"②。嘉庆之后，陇中兵连祸结，社会动乱，百姓流亡或逃入深山维持生存，土地抛荒和滥垦相交替，农业急剧衰退，植被损毁严重。

随着明清时期土地开垦的不断扩大，陇中黄土高原的森林被砍伐殆尽，草原基本消失。陇中渭水流域北宋之后残存的点状森林，又遭明清农垦蚕食，仅存于一些偏远山地。洮水流域明清之际森林尚多，但遭到大肆砍伐。森林的破坏以洮水中游临洮府治狄道（今临洮县）为中心，向上下游扩展。明初，临洮一带"山木去城近，柴甚贱"③，到嘉靖间已是"民仰薪二百里外"④，烧柴有了困难。洮水上游岷州（今民县）一带明洪武间尚需伐木通道，清朝雍正时期森林已退居州西南山区。清代陇中草地的破坏更为彻底。明代西北边防需要大批战马，朝廷在陇中设有茶马司，以内地茶叶易"番马"；又设置牧监饲养战马，草场散布于今陇西、会宁、临洮、榆中4县。正统年间，陇中牧监大多废弛，唯陇中西部保留了一些草地牧场。仅存的监

---

① 《清朝文献通考》卷4，《田赋》
② 《甘肃新通志》卷10，《舆地志·水利》
③ 《甘肃新通志》卷89，《艺文志》
④ 《明史·杨继盛传》

苑被卫所屯田"参杂期间",常因农田的侵吞而废置或迁移①。清乾隆年间,过去残留下来的草场基本上被开垦成农田,明朝的监苑牧地和藩王封地草场在清代也成为民田而被普遍垦辟。由于陇中草地消失,过去农牧兼营的少数民族也逐渐主营农耕,从过去的以马易茶变为"以粮易茶"。

疏松黄土因失去天然植被保护,大量流失,农田往往被"水冲沙压",导致广种薄收,连年灾歉。靖远、兰州、秦州等许多原来自然条件较好的地方,清代以来已经变得干旱多风、地瘠民贫。清政府非但无法从陇中获得足够的边粮军饷,反而因各地经常拖欠租赋而一再豁免赈济,并从内地大量转输粮银。而且陇中贫瘠的土地已经无力负担当地并不太多的人口,乾隆时只得开始将贫民向敦煌等地迁移,陇中由长期以来的人口迁入区转而成为人口迁出区。史入近代,陇中生态继续恶化,陷入"越垦越穷,越穷越垦"的恶性循环之中②。

2. 砂田建设

从农业生态史的角度看,明清时期陇中地区的砂田值得称道。砂田俗称石子田,就是将卵石和粗砂铺盖在田地之上,然后播种、耕耘、收获。砂田主要分布在甘肃中部的皋兰、靖远、榆中、永登等县,到过或坐车经过陇中的人,大概都对砂田有深刻印象。

陇中地处黄土高原西部,这里年均降雨量 300 毫米,蒸发量则达到 1 500毫米,属半干旱地区,河流、井水等水资源很有限且难以利用。砂田正是适应当地干旱缺水的生态条件,在长期的生产过程中逐步开发和推广的。据研究,陇中砂田的产生可能在明代中叶,距今大约有四五百年的历史。近现代以来,砂田铺设形成过几次高潮,并有逐步发展的趋势③。

砂田的铺设和耕作相当费力,但在干旱寒冷的甘肃中部地区不失为一种有效的农业增产措施。从现代农业科学角度看,砂田采用的是一种特殊的覆盖栽培技术,它具有蓄水保墒、改土压碱、增温保温等作用,砂田上的幼苗可以通过砂石间隙向上生长,雨水则可沿砂石缝隙而下渗。砂田作物总比一般旱田作物产量高,大旱之年,旱砂田产量甚至可以超过水地。正常年份,新砂田的小麦产量稳定在 300 市斤(1 市斤 = 0.5 千克,下同)左右,水砂

---

①　(明)杨一清:《为修举马政疏》,《明经世文编》卷114,中华书局,1962 年版

②　雍际春:《论明清时期陇中地区的经济开发》,《中国历史地理论丛》,1992 年第 4 期

③　参阅李凤岐、张波:《陇中砂田之探讨》,《中国农史》,1982 年第 1 期

田的产量可达到 500 市斤。另外，砂田作物的品质较好，如小麦、棉花、辣椒和白兰瓜之类，多以砂田所产为优。在砂田中种植收益较高的经济作物和园艺作物，应当是今后砂田发展的重要途径。

三、宁夏引黄灌溉拓展与土壤次生盐渍化

宁夏平原属黄河西套，秦汉移民实边，兴修水利，这里的灌溉农业已比较发达。汉代以后，宁夏平原的农业开发几经起伏，但总的趋势是引黄灌溉逐步扩大，土地利用不断发展，农业生态也形成了鲜明的地域特色。

明代宁夏平原是北方的重要屯垦区，先后修复的渠道总长 1 500 余里（1 里≈576 米，明清），溉田 1 800 多顷（1 顷≈6.67 万平方米，下同），"田开沃野千渠润，屯列平原百井稠"[1]，与周围地区的荒漠、半荒漠景观形成明显对比。正德年间，都御使冯清赋诗曰："路入灵州界，风光迥不同。河流清匝地，禾稼碧连空"[2]。清代宁夏平原灌区有很大拓展，康雍时期，这里新修大清、惠农、昌润三渠，灌溉区域北扩，清初尚为蒙古族游牧草场的银北地区，从此纳入引黄灌区之内。

通过年复一年的引黄淤灌、种稻洗碱、开沟排水等措施，宁夏平原灌区土壤不断加厚熟化，盐碱土逐渐转化为厚度几十厘米到二米以上的淤灌熟化土层，即淤灌土。淤灌土有疏松的耕作层，有机质含量高，保水保肥能力较强，通透性良好，有利于作物生长。肥沃的土壤、密集的灌溉网络以及农牧结合的传统，使得宁夏平原总体上形成了良好的农业生态，很早就成为盛产粮食的"塞上江南"。

但是，以引黄灌溉为基础的田地扩展，也给宁夏平原部分地区的农业生态产生了当时无法预见的影响。根据清代的有关记载，灌区内的生态问题集中于部分土地的次生盐渍化和沙化上。乾隆七年（1742 年），在宁夏主持垦务的官员曾向朝廷报告："宁夏府属新渠、宝丰二县，原系河滩，至开垦之后，地多起碱沙压，且有一些因低洼而不堪耕种。"因为当地所采取的灌溉技术是北方通用的大水漫灌，只灌不排造成地下水位上升，盐分被带到地表。在干旱气候条件下，地表水分蒸腾又必然导致盐分的积累。当地农民为改造和利用盐碱土付出了很大努力，当时宁夏灌区内的有些轮作安排就是出

---

① 嘉靖《宁夏新志》卷 7，《文苑志》，王琼《宁夏阅边》
② 嘉靖《宁夏新志》卷 3，《所属各地》

于这一方面的考虑："夏、朔二县地多低下，易生碱，种麦豆三四年，必轮种稻一次，藉水浸以消碱气。"这是采用水旱轮作的技术来改良土壤，但如果不能从根本上改进灌溉技术，仍然无法避免土壤生态系统的恶化。明清以后，宁夏平原土壤次生盐渍化有所加重的现象就说明了这一点。

从宁夏平原特有的水土资源条件来看，今后当地灌区应控制农田用水量，节约水资源，尤其要防治水分过多引起的土壤次生盐渍化，通过合理的人力干预，建立高效的农业生态系统，实现农业开发与生态保护的协调发展。

四、河西走廊的土地垦殖与沙漠化

西汉初期，河西走廊为牧业区，武帝以后移民实边，擅长农耕的汉族移居本区，从而把牧地开垦成农田。西汉以后，由于历代政治的变动以及农牧民族势力的消长，河西走廊的农牧业比重迭有变迁。中唐至元代大约六百年期间，河西走廊相继为吐蕃、西夏和蒙元所占据，农业衰落，牲畜牧养相对繁盛，畜牧业生态特征较为明显。明清时期，这里的农业开发再度兴起，地区生态开始发生明显变化。

河西地区战略地位重要，明朝非常重视这里的防务问题，建卫所，修边墙，同时大兴屯田，大批屯兵移民进入河西从事农田耕作。为了阻止吐鲁番的进攻，明政府关闭嘉峪关，关外之地弃而不守，所以河西走廊嘉峪关内外农牧业生产情况有所不同。嘉峪关以西人烟稀少，为各少数民族耕牧地区。嘉峪关以东明初即进行农业开发，屯田积粟。因走廊北部筑有边墙堡寨，阻止了蒙古部落进入走廊游牧，又有引水灌溉的条件，所以军屯和募民屯田相当兴盛，大量的荒地被开垦出来。从金城到嘉峪关，屯田几万顷[①]。嘉靖时，杨博巡抚甘肃，从其相关奏疏可以看出，河西走廊土地肥沃，其农业生产水平要高于临近的陕北延绥地区，粮草经费可以勉强自给[②]。明代中后期，由于吏治腐败、战争频仍等原因，河西屯田举措流弊日深，难以为继，河西经营已有名无实，出现农业衰退、生态恶化的局面。

清朝初年，经过长期战争的破坏，河西地区地旷民稀，满目疮痍；加之新疆接连发生回部叛乱，清廷派兵西征，河西走廊更担负着粮草筹措、转输

---

① （明）庞尚鹏：《清理甘肃屯田疏》，《明经世文编》卷360，中华书局，1962 年

② （明）杨博：《查处屯田疏》，《明经世文编》卷273

等繁重任务。因此，清廷在河西地区推行一系列招民垦荒的政策，当地人口和粮食生产都有大幅度增长。当时屯田范围很广，嘉峪关以东的肃州、甘州、凉州以及嘉峪关以西的安西卫等地都有屯田分布。各屯田区修建了大量灌溉渠道，利用祁连山雪水以及湖水、泉水等浇灌农田。不仅走廊东部和中部的柳林湖、毛目城、三清湾、柔远堡、双树墩、平川堡一带的土地得到开垦利用，而且嘉峪关外安西、沙洲、瓜州等地的农业经济面貌也有了一定变化①。嘉峪关以西明初为蒙古等部落耕牧之地，其居民大致过着半农半牧的生活。清朝康雍时期在疏勒河、党河流域建筑城堡，招徕民户，兴办屯田，农耕成为当地的主要生产活动。《甘肃新通志》卷首记载，雍正七年（1729年）陕西署督查阿郎上奏："招往安西、沙洲等处地方屯垦民户，今年到者统计共有 2 405 户，屯种既广，树艺益繁，所种小麦、青稞、粟谷、糜子等项，计下种一斗，收到一石三四斗不等，共收获粮 12 万余石"。说明经过清前期的大开发，整个河西走廊已成为农业区，畜牧业退居次要地位②。

河西走廊干旱少雨，植被稀少，而明清时期屯田规模不断扩大，反复垦荒抛荒以及水资源的过度开发，致使这里风沙肆虐，河流干涸。在走廊东部，汉代建武威郡，开始在位于石羊河流域的武威、民勤绿洲实行大规模屯垦。当时屯田区水源充足，土地肥沃，适宜农耕，但屯田的扩展逐步引起了土壤沙漠化。唐代武威一带的屯田面积又有所扩大，土地的反复开垦和植被的破坏，使这里的荒漠化越来越严重。明代大西河沿岸遗留的老垦区受风沙侵袭，几乎成为一个植被稀疏的沙荒带，迫使垦区向东南扩展，汉唐以来主要的城镇、居民点等全部废弃。清代以后石羊河中游地区的人口大幅度增长，土地开垦过程加速，加之对祁连山林木的大肆砍伐，荒漠化更加突出，石羊河水量持续减少，休屠泽这个古代有名的湖泊也逐渐干涸，成为一片沙滩。河西走廊其他两条内陆河黑河和疏勒河曾孕育了戈壁沙滩中的片片绿洲，绿洲中镶嵌着张掖、酒泉、敦煌等重要城镇。明清时期的大规模开荒屯田，也使这两条河流逐渐萎缩，许多湖泽水泉消亡，河流沿岸的土地荒漠化。近现代这种以生态破坏为代价的经济开发活动并未有收敛迹象，而是愈演愈烈。

---

① 吴廷桢、郭厚安：《河西开发史研究》甘肃教育出版社，1996 年，第 385 页
② 赵永复：《历史时期河西走廊的农牧业变迁》，《历史地理》第四辑

第四节 岭南地区的土地开垦利用与生态变迁

先秦时期，岭南森林密布，人口稀少，人们过着以采集渔猎为主的生活。秦汉以降，岭南地区相继建立郡县，大量汉人入居，生产力渐次发展，人类活动主要目标首先指向土地，并以不同方式，在各个生产层面上，兴起以土地利用为核心的资源开发高潮。自两宋以来，岭南因地域环境之不同及时代变迁而形成了各具特色的广府、客家和福佬民系。这三个民系都是由汉族组成的族群，与北方中原汉族和岭南土著有浓厚的族缘、血缘和文化渊源关系。由于各民系所在地的地理环境、资源禀赋的差异，农业开发的方式也有很大不同，从而深刻影响了岭南地区的社会经济风貌和人文精神，创造了别具一格的岭南文化及其各个组分。时至今日，这些民系依然保留了相当多的区域文化特色。以下主要阐述明清时期各民系的土地利用方式及其对区域生态环境的影响[①]。

一、广府系地区的土地垦殖与生态变迁

在岭南各民系所在地区中，广府系地区兼具河谷平原、三角洲平原、山地、丘陵、盆地、台地、沿海滩涂以及喀斯特峰林等多种地形，其中以珠江三角洲为聚居中心。珠江三角洲不仅拥有坦荡的平原，而且还有山地、丘陵、台地等地形。在河流两岸和三角洲平原以及盆地底部，土层深厚，土壤肥沃，可以开垦出大片良田。在亚热带季风气候下，这一地区三冬无雪，霜不杀青，喜温作物常年可以生长，降雨量也很丰富，水源充足。这些条件都为当地民众种植水稻和利用各种地形发展经济作物创造了良好自然条件。但另一方面，广府系地区水网密集，河流流量大而且经常泛滥成灾，森林密布、卑湿多瘴疠的平原低地早期不利于人类开垦。

宋元时期，大量北方汉人南迁使这里原居的越人、瑶人基本上同化于汉族。伴随着汉人的大量迁入及民系的形成，广府系地区对粮食的需求增加，于是人们大规模围垦河谷平原和沿海低地，平原低地的生态环境开始发生变

[①] 参阅司徒尚纪：《岭南历史人文地理——广系、客家、福佬民系比较研究》，中山大学出版社，2001 年

化。但大片地区依然是"山林翳密，多瘴毒"①，虎狼、鳄鱼、野象出没。《岭外代答·风土门》说："深广之民，结栅以居。考其所以然，盖地多虎狼，不如是，则人畜不得安。"

明清时期，广府地区的生态环境发生重大变迁。首先是珠江三角洲由于河流冲刷旺盛，泥沙淤积而形成许多沼泽低地；三角洲前缘也不断向前延伸，比以前扩大一倍左右。这些被称为沙田的肥沃淤积土，为明清时期珠江三角洲进一步围垦和发展农业商品生产奠定了基础。人们因势利导，挖塘养鱼，将塘泥填高为基，在基上种桑种果，形成桑基鱼塘、果基鱼塘等土地利用的生态模式。另一个重要变迁就是人口大量增加，工商业和城镇迅速扩展，促使人们大肆开垦山地，种植甘薯、玉米等美洲作物，并进山伐木烧炭以及采办木料，导致岭南各地山林大片损毁，水土流失严重。如广州附近从化"流溪（河）地方，深山绵亘，林木翳茂，居民以为润水山场，二百年斧斤不入。"到了明万历年间，有人在此招民伐木烧炭，仅数年就将山上的林木砍光伐尽，结果"山木既尽，无以蓄水，溪流渐涸，田里多荒。"在珠江三角洲的其他州县，也常见这种大肆伐木毁林的情况。在石灰岩广布的西江地区，砍伐山林引起的生态后果更为严重。桂东地区的平乐府富川县，"山溪之水，全仗林木荫翳，蓄养泉源"，田亩赖以灌溉，收成有所保障。但到了清后期，"山主招人刀耕火种，烈泽焚林"②，造成土燥石枯，水源短促，农业生态遭到破坏。邻近贺县也由于"焚山不禁，遂至山枯而泽竭，故田多旱。"③

总之，明清时期广府系地区的经济开发，一方面促使人们创造了桑基鱼塘等农业生态技术模式，另一方面也造成水旱灾害频发、田土荒废的后果。

二、客家系地区的山林开垦与生态变迁

客家民系的形成应是南迁汉族移民与迁入地的畲、瑶族土著居民长期交流融合的结果。客家民系聚居最多的地区是今粤东的梅州、河源地区和粤北的韶关地区，这里深处岭南内陆，山峦重叠，沟壑纵横，平原盆地面积狭小，适宜农业开发的土地不多。在岭南自西向东，自南向北的农业开发格局

---

① 《宋史·地理志》
② 光绪《富川县志》卷一，《舆地·水利》
③ 民国《贺县志》卷一，《社会风俗》引旧县志

中，客家地区开发最迟，绝大部分地区长期为森林覆盖。

宋元时期，汉民大量迁入，客家民系开始形成。山区的地理环境决定了客家人以山间盆地和山坡地为农业土地利用的自然基础，形成以梯田形式为主的土地资源开发利用模式。山区地形的垂直地带性特点促使客家人水田、旱作农业兼顾，既种植豆、粟、黍、荞麦等粮食作物，还发展茶叶、蓝、烟草等经济作物。这一时期，客家系地区的土地开发规模有所扩大，但生态环境格局尚未产生重大改变。

明清时期，客家系人口大量增加，毁林开荒成为其主要谋生方式，这里的生态环境开始发生急剧变化，水土流失现象很普遍。客家人集中的嘉应州，清初以前，"山中草木蓊翳，雨积根荄，土脉滋润，泉源淳蓄，虽旱不竭。"[1] 但随着人口增加和乱垦滥伐，导致植被损毁，山土浮松，每遇骤雨倾注，"众山浊流汹涌而出，顷刻溪流泛滥，冲溃堤土，雨止即涸，略旱而涓涓无存"，以致"近山坑之田，多为山水冲坏为河为沙碛，至不可复垦，为害甚巨"，其他田地"高者恒苦旱"，"低者恒苦涝"[2]。在粤北地区，明清时期林草破坏也超过以往任何一个时期。南雄盛产黄烟，以草皮烧毁为肥料，质量尤佳，林草面积遭到大面积破坏。同治年间著名学者陈澧有诗云："君不见大庾岭上开山田，锄犁狼藉苍崖颠。剥削山皮剩山骨，草根铲尽胡能坚。山头大雨势如注，洗刷沙土填奔川。遂令江流日淤浅，洲渚千百相钩连。又不见海门沙田日加广，家家筑垒洪坡上。海潮怒挟泥沙来，入此长围千万丈。"[3]

长期毁林开荒等不合理的经济开发活动的累积，加之当地自然环境因素的影响，导致客家人聚居的粤北和粤东成为广东水土流失最严重的地区[4]。水土流失又动摇了当地的农业基础，迫使一批又一批客家人远走他乡。

三、福佬系地区的滩涂海岛开垦与生态变迁

福佬系地区分布从潮汕平原经海陆丰，绕过珠江三角洲和两阳，直下雷州半岛和海南岛沿海，间有少数在沿海内陆。潮汕平原是福佬人的聚居地，

---

① 光绪《嘉应州志》卷五，《水利》引乾隆州志
② 光绪《嘉应州志》卷五，《水利》引乾隆州志
③ （清）陈澧：《大水叹》，《岭南诗存》第 4 册，商务印书馆民国刻本
④ 广东省科学院丘陵山区考察队：《广东山区国土开发与治理》，广东科技出版社，1991 年，第 197 页

这里依山临海，气候暖湿，自然环境独特，深刻影响了福佬地区的社会经济面貌与文化习俗。

从历史早期开始，潮汕先民就与海洋结下了不解之缘。秦汉时期，韩江三角洲部分地区已设立郡县，土著居民半渔半农。人们不但开辟土地，营建居室，而且制造独木舟，开始砍伐森林。在一些台地、山间盆地和低丘，中原和沿海移民较多，土地垦辟有所扩大，稻作农业占重要地位。隋唐时期，潮州一带草类、蕨类植物繁茂，鳄鱼、野象横行，韩江被称为"恶溪"。虽然如此，到唐朝末年潮州已出现大片水稻、蕉麻、蚕桑等种植区。宋代，韩江上游因迁入大量外地居民，毁林开荒，生态环境也发生了较大改变。沿海地区森林更为稀疏，依靠水网环境生长的象、犀、鳄类以及长臂猿、孔雀等逐渐消失。由于人多地少，福佬逐渐摸索出精耕细作的农业经营方式。堤、渠、涵洞等水利工程相继兴起，稻作农业发达，水稻一年两熟。因兼有糖蔗鱼盐之利，潮州富甲于他郡。

明代潮汕地区人口密度为全省之冠，滩涂围垦等农业开发活动对当地生态环境带来了较大的负面影响。清代，水土流失等因素导致韩江三角洲进一步向前推进，原为海岛的小莱芜在清中叶已与大陆相连，同时韩江下游河床严重淤浅。另外，明初至清中叶间，因生齿日繁而潮州地狭，一些福佬向西迁移到雷州半岛和海南岛沿海，更有远迁东南亚各地。这一地带为滨海平原台地，水热充足，森林繁茂，虫蛇猛兽滋繁，不利于人类生存。从宋代开始，人们已在雷州湾两岸和南渡河下游滩涂及冲积平原修筑堤坝，引淡洗盐，经过几代人的努力，大片斥卤化为沃壤，遍地荆榛变成稻粱。明代，雷州东西两洋成为广东著名粮仓。但明清时期的生态破坏和海堤溃决，曾数次使田地变成斥卤，村庄成为废墟，民众流离失所。在海南地区，宋代海南沿海红树林已开始遭到破坏。明清时期海南经济开发强化，沿海天然林木迅速减少，生态变化加剧。近代以来，由于失去了沿海的森林防风屏障，海风肆虐，海南岛的自然环境变得严酷起来，风蚀导致的水土流失、土地沙化和禾苗损毁也日益严重。

第五节　东北地区的黑土地开发及其生态影响

东北地区包括今辽宁、吉林、黑龙江和内蒙古自治区东部，黑土沃衍，气候湿寒，资源丰富。历史上肃慎、濊貊、鲜卑、夫余、室韦、靺鞨、契丹、女真、蒙古等众多民族都曾在这里放牧垦耕，农业生产时兴时衰。不过，明清及其以前，这里的农业开发很有限。自清末大规模丈放官荒以来，内地大量汉族人口进入东北，与当地满族、蒙古族、达斡尔族等民众共同垦荒种谷，这里的农业开发才真正兴起。经过一个多世纪的开垦，这里的大片森林、草地变成了农田，黑土地上长满高粱、玉米和大豆。但是，黑土地开发也付出了沉重的生态环境代价，突出表现为严重的黑土退化、侵蚀和流失，甚至出现荒漠化的趋势。

一、东北黑土地开发的历史

中国东北历史上长期是游牧和渔猎民族活跃的地区。从秦汉历唐宋至明清，来自北方的游牧渔猎民族与来自中原的农耕民族在此激烈角逐，频繁的冲突和战争伴随着对定居农业的不断破坏，农业开发的历史进程经常被打断。辽代以前，东北大地上的经济活动基本上以狩猎、畜牧为主，对生态的破坏程度不大。辽代在西拉木伦河及嫩江流域曾有一定的农垦活动，但接下来的元明时期，少数民族的畜牧渔猎活动又占据主导地位。即使到了清朝初期，统治者为了维护所谓的"根本之地"，对东北实行全面封禁。当时采取修筑"柳条边"、划定皇室禁地、严禁关外流民入关等一系列封禁政策，竭力阻挡东北的经济开发，使大片黑土地长期处于荒芜状态。

清朝中后期，东北的土地开垦在人口压力和社会经济因素的推动下，由辽河中下游地区逐渐向北扩展，高粱、大豆、粟、小麦、玉米、水稻等的种植不断增加。清朝末年，清政府为了加强对边疆的控制，抵御沙俄、日本等列强的侵略，对东北边疆的封禁逐渐松弛。自1861年到1904年，清朝对东北边疆采取弛禁放垦政策，允许移民来边境垦荒。1904年起黑龙江地区"全面开放"，平均每年放荒100多万垧[①]，一些土地肥沃的地带，像巴彦、呼兰、绥化、庆安一带，移民尤为集中，土地资源大量开发。到1910年，东北共放出荒地687.5万垧（1垧＝1公顷），其中垦熟地34.7万垧。民国时期，东北移民规模更大，来自山东、河北等地的大量汉人"闯关东"，在东北黑土带大肆垦荒种田。1915年，吉林省耕地面积已达8 598万亩（1亩≈667平方米，下同），黑龙江省亦达3 716万亩[②]。随着耕地的增加，东

---

① 东北地区一垧约合1公顷，即15亩（市亩）

② 满铁调查课：《满蒙全书》第3卷，安井源吉，1923年，第58－60页

北地区的农业生产迅速发展。从 1924 年到 1930 年，东北三省粮食产量由 1 457 万吨增至 1 886 万吨，1925 年东北人均占有粮食已达 1 359 斤（1 斤 = 0.5 千克，下同）。日伪统治时期，从关内和日本、朝鲜迁来大量移民，又有大面积荒地被开垦出来。到 1940 年，东北地区已开垦耕地 1 930 万公顷，占全区土地面积的 14.8%[①]。

新中国成立后，东北地区加快了土地开发的步伐，建立了大批国营农场，尤其是大批退伍军人挺进北大荒，开辟了广阔的新垦区。东北地区从此成为中国最大的商品粮生产基地，实现了从"北大荒"到"北大仓"的历史巨变。

二、东北黑土地开发的生态影响

东北地区土地广袤，耕地资源较为丰富，土壤以黑土、黑钙土和草甸土为主，肥力较高，是世界上与乌克兰和美国密西西比齐名的三大黑土带之一。其中松嫩平原构成东北平原的主体，属我国第二大平原。松嫩平原及其四周的台地低丘地带是黑土的集中连片分布区，这里土地肥沃，适宜农耕，早在清季就以"北满谷仓"著称于世。

东北黑土区全新世气候时期为草原或森林草原环境，经河流搬运堆积，在腐殖质长期积累的基础上，广泛发育成富含腐殖质和养分的黑土层。东北黑土虽然肥沃宜耕，但在地质构造上却存在一定的脆弱性。这里的黑土是新生代以来，受新构造运动的影响而发生的，是第四纪时期沉积的以河—湖相为主的松散沉积物。这些沉积物的岩性主要为细砂，在此基础上发育成厚度不等的全新世黑土层，就是这层黑土构成了下伏砂层的"保护层"。然而，在东北的很多地区，黑土层为砂质的土壤层，土质疏松且极易被破坏。经人类长期垦耕，黑土层在很多地方已经风蚀殆尽，即使在其残留地区，黑土残存的厚度也多在几十公分或 1 米之下。在丧失了全新世的黑土层之后，即开始了"古砂翻新"的过程，这很容易导致土地荒漠化的发生。另外，由于东北黑土区四季温差大，冻融交替明显，作用时间长，春季解冻后的土壤疏松，抗蚀能力明显降低。由于冻融的交替作用，在河流两岸、侵蚀沟边和沟头还常出现裂缝而崩塌，加重了河流岸边黑土的侵蚀和坡地侵蚀沟的发展。

---

① 李振泉、石庆武：《东北经济区经济地理总论》，东北师范大学出版社，1988 年，第 156 页

东北黑土的这种自然属性，加上人类农垦活动及农业技术措施对土壤性状的影响日益加强，当地耕作土壤逐渐发生变化。一般说来，农垦活动会充分利用自然过程的有利方面，抑制和改造其不利方面，支配原有的自然肥力，不断创造人工肥力，从而决定耕作土壤的发展方向，耕作土壤熟化过程就是人类定向培育的结果。东北地区大部分土壤的开垦时间在 50～100 年，人为耕垦的影响使土壤有不同程度的熟化，土壤形态和肥力特性与原来土壤相比有明显的差异。经过耕作，自然土壤表土和心土拌混了，形成新的层次组合。在土壤表层 15～20 厘米，由于常年进行耕翻和铲蹚，土性变为疏松多孔，加之受地表生物气候的影响，比较通气透水，物质转化快，水分养分供应较多，形成"耕作层"。在耕层下，土壤较少受到地表生物气候的影响，冷热变化小，通气透水性差，表层黏粒向下移动，形成坚实的"犁底层"。当然，人类的土地垦殖过程，同时也是土壤原有结构和性状破坏的过程。如前所述，黑土在地质构造和环境区位上存在一定的脆弱性，因而人们在黑土垦殖的历史过程中付出了巨大的资源环境代价。

东北开垦初期，由于黑土区土质十分肥沃，从关内迁移到这里的拓荒者们对黑土地产生了过分的依赖思想，种地不养地，粗放经营，导致土壤肥力迅速下降。土地翻耕后，土壤环境条件逐年改变，有机质的合成与分解逐渐失去原有的平衡，分解速度大于合成速度，土壤中的有机质逐年减少。更加严重的是黑土垦殖后会造成土壤侵蚀和水土流失。未垦黑土地上生长着很茂盛的草甸植被，几乎没有土壤侵蚀，也见不到冲刷沟。但开垦为耕地以后，自然植被受到破坏，容易引起土壤水蚀。黑土质地黏重，并有季节性冻层，底层土壤透水不良。夏季降水高度集中，地势起伏不平，所以每年春季的融冻水和夏秋降水一时无法从黑土层中迅速下渗，形成大量的地表迁流，造成土壤冲刷。长期实行粗放的土地垦殖，更加速了土壤侵蚀的过程。今天在耕种历史比较久的东北黑土地区都可以见到许多冲刷沟，片蚀现象更为普遍，黑土层日渐变薄。在坡度较陡的地方，甚至露出了心土和底土，形成了"破皮黄"或"黄土包"。另外，黑土的风蚀也日益严重。经过冬季长时间的冻结，黑土的表层一般都很疏松。东北地区每年春季 4～5 月干旱多风，疏松的表土便被随风吹起，引起风蚀。土壤耕翻后表土变得更加疏松，也加速了风蚀和黑土的退化过程。

东北黑土区开垦所造成的最为严重的生态后果则是土壤荒漠化。东北黑土区年降水量多在 400 毫米以上，历史上曾经是肥沃的草原草甸或森林草甸环境，发育了极为肥沃的黑土层。正是这黑土层吸引无数的移民，来到在东北种地谋生。清朝末期以后及民国时期，大批移民在东北的不断开发，逐渐破坏了地表的自然植被。特别是近百年来东北人口数量激增，在黑土区东部的山前丘陵和波状平原区域，绝大部分土地已开垦为农田，毁林毁草开荒已致使天然植被基本绝迹，草原面积所剩无几，原来稳定的森林、草甸草原生态系统转化为目前脆弱的农田生态系统。失去植被涵养水源和保护土壤的作用，这里的水土流失和土地沙漠化日益加重。长期的垦荒，已经使东北的黑土地暴露在水力冲刷和在风力吹扬之下，遭受严重剥蚀，从而使东北黑土区成为中国目前荒漠化危机最为严重的地区之一，其中历史的教训值得汲取①。

总之，明清时期，生齿日繁，粮食需求大增，政府和民间都采取了不少提高粮食产量的措施，并取得了一定成效。从历史实际看，在当时的农业生产条件下，供养这么多人口主要是依靠扩大耕地面积来实现的。围湖造田、毁林垦荒，向土地过度索取经济资源，就不可避免地对以天然植被为主体的土地生态资源造成严重破坏（图5-3），人们最终尝到了过度开垦带来的生态苦果。

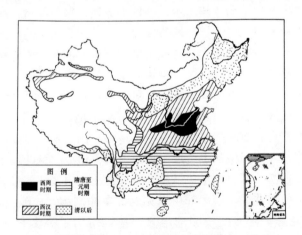

图5-3　历史时期天然植被损毁过程示意图
（采自邹逸麟《中国历史人文地理》）

---

① 参阅衣保中：《近代以来东北平原黑土开发的生态环境代价》，《吉林大学社会科学学报》，2003年第5期

第六节　土地生态资源保护的思想和举措

前已述及，明清时期主要以土地平面拓展为特点的农业开发，增加了粮食生产，但也带来了严重的生态后果。于是，改变以往的土地资源开发利用方式，寻找生态保护与修复的办法，引起相关朝野人士的重视；农民则在垦种实践中不断汲取相关经验教训，探索出不少保护土地生态资源的措施。就是说，当时土地开垦扩大对区域生态的破坏，引发人们提出了环境保护的应对措施。

一、挖掘农田生产潜力

因时因地制宜，精耕细作，提高单产是中国农业的优良传统。虽然倡导精耕细作主要着眼于农业增产，但作为一种土地耕作与利用思想，它对遏制以扩大土地面积来实现增产的做法，减少土地开垦、保护农业生态具有一定作用。

早在清初，张履祥在《补农书》中提出"多种田不如多治地"的道理，就是通过尽力治地，达到不扩大耕田也能增加收成的效果。张英在《恒产琐言》中说的"良田不如良佃"，虽是从地主使用佃户的角度出发，却表达了治田对增产的重要性。良佃能及时耕种，用心培壅，蓄泄有方，即使地不加广，亩不加增，也能增加产量。这样不但使佃有余，地主也可得利。他还说，腴田不善经理，不数年就会变为中田，又数年变而为下田，反之亦然。乾隆初期，担任河南巡抚的尹会一在奏疏中称："盖南方地窄人稠……力聚而功专，故所获甚厚；北方地土辽阔，农民惟图广种……以多种则多收，不知地多则粪土不能厚壅，而地力薄矣，工作不能偏及而人事疏矣。是以小户自耕己地，种少而常得丰收，佃户受地承耕，种多而收成较薄。"[1] 奏疏比较了南北不同的种植观念，说明与其广种薄收，不如少种精耕厚获，从而避免因不断垦辟田土，又不竭力修治，造成地力耗竭。

总体上看，明清时期中国各地的土地资源利用因地域条件之不同，形成了不同的方式方法。在偏远山区毁林开荒、广种薄收的现象比较普遍。而在传统农区，特别是在人少地多、商品生产较为发达的江南地区，人们主要通

---

[1] （清）徐栋：《牧令书》卷十"农桑下·敬陈末议疏"

过挖掘农田生产潜力，提高土地利用效益的方式，来发展农业，维持生计，这对保护当地的生态环境起了很大作用。

二、改变山地种植方法

前已述及，山区垦殖对生态环境影响很大，人们很早就想办法防止山地的水土流失，其中修筑梯田就是一种较好的山地开发利用措施。清代山区开发的速度和规模远超过前代，所以梯田建设亦称空前。东南、西南和华中各省的许多丘陵山地，都普遍修筑梯田。由沿坡漫种到逐步地改筑梯田，已成为清代山区农民在扩大耕地的同时，保护"农业生态的一条重要经验。四川在雍乾之后推广"冬水田"，实行旱改水，"江流不径之处"的山坡地很多开辟成层层梯田。梯田于秋冬蓄水，翌年春季种植水稻，由是四川在修梯田过程中积累了不少筑坎、开厢的方法①。清代贵州北部、中南部地区的遵义府、思南府、贵阳府、都匀府修筑了很多梯田。道光《思南府续志·气候》载："其地硗薄，梯山为田"，"谷雨前后，山间梯田趁雨翻犁，取淤泥培田塍，俾水不泄种玉蜀黍"。乾隆《黔南识略》称贵阳府的梯田："坡陀层梯者谓之梯子田，斜长诘曲者谓之腰带田。"梯子田、腰带田都是梯田的不同形式。清代华中山地丘陵区的梯田也有发展。如湖北东部的英山县，"东西二河上游及左右山垄之田，大都倚岩傍涧，屈屈层层多成梯形。"

此外，清代嘉道时期，包世臣（1775—1855 年）针对山地开发所引起生态破坏问题，设计出一种山地分层利用以防止水土流失的开山种植方法。以下为他在《齐民四术》中记载的"开山法"②：

择稍平地为棚，自山尖以下分为七层，五层以下乃可开种，就下层开起……无论秋冬，先遍种萝卜一熟，此物最能松土，且保岁，根充疏粮，叶可饲猪及为粪……乃种玉蜀、稗子，杂以芦、稷、粟，其土膏较重者，亦可种棉花。皆宜择稍平地，掘坑种芋、山药、各瓜菜十数畦，以充蔬且备谷……两年则易一层，以渐而上，土膏不竭。且土膏自上而下，至旱不枯。上半不开，泽自皮流，限以下层，润足周到。又度涧壑与所开之层高下相当，委曲开沟于涧，以石沙截水，漳满乃听溢出，既便汲用，旱急亦可拦入沟中，展转沾溉也。至第五层，上四层膏日下流，下层又可周而复始，收利

---

① 宋湛庆：《我国古代田间管理中的抗旱和水土保持经验》，《农业考古》，1991 年第 3 期
② （清）包世臣：《齐民四术》卷一"农政·任土"

无穷……其田农就山岭开地种麦者，实为非计，去家远，粪溉不便……山其赤白土者，阴宜种茶，阳宜种竹，若去出水在五十里外者……以种油桐为宜，或种松、杉、鸦白也。其黑黄土者，阴宜松、杉，阳宜树漆，收利略远，而计入十倍。

包世臣"开山法"的大意：首先，选择比较平坦的地面，自山尖以下分成七层，只开种底下五层，从最下层开始栽植。经芟草、锄土后，在初开的地上种植萝卜。萝卜最能松土，根可做蔬菜、粮食之用；叶可饲猪，得猪粪。接着，栽种玉米、稗子及稷、粟等作物，土壤较肥沃的地方，亦可选择种植棉花，再种十数畦的芋、山药、瓜菜以充实蔬菜、粮食。第二年再往上开种一层，渐次而上。由于不开辟上半山层，山水会往下流注，滋润各个土层，故各层的土膏不致枯竭，旱季也不会干枯。再者，将高下相当的涧流开成沟渠，以沙石拦截水源，溢满乃听其溢出，不仅可用来汲水，干旱时也可引水灌溉各个地层，周而复始，便可获得无穷之利益。另外，他建议农民垦山种植，要栽植多年生树木，而不要栽植麦子等杂粮作物，因为离家远，施用粪肥不易，且土壤多属赤土，杂有砂砾，种麦难有收获。在开山种树方面，他建议土质赤白土者，阴宜种茶树，阳宜种竹树或是种植油桐、松树、杉树、乌柏等；黑黄土者，阴宜种松树、杉树，阳宜种漆树。

包世臣倡导的开山法，是将山地分层加以利用，只在山岭下层种植农作物，上层仍维持植被良好的状态。其次，利用山上水流挟带的"土膏"，滋润下层田地或是开通沟渠来灌溉农田，以避免干旱。再者，依据土壤之特性，指导农民在山区栽植多年生树木。这种兼顾地力且不固执于种植粮食作物的做法，确实较能做好水土保持工作，并获取长远之利益。这种山地利用规划模式古代似乎未见实施，而现在一些丘陵山区的立体农业，便充分体现了这一理念。这种立体农业一般利用地形优势，从丘上到丘下，农业布局大体为用材林—经济林或毛竹—果园或人工草地—农田—鱼塘，形成一种良性的生态系统，经济效益也有很大提高[1]。

三、采用植树造林和水利工程措施

植树造林是水土保持的重要林业技术措施，中国农民自古就有种树护林的优良传统。房前屋后、田间地头、道路两旁、丘陵山坡，凡是不便种庄稼

---

[1]　参阅周邦君：《包世臣的边际土地利用技术思想》，《中国农史》，2002 年第 4 期

的地方，农民都会想办法栽上树。因为树木不仅可带来经济收益，而且可以改善生活环境。从土地资源保护的角度看，林木达到郁闭状态以后，树冠能拦截雨滴，地面枯树落叶能吸收水分，根系能固着土体，收到减少地表径流和土壤冲刷的效果，形成"青山绿水"。

明清时期，不少易于发生水土流失的丘陵山区继承和发扬了植树造林的优良传统，重视种植用材林和经济林。在福建山区，嘉庆《云霄厅志》卷20称："近山之民藉种植……故有种竹者、杉者、松者、茶者，效迟而利大也。"在江西山区，康熙《广永丰县志·风俗》称："沿山隙地都种柏。"在湖南山区，道光《永州府志·农事》谓："山农田少，多植桐、茶、松、杉以资食用。"同治《祁阳县志》卷22称："县境自归阳以上，各乡杉木一望青葱。"当然这些山区发展林业主要还是从增加收入着眼的，但在客观上已起到保持水土的作用。

清代一些山区认识到种树涵养水源，保持山泉水流的作用。同治广东《河源县志》卷10记载："河源之田惟以山源为主……粤东村塞每在山之一围，俗谓之峒……凡峒皆山，山皆有泉，泉即为源。又有因山泉细小，每种树于山以覆之，使不见日之暴，俗谓之荫。倘有私伐其树者，则其罪与截源等耳。"种树有利于保护泉源，不许私自砍伐。

清代还在山地丘陵区普遍修建中小型陂塘堰坝工程，收到了保持水土的效果[①]。"陂"是在溪流上筑坝，拦截抬高溪水的水利工程，有一定的蓄水容积。"塘"分山湾塘和平塘等几种，山湾塘在汇水的沟谷筑坝蓄水，今日称为小水库；平塘一般位于田的上部，塘的下缘有坎无坝，依靠挖深塘底蓄水。"堰"仅是在河中筑坝拦水，抬高水位。清代南方各省山区所修塘坝都达数千数百之多。塘坝能拦蓄一定的洪水和泥沙，有滞洪削减洪峰的作用，水土保持的效果显著。清代曹胤儒《水利论》称："太湖上流金坛、广德、乌程、归安、临安、余杭之间并有坝堰当以百计，各志可稽，盖使诸山之水潴而后泄……且视苏松水势之大小而启闭之。"

修建沿山渠、撇洪渠。沿山渠、撇洪渠可拦截山坡上部的径流，保护下部农田不受冲刷。包世臣《齐民四术》载："其山乡水落石涧，又无停潴，步步低下不可灌者，宜相左右夹涧之山形势便利处，沿山开沟，截断归涧偏源拦水入沟，展转浇灌。"这些都是山区水土保持行之有效的技术经验

---

① 张芳：《明清南方山区的水利发展与农业生产》，《中国农史》，1997年第1期、第3期

总结。

四、采取封山育林的行政管理措施

生态环境的恶化，主要问题就是砍伐森林造成植被的破坏，而植被的严重破坏会引发洪水灾害。明清以来社会经济的发展，特别是美洲新作物的引进和流民对山区的开发，引发的生态问题日益严重，促使了当时人们对林草资源的重视和保护。乾隆七年（1742 年），朝廷提出禁饬"竭泽焚林，并山泽树蓄一切侵盗等事"，命令各地方官实力奉行，督抚不时稽查。明清时期，各级政府制定了不少相关的林木保护法规，并采取了一些相应的行政管理措施。

首先，发布种树和保护树木谕令。如雍正二年发布《谕树艺》之令："谕直省督抚等官……在舍旁田畔，以及荒山不可耕种之处，度量土宜种植树木……其令有司督率指划，课令种植，仍严禁非时之斧斤、牛羊之践踏、奸徒之盗窃，亦为民利不小"。① 朝廷所颁之谕令，对地方政府保护林木有一定促进作用。

其次，采取封山驱民措施。嘉庆时浙西山区因棚民垦山，水土流失危害严重，官府采取了严禁租山，限期驱逐棚民等措施，于是"渐见安辑"②。广东清远县有花尖、马鞍二山，山下一些村庄，依靠山上的树木涵养水源，然后在在溪水上筑陂坝以灌溉农田。"自历代以迄国朝皆禁开山砍伐树株，缘山光则地涸而水竭，林阴则地湿而泉多故也。"康雍乾期间常有人盗采树木或违禁开山。为了阻止破坏树木的行为，官府一再发布封禁令，处理违禁之人。由于保护得力，至光绪时两山"树木浓荫，租税永赖焉"③。又如湖南省永明县东北有塘下、雷洞两处瑶人居住的山岭，道光八年（1828 年）至十二年（1832 年）宝庆等处客民先后占山开垦，岭上经数百年蓄成的林木遭大肆砍伐，"以至山脉枯槁，水源涸竭，近山民田腴者变瘠，大失耕种之利。"岭下村民弃田地房屋流乞于外者达千人之多。道光十五年（1835年）驱逐占山开垦的流民，当地生态破坏、环境恶化的局势才有所扭转④。

---

① 乾隆《福建通志》卷首一
② 光绪《于潜县志》卷 18
③ 光绪《清远县志》卷 5
④ 光绪《永明县志》

再次，发布劝谕告示，禁止民众垦山。嘉庆时湖南攸县县令裴行恕，针对客民"结庐山上，垦种几遍"的状况，发布告示列举"垦山十害"和"不垦山十利"，不许当地民众佃山给外省人开垦。嘉庆时户部还曾下令：不准浙省棚民种植苞芦，不准当地人将公共山场招棚民开垦等。

不过，综观清代相关政策，主要是鼓励开垦，开垦山头地角还免于升科，不少封禁之山如江西的铜塘山、怀玉山，陕南山区等都先后开禁垦殖，遂形成开山不止的局面。又清代流民占山的方式主要是佃种，因有买契存在，地方上不好漫加驱逐或封禁山场，所以采取的一些行政措施收效有限。

五、制定护林防灾的乡规民约

明清时期除政府制定法令并采取行政措施保护山林以外，各地民间也制定了很多护林减灾的规约。

古人实际上早已认识到林木除了具有重要的经济价值以外，还能涵蓄水分，固定泥沙，美化环境。明清时期，人们迫于生计压力，纷纷把目光投向了山林荒地，一度形成了垦山种粮的热潮。但随着林木的大片损毁和水土流失的加重，不论政府还是民间都深刻体会到山林树木的重要性。于是，明清方志以及宗族家谱对森林保持水土、涵养水源的作用和毁林开荒后果的记载开始增多。如清代安徽祁门县《善和程氏族谱》载："伐茂林，挖根株，山成濯濯，萌蘖不生，樵采无地，为害一也；山赖树木为荫，荫去则雨露无滋，泥土枯槁，蒙泉易竭。虽时非亢旱而源涸流微，不足以资灌溉，以至频年岁比不登，民苦饥馑，为害二也；山遭锄挖，泥石松浮，遇雨倾泻，淤塞河道。"① 正是由于这一时期人们对森林保持水土、维护生态的作用有了更为深切的体会，所以采取各种措施护山育林成为民众的普遍行为。南北各地民间尤其是一些丘陵山区，通过制定各种乡规民约并刻石立碑或以官府出示立碑的方式，宣传林木之利，保护山林资源，护林碑刻大量出现②。

清代护林碑刻就内容而言，分为两种：一是保护风水，维持名胜古迹完整性。嘉庆二十五年（1820年），立于今贵州锦屏县敦寨镇九南村的"水口山植树护林碑"记载："我境水口，放荡无阻，古木凋残，财爻有缺。于是

---

① 光绪《善和程氏族谱》卷一，"村落景致"

② 参阅倪根金：《明清护林碑研究》，《中国农史》，1995年第4期；倪根金：《明清护林碑知见录》，《农业考古》，1996年第3期、1997年第1期

合乎人心，捐买地界，复种树木，故栽者培之。郁乎苍苍，而千峰叠嶂罗列于前，不使斧斤伐于其后，永为护卫，保障回环。"水口山原为一片风景林，浓荫如盖，因被人乱砍滥伐，致使林木凋残。当地侗、苗等族人民相邀捐山集资，买地40余丈，复种树木，并订约立碑，以保其林。二是封山育林，严禁乱砍滥伐、毁林开荒，保护山林植被。同治八年（1869年），贵州黎平县潘老乡长春村亦立禁碑："吾村后有青龙山，林木葱茏，四季常青，乃天工造就之福地也。为子孙福禄，六畜兴旺，五谷丰登，全村聚集于大坪，饮生鸡血酒盟誓：凡我后龙山与笔架山上一草一木，不得妄砍，违者，与血同红，与酒同尽。"清道光末年陕西平利县《铁厂沟禁山碑》写到"此地不许砍伐盗窃、放火烧山。倘不遵依，故违犯者，罚戏一台、酒三席，其树木柴草，依然赔价。"①

明清时期，这种以土地林木保护为主要内容的乡规民约很多，它们对于禁止乱砍滥伐、放火烧山以及打击盗窃和其他破坏山林的行为，遏止区域生态恶化起到了一定作用。

---

① 《铁厂沟禁山碑》（道光三十年（1850年）立石），载张沛：《安康碑石》，三秦出版社，1989年，第176–177页

第六章 传统农田水利生态思想与实践

水孕育了生命，也孕育了文明。水资源是人类赖以生存和发展的物质基础，人类对水资源的开发利用，是社会文明进步的重要标志。值得注意的是，中国农业往往"水土"连称，体现出这"水"和"土"这两大环境因子的紧密关系以及在农业生产中的重要作用。在人口逐渐增多、食物需求日益增加的情况下，传统农业一方面与山争地、向水要田，扩大农田面积，另一方面则想方设法改善作物生长的水土环境，提高单位面积产量，由此积累了具有突出生态特性的水资源开发利用经验和耕作栽培技术。《荀子·富国》："高者不旱，下者不水，寒暑和节而五谷以时孰，是天下之事也。"司马迁也曾感叹："甚哉！水之为利害也"[1]。在以农业为主导经济的中国传统社会中，农田水利建设及农田灌溉是水资源开发利用的主要内容，不少农田水利工程设施长期沿用，对农业环境及自然生态的影响十分深远，其中包含了丰富的农田水利生态思想和实践经验[2]。

第一节 农业水资源利用的生态思想

中国人很早就认识到水是生命之源，各种生物一时一刻也离不开水的滋润。这样，中国历史上便产生了各种关于水的观念和治水用水的思想，其中农田灌溉方面包含的水利生态思想最为丰富。

一、水是万物本原，治水用水、除害兴利

古代哲学的生命本原说，源于古人对自然现象以及人体生命现象的观察

---

[1] 《史记·河渠书》
[2] 这里所说的农田水利生态是指因兴建农田水利工程、从事农田灌溉及相关水事活动而引发的农业环境及其周边自然生态变化的一种客观现象

和体悟。自然界各种生命的诞生，都与水密切相关，与阳光雨露和气候变化有关，故人们很早就萌生了水为宇宙万物本原的认识。古希腊泰勒斯所说的"万物的本原是水"，成为西方哲学的源头。西周时盛行的"五行说"把"水木金火土"看作世界本原，而水乃五行之首。《周易》八卦学说中用坎卦（水）来推演宇宙万物的形成。道家老子还以水喻道，他说"上善若水"，"水善利万物而不争，处众人之所恶，故几于道。"[1] 儒家说："夫水者……遍予而无私，似德；所及者生，似仁；其流卑下句倨，皆循其理，似义。"[2] 其意在以水的品格来比喻仁人君子为人处世的原则。

相比而言，先秦时期，《管子》一书对水的认识最为全面和深刻。《管子·水地篇》首次明确提出"水是万物本原"的概念，把水看作是生命的根源："水者何也？万物之本原也，诸生之宗室也，美恶贤愚俊之所产也。"《水地篇》比喻说水是"地之血气，如筋脉之流者也"，认为水在地上的流动就像血在人体内流动一样，地上缺了水就没有生机。《水地篇》还概括了水的自然属性和生态功能："夫水淳弱以清，而好洒人之恶，仁也……人皆赴高，己独赴下，卑也……集于天地，而藏于万物，产于金石，集于诸生，故曰水神。集于草木，根得其度，华得其数，实得其量。鸟兽得之，形体肥大，羽毛丰茂，文理明著。"其大意是说，水可以聚集于江河湖泊，流入大海，也可以飘荡在太空，散落于大地，凝聚成冰霜雪雨，隐藏于万物之中，草木因水而丰茂，鸟兽因水而形体肥大、羽毛丰满。

《管子·度地》还总结了各种类型水资源开发利用的可能性："水有大小，又有远近。水之出于山而流于海者，命曰经水；水别于他水，入于大水及海者，命曰枝水；山之沟一有水一无水者，命曰谷水；水之出于它水，沟流于大水及海者，命曰川水；出地而不流者，命曰渊水。此五水者，因其利而往之，可也，因而扼之，可也"。作者认为各种江河湖泽的水，都可加以利用，灌溉田地。还说"水可扼而使东西南北"，即可以利用水利工程来控制和引导水资源，促使其向人们所需要的方向流动。

先秦以后，人们在水资源开发利用尤其是农田灌溉过程中，对于水的性状、功能和水利水害的关系问题有了更为具体的认识，其中包含明确的农田水利生态内容。元代王祯《农书》："灌溉之利大矣，江淮河汉，及所在川

---

[1] 《道德经》第八章
[2] （汉）刘向：《说苑·杂言》

泽，皆可引而及田，以为妖娆之资。"只要人们致力于引水灌溉，"世间无不救之田，地上有可兴之雨。"当然，从水与人的关系来说，水有利也有害，但在一定条件下可以相互转化。明代徐贞明（约 1530—1590 年）在《潞水客谈》中说："水在天壤间本以利人，非以害之也，惟不利斯为害矣，人实贻之而咎水乎？盖聚之则害，而散之则利；弃之则害，而用之则利"。他说水本来是利人的，不是害人的，由于人不去利用它，水就成为祸害了，这实际上是人的过错。它还把水比作人体中的血液，血液"流贯于肢节，而润泽其肌肤"如果血液在人体的某个部位被堵住了，人就要生病。为此，他联系古今以及南北水利水害问题，针对西北水利失修、水患频繁的现状指出："西北之地，夙称沃壤，皆可耕而食也。惟水利不修，则旱涝无备。旱涝无备，则田里日荒。遂使千里沃壤，莽然弥望，徒枵腹以待江南，非策之全也……北人未习水利，惟苦水害，而水害之未除者，正以水利之未修也。"徐贞明强调，只要人用心治理，水害是会变为水利的。

这种重视水利田功的生态思想在徐光启的《旱田用水疏》中也有集中反映，他总结的"用水五法"谈到，不论是泉水、江河水、湖荡水还是水井、池塘、水库中的水，都可以通过各种手段和办法，引到田里去灌溉，这样旱田也能"用水而生谷多"。清代四川地方农书《三农纪》同样从农业用水的角度说，因为有了水，"万物无不润，不得则不生；万物无不成，不得则不济。能用之，利无涯，若舍之，害难已。"就是说万物生长都要靠水来滋润和浇灌，要注意合理利用水资源，趋利避害。

总之，不论从历史还是现实来看，水都是农业生产最为重要的自然资源。对于粮食产区来说，人们想办法将水引到田间地头，满足水稻以及小麦等作物对水的需要，让庄稼在劳动投入及其他技术投入的基础上达到可能的最高产量。在水资源短缺或农田灌溉无法保障的情况下，人们只得"靠天吃饭"，祈求风调雨顺。正是由于水资源对于农业发展往往具有决定性意义，所以古往今来，人们对水资源保护和利用非常重视，其中包含的水利生态思想值得进一步发掘。

二、先水后土、治水改土相结合

古人在长期的农业生产过程中，逐步认识到"水土"这两种农业环境因素之间的相互关系，将治水与改土相结合，不断总结水利兴修与和土地整治的经验，积累了许多具有生态涵义的治水兴利思想。

　　传统的"水土"概念实际上是广义的环境资源概念，包括了水利和土地资源两大方面。《尚书·禹贡》中已出现"平治水土"的说法，讲述大禹率领人民"决九川、距四海、浚畎浍"，消除洪水危害、整治土地的事迹。《史记·夏本纪》对大禹治水的记载更为详细，司马迁说大禹临危受命，改变过去以壅塞为主的治水思路，实行"高高下下，疏川导滞"疏导治水方法，并把治水与农业生产联系起来，"钟水丰物"，种稻植谷，最终制服了洪水，使人们得以在平野上生活，农耕区进一步扩大。

　　这说明我国很早就注意把治水与土地疆理看作相互联系的整体，"平治水土"，实际上是古代最早的"水土保持"一词①。一般来说，这里的"水土"当指农业自然环境或资源条件，这里的水当指天然之水，包括河流湖泊等；土当指可耕地或农业用地。水土连称，既概括了农业自然资源的基本层面，同时也指明了当时农业环境治理和资源利用的大致过程，即"平治水土"应是先水后土，导水平土，土因水而治，水因土而得其用。最终达到治水改土，趋利避害，改善生态环境，发展农业生产之目的。

　　"平治水土"和"水土"这种包含一定生态关系的文字，在后世文献中更为常见，而且含义有所深化。《管子·水地》提出，水是万物之本原，而且水是"地之血气，如经脉之流通者也"，是"万物莫不以生"的基础，联系到民众生活上就是"夫民之所生，衣与食也；食之所生，水与土也"。《管子·立政》也指出，"沟渎遂于隘，障水安其藏，国之富也"，把导水用水视为开辟田地、富国安民的根本。《左传》中说，"生其水土，而知其人心"，这里的水土是指影响人们性格及言行的自然环境，人们常说的"水土不服"也有这样的含义。由于古人将水土看作衣食之源，水土与人们的生产生活关系极大，所以朝廷中设立专官管理水土治理事宜：司空执掌水土平治之事，"……凡四方水土功课，岁尽则奏其殿最而行赏罚"②。

　　战国秦汉以后，根据北方地区河流多泥沙的特点，用淤灌法改良土地是水土平治思想的发展和实践创举。战国初期，魏国的引漳灌溉就有了淤灌性质。漳水流经邺境，由于常有水患，土地盐碱化严重，在邺县下游不远有以

---

① 辛树帜：《我国水土保持的历史研究》，《历史研究·科学史集刊》，1962 年第 2 期
② 《后汉书·百官志》

"斥漳"为名的县①。魏文侯时西门豹任邺令，为解除水患，"即发民凿十二渠"。《汉书·沟洫志》明确指出漳水十二渠的淤灌效益："决漳水兮溉邺旁，终古舄卤兮生稻粱"。战国末期，秦国兴建的郑国渠也具有淤灌压碱性质的综合水利工程。《史记·河渠书》曰："渠就，用注填淤之水，溉泽卤之地四万顷，收皆亩一钟"，即郑国渠引泾河富含泥沙的浊水来淤灌碱卤之地，改良灌区土壤，使当地粮食产量大为提高。此后，淤灌技术在我国北方高沙河流地区长期应用，对改善农业环境方面发挥了巨大作用。宋代熙宁年间，在王安石倡导下，政府曾组织空前规模的大放淤活动，在做好淤田工程的同时，将放淤与防洪、航运相结合，积累了许多技术经验。

　　明清时期这种改土治田以治水为先导的水土平治思想达到成熟。徐光启《农政全书》曰："承平久，生聚多。人多而又不能多生谷也，其不能多生谷者，土力不尽也。土力不尽者，水利不修也"。意思是兴修水利后才能尽土力，尽了土力才能多产粮食。他还明确指出："夫水土不平，耕作无以施方"，先水后土，水土连称，实则就是要求农业生产应从治水、平土入手，充分发挥土地的生产效益，达到增产增收目的。清代《增订教稼书》更是对水土二者之间的生态关系提出了精辟见解，书中引用明代周用的话说："治河垦田，事相表里，田不治则水不可治，盖田治而水治也……且河所以有徙决之变者，无他，以行未入海，而霖潦无所容也。"人们认识到水害往往是由暴雨造成的，暴雨降到地面以后，从高到低，倾泻而下，就会淹没低洼的农田，造成水灾。如果能在治水的同时兼顾治土，实行深耕，以增加土壤容水量，所降暴雨的大部分就会被就地蓄积起来，不致冲毁农田。因此治水不仅要治河，而且要平土治田，水土并重，双管齐下。

　　总之，在古人看来，水在农业环境改善之中起主导作用，所谓先水后土，导水平土，土因水而治，水因土而得其用，从而达到避水害趋土利的目的。所以，传统农田水利建设，一直注重处理好水与土之间的生态关系，将治水与土地整理紧密联系起来，进行综合考虑，取得了卓越成效。有学者说，中原古代水文化，说到底归结到一个"土"字上，它是黄土农业文化

---

① （北魏）郦道元：《水经注·浊漳水》："（漳水）又东北过斥漳县南……其国斥卤，故曰斥漳"

的水文化①。实际上，中国历史上形成的若干著名农业区，都是在这种以水促土、水土并重的水利思想指导下进行农业开发，所以能够长期保持农业生态的良好状态。

三、重视灌溉用水的管理

古人曾采取了各种合理分配和有效利用水资源的措施，这在北方水资源稀缺的地区表现最为显著。中国自古以农立国，所以非常注意灌溉用水的分配和使用。为此，历代政府都制定有水资源管理的法规，各地民间还出现了不少水资源利用的乡规民约，其中的内容涉及水资源与农业发展的关系问题。

汉代人为了解决水资源的分配与使用问题，制定了专门的"水令"。据《汉书·儿宽传》颜师古注解，"水令"是为了解决农业用水的先后次序问题而设立的法令，要求下游先灌溉，上游后灌溉。这样做可以避免上游的无节制灌溉，在节约水资源的同时，保证下游用水。在农业实践中，汉代也有管理灌溉用水的例证。《汉书·召信臣传》记载，召信臣"适南阳太守，躬劝农耕，信臣为民作均水约束，刻石立于田畔，以防分争。"召信臣在南阳任地方官时，制定了水资源分配的地方行政法规，即"均水约束"，并将其镌刻在石碑上，立于田边地头，以便人们遵照执行。

唐代也设立了专门水利机构与官员，并制定出专门法令，管理水资源的使用和分配。在我国现存最完整的法典——《唐律疏议》中记载，"诸盗决堤防者，杖一百；（谓盗水以供私用，若为官检校，虽供官用，亦是）若毁人家及漂失财物，赃重者，坐赃论；以故伤人者，械斗杀伤罪一等，若通水入家，致毁害者，亦如之。"② 凡是偷挖堤防盗水的人，无论公私原因，均按偷盗罪处理，如果在偷水的过程中，造成水患或造成别人财物有损失的人，则根据损失的数目来定罪，造成人员伤亡的也依法处理。《唐六典》对于水资源的保护和利用也有明确规定，强调碾硙不得与灌溉争水，以保证农业用水，"凡水有灌溉者，碾硙不得与争其利……凡用水自下始。"特别值得提及的是，唐代初期还制定了有关水利与水运的专门法《水部式》，其中

---

① 徐海亮：《地理环境与中国传统水利的特征》，《中国水利水电科学研究院学报》，2004 年第 2 卷第 2 期

② 《唐律疏议》卷二七，《杂律》

关于郑白渠灌区用水管理的内容最为全面。《水部式》具体规定了灌溉用水时间、用水量及用水方法，并详细阐明了灌溉渠的管理办法、灌渠上的堰及斗门门安装等。其中规定："凡浇田皆仰预知项亩，依次取用。水遍即令闭塞，务使均普，不得偏并。"要求按照灌溉有序，节约用水，公平用水，提高用水效率，继承了汉代农业用水管理的思想。

北宋时期对于水利灌溉的次序有了更为明确的规定。《庆元条法事类·农桑门·农田水利》记载"河渠令：诸以水溉田，皆从下始，仍先稻后陆。若渠堰应修者，先役用水之家。其碾砬之类壅水，于公私有害者，除之。"灌溉用水的次序是先下游，后上游；先灌溉稻田，后灌溉旱田。当水利设施出现问题之时，由用水人家去修理。如果水碾、水磨之类的农产加工机械造成水流不畅或堵塞，影响了农田灌溉，就应予以拆除。

明清时期，政府有关灌溉用水的政策法令在沿袭前代的基础上有所发展，一方面相关管理规定更为细致具体，另一方面很注意处理灌溉与漕运、交通及躧砬等方面用水的矛盾。明王朝规定："舟楫、砬躧不得与灌田争利，灌田者不得与转漕争利。"[1] 清朝也强调运河沿线漕运用水的优先权。但漕运区水资源相对丰富，所以，明清时期漕运用水先于灌田的政策对农业影响不大。值得提及的是，明清时期不少地区出现了保护和利用水资源的乡规民约。对于灌溉用水来说，乡规民约可以规范和约束当地民众的具体用水行为，在水资源稀缺地区的小型水利灌溉体系中往往发挥着重要作用。例如，在陕西关中地区的冶峪河、清峪河和浊峪河流域，民间就有灌溉用水的规约。这些河流水量季节性较强，常见流量很小，为了周边灌溉只能月月引水，按田户分流输水。其中高门渠是冶峪河右岸的一条较大的水渠，其灌溉之规，旧有定例：每日初一日子时起水，从下而浇灌至于上，二十九日亥时尽止；若遇大月三十之水，分渠渠长分用以作工时香钱，不得逾越。各利户每月到期灌地一次，每时点香一尺，大约灌地五十亩上下；即或水小，灌地不完，亦无异言。各渠有各渠渠长管理，永为常法，久而弗替[2]。三原、渭南、合阳等地的农田灌溉，也有相应的用水规则[3]。

---

① （明）孙承泽：《春明梦余录》卷46，《工部一》

② 刘丝如：《刘氏家藏高门通渠水册》，引自白尔恒、（法）蓝克利编著《沟洫轶闻杂录》，中华书局，2003年，第8页

③ 参阅高升荣：《水环境与农业水资源利用——明清时期太湖与关中地区的比较研究》，2006年陕西师范大学博士论文，第98－102页

第二节　农田水利工程建设的生态实践

中国传统文化讲求"天人合一"、"道法自然"，人们在修建农田水利工程时，也注意"参天地之造化"，自觉不自觉地遵循生态原则，使水利工程与周边自然环境融为一体，以更好地实现抗旱防涝的主要目标。这不仅有效地改变了当地的农业环境，而且变水害为水利，实现了水资源的可持续利用。

一、复杂自然地理条件与多样的水利类型

中国水利历史悠久，类型多种多样，工程技术经验积累丰厚，这是由其特定的自然地理条件所决定的。由于地理纬度、地形和季风气候等因素的影响，我国水土资源分布很不均衡，各地水利工程的类型、数量和规模有很大差异。古代民众适应当地的自然环境条件，兴建大量因地制宜的水利工程，并创造出独特的水利生态文化。

首先，各个地区因气候条件不同而导致的降水差异，是影响水利工程修建的直接因素之一。中国是典型的东亚季风气候，大部分地区雨热同期，适于作物生长，但全年降水量的季节分布和地区分布有很大差异。此外，从青藏高原向东呈阶梯状倾斜的地貌特点，进一步加剧了气候的地区差异，加剧了降水的不均匀性。中国大陆从东南沿海到西北内陆，年降水量从 1 600 毫米以上递减到不足 200 毫米，多寡悬殊。东部地区不仅降水多，而且全年降水量的 60% ~80% 集中于 6 ~9 月的 4 个月里，其中最大的某 1 个月的降雨，又往往占全年降水的 30% ~50%。因此，东部地区常常发生暴雨洪水，而旱灾的发生更遍及全国，即使是雨量丰沛的两广地区和东南沿海也不例外，这是由于降雨分配往往和农作物生长需水期不相适应[①]。古人很早就认识到，"天反时为灾"，即风、雨、寒、暑不符合农业时令，就会导致灾害，可见这种风雨不时的情况古今相似。另外，随着农耕区的向外扩展，农业环境条件会相对变差，从而导致水旱灾害增多。

在上述情况下，人们往往会通过兴建各种农田水利工程与自然抗争，抵

---

① 国家科委全国重大自然灾害综合研究组：《中国重大自然灾害及减灾对策（分论）》，科学出版社，1993 年，第 237 页

御水旱灾害，发展农业生产。因此，气候条件的差异，主要是各地降水量的不同，促成了各种类型水利工程的兴建。在北方干旱半干旱地区，人们主要依靠修渠打井，引用河水和地下水灌溉农田，如新疆吐鲁番的坎儿井，宁夏、内蒙古的引黄河水灌溉的渠系工程，陕西关中地区的引泾引渭灌溉等。半湿润的东北和华北平原也以修渠引江河水灌溉为重点，主要种植旱地作物，华北平原因有大面积盐碱地，还要注意灌排结合。在南方湿润地区，雨水充沛、河湖众多，主要修建陂塘和圩垸水利工程，发展水田农业。

其次，从地形地貌条件来看，中国总的地势是西北高而东南低，地形复杂。在各类地形中，山地约占全国总面积的33%，高原约占26%，丘陵约占10%，平原和盆地约占31%。河流大都顺着地势自西向东流。在复杂的地形地貌条件下，历代创造了多种多样的农田水利工程类型，用于抗旱防洪涝，发展农业生产。如北方平原地区筑坝开渠，引河水灌溉或淤灌；河西地区利用高山雪水灌溉，新疆吐鲁番盆地开挖坎儿井。南方丘陵山区修筑陂塘堰坝，蓄水灌溉；平原区修筑圩垸工程，围湖排水造田；东南沿海地区修筑海塘，拒咸蓄淡。明代袁黄《宝坻劝农书》也说："井田畎涂沟浍，不必尽泥古法。纵横曲直，各随地势；浅深高下，各因水势。"对各种地形水源条件下的农田灌溉排水工程类型，古人曾有过全面总结，元代农学家王祯，明代农学家袁黄和徐光启的归纳均很引人注目，相关内容拟在后面的章节予以论述。

总之，农田水利的多种类型，直接取决于各地区的地势地形和水源条件，即水源、地势条件不同，水利工程类型也不同（表6-1）。

表6-1　各种地形和水源条件下的灌溉工程类型①

地形	水源	工程类型	典型工程举例
平原区	江河	无坝取水渠系	四川灌县都江堰，有灌溉、防洪、航运等综合效益
		有坝取水渠系	河北临漳县漳水十二渠，有拦水堤坝十二座，分头引水（今废）
		引水湃渠系	宁夏吴忠艾山渠，渠口有深入河中的引水湃（今废）
	江河高含沙洪水	引水淤灌渠系	陕西三原郑国渠（今泾惠渠），"且灌且粪，长我禾黍"
		引洪放淤	北宋熙宁年间引黄河、漳水放淤改良土壤
	高山融雪	渠系	新疆绿洲、甘肃河西走廊夏季引雪水灌溉

① 选自周魁一：《中国科学技术史·水利卷》，科学出版社，2002年，第13页

（续表）

地形	水源	工程类型	典型工程举例
平原区	滨海江河	闸坝拒咸蓄淡渠系	浙江鄞县它山堰、福建莆田木兰陂等
	井水	提水灌溉	汉阴丈人抱瓮汲水，明清北方井灌
丘陵区	河流溪涧	陂塘蓄水渠系	安徽寿县芍陂（今安丰塘）等
		陂渠串联	河南南阳六门堰（今废）、湖北宜城白起渠（今长渠）等
	泉水	渠系	山西太原难老泉、汾阴灒水等
山区	溪涧	水库、塘堰	山西太原智伯渠（今废）等
		引洪漫地	陕西关中及陕北
滨湖区	江湖	圩、垸、基围	安徽芜湖万春圩、政和圩等 湖南华容县的安津垸等 广东南海县桑园围等

二、水利工程依存于周边自然环境

1. 渠首工程慎重选址

传统农田水利建设特别强调渠首工程的选址，施工前技术人员要反复踏勘测算，寻找最为合适的地点筑坝开渠，战国时期郑国渠的泾河取水口和都江堰渠首枢纽工程的选址都很好地说明了这一点。

以都江堰为例（图6-1），川西一带是中国著名的多雨区，有"西蜀漏天"之称，所以流经此地的岷江水量非常丰富。另外，这里的年降雨量近50%集中在六、七、八3个月，洪水泛滥常使成都平原的许多地方沦为水乡泽国。都江堰渠首枢纽布置在岷江出山口处，这里群山环抱，大江中行，海拔约730米。相对于海拔450~500米的成都平原和川中丘陵区来说，渠首工程具有居高临下之势，这就为消弭洪涝、无坝引水和自流灌溉提供了得天独厚的条件。

2. 建筑用料就地取材

传统水利建设很注意利用环境资源，在保证工程坚固耐用的同时，节省建造成本，其中北方灌区的埽工技术（俗称"埽坝"、"卷埽"）和南方灌区的杩槎、竹笼、干砌卵石等最具代表性。

埽工在我国已有两三千年的历史，主要用于黄河等多沙河流上。它是用树枝、竹藤、草和土石等卷制捆扎而成的水工构件，主要用于构筑护岸工程

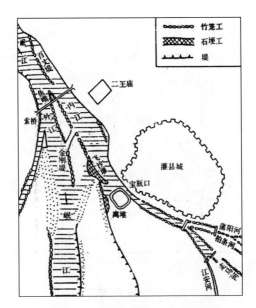

图6—1 都江堰水利工程示意图

（选自周魁一《农田水利史略》）

或抢险堵口。一般认为汉武帝主持瓠子堵口时"下淇园之竹以为楗"用的就是埽工技术。以后埽工技术日臻完善，具有就地取材，造价低廉，技术简便，施工快和防渗漏性好以及对基础清理要求不高、拆除容易等优点，千百年来在黄河灌区一直沿用。

在南方灌区，由于山区多竹木，河中卵石来源丰富，杩槎、竹笼、干砌卵石等被广泛用于截流分水、筑堰护岸、整治河道、保护桥闸堤堰。目前都江堰灌区岁修截流工程仍然使用传统的生态型截流技术，它采用当地天然物产竹、木、卵石等作成"杩槎"、"竹笼"、"石埂"，用来分水、护岸、灌溉、排洪，无须机械和钢筋水泥，既省费用，又不污染环境，保障了都江堰工程长期不废。

3. **注重吸纳利用周边水资源**

传统农田水利工程往往通过巧妙设计，将周边河流纳入主体工程并与其结合成一个有机整体，这样既提高了工程效益，又能改善周边环境。

安徽寿县南的芍陂是中国古代第一个人工水库，当地三面环山，雨多则涝，雨少则旱，农业生产环境恶劣。春秋时楚国令尹孙叔敖根据当地特点，

192

组织民众将东面的积石山、东南面的龙池山和西面六安龙穴山流下的溪水，汇集于低洼的芍陂之中。开始时芍陂的水源仅来自于周边山溪，水量不很充足。孙叔敖就巧妙利用芍陂西面的淠河，开子午渠将淠河与芍陂连接起来，这样不仅芍陂之水有了保证，还能起到调节淠河滞蓄的作用，减少洪水灾害。后来芍陂又沟通了淝水，作为它吐纳蓄泄的主要通道。芍陂建成后农业效益巨大，楚庄王因之称霸一时，东晋后芍陂便得名为"安丰塘"。

战国时期的著名水利工程郑国渠，则通过"横绝诸水"的方式，接纳周边诸河之水。据《水经注》记载，郑国渠东流要穿越清峪水、浊峪水和沮水等，它采用"横绝"技术，将诸小河之水横截，拦入郑国渠[1]。不仅遏制了诸水洪涝的发生，而且保证了水源，使郑国渠流量渐增，对保障下游大面积淤灌起到了重要作用。

4. 适应自然环境，除害兴利

传统农田水利工程因地制宜的独特创造有很多例证，其中，新疆吐鲁番的坎儿井颇为典型。坎儿井在维语中叫"坎儿孜"，为"井穴"之意，主要分布在新疆吐鲁番盆地。吐鲁番的坎儿井数量曾达到千余条，目前仍有七八百条。这些现存的坎儿井，多为清代以来陆续修建，被称为绿洲的生命之源。

坎儿井由竖井、暗渠、明渠、涝坝（蓄水池）四部分构成。暗渠是坎儿井的主体，一般高 1.7 米，宽 1.2 米，长度一般为 3～5 公里（1 公里 = 1 千米，下同），最长的超过 10 公里。暗渠的出口，称龙口，龙口以下接明渠。明渠是暗渠出水口至农田之间的导流渠。明渠与暗渠交接处建有"涝坝"（即蓄水池），用于将水引入涝坝（蓄水池）或直接浇灌田地。竖井与暗渠相通，又称工作井，用来开挖暗渠、运送土石及通风、定向。竖井间距疏密不等，一般间距 30～50 米，靠近明渠处 10～20 米，下游竖井间距较短，越向上游间距越大。竖井的深度也从上游至下游由深变浅，最深者可达 90 米以上。坎儿井利用地下水的基本原理是：从盆地地下水溢出带开始向上游水平掏挖暗渠，进入蓄水层并尽可能延伸，蓄水层中的地下水不断渗入暗渠并沿渠流出（图 6－2），灌溉农田。

坎儿井之所以能在吐鲁番盆地大量兴建，除受到社会经济因素的推动外，还与这里的自然环境有密切关系。吐鲁番虽然酷热少雨，但盆地北有博格达山，西有喀拉乌成山，每当夏季，就有大量融雪和雨水流向盆地，渗入

---

① （北魏）郦道元：《水经注·泾水条》，中华书局，1975 年

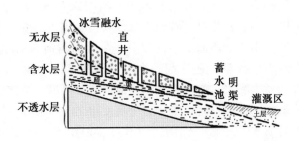

图6-2 坎儿井工程示意图

戈壁，汇成潜流。积聚日久，戈壁下面含水层加厚，储水量增大，为坎儿井提供了丰富的地下水源。从盆地北部和西部边缘的山脉到盆地中心，坡降明显，为开挖坎儿井提供了有利的地形条件。吐鲁番大漠底下深处，砂砾石由黏土或钙质胶结，质地坚实，坎儿井挖成后不易坍塌。吐鲁番干旱酷热，水分蒸发量极大，风季是风沙漫天，往往风过沙停，水渠常被黄沙填没。而坎儿井有地下暗渠输水，不受季节、风沙影响，水分蒸发量小，流量稳定，可以常年自留灌溉。所以，坎儿井非常适合当地的自然条件。

正是因为当地劳动人民因地制宜，为适应干旱环境所创造的地下水灌溉工程，使得吐鲁番盆地的大片戈壁沙漠变成了绿洲良田。

三、注重发挥农田水利工程的综合效益

中国传统农田水利工程，在设计施工时注意根据当地自然条件和社会需要，合理规划，往往能兼顾防洪、航运、农田灌溉和环境改善，形成能够发挥综合效能的系统水利工程。

1. 郑国渠工程

战国时期秦国境内的郑国渠从公元前246年开凿，到公元前237年完工，前后延续十年，规模远远超过前代水利工程，基本上形成了一个完整的灌溉工程体系。在渠首设计、拦河堰筑造、引水渠和干支渠的增修、截断小河的"横绝"技术中，都包含了高超的水利生态智慧。

第一，预防泥沙淤积。在今泾阳县王桥乡船头村西北的泾河东岸上还保留有郑国渠的引水渠故道遗迹。其渠底修成一定的坡度，可使水流速加快，提高了渠道输送泥沙的能力，防止了泥沙淤积，并有利于引浊水灌溉。另外，退水渠的设置可以排泄山洪，也可以把引水渠里过多的水量退到泾河

里，既保证了渠道的安全，又起到了排沙的作用。

第二，渠线设计与自流灌溉。郑国渠的渠道设计，充分利用了北山以南东西数百里，西北高东南稍低的地形特点，主干渠线沿北山南麓自西向东展开，很自然地把干渠设计在灌溉区较高的地理位置上，便于穿凿支渠南下，灌溉南面的大片农田。最大限度地扩大了灌区面积。另外，郑国渠通过吸收周边河流的"横绝"工程，扩大了水源，增加了自流灌溉面积（图6-3）。

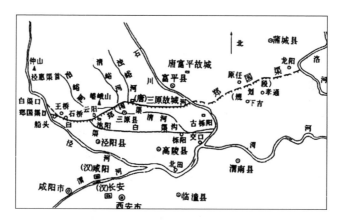

图6-3 郑国渠主干渠位置示意图
（选自周魁一《中国科学技术史·水利卷》）

第三，压碱淤地改良土壤。郑国渠不仅是大型的农田水利灌溉工程，而且还具有淤地压碱的环境效益。关中东部是渭、洛入河之处，二水交汇，地下水位高，一经曝晒，地面会出现盐碱，农作物难以生长。郑国渠建成之后，由于泾水所含泥沙多，有机质丰富，久灌可洗碱压盐，改善关中地区农业发展的土壤条件。《史记·河渠书》中的"用注填淤之水，溉泽卤之地"，就是郑国渠淤地压碱的真实记录。用淤灌压碱，可降低土层中盐碱的含量，改良土壤，从而提高农业产量。淤灌还可淤高沼泽地，消除盐碱，塑造良田。

2. 都江堰工程

公元前3世纪中叶，秦国蜀太守李冰主持兴建的都江堰也体现出明显的综合效益。都江堰位于今四川省成都平原西部的岷江之上，是中国古代科学规划与利用水资源、成功改善农耕环境的典范，至今仍在发挥着巨大的灌溉及生态效益。

《史记·河渠书》记载："于蜀，蜀守冰凿离堆，辟沫水之害。穿二江成都城之中。此渠皆可行舟，有余则用溉浸，百姓飨其利，至于所过，往往引其水益用，溉田畴之渠以万亿计，然莫足数也"。从中可以看出，都江堰至少有三个方面的功能，它以"避害"来消除岷江洪水带来的人民生存生活威胁，以"灌溉"来实现成都平原的经济发展，再以"航运"来避开蜀道之艰。至于"穿二江成都城之中"，现代有学者研究认为，这部分功能还使得成都城出现了著名的"二江环抱"生态景观，从而为之营造了"蜀江水碧蜀山清"的良性生态环境，甚至为韵味悠长的西蜀文化提供了生存发展的广阔空间。都江堰建成后不久，成都平原迅速成为"水旱从人，不知饥馑"的"天府之国"。

3. 鉴湖水利工程

历史上著名的鉴湖水利工程，也是具有灌溉、防洪、航运和城市供水等综合效益的多功能系统工程。鉴湖又称镜湖、南湖、长湖等，东汉永和五年（140年）由会稽太守马臻主持修筑，分布于古代的会稽、山阴两县境内。在1 000多年里，它对绍兴地区的社会经济发展以及生态改善起到了不可替代的作用。

东汉时期，随着江南农业开发的逐步深入，绍兴平原蓄水治洪问题亟待解决。公元140年，会稽太守马臻主持在会稽山麓诸小湖的北部建成一道长堤，形成一个大型蓄水陂湖，即鉴湖。

鉴湖南靠会稽山脉，北面是宽阔的山阴平原，再北则面对杭州湾。鉴湖的修筑利用了山—原—海高程上的变化，依山筑塘成湖，积蓄会稽山脉诸溪之水，然后顺着自然地势启放湖水，来解决当地咸潮倒灌、内涝积水的不良生态威胁，保障农田淡水灌溉。鉴湖围堤长179公里，面积206平方公里，由湖堤和涵闸系统组成。全湖共设有斗门8处、水闸7处、堰28处、阴沟33处[①]（图6-4）。它们除了用来泄水防涝，蓄水灌溉，防止咸潮入侵以外，还担负着导水入城的任务，为城内居民提供生活用水。同时，鉴湖还通过闸门与北临的西兴运河相连，对后者实施运河供水，从而保障交通。

总体而言，由于受地形及季风气候等影响，中国各地降水量很不均匀，传统水利生态也各有特色。从南到北，从东到西，降水量不断减少，形成南方地区潮湿多雨，水资源丰沛，北方地区干燥少雨，水资源短缺的总体格

① （北宋）曾巩：《越州鉴湖图序》

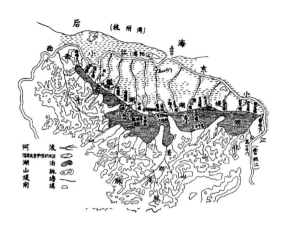

图 6-4 北宋鉴湖水利示意图

（选自陈桥驿《古代鉴湖兴废与山会平原农田水利》）

局。水土环境资源分布的不协调，使水资源成为制约农业生产发展的重要因素。气候条件的差异，主要是降水量及水源的不同，促成了相应的各种类型的水利工程。其中所包含的水利生态思想，很值得在当代的水利建设中加以借鉴和利用。

第三节 北方地区引河水淤灌的生态效益

在中国历史上，先辈们在尊重自然的基础上，除害兴利，积极调配并合理利用水资源。这不仅促进了区域农业经济的发展，而且改善了农业环境。传统农业时期，北方地区主要依赖黄河及其支流水源进行灌溉，而黄河是一条多泥沙的河流，于是人们农田水利建设中一方面尽力排除泥沙的危害，另一方面则利用河水进行淤灌或放淤，将农田灌溉与治碱改土结合起来，实现生态效益。

一、战国秦汉时期引漳、引泾淤灌的生态效益

中国北方许多河流含沙量较高，文献对此多有记载。《汉书·沟洫志》："河水重浊，号为一石水而六斗泥"，"泾水一石，其泥数斗"。河川水流含泥沙过多，会给人们的生产生活带来一定影响，但河川所含的泥沙颗粒细密，肥分高，有机质相当丰富。因此，引含泥沙量高的河水灌溉农田，既可

以浸润土壤，又可收肥田改土之功效。中国历史上有不少通过兴建水利工程淤灌改土成功的事例。

1. 引漳十二渠与淤灌治碱

战国时期，人们对引用多泥沙河流灌溉农田的生态效益，已有明确认识并付诸实践。战国时期在漳河以南地区（今河南省安阳市北）兴建的漳水渠灌区，就是淤灌改土的范例。在漳水渠修建以前，漳河下游低洼地带长期受漳水泛滥的影响，形成大片盐碱地，即"舄卤"之地。战国时期，魏国西门豹创建、史起续修的漳水十二渠引水灌田治碱，使土地变得肥沃起来，促进了当地的农业生产的发展，所谓"决漳水溉邺旁，终古斥卤，生之稻粱"①。王充在《论衡·率性篇》中也称赞漳水渠的修建使恶土成为膏腴。

因为漳河是一条泥沙量较大的河流，含有从黄土高原冲刷下来的细颗粒泥沙，有机质十分丰富。引漳水淤灌，具有浸润淋盐和填淤加肥的双重作用，可以变斥卤为沃土。漳水渠的建成，在传统农田水利史上揭开了以水治碱、改善土壤生态的序幕。经历代改建续修，漳水十二渠一直沿用至民国时期。1959 年在漳河上动工修建岳城水库，两岸分引库水，灌田数百万亩，古灌渠方被替代。

2. 郑国渠与引泾淤灌改土

据司马迁记载，郑国渠兴建起因于韩国的疲秦之计，但秦人将计就计，因祸得福。郑国渠建成之后，渭北大片盐碱地得到改良，粮食生产大为增加，反而加速了秦国东进统一天下的步伐。传统史学较多地渲染了郑国渠修建的政治因素，而对自然环境的意义强调不够。一方面，秦人为东征，急需扩大关中耕地，增加粮草生产，于是，韩国水工郑国开渠溉田的计划被付诸实施。另一方面，泾、洛下游的渭北地区，有一大片古三门湖环境遗存下来的盐碱沮洳地带，地势平坦，长期荒废待垦。独特的地貌土质加上泾河水携带的泥沙，为郑国开渠提供了重要的环境条件。

《史记》、《汉书》都说："渠就，用注填阏（淤）之水，溉舄卤之地四万余顷，收皆亩一钟，于是关中为沃野，无凶年，秦以富强，卒并诸侯，因名曰郑国渠。"规模宏大的郑国渠修成之后，经济效益和生态效益都很显著，而其经济效益主要是通过淤灌改土的生态效益实现的。郑国渠以泾水为水源，灌溉渭水北面的盐碱地，所谓"用注填淤之水，溉泽卤之地"。颜师

---

① 《吕氏春秋》"乐成篇"

古注解："注，引也……填淤谓壅泥也。言引淤浊之水灌咸卤之田，更令田美。"即引用含大量泥沙的泾水进行放淤，将灌溉和土壤培肥结合起来，改良盐碱地。泾水是著名的多泥沙河流，古代有"泾水一石，其泥数斗"的说法，当代实测为 180 公斤（1 公斤＝1 千克，下同）/立方米，泾水的高泥沙含量为淤灌创造了条件。这种从陇东高原流下来的泥沙含有丰富的有机质和速效性的氮磷钾，引泾灌溉，既利用水分浸润，又利用淤泥，增加土壤肥力，使大片不能种植庄稼的盐碱地变成高产良田[1]，以生态效益为基础的综合效益非常显著。自郑国渠建成后，渭北平原变成良田沃野，粮食产量大为提高，为秦统一天下奠定了经济基础。

汉唐时期，带有生态改善性质的引河水淤灌成为当地改良土壤、发展农业生产的重要途径。汉代关中流传着这样一首歌谣："郑国在前，白渠起后。举臿为云，决渠为雨。泾水一石，其泥数斗，且溉且粪，长我禾黍，衣食京师，亿万之口。"[2] 生动地描绘了在郑白渠等的淤灌之下，关中平原农业发达、社会经济繁荣的景象。郑国渠引泾灌溉，具有一举多得的水利生态意义。后来，《新唐书·地理志》记载："唐高祖武德七年（624 年），自龙门引黄河水溉韩城县田 6 000 余顷。"在郑国渠遗址上，近代著名水利专家李仪祉又主持修建了泾惠渠，灌区民众受惠至今。

不过，战国秦汉乃至后世的引浑淤灌也有负面作用，这主要表现在不合理淤灌引发的湖沼等湿地消亡以及区域性水旱灾害频发、土壤退化等问题。

二、汉唐以来宁夏平原引黄灌溉与洗盐压碱

宁夏平原地处干旱和半干旱气候的过渡带，雨少风多、蒸发强烈，如果没有黄河的滋润，这里同样会是一片贺兰山下的戈壁滩。就是说，宁夏平原农业完全是依靠黄河灌溉而兴起和发展的，大片平整的稻田和纵横交错的水渠构成这里独特的农业生态景观。宁夏渠系的名称，给人印象最深的是其历史意味。因为一些大型渠道均是以朝代命名的，如秦渠、汉渠、唐徕渠、大清渠等，这些渠系就像一部摊开在宁夏平原上的水利史籍，吸引人们去摩挲

---

[1]　汪家伦、张芳：《中国农田水利史》，农业出版社，1990 年，第 87 页。

[2]　（东汉）班固：《汉书·沟洫志》；郑白渠是古代关中的大型引泾工程，秦代（公元前221—前 206 年）郑国渠和汉代（公元前 206—220 年）白渠的合称，近代陕西省泾惠渠的前身

和研读（图6-5）。以往研究者对宁夏平原水利史及引黄灌溉的经济作用已有很多论述，这里重点探讨宁夏引黄灌溉的农业生态价值。

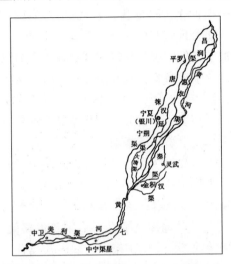

图6-5 清代宁夏灌区主要渠道分布图
（选自《中国农业百科全书·水利卷》）

宁夏平原是黄河上游的古老灌区，也是当今地球上半荒漠地带一块成功的灌溉绿洲。二千多年来，人们利用这里独特的自然地理条件，兴修水利，引黄灌溉，使当地农业生产大幅度增长，生态环境也朝着有利于人类的方向转化，温带荒漠草原地区变成了"塞上江南"。世界上干旱地带许多古代著名灌区，都曾出现过严重的生态问题，有的甚至变成了沙化、盐化的不毛之地。比较起来，历史时期以来宁夏引黄灌区的农业开发，尽管出现过许多挫折，却始终没有因生态环境问题而中断，其中包含了不少成功的经验。

宁夏平原日照充足，生长季热量资源丰富，加上气温日较差大，非常有利于各种粮油瓜果的生长发育和营养物质积累。"天下黄河富宁夏"，天赐黄河则冲破了干旱少雨这一农业发展的主要限制因素，为当地的农田灌溉提供了丰富的水源。加之黄河泥沙冲积形成的肥沃平原，地形平坦，坡降适当，发展自流灌溉十分有利。秦汉移民实边，兴修水利，这里的引黄灌溉已比较发达。尤其是人们注意吸取以往积累的淤灌及排水经验，利用黄河丰富的水源和肥沃的泥沙洗盐压碱、淤厚土壤耕层，即引黄灌溉一开始就是与改造平原上的原生盐土同时进行的。汉代以后，宁夏平原的农业开发几经起伏，但总的趋势是引黄灌溉逐步扩大。至迟在唐代开辟唐徕渠下游段时，当地人当已将灌、排、洗、淤这一整套行之有效的改良盐碱土措施付诸实践。

特别值得关注的是，唐代以来宁夏引黄灌溉的扩展，实际上与农业发展相辅相成。明代灌区民众发现当地耕地随地势而呈"上者砂砾，下者斥卤，膏腴之壤，实不及半"的分布特点，认识到土地盐化的原因是"宿水停滞，土脉渍寒"，土地"必得河水乃润、必得浊泥乃沃"①，由此形成灌溉、放淤、洗盐相结合的盐碱土改良方法。这里还普遍种植耐盐抗碱作物，并形成农业传统。明清时灌区人民对低洼易盐化土地，"夏、朔二县地多低下，易生碱，种麦豆三四年，必轮种稻一次，借水浸以消碱气"②。用作药材、染料的红花很耐盐碱，在唐代为灵州贡品，元初银川近郊几乎有一半耕地种植③。枸杞、大麦、黑豆等耐盐作物一向是这里的名产或重要粮食④。宁夏农民世代相传的"要想庄稼收，四下多打沟"、"撇清澄浑"、"冬天一灌，多打一石"、"开沟种稻，碱地生效"等农谚，也反映了民间在引黄灌溉过程中防治土壤盐化的经验。另外，这里长期农牧经营的优良传统和人工林网的营造对维护灌溉绿洲的生态稳定性也起到了重大作用⑤。

总之，由于黄河带来丰富的水沙资源，平原本身的地形、土壤、水文地质条件有利以及贺兰山森林的部分保存，构成了建立灌区生态系统的自然基础。历史时期的农业开发，通过年复一年的引黄淤灌、种稻洗碱、开沟排水等措施，灌区内土壤不断加厚熟化，盐碱土逐渐转化为厚度几十厘米到二米以上的淤灌熟化土层，即淤灌土。肥沃的土壤、密集的灌溉网络以及农牧结合的传统，使得宁夏平原的农业生态系统不断改善，成为盛产粮食的"塞北江南"。也可以说，宁夏灌区长期以来没有发生大规模的土地沙漠化与盐碱化，除了其独特的自然地理因素外，显然是灌区民众将引黄灌溉与相关的农业、生物措施相结合，使这里的自然生态系统发生了广泛而深刻的变化，从而维持了当地农业生产的稳定发展。

---

① 嘉靖《宁夏新志》卷一，明万历《朔方新志》卷一

② 《朔方道志》卷七，1927 年

③ 《元史·本纪》卷第十七

④ 弘治《宁夏新志》卷一

⑤ 汪一鸣：《宁夏平原自然生态系统的改造——历史上人类活动对宁夏平原生态环境的影响初探》，《中国农史》，1984 年第 2 期

三、北宋时期放淤改土的生态意义

放淤与淤灌有联系也有区别。利用高含沙河流放淤是古代北方内陆低洼地及盐碱地改造的工程措施之一，放淤的技术关键是把握农作物生长周期和根据水情选择引洪放淤的时间；淤灌同时兼有灌溉和改土效益。当然，不论是淤灌还是放淤都应因地制宜，并采取恰当的措施，否则反而会招致区域水土环境恶化的生态灾害。

北宋时，黄河和滹沱河曾经进行过大范围的放淤工程实践。北宋初，华北平原经历唐末五代战乱之后，农业长期停滞。推行放淤旨在尽快恢复和发展北方地区的农业生产，以减轻漕运的压力。北宋放淤是历史上惟一一次动用国家财力大范围实施的农田水利措施。放淤始于嘉祐，至熙宁达到高潮，前后二十多年。王安石是熙宁放淤的倡导者。熙宁二年（1068 年）王安石任宰相，在神宗的支持下设置"提举沿汴淤田"、"都大提举淤田司"等官职专司放淤。

北宋大规模的放淤以首都开封汴河沿岸为起点，扩展到豫北、冀南、冀中以及晋西南、陕东等广大地区。主要放淤的河流有汴河、黄河、漳河和滹沱河，持续时间大约 10 年，在治碱改土方面取得了较好成绩，从前"聚集游民，刮咸煮盐"的斥卤地，放淤当年即获丰收。如"深、冀、沧、瀛间，惟大河、滹沱、漳水所淤，方为美田。淤淀不至处，悉是斥卤，不可种艺"[①]。绛州正平县（今山西新绛县）南董村放淤前亩产不过 5～7 斗（1 斗 =15 千克），放淤后达到 3 石，即增产 2 倍多，耕地的价格也比此前每亩上涨 3 倍[②]。

据研究，放淤的主要技术问题首先是时间的把握，这是因为不同季节泥沙成分不同，效果亦有差别，把握好放淤时间可以避免将盐碱土改成沙田。黄河放淤效果即取决于河流泥沙的成分。宋代，人们指出了黄河水质与季节、水情、泥沙成分三者的关系："水退淤淀，夏则胶土，肥腴；初秋则黄灭土，颇为疏壤；深秋则白灭土；霜降后皆沙也。"[③] 对黄河流域而言，初汛洪水中泥沙携带的有机质较多，这时实施淤灌在土层上留下的是一层富含

---

① （宋）李焘撰：《续资治通鉴长编》卷 264，中华书局，1979 年，第 2 487 页
② 周魁一：《二十五史河渠志注释》"宋史·河渠志五"，中国书店，1990 年，第 165 页
③ 周魁一：《二十五史河渠志注释》"宋史·河渠志五"，中国书店，1990 年，第 50 页

有机质的"胶土";其后降雨过程中随着水土流失加重,黄土母质逐渐增加,由黄灭土到白灭土,土壤中的有机成分相应下降。用现代土壤学术语:胶土即为黏土,黄灭土相当于粉沙壤土,白灭土应为沙质壤土。季节变化,水情变化,沉积的土壤成分发生相应的改变,与现代土壤物理分析中所谓沉降法不谋而合。根据这一规律,黄河放淤最佳的时间在六月中旬(公历7月下旬),因为此时名为"矾山水"的水流淤淀之后留下的就是所谓胶土,其中所含物质适合农作物生长,利于土壤改良。宋人对所谓"矾山水"定义是:"朔野之地,深山穷谷,固阴沍寒,冰坚晚泮。逮乎盛夏,消释方尽,而沃荡山石,水带矾腥,并流于河,故六月中旬后,谓之矾山水。"[①]即水流携带泥沙中含有较多的矾石成分[②]。

当然,汛期在黄河、滹沱和漳河上施行引洪放淤有风险,主要是引洪失败反致洪水成灾,其次是放淤区域淤泥铺盖不均匀,即所谓的"花淤"。因此,放淤需要解决的主要技术问题是放淤口门(引水口)、行洪路线、放淤流量(堰或坝制导洪水)以及预先设计排水出路等技术问题,恕不赘述。现代农田水利将河流泥沙弃为废物,许多设施用以限制泥沙入渠入田。古代北方河流上经常运用的引洪淤灌不但充分利用了水资源,而且利用泥沙的有机质施肥和治碱,取得多方面的生态效益[③]。

北宋以后民间多小规模放淤,官吏多反对,理由是:与防洪、航运有矛盾,清水无处排泄,渠道淤塞,放淤质量无保证等。近现代以来,黄河放淤仍时有进行,工程技术措施有所改进,河北、山东、河南等地的放淤改土治田取得较好效果。

第四节　南方地区的陂塘水利发展及其生态效益

南方地区多丘陵山地,大平原少,地块较小,河湖密布,水量丰沛,农田水利工程可分为陂塘和圩垸两大类型。前者的功能主要是蓄水抗旱防涝,多分布于丘陵山区;后者的功能则主要是挡水除涝造地护田,一般在沿江滨湖的低洼地区。就前者而言,丘陵山区气候湿润,雨量充沛,地形较破碎,

---

① 周魁一:《二十五史河渠志注释》"宋史·河渠志五",中国书店,1990年,第49页
② 周魁一:《中国科学技术史》"水利卷",科学出版社,2002年,第231页
③ 周魁一:《中国科学技术史》"水利卷",科学出版社,2002年,第232页

山丘间次生河谷广泛发育，但雨水容易流失，干旱是农业生产要解决的主要问题。于是，古人因地制宜，巧妙地利用地形兴建平原水库或山谷水库，布设堤坝、水门和溢流设施，创造了多种类型的陂塘堰坝工程，形成完整的滞洪蓄水工程体系。在溪流上筑坝拦蓄水流的灌溉工程，称之为"堰"、"坝"、"陂"、"堨"等；在平地凿池，或在谷口及高地水所汇归处筑堤，就地潴蓄雨水的，称之为"塘"或"荡"。

一、汉代江淮地区的陂塘水利生态

中国兴修陂塘的历史，可以追溯到夏禹治水时期的"陂九泽"工程。《诗经·陈风·泽陂》载："彼泽之陂，有蒲与荷。"意思是春秋时期陈国（在今河南西南部）的陂塘里生长着蒲草和荷花。春秋中期（公元前 600 年前后），楚国在淮南创建了大型蓄水陂塘芍陂。两汉时期汉水、淮河流域的汉中、南阳、汝南地区陂塘工程最为集中和发达，著名的山谷水库有马仁陂，平原水库有六门陂、鸿隙陂等。东汉至南北朝时期，经济开发南移，而南方多丘陵山地，适合修筑陂蓄水，于是陂塘水利向长江以南推进。东汉时浙江绍兴的鉴湖和余杭南湖工程规模都很大，江淮之间的庐江、广陵地区也修筑了较多陂塘，西南地区则发展了众多的小型陂塘。后来三国孙吴在江苏句容兴修赤山湖，西晋建丹阳练湖和新丰塘等。汉魏时期江淮地区陂塘水利的发展，有政治、经济和技术因素的推动，也与当地的自然环境有密切关系。这里以两汉时期汉中、南阳和汝南三个地区为例，主要从自然环境因素和农业环境效益两大方面阐述江淮地区的陂塘水利生态。

1. 汉中盆地

汉中是镶嵌于秦岭和大巴山之间的一个盆地，古代作为联系关中与巴蜀的通道，政治军事地位突出。盆地中部为河流冲积平原，土层较厚，周围广布丘陵岗地，气候温暖，热量丰富，雨量较充沛，年平均降水量达 600 ~ 1 000 毫米，适于水稻生长。境内有汉水及其众多的支流，水资源状况良好。但年内降水不均，地形坡度又陡，夏秋多暴雨，易发生洪涝，多日无雨，农田即告旱，这些都不利于作物生长。所以，当地民众除兴修引水灌溉工程外，还利用山谷冲沟筑坝蓄水成库，或者在洼地周围筑堤拦蓄流水成池，以灌溉稻田。这个过程从西汉初期已经开始了，相传今汉中市分布的"王道池"等六大名池，就是由丞相萧何所创，至今仍在发挥灌溉效益。另外，考古发掘也证实汉代汉中地区陂塘的兴盛。1964 年和 1965 年，汉中县先后出土东汉陂池及陂池稻田模型各一具[1]。1978年，勉县在老道寺公社发掘了四座东汉墓，先后出土了七件陶水田、塘库、陂池模型[2]。上述汉中县和勉县出土的陂塘模型，形状有圆形和方形两种，皆是人工修筑而成的小水库。陂池稻田模型由蓄水池、挡水坝、放水闸门、放水孔、沟渠和稻田等部分组成，反映出当时陂塘的设施已比较完整，能蓄能排，操作方便，陂塘构筑技术达到了较高水平。

秦汉时汉中盆地的陂塘工程规模较小，但它在雨季时滞纳洪水，在旱季时开闸放水，对调解局部地区时空范围内的水体分布和区域流量作用巨大，是人类利用自然、改变区域环境，发展生产的重要举措。这种人工陂塘工程的修建与北方引川谷水的旱地渠系工程有很大的不同，它是选取地面上的天然凹陷地形，通过在周围修筑堤坝，拦储溪涧地表流水，构成蓄水库容，在堤坝上设有排水闸口及泄洪湃口，便于浇灌农田和下泄洪水，以实现化害为利的环境效益，并以确保陂塘和民众安全。

2. 南阳地区

南阳地区也是一个平缓盆地，位于河南省西南部，在地理上也可归入南方[3]。其东、北、西三面岗峦环绕，南部地势较低，中部为冲积洪积平原，土层较厚，水热条件较好。发源于伏牛山区的白河、唐河、湍河、刁河、浙水等从北而南纵贯盆地，从四周向中间辐辏，于湖北境内注入汉水，发达的唐白河水系和微倾的地形为兴修陂塘灌溉水利提供了有利的自然条件。另外，南阳盆地处于中国二级地形阶梯的东缘，是联结渭水流域和江淮流域，华北平原和江汉平原之间的天然通道，所以该地区开发很早。战国秦汉时期，南阳陂塘水利发达，农业经济繁荣。西汉中期，南阳郡治宛（今南阳市），已与洛阳、长安、成都、临淄、邯郸齐名，并为全国六大都市。主持兴修南阳灌溉工程最有成效的官吏，当为西汉时的召信臣和东汉时的杜诗。《汉书·循吏传》称，汉元帝建昭年间召信臣任南阳太守，创建陂堰数十处，灌溉面积达三万顷。建武七年（31年），杜诗任南阳太守，造水排、铸农器，"又修治陂池，广拓土田，郡内比室殷足"。

---

① 周魁一：《中国科学技术史》"水利卷"，科学出版社，2002年，第232页

② 周魁一：《中国科学技术史》"水利卷"，科学出版社，2002年，第232页

③ 中国的南北方以秦岭—淮河一线为划分依据，而此线正好穿南阳而过，可以说南阳地理位置很独特。如果从楚国的历史和地理位置上看，说南阳属于南方也有道理

据《水经注》记载，两汉时期南阳地区修筑了很多陂塘。如湍水流域修筑有楚堨、六门陂、邓氏陂、安众港，朝水（今刁河）上修筑有钳卢陂、樊氏陂等，滴水上（今白河）上有新野陂、豫章大陂，比水（今泌阳河）流域修筑有马仁陂、湖阳陂等。马仁陂位于比水上游的支流上，"泉流竞凑，水积成湖，盖地百顷，谓之马仁陂。陂水历其县（比阳）下，西南揭之，以溉田畴"[1]。这些陂塘规模庞大，形式多样，既有拦截河流成陂的，也有利用洼地围成塘池的，还有在山谷做堤坝成水库的。许多陂塘往往互相串联，形成"陂渠灌注"，类似"长藤结瓜"，属于我国古代民众的一大创造。如南阳灌区的六门陂，陂水从六座水门引出后，下结二十九陂，灌溉穰县、新野、涅阳等地农田五千余顷[2]，可见这是一个陂池串连系统（图6-6）。陂池串连的意义在于使得小型陂塘对水体的调节作用被放大数倍，不仅可分流洪水来临时单个陂塘所面临的压力，把洪水造成的危害降至最低。更重要的是它可把水体调节到相邻的区域，实现水源在不同时空内的储备和调节，对防洪、灌溉及水产养殖等作用巨大。

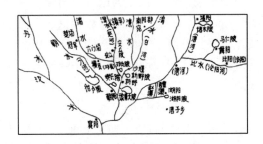

图6-6　汉代南阳地区陂塘分布示意图
（选自张芳《中国古代灌溉工程技术史》）

南阳陂塘水利的广泛兴修，促进了当地经济的发展和环境改善。东汉张衡在《南都赋》中描述了南阳一带灌溉农业的盛况。文曰："陪京之南，居汉之阳……其水则开窦洒流，浸彼稻田。沟浍脉连，堤塍相辐，朝云不兴，而潢潦独臻。决渫则暵，为溉为陆，冬稌（粳稻）夏穑（小麦），随时代

---

① （北魏）郦道元：《水经注》卷二九"比水"

② 南阳地区水利局：《从六门陂、钳卢陂的兴废探讨怎样办好南阳水利》，转引自汪家伦、张芳著《中国农田水利史》第110页

熟。其原野则有桑漆麻苎，菽麦稷黍。"由于陂塘水利发达，南阳地区水稻种植很普遍，旱作也能获得丰收。

3. 汝南灌区

汝南灌区，位于伏牛山东侧，土地肥美，人口稠密，地势自西北向东南微倾，有利于自流引灌，春秋战国时就很有名。这里"首受淮川，左结鸿陂"①，灌区面积广大。汉时，这里除规模较大的鸿隙陂外，载于《水经注》相关篇章的陂塘工程还有三十余座。鸿隙陂始建时间不详，西汉时遭到宰相翟方进的毁弃。灌区水田变为旱地后，不生秔稻，又无黍稷，出现土壤退化的现象，致使民众失去了生活来源，"多致饥困"。当时灌区童谣曰："坏陂谁？翟子威（翟方进字子威）。饭我豆食羹芋魁。反乎覆，陂当复。谁云者，两黄鹄。"② 后来，恢复鸿隙陂成为人们的强烈愿望。

东汉建武年间，邓晨任用水工许杨，历时数年，"起塘四百余里"，恢复旧陂，灌区良好的农业生态环境面貌得以重现，"鱼稻之饶，流衍他郡"。③ 许杨还将鸿隙陂与上慎陂、中慎陂、下慎陂及燋陂等陂池用渠道串联起来，使"津渠交络，枝布川隰"④，形成一个陂塘串联的农田灌溉网络。当年工程完工后，灌溉陂下农田数千顷，"百姓得其便，累岁大稔"⑤。

总体而言，汉代江淮地区大兴陂塘，筑堤蓄水，改变了降水及山川溪水的时空分布，可防洪防涝，保障农田灌溉，又能发展水产养殖，促进了当地水土资源的开发与利用；陂塘工程还改善了当地民众的生活环境，在一定程度上消除了暑湿卑下、疾疫多发的不良社会影响。汉代陂塘水利及其产生的环境效益，奠定了后世江淮乃至长江以南地区农业发展的基础⑥。可惜，魏晋之后，由于社会动乱、水利不修、垦田用水过度以及经济重心南移等原因，江淮地区的农田水利逐渐衰落，过去的陂塘工程大多损毁、废弃。

---

① 《水经·淮水注》
② 《汉书·翟方进传》
③ 《后汉书·邓晨传》
④ 《水经·汝水注》
⑤ 《后汉书·方术列传·许杨》
⑥ 惠富平、黄富成：《汉代江淮地区陂塘水利发展及其环境效益》，《中国农史》，2007年第2期

二、唐宋元时期南方地区的陂塘水利生态

唐代以后，经济重心南移，南方农业水土资源的开发利用进入一个新阶段。在农田水利方面，太湖流域的塘埔圩田建设和东南沿海地区的陂塘堰坝修筑都很引人注目，以下主要阐述东南沿海地区陂塘堰坝水利的农业生态效益。

1. 它山堰及其生态效益

东南滨海平原及河口海湾平原，坦荡平衍，土地资源丰富，农业发展潜力很大。但这里常有大潮侵袭和海水倒灌之患。因此，防御海潮侵袭，蓄引内河淡水灌溉，成为开发利用滨海水土资源的首要课题。五代时期，人们已在江浙沿海建成了横亘一线的海塘，通海河港上创建了大型拒咸蓄淡灌溉水利工程。伴随着东南沿海农田水利网的逐步形成，拒咸蓄淡、排涝及灌溉水利获得长足发展。为隔截海潮入侵，使内河咸淡分家，满足农田灌溉用水的需要，在若干通海的河道上相继修建了不少堰坝。唐太和七年（833 年）兴建的它山堰，就是这类工程的代表（图 6-7）。

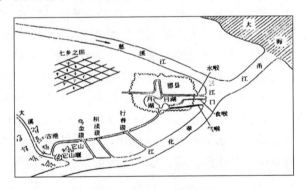

图 6-7　它山堰示意图

它山堰位于今浙江宁波市鄞江镇它山旁。鄞江承纳四明山区山溪来水，流至宁波入甬江出海，鄞江以西为广阔的平原。它山堰未筑以前，上游诸滨来水尽注于鄞江，然后泄入大海；天久不雨，江水低落，海潮则乘虚涌入，使河水咸化，"民不堪饮，禾不堪灌"[①]。因此，鄞江绕鄞西平原东南流过，但害多而利少。若仅有海塘工程的修筑，而未将通海溪河水资源的咸淡分

---

① （宋）魏岘：《四明它山水利备览》，中华书局，1975 年

开，仍不能有效利用滨海地区的水土资源。

唐太和七年（883 年），时任鄞（今浙江鄞县东）县令的王元玮开始建造鄞州的"它山堰"。它山堰横截鄞江，隔绝海潮入侵，使咸淡分开，并将上游来水一截为二，使排洪灌溉各行其道。涝时水流七分入江、三分入溪；旱时七分入溪、三分入江。内外河间、南塘河下游，筑乌金、积渎、行春三碶以启闭蓄泄。引水时"堰低昂适宜，广狭中度"，水流源源进入灌区，滋润禾苗。排洪时，水流越堰入江，"下历石级，状如喷雪"。作为配套工程，它山堰灌区主渠道上所建的数处堰闸发挥着有重要作用。它们不但可及时泄洪，而且能将灌溉余水和灌区沥水通过闸门泄回江中，起到泻卤作用。因为潮浸比较严重的滨江、滨海农田，土地普遍斥卤，要改良土壤，必须排卤，而排卤的最佳方案是洗田。当洪水到来时，浸泡农田，土地的盐碱经稀释后排入陂塘渠道，退潮时开闸泄洪，盐碱水亦排入江海中，灌溉工程的"纳清泻卤"功能较好地解决了沿海农田的排卤问题①。千余年来它山堰历经洪水冲击，但至今仍保持完好，发挥了阻咸蓄淡、引水灌溉的效益，促进了浙江沿海地区社会经济的发展。

2. 宋元时期的陂塘水利与翻车使用

宋元时期，南方的陂塘堰坝水利遍地开花，有了更大发展，水田耕作及旱作技术亦走向成熟，这里成为全国重要的农业经济区。元代王祯《农书》曾总结了当时农田水利发展的情景，并把陂塘水利放在重要地位。他说：

"下及民间，亦各自作陂塘，计田多少，于上流出水，以备旱涝。农书云：惟南方熟于水利，官陂、官塘处处有之，民间所自为溪堨、水荡，难以数计，大可灌田数百顷，小可溉田数十亩。若沟渠陂堨，上置水闸，以备启闭。若塘堰之水，必置涠（音塞）窦，以便通泄。此水在上者。若田高而水下，则设机械用之，如翻车、筒轮、戽斗、桔槔之类，挈而上之"②。

这段文字表明，宋元时期陂塘数量庞大，不可胜计，官建民建皆有，形式灵活，尤以小型陂塘堨荡为多；再就是陂塘水利与各类灌溉设施和灌溉机具联系在一起的③。可以说，这些星罗棋布的陂塘堰坝构成了传统时代南方丘陵山区重要的农田生态景观（图 6-8）。

---

① 汪家伦、张芳：《中国农田水利史》，农业出版社，1990 年，第 264 页。

② （元）王祯：《农书·农桑通诀·灌溉篇》上奏

③ 李根蟠：《水车起源和发展丛谈》（中辑），《中国农史》，2011 年第 4 期

图6-8　王祯《农书》陂塘环境

首先，宋元时期丘陵高地上的小型陂塘对于山区开发有重要意义，尤其值得关注。有水利史专家指出："宋以后随着丘陵山区的进一步开发，修建了不少小型陂湖塘堰工程。塘坝工程趋向小型化，这是与宋之前不同的一个显著特点。"① 宋代人们普遍意识到陂塘对南方丘陵山区农业发展的重要性。

南宋陈旉《农书》介绍了在地势较高的田地上挖塘蓄水、抗旱防涝的方法：

"若高田，视其地势，高水所会归之处，量其所用而凿为陂塘，约十亩田即损二三亩以潴畜水。春夏之交，雨水时至，高大其堤，深阔其中，俾宽广足以有容。堤之上，疏植桑柘，可以系牛。牛得凉荫而遂性，堤得牛践而坚实，桑得肥水而沃美，旱得决水以灌溉，潦即不致于弥漫而害稼。高田早稻，自种至收，不过五六月，其间旱干不过灌溉四五次，此可力致其常稔

___

① 张芳：《中国古代灌溉工程技术史》第三编第三章，山西教育出版社，2009年

也。"陈旉设计的陂塘主要是为了在山坡地上蓄积雨水，抗旱防涝，种植水稻。尤其这种规划以高田中的陂塘为中心，可实现水稻、桑柘、耕牛互利共生，充分体现出陂塘水利的重要性。浙江于潜县，"所藉以为民命者惟大源田，而为田之寿脉者塘堰。"[①] 宋度宗咸淳三年（1267 年）陈著任嵊县知县，曾提到陂塘水利之重要性："春雨既多，夏秋必不足，低田车戽犹可及，高田非有宿水，如何救济？其凿尔陂塘，浚尔碑甽，以蓄以潴，各各用心。勿云任天做事，蚤蚤为计，勿临时仓忙，水旱有备，三秋有成。"[②] 宋宁宗嘉定十七年（1224 年）二月六日，臣僚们上奏称："边塘畎亩，或值旱涝，堤防储蓄，有藉於塘筑之固，以施车戽之力者，其所系尤不轻也。今春事方兴，土膏潜动，修筑之政，所当举行。"[③] 提出政府应及时进行陂塘修筑，以便蓄水溉田。

宋元诗文中对陂塘水利也多有反映。王安石《山田久欲拆》诗云："山田久欲拆，秋至尚求雨。妇女喜秋凉，踏车多笑语。朔云卷众水，惨淡吹平楚。横陂与直堑，疑即没洲渚。"[④] 这首诗描述的当是秋季南方山区农民利用陂塘水灌溉庄稼的情景。有学者从"秋至尚求雨"判断，这里灌溉的庄稼是水稻，从需求水看，水稻似仍在灌浆阶段，很可能是晚稻[⑤]。宋元诗文中又多有"稻陂"（种稻的陂田）、"山塘"以及稻田灌溉等的描绘。如陆游《化成院》："前山横一几，稻陂白漫漫"；《寒食日九里平水道中》："乱云重叠藏山寺，野水纵横入稻陂"[⑥]；韩淲《常安寺》："乍暖阴阴欲雨天，满陂春水浸山田"[⑦]。

另外，宋元时期的陂塘水利与翻车等灌溉器具联系紧密，农民在陂塘边车水溉田，挥汗如雨，成为重要的农业生产场景。陂塘蓄水灌溉可分为两种基本形式，一种是水高田低，可自流灌溉，另一种是水低田高，需要借助翻车等工具来车水灌溉。应当说，宋代南方丘陵山区的小型陂塘，多数属于后

---

①　咸淳《临安志》卷三十九："邑山多田寡，水行乎两山之间，凡濒溪低平之地，皆有田，俗所谓大源田"

②　《嵊县劝农文》，《本堂集》卷五十二

③　《宋会要辑稿·方域十》

④　《临川文集》卷八

⑤　李根蟠：《水车起源和发展丛谈》（中辑），《中国农史》，2011 年第 4 期

⑥　（南宋）陆游：《剑南诗稿》卷五，卷三九

⑦　《涧泉集》卷十九

者。因为这种类型的陂塘往往借助自然地势，在低洼处蓄水成塘，修建成本较低，只是灌溉时比较费力，往往要使用水车或戽斗等工具。在宋元诗文中，经常可以看到由陂塘、翻车、稻田、车水声等要素组成的农田生产及生态景象。例如：王安石《独归》："钟山独归雨微溟，稻畦夹冈半黄青。陂农心知水未足，看云倚木车不停。"南宋杨冠卿："朱槿碧芦相间栽，蓬棚车水过塍来。茸茸秋色浓如染，已有陂塘似镜开。"[1] 元代李昱："南岸北岸声咿哑，东邻西邻踏水车……况当今月滴雨无，陂塘之水争喧哗。"[2] 南宋陈与义："荒村终日水车鸣，陂北陂南共一声。"[3] 即使可自流灌溉的陂塘，在干旱缺水，蓄水水位较低的情况下，也可能需要人力来车水出塘；而一旦下雨，车水即可暂停，农人得以喘息。"幽人睡觉夜未央，四檐悬溜声浪浪……不劳辘轳蹋龙骨，转盼白水盈陂塘。"[4]"夜来得雨陂塘足，村北村南罢踏车。"[5]

总之，这一时期，人们踏动翻车从陂塘中车水的情景带有一定的普遍性，可看作是古代南方丘陵山区常见的陂塘水利生态景象。

3. 木兰陂的修筑及其水利生态意义

木兰陂位于福建省莆田城南木兰山下，始建于北宋时期，至今已有近千年历史，属于中国现存最完整、最具有代表性的古代水利工程之一。

木兰溪两岸的莆田平原，唐代以前是一片冲积海滩荒地，"三面濒海，潮汐往来，泻卤弥天"，生态环境恶劣。由于福建沿海地区雨量充沛，地形多属丘陵地貌，造成木兰溪季节性水流变化明显，上下游河床落差较大，洪涝灾害频发。同时，由于潮汐作用，木兰溪下游经常会出现海水倒灌现象，不仅引发洪涝，还造成部分时间河水无法用于灌溉。唐建中、元和年间曾筑延寿陂、镇海堤等，并修筑大量蓄水池塘用于农田灌溉。但单一的陂塘、堤坝工程以及小型蓄水池塘作用有限，解除水患并保证农业用水，成为木兰溪两岸民众的迫切愿望。

据明代《莆阳木兰陂水利志》记载，北宋治平年间，民女钱四娘在木兰溪上游的将军岩下投资筑陂。由于选址不善，筑陂成功的当天即为大水冲

---

① （南宋）杨冠卿：《自檇李至毗陵道中》，《客亭类稿》卷十三

② （元）李昱：《踏车行》，《草阁诗集》卷二

③ （南宋）陈与义：《罗江二绝》之一，《简斋集》卷十四

④ （南宋）陆游：《喜雨》，《剑南诗稿》卷三九

⑤ （宋）吴可：《村居》，《藏海居士集》卷下

垮，钱四娘投水自尽。其同乡林从世为钱四娘的精神所感动，携带巨额家财来到莆田，在木兰溪下游的温泉口选址，重新筑陂，工程接近完成时，又被海潮冲垮。宋神宗熙宁年间，福州侯官人李宏携带全部家资，前往莆田筑陂。李宏在高僧冯智日的帮助下，经详细查勘，认为钱陂"与水争势，是以不遂"，林陂"隙扼两岸，怒涛流悍，是以再坏"。就是说，前人失败在没有摸清地质和水情，选址不当。经过反复比照，他们把陂址定在木兰山前的钱陂下游与温泉口边的林陂上游处。这里江面宽阔，水势迂缓，可以避开江流的直接冲击和潮水的迅猛顶吞。熙宁八年（1075 年），第三次筑陂破土动工。经过系统规划、精心设计施工，在莆田民众和十四家大户的积极参与和支持下，木兰陂陂首工程历时多年，终于修建成功。接着人们又在陂首南北两端，分别建设"迥澜桥闸"和"万金陡门"，并修有长长的导流水道与之配套，以"三七开"（北三南七）比例，导引木兰溪水注入南北洋水系，南北洋水系和堤防、沟渠的大规模整治修筑也全面展开，最终形成了木兰溪两岸的南北洋灌区。

近千年来，木兰陂工程经受住了无数次洪涛狂潮的冲击，始终巍然屹立在木兰山下宽宽的河道上，在南北洋平原发挥着拦洪、挡潮、排涝、蓄水、引水、灌溉的重要作用。木兰陂建成之初，仅南洋灌区即有良田万顷，据说今日木兰陂可浇灌南北洋田地 16 余万亩。这极大地改善了木兰溪两岸的农业环境，促进了当地的社会经济发展。木兰陂之所以能经久不衰，除了历代重视保护和维修加固外，关键是陂址的选择、工程的设计与施工方面，具有很高的科学性，使工程本身与其周围的环境构成了较为完善的水利生态系统。

总之，唐宋元时期陂塘水利的兴盛有一定的社会经济因素，也具有明显的水利生态效益。江南号称"三山六水一分田"，人们除了"与水争田"以外，还要"与山争地"。在耕地、尤其是以水稻种植为中心的粮田向丘陵高地拓展的过程中，需要有一定的灌溉条件。因地制宜地建造各种类型的陂塘，平时把溪泉雨潦等各种水流蓄纳起来，以备日常和干旱时灌溉之用，同时还可以防止雨潦，这是丘陵山地主要的也是较佳的水利形式。但陂塘只有与翻车结合起来，才能使有自流灌溉条件的地方增强抗旱能力和加大灌溉效益，并且使没有自流灌溉条件的山坡高地也能获得灌溉利益，从而成为丘陵高地开发的重要推手。有学者指出，陂塘水利是插上翻车这对翅膀才腾飞起来的，翻车既是圩田水利也是陂塘水利发展的功臣①。明清时期，南方丘陵山区的陂塘水利似乎没有大的发展，不再赘述。

第五节　长江中下游地区的圩田水利及其生态效应

圩垸水利工程主要分布在南方沿江平原、湖区、下游三角洲及滨海地区。这里地势平衍，河湖密布，土地肥沃，水土资源丰裕，但易被水淹，形成沮洳之地，影响农业生产。唐宋后，大力开河筑圩，排水御洪，兴建独具一格的水网圩田工程，把卑湿的"涂泥"之地，建成富饶的鱼米之乡。如太湖平原唐后期至五代时已建成规整的塘浦圩田水利系统，鄱阳湖区唐代已兴修较大规模的防洪堤防工程。对于传统圩垸水利工程的负面生态影响，学界多有评论。以下以历史上的太湖地区为例，说明合理的圩田建设对区域农业生态环境的积极影响。

一、太湖地区塘浦圩田与农业环境变化

上古时期，太湖流域属扬州，为沮洳下湿之地，土地等级当为最下等②。从唐宋开始，以苏（州）杭（州）为代表的太湖流域，地位急剧上升，成为全国的粮仓乃至人间"天堂"，有"苏湖熟，天下足"的说法。在历史长河中，太湖流域的地位变化如此巨大，当与这里的农田水利建设有密切关系。

太湖地区的地形基本特征是四周高仰，中部低洼，是一个以太湖为中心的大型碟形洼地。西部为山丘区，沿江沿海和洮滆湖地区为高平原区，环太湖东、南、北周围为低洼平原湖荡区。在人类长期的改造和利用下，太湖平原形成了水网平原、水网圩田平原、湖荡平原和湖荡圩田平原，农业环境发生了巨大变化。水网平原的特点是地势较高，多分布在太湖平原周边，古代称为高田区。水网圩田平原分布在水网平原内侧，地势略低，易受水涝，修建圩堤以防水侵。湖荡平原和湖荡圩田平原分布在地势最低的湖荡周边。自水网圩田平原以内的腹里地区，古代称为低田区，农田多筑堤挡水建成圩

---

① 李根蟠：《水车起源和发展丛谈》（中辑），《中国农史》，2011 年第 4 期
② 《尚书·禹贡》将全国土地分为九州，最好的是"上上"，最差的为"下下"，扬州被列为"下下"等

田，圩田面积约占全流域总耕地的1/3。

太湖地区水网圩田系统的形成，经历了一个长期的开发过程，圩田的修建对太湖地区生态环境的改变影响很大。有学者根据太湖地区古代圩田的开发速度和规模，对生态环境影响的好坏程度，将圩田发展划分为四个阶段①。应当说，春秋战国至唐五代时期，圩田对改善区域生态环境起到了很大作用。宋代以后，圩田体制转型以及数量扩张，对当地生态环境造成了负面影响。

唐代及其以前，太湖平原只在局部地区围垦，且修建了大量用以防洪排涝的塘浃泾浦。因水域广阔，河流排洪能力强，围垦对太湖地区整体生态环境影响不大，水网建设反而改善了一些地区的自然环境。唐前期着力修建的沿海海塘，则增强了防御海潮的能力，这就为以后太湖平原圩田的发展创造了条件。唐中后期至五代，太湖地区的经济地位更加突出，人们大力开河筑堤，修建海塘湖堤，完善水利设施，这里的圩田迅速发展起来，太湖地区的生态环境也有了明显改变。唐代海塘、湖堤的全线建成，太湖南部、东部、东北部众多塘浦泾河的开挖，就使太湖下游平原从初级形式的分散围垦向高级形式的塘浦圩田系统发展。五代吴越时期圩田沟渠加密，遂有了横塘纵浦之称。在环湖卑下之地，大量塘浦纵横交加棋布之，形成以塘、浦为四界的大圩田。同时在沿江沿海和高低分界处，皆设堰闸，有利于控制蓄泄。河网化和圩田化建设，促进了太湖流域的环境变化和农业发展。

由于圩田建设在大范围内有组织有规划地进行，这一阶段建成的塘浦圩田井然有序，形成完整的平原水网圩田水利系统。当时土地利用还不紧张，农田处于不完全开发的状态，大圩中有不少未开发的湖荡、洼地可以蓄涝，而用封闭高厚的圩岸御洪。所以太湖平原水旱灾害甚少，农业生产迅速发展。韩愈说："当今赋出于天下，江南居十九"。吴越时"岁多丰稔"。太湖塘浦圩田系统的形成，为太湖平原由自然河道形态向人工河网化方向迈进奠定了基础，促使太湖农业走向繁荣，国家经济重心南移。北宋前期，太湖平原以塘浦为四界的大圩制渐见解体，数万亩的大圩，大多分割成以泾浜为界的数百亩的小圩，并一直延续到后世。北宋大圩制的解体，及政和以后直至南宋人们大力向腹里的湖荡围垦，对生态环境的负面影响逐步加大。

---

① 张芳：《太湖地区古代圩田的发展及对生态环境的影响》，《中国生物学史暨农学史学术讨论会论文集》，2003 年

二、圩田水利工程的综合规划与生态保护

从土地利用角度看，圩田是在低洼地带的四周筑堤防水的田地，堤上有涵闸，平时闭闸御水，旱时开闸放水入田，因而可保"旱涝无虑"，属稻作水利田的一种形态。而从水利建设角度看，圩田又是在滨湖或滨江低洼地兴建的一种水利设施，其周围建有堤防，与外水隔开；圩田中还建有纵横交错的灌排渠道，圩内与圩外水系相通，其间有闸门控制引水与排水，对天然降水分布起到重要调节作用。

具体来说，圩田水利建设最主要的工程，是在濒临塘浦的圩田四周，筑造坚固的堤防。堤的高矮宽窄，视圩的大小、地势和周围水情而定，一般高5尺到2丈，宽数丈。堤上有路，以利通行；堤外植柳，以护堤脚。圩周有闸门，以便旱时开闸，引堤外塘浦之水灌田，涝时闭闸，防外水内侵。圩内穿凿纵横排水渠道，形如棋盘；涝则排田水入渠，旱则戽渠水灌田。圩内地势最低处，则改造成为池塘以集水。一圩方数里到数十里不等。

元代王祯《农书》有几处关于圩田或围田的记述（图6-9），如"农桑通诀·灌溉篇"：

"复有围田及圩田之制，凡边江近湖，地多闲旷，霖雨涨潦，不时淹没，或浅浸弥漫，所以不任耕种。后因故将征进之暇，屯戍于此，所统兵众，分工起土，江淮之上，连属相望，遂广其利。亦有各处富有之家，度视地形，筑土作堤，环而不断，内地率有千顷，旱则通水，涝则泄去，故名曰围田。又有据水筑为堤岸，复叠外护，或高至数丈，或曲直不等，长至弥望，每遇霖潦，以捍水势，故名曰圩田，内有沟渎，以通灌溉，其田亦或不下千顷。此又水田之善者。"

由此可知圩田或围田是在浅沼洼地，建造堤岸阻拦外水，排除内涝以围垦良田的一种水利工程，是变淤泥为沃土的一项独创。圩内有沟渠，用来灌溉排水。至于"圩田"与"围田"的区别，王祯并没有解释清楚。今天一般认为二者实际上是同一类型的工程，只是因地域差别而名称不同而已。如在太湖地区称为圩田，在洞庭湖地区称堤垸，在珠江三角洲称为堤围，也称基围。应当说，"圩田"具有开发利用水土资源的合理意义，它与后来盲目的围湖造田有一定区别。

明代徐光启的《农政全书》卷五也有关于围田的记述和围田图。关于围田的文字部分与王祯《农书》相关内容相同，唯有围田图与王祯《农书》

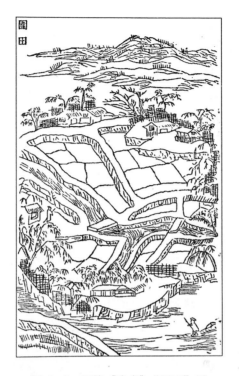

图6-9　王祯《农书》"围田"图

所录者略有不同。从两幅图里可以看到圩田生态景观的梗概。图中所描绘的是若干小圩田的状况：圩田四围是堤岸，堤岸上面栽树。堤外是河，河的隔岸是另外一个圩田，也就是所谓的"圩圩相接"。河上有小船运航。圩内有稻田、田塍、沟渠、道路、小桥、村舍、庭院、木栅，等等，是一幅江南泽国的田园风光。这里应该还有堰闸，因为围堤、内河、堰闸三者是建立圩田的基本条件，缺一不可。

　　堤上栽树种草，则是历史上人们养护圩堤的一种有效措施，围田图对此也有反映。堤岸长期受风吹雨刷，为了防止坍塌毁坏，需要经常养护。堤上栽树种草既能起到固堤护岸之作用，又可以发展副业生产。《农政全书》强调养护圩岸之重要性："是吴下之田，以圩岸为存亡也"①。书中指出，堤上、堤边栽树种蔬种草为养护圩岸的有效方法："岸上遍插水杨，圩外杂植茭芦，以防风浪冲

---

①　（明）徐光启：《农政全书》卷之十四，《水利·东南水利》

击";"子岸八尺，闲而无用，宜种植其上。法惟种蓝为最上……其有土名乌山不宜蓝者，或种麻豆，或种菜茄亦得……若正岸外址，令民莳苇，或种菱其上。盖菱与苇，其苗皆可御浪，使岸不受齿。况菱实可啖，苇苗可薪，又其下皆可藏鱼。利之所出，民必惜之。岸不期守，自无虞矣"。

可见南方水网洼地的圩田水利应是综合性的农业建设规划。这首先是出于增加粮食生产的需要，另外，人们为保护圩岸而植树栽桑种菜，圩田实际上又为林副业发展创造了条件。因为圩田多是从水中建造起来的，这些地方本来不生长什么树木，而建造圩田后在围堤圩岸上植树，圩内村落四旁、田园隙地，也都要遍种桑、果、杂木等，所以，在一定程度上说圩田建设是一种在水域的植树造林[1]。与此相关，圩田水利区实际上应是指以圩田为主，包括河网、湖泊、滩地等在内的一个生态单元，这个单元实现了水土资源的合理开发利用。圩区的综合规划也应包括两个方面，一个是整个区域内水土间合理的量的比例关系，规划的主要目的是避免盲目的围湖造田以至破坏水域生态环境。另一个是在合理的水土比例的前提下，以单个经营为基础，因地制宜综合规划粮食和经济作物，实现农业和林牧副渔各业的相互配合与协调发展[2]。

总体而言，太湖地区圩田水利建设既有改善生态环境的一面，另一方面围垦不当又会破坏生态环境。考察古代圩田水利问题，可总结出若干生态保护经验：一是圩田兴修必须统筹规划，要与水网建设并行，并重视圩田水利的管理和维护。二是圩田的发展要适度，流域内必须保持相当的水面积。圩田的兴修实质是"与水争田"，人类过多地占据水域湿地，使湖泽减少，河道缩窄，发生洪水时水无出路，必须会泛溢成灾。三是圩田建设是一个系统工程，圩田的开发要注意维持区域生态平衡。太湖地区河湖密布，水道复杂，圩田水利与河湖网络系统不可分离，治田同时要治水（开浚河浦等），治水必须重视治田，如修筑并养护圩岸、栽树种菜种草多种经营，还要重视湖堤和海塘的修筑，注意上下游水利的协调关系[3]。

---

① 中国农业遗产研究室：《太湖地区农业史稿》，农业出版社，1990 年，第 341 页

② 陈仁端：《关于太湖流域的水环境与生态农业的若干思考》，《古今农业》，2005 年第 2 期

③ 张芳：《太湖地区古代圩田的发展及对生态环境的影响》，《中国生物学史暨农学史学术讨论会论文集》，2003 年

第七章 传统土壤耕作和有机肥积制施用的生态意义

传统农业确立之后，人们干预和利用自然的能力大为增强。除了与山争地、向水要田，扩大农田面积以外，人们还想方设法改善作物生长的水分条件和土壤环境，提高单位面积产量，由此积累了具有突出生态特性的土壤耕作和作物栽培经验。值得注意的是，中国农业往往"水土"连称、"土肥"并用，而且土壤耕作的核心在于调节和改善土壤的水、肥状况，体现出"水"、"土"和"肥"这几大环境因子的紧密关系以及在农业生产中的重要作用。可以说，中国传统耕作栽培技术体系的形成和完善以及农田灌溉技术的不断进步，实际上是人们努力改善农田土壤性状尤其是水肥状况，不断调节作物生产与水土环境关系的过程，其中，包含了重要的生态意义，对于当今的有机农业建设具有一定的借鉴价值。

第一节 北方土壤耕作技术的演变及其生态意义

中国北方黄河中下游地区，春旱多风，冬少雨雪，对粟黍类春播作物非常不利，也影响冬小麦的播种和生长。因此，抗旱保墒、改善土壤水分条件，一直是当地农业生产中最突出的任务。抗旱保墒有耕作和灌溉等多种方式，中国传统农业时代所采用的主要是土壤耕作方式。历史实践证明，精细而合理的土壤耕作不仅是最经济的抗旱保墒方式，而且是有效调节土壤水肥状况，改善土壤性状的生态技术措施。战国秦汉至魏晋南北朝时期，黄河流域农区抗旱保墒耕作技术体系的形成和发展，奠定了传统时代改善土壤性状尤其是水分条件的耕作技术基础。

一、春秋战国时期的土壤观念和耕耰方法

春秋战国时期传统农业逐步确立，农田生态景观与前代相比，发生了很

大变化。一方面农业地域向边远地区拓展，另一方面，伴随着铁器牛耕的推广，以黄河中下游地区为核心的北方农区以抵御不利自然环境、抗旱保墒为核心，实施缦田制基础上的土地深度开发，土壤耕作进一步精细化。与此同时，人们对土壤有了进一步认识，形成了耕作土壤的观念。以下主要阐述耕作土壤观念和耕耰结合抗旱技术的生态意义。

1. 自然土壤与耕作土壤

商周时期，"土"、"壤"和"土壤"的观念均已形成，秦汉时期人们还对三者的含义及相互关系做出明确解释。秦汉以后，随着土壤耕作与利用实践的发展，传统土壤学知识的生态意义更加明显。

殷墟出土的甲骨文中，就有"土"字。东汉许慎《说文解字》对"土"字所包含的意思作了解释：第一，"地之吐生万物者也"，就是说，土是可以生长植物的，地面上凡是能生长植物的地方都有土。第二，再从"土"字的字形结构来看，土字的两横"二象地之下，地之中"。就是说，土壤是具有层次的，上一横代表表土，下一横代表底土，两横中间代表土壤中部。第三，土字的一竖"丨，物出形也"，这一竖表示植物从土中生长出来，直立向上的形态。其中又可细分为表土层以上和表土层以下两部分。表土层以上是植物的地上部分；表土层以下即表土层和底土层之间，是植物的地下部分①（图7-1）。许慎的解释明确揭示出土壤内部及土壤与植物之间的生态关系，也比较符合长期以来土在人们心目中的基本观念。

随着人们对"土"认识的深入，春秋战国时还出现了"壤"的概念。至迟于战国成书的《尚书·禹贡》说："厥土惟白壤"、"厥土惟壤"②，《周礼》中有"辩十有二土"和"辩十有二壤"之说，也将土和壤作了明确区分。从中可以看出，土的范围较大，壤的范围较小，壤是土的一种。西汉经学家孔安国进一步解释："土无块曰壤"③，表明"壤"是比较疏松的，没有固结的土块。《禹贡》马融注："'壤'天性和美也"。许慎《说文解字》："壤，柔土也。"可见"壤"是由"土"熟化变来的，疏松柔软而不板结。

先秦两汉时还认识到，壤疏松柔软，是长期耕作改良的结果。从字形来看，"壤"是在"土"的右边加一"襄"字，"襄"即"助"，有人工培育

---

① 王云森：《中国古代土壤科学》，科学出版社，1980年

② 《尚书·禹贡》

③ 《尚书注疏·卷六》

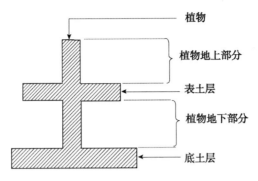

图 7 - 1　"土"字示意图
（采自王云森《中国古代土壤科学》）

之意，就是说"土"变成"壤"，受到外力协助，与人为因素有关。《周礼》郑玄注更为明确："壤变土也，变言耳。以万物自生焉则言土，吐，犹吐也。以人所耕而树艺焉则言壤。壤，和缓之貌。"即土的特征是万物自生其上，乃自然土壤；壤则是耕作土壤或称农业土壤。由此可见，古人很早就意识到，"土"经过耕作改良就会变成"壤"，"壤"疏松肥美，更适合于农作物的生长。另外，汉代人一般从形态方面说明土与壤的区别，后来人们则进一步从肥力高低方面解释"壤"的含义。清代倪倬《农雅》说："'壤'是'膤'也，'膤'是肥意也。"明确指出壤的肥力比较高。

　　"土"和"壤"的概念产生以后，至迟在战国时期，人们便把这两个字结合起来得到"土壤"这个名称。应当说，由"土"到"壤"再到"土壤"，反映出人们在农业生产实践中对土与壤认识的逐渐深化。汉代以后，"土壤"一词的应用就普遍起来了，其意义与现代农业科学中的"土壤"概念基本一致。"万物本乎土"，"百谷草木丽乎土"[1]、"有土斯有财"[2]，万物生长均离不开土，土是衣食之源，是财富的象征，所以人们对土有了深厚感情，形成尚土重农的民族传统，并逐步创造了大量有关土、壤观念的文字。古代文献中，以"土"旁表义的文字更多，许多以土为偏旁的字反映出古人对土壤生态的认识。

　　按照现代生态学概念，土壤是所有陆地生态系统的基地或基础，土壤不

---

①　《周易·离·象辞》

②　王国轩译注：《大学·中庸》，中华书局，2006 年

仅为植物提供必需的营养和水分，而且也是土壤动物赖以生存的栖息场所。无论对植物来说还是土壤动物来说，土壤都是重要的生态因子。植物的根系与土壤有极大的接触面，在植物和土壤之间进行着频繁的物质交换，因此，通过控制土壤因素就可以影响植物的生产和产量。在传统农业时代，虽然人们对土壤的认识是直观性的、经验性的，但对土壤本身以及土宜问题的一些基本方面都注意到了，并且试图通过各种耕作措施对土壤性状、肥力等加以改善和调节，以满足作物生长的需要。

2. 耕耰结合

战国时期的文献中经常可见"深耕"、"疾耰"这样的字眼，这实际上就是农业生产中对土壤耕作的基本要求。《国语·齐语》篇说土壤要"深耕而疾耰"[1]，《庄子·则阳》要求"深其耕而熟耰之"[2]。可以看出，除过"耕"以外，"耰"也是当时我国北方旱地耕作体系的一个重要环节。

耕和耰的农具分别是"犁"和"耰"。犁由翻土用的耒耜演变而来，原始犁是一种石犁，要依靠人力向前拉动破土。战国时期，铁犁牛耕开始应用并逐渐推广，土地耕作效率大为提高。据考古资料来看，战国铁犁铧已成"V"字形，但还没有犁壁，只能破土、松土，不能翻土起垄。耰本是一种碎土的木榔头，用来打碎土块，平整田地。因此，人们一般用耰来指代土壤翻耕之后的一种碎土整地作业。所谓"疾耰"，是要求在土地深耕后，及时打碎田里翻起的土块。"熟耰"就是细致地敲碎土块。黄河中下游地区气候干燥，土地翻耕后，如果不立即碎土整地，就会使田里布满土坷垃，从而造成土壤水分散失即跑墒。因此，耕播之后要求"疾耰"、"熟耰"，即紧跟着把土块打碎，切断土壤毛细管，减少土壤水分蒸发，保持土壤湿度，以利于播种和出苗。可以说，耕耰结合，防旱保墒，是我国农业史上以耕作措施改善土壤生态的初级阶段。

与此相关，为了保持土壤水分，调节土壤生态，春秋战国时期人们对春耕时机的掌握特别重视，其中包含了因时耕作、因土耕作的丰富经验。《管子·臣乘马》记载，管仲向齐桓公解释"春事二十五日以内"时说，冬至后六十日（相当于后世农事节气中的雨水）向阳面的土壤解冻，冬至后七十五日（相当于后世节气中的惊蛰）阴面的土壤也解冻了，这时开始种稷

---

① 《国语·齐语》

② 《庄子·则阳》

（谷子），而冬至后一百天就不能种稷了，所以春耕春种必须在二十五天内完成①。《礼记·月令》也说，孟春之月"天气下降，地气上腾，天地和同，草木萌动"，是农事活动开始的季节，这里的"地气"实际上是古人对土壤综合性状的一种概括，其中包括土壤温度、土壤水分和土壤气体等。另外，当时人们已注意根据地势高低、土质轻重、水分多寡等土地条件，确定耕作时机及耕作措施，形成的因土耕作的农业生态经验。例如，"上田弃其处，下田尽其圩"②，是指岗地怕旱，耕地时要注意蓄水保墒；洼地怕涝，耕地时要注意排涝散墒。"人耕必以泽，使苗坚而地隙；人耨必以旱，使地肥而土缓"③，是要求在耕地或锄地的时候，必须在土壤水分含量适当的时候进行，这样才能改善生态性状，使土壤具有良好的结构和肥力，为作物生长提供良好条件。

实际上，战国时期除讲究"耕耰"结合之外，还强调"耕耨"结合、深耕易耨，即土壤耕作要与中耕除草相配合，并且要多次中耕，认识到中耕具有松土保墒、间苗除草、壅土等作用。作为中国传统精耕细作农业的重要特点，中耕既是田间管理过程，也是土壤耕作过程的延伸或有机组成部分。只是古代关于中耕的内容比较零散，拟在后面的章目中对其生态意义稍作阐述。

二、秦汉时期耕耱结合的抗旱耕作法

前已述及，战国时期我国传统农业确立，北方旱地耕作体系的特点是耕耰结合。秦汉时期牛耕普及，黄河中下游地区土壤耕作保墒措施进一步加强。当时农人们改进了犁具，发明了不同形状的犁壁，破土、松土和翻土同时完成，大大提高了土地耕翻的效率，耕犁从此成为我国传统农业时期最主要的整地农具（图7-2）。同时，人们还把藤条编在长方形木框上，发明了"耱"这种整地农具。田地耕翻过后，即卸犁换耱，农夫站在耱上面，或将石块、土块放在耱上面，驱牛拉耱前行，目的是耢平地面，压碎土块，并压实耕层土壤，为作物播种做好准备。山东滕州黄家岭东汉画像石的牛耕图之

---

① 参阅梁家勉主编：《中国农业科学技术史稿》，农业出版社，1989年，第123页
② 《吕氏春秋》"辩土"
③ 《吕氏春秋》"任地"

后，有一农夫驱牛摩田，牛拉着一横向长条状木器，像是用枝条编成的"耢"①。耕、摩或耕、蔺结合的土壤耕作方法，西汉《氾胜之书》有较为详细的记载，下面主要阐释其生态意义。

图7-2　陕西绥德东汉牛耕画像石

《氾胜之书》"耕田"："凡耕之本，在于趣时，和土，务粪泽，早锄早获。"这里的"和土"实际上就是指改善土壤水分和肥力状况，调节土壤生态，其中包含一系列精细的耕作措施，而耕和摩是两个重要耕作环节，一年四季尤其是春季耕摩时机的把握尤为关键。

"春地气通，可耕坚硬强地黑垆土。辄平摩其块以生草；草生，复耕之。天有小雨，复耕。和之，勿令有块，以待时。所谓'强土而弱之'也。"

"杏始华荣，辄耕轻土弱土。望杏花落，复耕；耕辄蔺之。草生，有雨泽，耕重蔺之。土甚轻者，以牛羊践之。如此则土强。此谓'弱土而强之'也。"

上述两段话的意思是春季要把握好耕与摩（蔺）的时机，改善土壤性状，为谷子的种植提供良好的环境条件。文中的"蔺"通"躏"，是用农具将土壤压实的意思。从文中的叙述可以看出，当时农人们常借助于物候现象来把握耕地的最佳时机。例如，判断"春候地气始通"的办法："杴橛木，长尺二寸，埋尺见其二寸。立春后，土块散，上没橛，陈根可拔。"这是用

---

① 蒋英炬:《略论山东汉画像石的农耕图像》,《农业考古》, 1981 年第 3 期

立春后土壤的变化来判断耕作时机的方法。意思是说，立春后气温逐渐升高，土壤膨胀隆起，埋没了露出地面的木橛，这时地气通达，是拉牛下地耕作的最好时机。"二十日以后，和气去，即土刚。"20天以后，田地里的"和气"就散尽了，这时候才去耕作，"四不当一"。作者还特别提醒："慎无旱（早）耕！须草生。至可种时，有雨，即种土相亲，苗独生，草秽烂，皆成良田。"这里是说春季地气通达以后，还要等到野草长出来后才能耕作，这样不仅可以保持土壤水分和肥力，还能消灭杂草，改良土壤，使"种土相亲"，保证作物生长。泛书中对秋季和冬季耕摩时机的掌握，依然是要求保持土地中的"和气"，这里的"和气"实际上相当于土壤的水分和肥力。

"凡麦田，常以五月耕。六月，再耕。七月勿耕！谨摩平以待种时。五月耕，一当三；六月耕，一当再；若七月耕，五不当一。冬雨雪，止，辄以蔺之；掩地雪，勿使从风飞去；后雪，复蔺之；则立春保泽，冻虫死，来年宜稼。"

对于种植冬小麦的田地，五月、六月各耕摩一次，七月只摩不耕，摩过以后即等待播种时机。耕地时期不同，效果差异很大，五月耕地一次顶得上三次，六月耕地一次能顶两次，七月耕地效果不好，耕五次也顶不上一次。冬季雨雪过后，要将雪压到地里，不要让风吹走，这样做有利于土壤蓄水保墒，土中的害虫也会被冻死，来年宜于庄稼生长。上述因时因地的土壤耕作经验是劳动人民长期生产实践的总结，其目的正在于"和土"，即调节土壤生态，为作物生长发育提供良好的土壤环境。

汉代的耕、耱（摩）或耕蔺结合，主要在于通过精细的耕作来"和土"，即改善土壤性状，保持土壤水分和肥力，调节作物生长的土壤环境，是北方旱地耕作技术发展的第二阶段。

三、魏晋南北朝时期耕耙耱三结合的抗旱耕作技术体系

魏晋南北朝时期，由于气候干旱化等因素的影响，北方地区的防旱保墒的土壤耕作技术进一步完善，形成以耕、耙、耱为中心的技术体系，尤其是增加了"耙地"这一技术环节（图7-3）。整套保墒防旱的耕作方法，是在田地犁翻后，先用牛拉铁齿耙耙碎土块，再用耱将小土块耱成细粒。[1]

---

[1]　林蒲田：《中国古代土壤分类和土地利用》，科学出版社，1996年，第175页

耙地的主要作用是将犁地时翻起的大土块耙碎，然后使用耱平整土地，这样可以在耕作层表面形成细密而疏松的土层，避免耱地时将大土块埋压在下面，造成跑墒，影响作物生长。正因为增加了耙地这样一个中间环节，耕和耱的作用才能更好地发挥出来，也才能更好地显示传统土壤耕作的生态调节意义。

图7-3　嘉峪关魏晋墓5号墓耙地壁画

在甘肃嘉峪关的魏晋墓壁画中，已可见到耕耙耱的整套图像。北魏时期，贾思勰又对耕耙耱作了理论说明。按照《齐民要术》的记载，耕、耙、耱应把握以下几个环节：一是耕地时机的选择应以土壤墒情为依据。"凡耕高下田，不问春秋，必须燥湿得所为佳。"[①] 所谓"燥湿得所"，就是土壤水分适中，适合耕作。在水旱不调的时候，耕作上要坚持"宁燥勿湿"的原则。因为"燥耕虽块，一经得雨，地则粉解"，但如果"湿耕"，土壤就会结成硬块，耕性数年都变不好。二是土地耕作深浅应按耕作先后来定。"初耕欲深，转地欲浅"。因为"耕不深，地不熟，转不浇，动生土也"。黄河流域秋季多雨，春播作物收获后，深耕有利于接纳雨水，也有利于冻融风化土壤，促进土壤熟化，而春季干旱少雨，气温渐高，水分蒸发量增大，深耕动土，易于跑墒，影响作物播种。三是强调耕后耙耱在抗旱保墒中的作用。《齐民要术》"耕田"："春耕寻手劳"，"春多风旱，若不寻劳（耱），地必虚燥"，就是说春季土壤耕翻后，必须马上耱地，否则会造成跑墒。"秋耕待白背劳"，就是秋季耕作后耱地，要待到地表变干发白。如果耕后不耱地，还不如不耕，所谓"耕而不劳，不如作暴（罢）"。多耱好处更多，不

---

① 《齐民要术》"耕田"

仅能促进土壤熟化，还能保持土壤水分，抵御旱灾："再劳地熟，旱亦保泽也"[①]。总之，北魏时期北方旱地耕作技术体系已基本定型，从农业生态角度来理解，就是人们通过一系列耕作措施来调节旱地土壤水分状况，改善土壤性状，为作物生长创造良好的土壤环境。

另外，前已述及，中耕除草是中国传统农业的重要特色，战国时期已"耕耨"连称，认识到中耕的作用。汉代之后，北方旱作区的中耕技术进一步发展，表现在要求更为细致具体。西汉《氾胜之书》首次将中耕称为锄地，指出田地要早锄和多锄，锄地已成为提高作物产量的重点措施。例如，冬麦要秋锄壅根；早春解冻，待麦返青后再锄；至榆树结荚，下过雨，地皮稍干后，又锄。据说这样做，麦子"收必倍"。北魏《齐民要术》"种谷"总结了战国秦汉以来的中耕经验，继续强调早锄和多锄，认为"凡五谷，惟小锄为良"，"锄不厌数，周而复始，勿以无草而暂停"，并指出"锄者，非止除草，乃地熟而实多，糠薄米息"，"多锄则饶食，不锄则无食。"充分肯定了锄地改善土壤环境的意义，认为锄地不仅可以除草，还能熟化土壤，增加作物产量。这种中耕技术思想，对北方旱作区和南方稻作区传统田间管理技术的发展产生了深远影响。不过，传统中耕除草是以大量劳动力投入为前提的，古诗"锄禾日当午，汗滴禾下土"就是以中耕锄禾来指代农民的辛勤劳作。在现实农业生产，中耕除草环节越来越简化，人们常常以化学除草剂来取代中耕除草的劳作过程，由此便带来了相应的生态问题。

四、魏晋南北朝之后北方抗旱耕作技术的完善

魏晋南北朝以后，我国北方的防旱保墒土壤耕作技术仍有发展，其发展方向是更加注意从根本上改善土壤的蓄水保肥性状，为作物生长提供良好的土壤环境，这主要表现四个方面。

第一，更加重视耙耱，要求多耙多耱。唐代人增补的《齐民要术》"杂说"篇将耱（摩、劳）称为"盖磨"，其中对耕翻的要求是"务遣深细"，对盖磨的要求是及时和多耱："每耕一遍，盖两遍，最后盖三遍。还纵横盖之"。据说这样做可以防虫抗旱："一切但依此法，除虫灾外，小小旱，不至全损。何者？缘盖磨数多故也。"金元时期的农书《种莳直说》记载："古农法，犁一耱（耙）六，今人只知犁深为全功，不知耱细为全功，耱功

---

① 《齐民要术·耕田》

不到，土粗不实，下种后，虽见苗，立根在粗土，根土不相着，不耐旱，有悬死、虫咬、干死等诸病。摆功到，土细又实，立根在细实土中，又碾过，根土相着，自耐旱，不生诸病。"① 可以看出，当时实际上已认识到多耙细耙不仅具有保墒防旱的作用，还能改善土壤性状，协调作物与土壤环境的关系，使"根土相着"，在抗旱的同时减少病虫害的发生。

第二，创造了浅—深—浅的土壤耕作程序。我国北方有些地区以夏熟作物为主，有些地方以秋熟作物为主。夏熟轮作区以夏耕为主，秋熟轮作区以秋耕为主，但不论夏耕或秋耕都形成了完整的耕作程序：浅—深—浅。陕西关中地区以栽培冬小麦为主，大都实行歇茬种植，夏耕是蓄水保墒的头等措施。清代杨屾《知本提纲》对当地的夏耕过程作了很好的概括："初耕宜浅，破皮掩草；次耕渐深，见泥除根（翻出湿土，犁净根茬），转耕勿动生土，频耖毋留纤草"。郑世铎注解说："转耕，返耕也。或地耕三次：初次浅，次耕深，三耕返而同于初耕。或地耕五次，初次浅，次耕渐深，三耕更深，四耕返而同于二耕，五耕返而同于初耕，故曰转耕。"② 清代陕西三原人杨秀元的《农言著实》也说："麦后之地，总宜先抱过，后用大犁揭两次，农家谚云'头遍打破皮，二遍揭出泥'"，到了七月种麦前后，又要"耩地"即浅耕耙耱收墒。杨秀元记述了关中东部地区"浅抱—深揭—浅耩"完整耕作程式，这种耕作法有利于防止水土流失，蓄水保墒。关中农谚所说的"麦收隔年墒"，"伏里深耕田，赛过水浇园"，也是相关耕作经验的总结。《齐民要术》对这种耕作方式已有记载，不过那时只是作为牛力不足，难以秋耕时的补救措施，到清代则正式进入耕作体系，其蓄雨保墒、熟化土壤的作用非常明显③。

第三，对北方地区土壤耕作生态原理的总结。土壤耕作的基本任务是调节水、肥、气热，这在清代乾隆时期的农书《知本提纲》有了较为系统的理论总结，生态意义明确。"土啬水寒，犁破秒拨，藉日阳之暄而后变。日烈风燥，雨泽井灌，得水阴之润而后化。"据郑世铎注解，这段话的意思是：前茬作物收获后，耕地土壤板结，通气不良，需经过耕耙曝晒，促使土壤"风化"，板结的状况才能改变。但是"日烈风燥"，又使土壤水分损失

---

① 《农桑辑要》卷1，引《种莳直说》

② （清）杨屾：《知本提纲·农则耕稼》

③ 闵宗殿：《中国古代农耕史略》，河北科学技术出版社，1992年，第142页

过多，因之必须经过"雨泽井灌"补充水分，保持土壤湿度。土壤经过这样的耕作过程，水、肥、气、热达到协调的程度，才能为作物生长发育提供良好的环境条件。这段话是对夏耕而言的，但其基本意义也适用于春耕或秋耕。

第二节　南方水田耕作技术体系及其生态意义

南方一般是指我国秦岭、淮河以南的广大地区，这里气候湿热，植被丰茂，河流湖泊众多，以种植水稻为主，兼及其他作物，农田生态景观与北方有很大不同。南方的水稻种植，主要以育秧移栽的方式进行，土壤耕作要求大田平整，田土糊烂，以便插秧，从而形成了水田耕作体系。另外，在南方水乡泽国，稻后种麦最忌"水湿"，于是人们就创造了开瞵作沟，沟沟相通的整地排水技术，为发展稻麦两熟奠定了基础。这些耕作措施的核心依然是调节土壤水分条件与作物种植的关系，具有明确的生态意义。

一、宋元时期南方水田耕作体系的形成及其生态意义

秦汉时期，我国南方还是一个地广人稀、生产落后的地区，这里地势饶食，水稻种植多采用火耕水耨的粗放耕作方式，人们饭稻羹鱼，渔猎山伐可作为农耕之补充，所以这里的老百姓一方面无饥馑之虞，另一方面"无积聚而多贫"。[①] 东汉时期，我国的水稻生产开始由直播向移栽发展。唐代安史之乱后，北人大量南迁，将北方先进的生产工具和精细的耕作技术带到了南方地区，在当地的自然环境和农业生产条件下就形成了一套具有明显生态特点的水田作业方式。

1. 耕耙耖与水田土壤耕作的生态特点

晚唐陆龟蒙《耒耜经》专门记载了江东犁这种适应南方水田耕作环境的农具，并反映出水田耕耙耖的技术体系已初具规模："耕而后耙……耙而后砺礋焉，有碌碡焉。"汉魏时期的耕犁是长直辕犁，回转不便，尤其是不适应江南小块水田的耕作环境。大概唐代，江东地区的人们将直辕犁改为曲辕犁，并对犁的其他部件重新做了设计和调整。曲辕犁出现以后，我国传统耕犁的结构已基本定型，对提高土地耕作效率和质量都有重要作用。

---

① （汉）司马迁：《史记·货殖列传》

宋代农民对砺礋、碌碡加以改进，发明了"耖"这种水田农具。由于砺礋、碌碡在破碎土块，打浑泥浆，平整田面方面的作用还不够理想。王祯说，耖是"疏通田泥器"，"见功又速，耕耙而后用此，泥壤始熟矣。"① 用这种农具整理水田，在南宋时已成为水田耕作的重要一环，王祯《农书》总结说："南方水田转毕则耙，耙毕则耖。"值得一提的是，南宋楼璹（1090—1162 年）创作、后世多次重绘的《耕织图》生动地描绘了南方水田的耕、耙、耖场景，反映出南方水田耕作的技术体系及生态特点（图7－4，图7－5）。

图7－4　清代康熙《耕织图》耕田

图7－5　清代康熙《耕织图》耖田

例如，在《耕织图》的耕田图像中，农夫手扶曲辕犁，身披蓑衣，持鞭驱牛，奋力向前，田塍上有一人驻足观看。水田耕作的背景由相邻的小河和岸上绿树掩映的村舍构成。在耖田图像中，畦塍分明，溪水环绕，农夫脚踩泥水，在田畦中扶耖劳作。其诗曰："脱绔下田中，盥浆着塍尾，巡行遍畦畛，扶耖均泥滓。"诗中特别提到农夫扶耖耕田，将田畦中的泥浆打烂和

---

① （元）王祯：《农书》"田器门"

匀的细节。有关水田耕作的文字和图画表明，至迟在宋代，南方水田土壤耕作已经形成以耕耙耖为中心的生态技术体系，并由此奠定了稻作农业发展的基础。

2. 南方冬闲田和冬作田的耕作技术与生态内涵

宋代以后，我国南方水田已有冬闲田和冬作田两种，冬作田主要是指稻后种麦，稻麦两熟的田地。其耕作方法因田地所处环境以及土壤条件、种植制度之不同而有所差别。

冬闲田大致有三种耕作方法。一是干耕晒垡。陈旉《农书》："山川原隰多寒，经冬深耕，放水干涸，霜雪冻冱，土壤苏碎。当始春，又遍布朽薙腐草败叶，以烧治之，则土暖而苗易发作，寒泉虽冽，不能害也。"这种方法主要用于土性阴冷的地区或山区，借以利用晒垡和熏土来提高土温。二是干耕冻垡。陈旉《农书》："平陂易野，平耕而深浸，即草不生，而水亦积肥矣。"这种方法主要用于平川地区，通过深耕泡水，沤烂残根败叶，以消灭杂草和培肥田土。三是晒垡和冻垡相结合。王祯《农书》："下田晚熟，十月收刈既毕，即乘天晴无水而耕之，节其水之浅深，常令块垡半出水面，日暴雪冻，土乃酥碎，仲春土膏脉起，即再耕治。"通过既晒又冻，上晒下冻的办法来促进土壤的进一步熟化。明清时期，人们对水稻冬闲田的春耕和冬耕提出了更加细致的要求，《齐民四术·农政》"任土"对此有所总结。

冬作田的耕作，一般都采用开沟作畦，晒垡与蓄水相结合的方法。据元代王祯《农书》记载，其方法是："高田早熟，八月燥耕而暵之，以种二麦。其法起坡（垡）为畦（垄），两畦之间，自成一畎，一段耕毕，以锄横截其畦，泄利其水，谓之腰沟。二麦既收，然后平沟畎，蓄水深耕，俗谓之再熟田也。"就是说，稻麦两熟的田地，在水稻收获之后，不要灌水，于八月份干耕晒垡，以便种植大小麦。其办法是在田中起垄成畎，一段耕作完毕后，再横向开挖排水沟并截断田垄，以排除田中积水，种植麦子。麦子收获后，将田地里的沟畎平掉，蓄水深耕。民间称这种田为再熟田，即稻麦一年两熟的意思。

宋元时期的南方水田耕作技术，长期沿用。其生态内涵主要在于根据田地条件，或晒田或冻垡，或干耕或蓄水，目的在于改善土壤生态，为稻麦生长创造良好的土壤环境，提高粮食产量。合理有效的水田耕作技术，保持了土壤的肥力和高产出率。

二、明清时期南方水田土壤耕作与自然松土力的利用

这一时期南方水田耕作有新发展，主要表现在提倡深耕、冻土晒垡和开沟作畦三个方面。其中最关键的就是把人力耕作与自然变化对土壤的作用结合起来，利用自然力改善土壤性状，提高土壤肥力。

一是提倡深耕。明清时期江南地区对水田耕作的基本要求是"深耕"和"多肥"。明末沈氏农书说"耕翻施肥之法"的关键"一在垦倒极深"，"二在多下垫底"。"垦倒"包括两个"垦"（首耕）和"倒"（复耕）两个耕翻程序。"垫底"是指施基肥。深耕和垫底相配合，可以使"土肥融合"，所谓"深则肥气深入土中，徐徐讨力，且根派深远，苗干必壮实，可耐水旱"①。当然也不能翻得过深，如果破坏了未经熟化且构造坚实的犁底层，就会造成"老土害禾"和水肥漏失②。马一龙《农说》还就水稻田的耕深，提出了大致范围："农家栽禾启土，九寸为深，三寸为浅。"还说要根据地势和土壤情况来决定耕翻深浅："启原宜深，启隰宜浅。深以接其生气，浅以就其天阳。"这里所讲的"生气"、"天阳"，就是指土壤的水、肥、气、热等生态条件，是因地制宜的农业生态思想在土地耕作利用方面的体现。

二是冻土晒垡。明清时期，人们充分认识到冻土晒垡对于改善水田土壤生态以及防治病虫害具有重要意义。明末《沈氏农书·运田地法》："垦地须在冬至之前，取其冬月严寒，风日冻晒"，并强调垦地、倒地和刓地（中耕）时天气要晴好，不可"贪阴雨闲工"，春季倒地时"尤要老晴时节"。总的要求是垦倒刓等作业都要在老晴天气进行，而且稜畦整齐、层次分明，翻起的土块要全部能晒到。徐光启则对棉田土壤耕作有所总结：棉田以秋耕为良，获稻后即用铁搭垦翻，立茬越冬，经过冬季冻晒，促进土壤风化，来年春季就会"土脉润细"③。冻土晒垡除了可改善土壤生态以外，还有消灭病虫害的作用。《耕心农话·树艺法》说："凡种两熟稻者，冬天犁地深二尺余，庤水平田，听其冰冻"。土壤经过冰冻，"则高不坚土各，卑不淤滞，锄易松细，且解郁蒸之厉气，而害稼诸虫及子，尽皆冻死也。"通过冻土晒

---

① 陈恒力校释、王达参校：《补农书校释》上卷《沈氏农书》"运田地法"，农业出版社，1983年

② （清）包世臣：《齐民四术》

③ （明）徐光启：《农政全书》"蚕桑广类·木棉"

垡来改善土壤性状，防治病虫害，生态意义明确。

三是开沟作畦。江南水田上的"春花"生产和棉花及其他旱作栽培，需要采用开沟作畦的措施，这与南方地区的水田环境有关。《农政全书·谷部下》"麦"条："南方种大、小麦，最忌水湿，每人一日只令锄六分，要极细，作垄如龟背。"同书"木棉条"对种棉花的整地要求是作成畦畛，碎土绝细，畦阔沟深。将畦畛修成龟背状，可以改善田地排水性能，垄土易于保持干燥，这对于南方稻作区的麦棉及其他旱地作物种植有重要意义。《耕心农话·棉花考》说："平原作畦畛，两畦间一畎一畛，盖畎以泄水，畛以立脚。再舂畎土，加于畦背起脊，则不蓄水，而易于透风也。"可见古人早就认识到开沟作畦具有排水防涝，通风透气的作用，是江南地区植棉种麦的重要技术措施。与此相关，江南稻麦两熟区积累了不少因地制宜的开沟作畦经验。当地流传的"冬至垦为金沟，大寒前垦为银沟，立春后垦为水沟"的说法，就是对开沟"时宜"的概括。《补农书》还总结说："种麦又有几善。垦沟、锹沟便于早，早则脱水而墒燥，力暇而沟深，沟益深，则土益厚；早则经霜雪而土疏，麦根深而胜壅，根益深，则苗益肥，收成必倍。"另外，做好畦沟，不仅有利于小麦生长发育，而且为下茬水稻生产创造了良好条件，所谓"墒燥、土疏、沟深，又为将来种稻之利。"[1] 这些都反映出古人在水田耕作利用方面的生态思想。

若从农业生态角度分析，我国传统水田耕作充分借助和利用了干湿、冻融、暴晒、生物等自然松土力的作用，来改善土壤生态，提高土地利用率[2]。例如，在冬闲田耕作中，对冻融作用的利用："山川原隰多寒，经冬深耕，放水干涸，霜雪冻沍，土壤疏碎"。对暴晒作用的利用，"早田获刈才毕，随即耕治晒暴"，这样才能"熟土壤而肥沃之。"[3] 明末沈氏《农书》也把"棱层通晒"作为水田耕作的两大要求之一。在实际土地耕作过程中，人们还注意把冻融和暴晒结合起来，这样效果更好。元代王祯《农书》："下田晚熟，十月收刈才毕，即乘天晴无雨而耕之，节其水之深浅，常令块坡出水面，日暴雪冻，土乃酥碎"。沈氏《农书》也说："垦地须在冬至之前，取冬月严寒，风日冻晒"。这些都是对冻融和暴晒两种自然力的综合利

① （清）张履祥：《补农书》下卷"补农书后"

② 郭文韬等：《中国传统农业与现代农业》，中国农业科技出版社，1986 年，第 125 页

③ （南宋）陈旉：《农书》卷上"耕耨之宜篇"

用。与此相关，清代《补农书》认为："大寒冰雪，大暑烈日，俱能发土杀虫。"明确指出冰雪和烈日对改善土壤生态的作用。除上述自然作用以外，古人还发现根系较发达的绿肥作物能够起到松土作用，具有"生物耕作"能力。

第三节　有机肥的种类及其积制方法

"肥料"一词源于近代，中国古代称肥料为粪，如土粪、猪粪、羊粪等。甚至以植物作肥料也称粪，野生绿肥称草粪，栽培绿肥称苗粪，施肥称为粪田。今天所说的有机肥料一般都是利用动植物残体、动物排泄物等，在当地生产条件下积制而成的肥料，所以传统农业时代的农家肥即有机肥。中国农家肥施用历史悠久，肥料种类繁多，粪肥积制和施用经验丰富。"夫扫除之猥，腐朽之物，人视之而轻忽，田得之为膏润，唯务本者知之。所谓惜粪如惜金，故能变恶为美，种少收多。""田有良薄，土有肥硗，耕农之事，粪壤为急。粪壤者，所以变薄田为良田，化硗土为肥土也"①。中国农民能够将土地越种越肥，与其注重农田施肥有直接关系。当代农业以化学能源为基础，农业产量大幅度增长。但过度或不合理使用化肥、农药、除草剂等，又造成土壤质量严重下降，生态破坏，环境污染，农产品安全受到很大影响。中国传统农业以有机肥积制和施用为基础，注重物质循环利用的思想和技术经验，对于当今的有机农业建设具有重要借鉴价值。

一、常用农家肥的种类和来源

中国传统农业系统是"小而全"的结构单元，物质循环较封闭，几乎所有的废物和农副产品都被循环利用，以弥补农田养分输出的损耗。中国农田施肥肇始于商周时代，后来，人们在农业实践中积极探索，不断扩大肥源，肥料种类日益增多。

春秋战国时期，农民已普遍认识到多施粪肥可以增进地力，人畜粪尿、杂草、草木灰等都被用作肥料。秦汉时期，厩肥已很受重视，人们把"厚加粪壤"作为改良瘠薄土壤的重要手段。魏晋南北朝时期，农民又将旧墙土作为肥源，并开始栽培苕子、绿豆、小豆、胡麻等作为绿肥。宋元时期，

---

① （元）王祯：《农书》卷三"农桑通诀·粪壤"

一些无机肥料如石灰、石膏、硫磺等也开始用于土地改良。据统计，宋元时期的肥料有粪肥6种，饼肥2种，泥土肥5种，灰肥3种，泥肥3种，绿肥5种，秸稿肥3种，渣肥2种，无机肥5种、杂肥12种，共计约45种①。明清时期，是中国传统肥料发展达到顶峰，并在肥料结构上形成了明显特色。

1. 粪　肥

人粪、牛粪、骡马粪、驴粪、猪粪、羊粪、鸡粪、鸭粪、鹅粪、鸟粪、蚕屎等。粪肥是传统时代最易获得的肥料，也是农田施用最早和最广泛的肥料。战国秦汉时期，人们已很重视收集和利用人畜粪便，并想办法开辟粪肥肥源，圈肥和厩肥的施用已比较普遍（图7-6）。例如，中原地区普遍采用连厕圈，养猪积肥。人们还认识到人畜粪便施用前必须先经过腐熟，以提高肥效。汉代《氾胜之书》提到的"溷中熟粪"指的就是腐熟的粪肥。清代张履祥《补农书》说："人畜之粪与灶灰脚泥，无用也，一入田地，便将化为布帛菽粟。"这样的粪肥积制利用传统一直延续了数千年，对中国的土地改良、培肥以及农业持续发展贡献巨大。清代江南地区曾把这种粪肥积制与利用传统发挥到了极致。

图7-6　东汉拾粪图画像石（陕北）

据清初酌元亭主人的小说《掘新坑悭鬼成财主》描写，湖州乌程县义乡村有一穆太公，在自家门前修建粪屋（厕所）收集人粪尿，并用粪肥换钱，成了富足人家。清代江南人对粪肥收集利用的重视，曾给乾隆末年来华的英国人斯当东爵士留下了深刻的印象。他在访华见闻录中写道："中国人

① 中国农业遗产研究室：《中国古代农业科学技术史简编》，江苏科学技术出版社，1985年，第135页

非常注意积肥。大批无力做其他劳动的老人、妇女和小孩，身后背一个筐，手里拿一个木耙，到街上、公路上和河岸两边，到处寻找可以做肥料的垃圾废物"；"除了家禽粪而外，中国人最重视人的尿粪……中国人耙这种粪便积起来，里面挽进坚硬壤土做成块，在太阳下晒干。这种粪块可以作为商品卖给农民"；农民"在田地里或公路道边安放一些大缸，埋在地里，供来往行人大小便。在村庄附近或公路旁边有时搭一个厕所，里面安放粪缸。在缸里面随时把一些稻草放在上层，借以阻止蒸发消耗。"①

从上述故事和记录可以看到：在清代江南，看似无用的人粪尿很受重视。原因就在于土地连续耕种将会导致地力减退，而粪肥可以培养地力，增加农作物产量。实际上，古人很早就从生产实践中认识到了这一点，只是明清时期江南地区的粪肥积制和利用受到高度重视，以致出现了粪肥买卖现象。

另外，随时随处收集粪肥的现象已不局限于乡间田野，城镇的粪肥收集同样受到重视。城镇人口密集，而人多则粪多，粪多则肥多，肥多则谷多。徐光启在《农政全书》中说："田附廓多肥饶，以粪多故。村落中民居稠密处亦然"。但是城镇肥源分散，且距离田地较远，要把城镇里的粪肥送到田间，就得做好收集保存和运送的工作。

早在南宋时，杭州就已有专人收集和运送城市人粪。吴自牧说杭州"户口繁伙，街巷小民之家，多无坑厕，只用马桶，每日自有出粪人瀽去，谓之'倾脚头'。各有主顾，不敢侵夺。或有侵夺，粪主必与之争，甚者经府大讼，胜而后已"。吴氏还说："更有载垃圾粪土之船，成群搬运而去"②。到了明清，城镇人粪肥的收集、运输有很大改进。在收集方面，不仅有挑粪担的，沿街收集粪尿，而且城镇里的粪坑即公共厕所，往往租给乡下富农。现存徽州文书中，就有多个厕所租约。乾隆四十二年（1777年），史天宝租厕所一个，每年交租钱140文；史黑仍租厕所一个，厕屋椽瓦俱全，每年交莱菔头二秤③。清代中叶苏州还备有专船，"挨河收粪"，效果很好，因此包世臣建议南京亦仿效之，将所收之粪卖与农民。明清江南城镇分布广，水路运输方便，徐光启说江南"凡通水处多肥饶，以粪壅便故"。正是江南农民在粪肥积制和使用方面的努力，才使得这里成为富甲天下的鱼米之乡以及国

① （英）斯当东著，叶笃义译：《英使谒见乾隆纪实》，商务印书馆，1963年，第471页
② （宋）吴自牧：《梦梁录》，清嘉庆道光刻本，《知不足斋丛书》
③ 章有义：《明清及近代农业史论集》，中国农业出版社，1997年，第363－364页

家赋税的主要来源地。

2. 饼肥和糟渣肥

饼肥有菜籽饼、芝麻饼、棉籽饼、豆饼、乌桕饼、莱菔子饼、大眼桐饼、楂饼、猪干豆饼、麻饼、大麻饼等；糟渣肥包括豆渣、豆腐渣、糖渣、油渣、酒糟、醋糟等。饼肥和糟渣肥是指利用油料、粮食、果蔬等原料加工农产品，剩糟残渣被加工或制作成肥料，即形成饼肥和糟渣肥。

古人食用及照明都用植物油，油料作物种籽榨油后所得的油渣、油饼除充饲料外，必然有一部分用作肥料。陈旉《农书》所见之"麻枯"和王祯《农书》之"麻籸"，指的就是榨油后所得的麻子饼。饼肥不止麻枯一种，油料作物籽粒榨油后剩余的残渣压成的饼都是饼肥。饼肥由于含氮丰富、体小量轻、便于运输施用等优点，至明清时期成为重要的商品性肥料。对饼肥的肥效，成书于17世纪后期的《致富奇书广集》中有这样的记载："今江南用麻饼、豆饼压田，则多收。"当时人们还认识到饼肥"其力慢而不迅疾"，是迟效性肥料。现代肥料学研究表明，饼肥内所含的氮素主要为蛋白质形态，磷也以各种有机态存在，大都不能直接被植物吸收利用，必须经过微生物分解变成铵（或氨）态氮和无机磷酸盐后，才能被植物吸收，发挥肥效（表7－1）。所以饼肥是缓效肥料，一般宜做基肥。

表7－1　主要饼肥养分含量　　　　　（单位:%）[1]

饼肥	氮	磷	钾
大豆饼	7.00	1.32	2.13
棉籽饼	3.41	1.63	0.97
芝麻饼（麻饼）	5.80	3.00	1.30

3. 绿　肥

传统绿肥有苕草、苜蓿、绿豆、小豆、蚕豆、紫云英（翘摇）、大麦、小麦、胡麻、三叶草、梅豆、拔山豆、鳖豆、茅草、蔓菁、天蓝、红花、青草、水藻、浮萍等。中国农民很早就专门种植绿肥作物来肥田，其中豆科作物最常见。

---

[1]　大豆饼、菜籽饼为高氮饼肥，棉籽饼为低氮饼肥，见彭克明等：《农业化学》（总论），农业出版社，1980年

西晋郭义恭《广志》已有栽培苕草作绿肥的记载："苕草色青黄紫花，十二月稻下种之，蔓延殷盛，可以美田"。《齐民要术》"耕田"很看重豆科作物的肥田作用："凡美田之法，绿豆为上，小豆、胡麻次之，悉皆五、六月穊种，七、八月犁掩杀之，为春谷田，则亩收十石，其美与蚕矢、熟粪同。""种葵篇"："若粪不可得者，五、六月中穊种菉豆，至七月、八月犁掩杀之，如以粪粪田，则良美与粪不殊，又省功力。"这里所述的由"穊"到"掩"的时间，约当绿豆或小豆的盛花期，也是植物体养分最丰足的时期，及时穊青，可更好地发挥肥效（表7-2）。宋元以来，传统绿肥作物更加丰富。苏东坡还曾就苕子写过一首诗："彼美君家菜，铺田绿茸茸……春尽苗叶老，耕翻烟雨丛。润随甘泽化，暖作青泥融。始终不我负，力与粪壤同。"近代江南农民种植的大片紫云英（红花草）曾成为当地显著的生态景观。

表7-2　绿肥作物鲜草养分含量　　　　（单位:%）[1]

绿肥作物	氮	磷	钾
草木樨	0.52-0.56	0.07	0.42
毛果苕子	0.56	0.13	0.43
蚕豆	0.55	0.12	0.45
紫花苜蓿	0.56	0.18	0.31

南方地区也用红萍作肥料。光绪二十四年（1898年）《农学报》"各省农事述·浙江温州》记载："温属各邑农人，多蓄萍以壅田，养时萍浮水上，禾间之萍辄为所压，不能上苗，夏至时萍烂，田水为之变色，养苗最为有益，久之，与土化合，便为肥料，苗吸其液，勃然长发。每亩初蓄时仅一二担，及至腐时，已多至二十余担。"这是中国养萍肥田的最早文字记载，不过这项技术的发明和运用已有相当长的历史[2]。另外，古人还用"苔华"来肥田。《农政全书》作者徐光启特别留意前代文献中的"肥渍苔华"这句话，认为它讲的是"粪壤法"：今滨湖人漉取苔华，以当粪壅甚肥，不可不知"。这里所说的苔华显然是指水面漂浮的绿藻与蓝绿藻的共栖群落。蓝绿

---

① 据北京农林局：《农业常用数据手册》（1980年修订本）第191-196页相关数据整理

② 梁家勉：《中国农业科学技术史稿》，农业出版社，1989年，第507页

藻中，不少种类具有固氮作用，所以可当粪肥田。徐光启注意到"苔华"这种天然水生绿肥，所以，对它特别重视并做过细致观察，指出"苔华壅田，惟滨湖之北者乃可。"原因是南方夏季多东南风，苔乘风则聚集在湖的北岸。

4. 泥　　肥

泥肥指河泥、沟泥、湖泥、塘泥等。河塘中含有较多的肥分（表7－3），在疏浚河塘时把河塘中淤淀的肥泥挖起，要铺填到河塘附近的农田中去。王祯《农书》："泥粪，于沟港内乘船以竹夹取青泥，枚泼岸上，凝定，裁成块子，担去同大粪和用"。宋元时期，江浙水网地区的农民已创制了罱泥的工具，罱泥成为一项经常性的积肥活动。

表 7 – 3　泥肥养分含量　　　　　　　　　（单位：% ）①

泥　肥	氮	磷	钾
河　泥	0.27	0.59	0.91
塘　泥	0.33	0.39	0.34

明清时期江南地区粪肥紧缺，罱泥作肥更为普遍。清代咸丰《南浔镇志》记载："桑利圩泥，岁增高厚，瘠产化为膏壤"。《陈确集》文集卷十五"投当事揭"载："勤农贪取河土以益桑田，虽不奉开河之令，每遇水干，争先挑掘，故上农所佃之田必稔，其所车岸之水必深。盖下以扩河渠，即上以美土疆，田得新土，不粪而肥，生植加倍，故虽劳而不恤"。张履祥《补农书》说池塘中的淤泥可以用作桑、竹肥料："池中淤泥，每岁起之以培桑、竹，则桑、竹茂，而池益深矣"。钱泳则说："（浚池）为利无穷。旱年蓄水以资灌溉，水年藏水以备不虞，深者养鱼为利，浅者种荷为利；其地瘠者，每年以浊泥取污，既为肥田之利。"②。

浚池挖起的淤泥不仅可以改变土地过于卑湿的状况，而且可以改良土壤，增加土地肥力。这种培高了的土地，尤其适合于种植桑树。农谚有云："桑不兴，少河泥"。罱泥有助于改良桑地土壤结构，补充因水土流失、作物吸收等所造成的养分损耗。从自然生态习性来看，桑树适宜于干爽的土壤

①　据北京农林局：《农业常用数据手册》（1980 年修订本）第 191 – 196 页相关数据整理
②　（清）钱泳：《履园丛话》卷四

239

环境。如果桑地不添加罱泥，经过雨水冲刷，表土腐烂而流失，嫩根就不容易生发，老根也会露出地面，桑树就难以长得旺盛。

5. 土 肥

陈墙土、炕土、灶土、熏土、烧土、尘土。不论在南方还是北方，农民拆除旧居，改建新屋，拆下的陈墙土，必然运送到地里作为肥料。北方的火炕，农民往往会定期拆除，用作肥料。另外，人们发现炕土、灶土有肥效，还创造了熏土制肥的方法。王祯《农书》中曾提及"火粪"的烧制："积土同草木堆叠烧之，土热冷定，用碌碡碾细用之。"这种火粪可能是从炕土、灶土等发展而来的，与后世所说的熏土和烧土差不多。

6. 草木灰

草木灰含钾丰富，是过去经常施用的肥料之一。传统农业时期人们多以植物秸秆作燃料煮饭取暖，烧火后的灰烬被间接或直接投入田中，起到肥田作用。值得提及的是，过去北方人冬季一般睡火炕，每年烧炕要产生大量草木灰，这些草木灰会被从炕洞里掏出来作为肥料。清屈大均在《广东新语》卷5"食语"中解释了草木灰肥田的"机理"："苗以阳火之气而肥，以烧畬所以美稻粱也。大抵田无高下皆宜火。火者，稻秆之灰也。以其灰还粪其禾，气同而性合，故禾苗易长。农者稻食而秆薪，以灰为宝。灰以粪禾及吉贝（棉花）、蔗、萝卜、芋薯之属，价少而力多，自然之利也。"

7. 骨 肥

将畜禽鸟兽鱼类等动物骨骼用火烧之后，捣成碎屑，便制成了骨肥，这类肥料含磷较丰富。明末江西人宋应星在《天工开物》中说："插秧时用骨灰蘸秧根"。《徐光启手稿》也记载："江西人壅田，或用石灰，或用牛、猪等骨灰，皆以篮盛灰，插秧用秧根蘸讫插之"。可见用骨灰作肥料，当是明代中叶前后江西农民创始的。江西农民制骨灰是将猪、牛骨烧红时取出浸入粪缸中，然后取出捣碎，研制成粉末。这样制成的骨肥应当是看作是一种磷肥，它比汉代的煮骨汤作肥有进步。动物骨骼中的磷素是以磷酸三钙存在的，磷酸三钙不溶于水，用兽骨煮的汤汁中不含磷素，所以《氾胜之书》记载用兽骨汤汁溲种肥效不明确，江西人用骨灰蘸秧根才有施磷肥的功效。

8. 无机肥

石灰、石膏、食盐、卤水、硫磺、砒霜、黑矾等。南宋陈旉《农书》"耕耨之宜篇"最先提到水田施用石灰："将欲播种，撒石灰淤漉泥中，以去虫螟之害。"元代王祯《农书》"农桑通诀"："下田水冷，亦有用石灰为粪，则土暖而苗易发。"施用石灰的主要目的，在于中和水田土壤中的酸度。其他无机肥如石膏、食盐、硫磺也应有调整土壤组分、改善土壤性状的作用。在一些地方志中，也记载了农民用石灰改良酸性土壤的经验。

9. 杂　肥

畜毛禽羽、鱼头鱼脏、泔水、稿秸、谷糠、豆壳等。王祯《农书》已提到："凡退下一切禽兽毛羽亲肌之物最为肥泽，积之为粪，胜于草木"，这些"亲肌之物"，便是杂肥的一种。实际上这里的杂肥就是将有机生活垃圾积制成肥料，循环利用。

二、传统有机肥的积制方法

1. 农家肥的堆沤熟化

传统农业强调施用熟粪，而生粪要经过堆积沤制才能变成熟粪。西汉《氾胜之书》中已多次提到"溷中熟粪"，元代王祯《农书》"若骤用生粪，及布粪过多，粪力峻热，即烧杀物，反为害矣。"认为生粪不经"堆沤"，直接大量施入田地中，反而对作物有害。堆沤有机肥的原料很多，主要以人畜粪便、农作物秸秆、树木落叶、青草、绿肥、垃圾、河塘泥等为主。传统时代的农民都懂得粪肥经过堆沤之后，才能施入田中，这样既能更好地发挥肥效，还能减少病虫害的发生。为了加快腐熟，并避免堆沤时丧失养分，人们想了不少办法。明清文献所见之"蒸粪法"、"煨粪法"和"窖粪法"，实际上都是加快农家肥腐熟的积制方法。据明代袁黄《宝坻劝农书》"粪壤"篇记载，可在冬天地气回暖时挖深潭聚粪，封闭沤熟；或在空地建茅房，凡粪尿、灰土、垃圾、糠粃、藁秆、落叶皆可堆积其中，以土覆盖，关闭门户，使之在屋内发热腐熟，所得熟粪又称"蒸粪"。

2. 北方厩肥"踏粪法"

北魏贾思勰《齐民要术》最先记载了"踏粪法"："凡人家秋收治田后，场上所有穰、谷积等，并须收贮一处。每日布牛脚下三寸厚，每平旦收聚堆积之；还依前布之，经宿即堆聚。计经冬一具牛，踏成三十车粪。"可见踏粪法就是将垫圈与积肥相结合，使牲畜粪便与秸秆、谷糠等混合起来，经牲畜踩踏形成厩肥。清代山东人孙宅揆的《教稼书》也将垫圈同积肥相结合，提出"造粪法"，详细介绍各种牲畜粪肥的积制方法。关于养牛积肥，书中说："夏日有草时，每日苅青草置牛脚下，微洒以水，草上垫土，使牛践踏。草经牛踏，又著粪腐烂，俱成好粪。冬日锄地边干草，土垫之，不用洒水，粪亦不用出，常匀之使平而已。依法行之，每年一牛可行好粪二十车，且牛不受暑温严寒之伤，瘟疫之灾可以永绝。"北方地区的野草是很好的牲畜饲料，一般用于饲喂猪马牛羊，这里直接将青草和干草垫入牛圈积肥，似不多见。

3. 南方的粪窖沤泡法

南方农家过去常用利用粪窖沤泡积制肥料。很多农家肥在施用之前，必须进行加工处理，使其腐熟，增加有机质含量，而窖肥积制就是一种方便易行的办法。陈旉《农书》在"种桑之法篇"说："于厨栈之下，深阔凿一池"，用以沤肥。陈旉《农书》"粪田之宜篇"还提到了"粪屋"："凡农居之侧，必置粪屋，低为檐楹，以避风雨飘浸。且粪露星月，亦不肥矣。粪屋之中，凿为深池，以砖甃，勿使渗漏。""粪屋"可以积粪保肥，粪屋中的粪池则可以起到沤泡粪肥，促其腐熟的作用。王祯《农书》指出："南方治田之家，常于田头制砖槛，窖熟而后用之，其田甚美"，他讲的也是沤肥。他还把南方的沤肥方法向北方推荐说："北方农家亦宜效此"。可见沤肥是宋元以来江南农家常用的粪肥积制方法。

清代吴人奚诚《耕心农话》（1852年）记载了当地的窖粪法，"人粪虽肥而性热，多用害稼，暴粪尤酷。故于秋冬农隙时，深掘大坑，先投树叶、乱草、糠秕等，用火煨过，乘热倒下粪秽垃圾，令其蒸透，方以河泥封面，谓之窖粪。来春用此垫底下种，则（棉）花、（水）稻之精神，都在蕊穗之上"[①]。据说这样处理能使农作物"加倍起发"，实际上是通过加热密封，促进粪肥腐熟和养分释放，增加速效性成分。此外，奚诚还提出一种"煨粪法"："如窖粪不及备而用热粪者，其法将柴草、砻糠作堆，用火煨过半，以稠粪拌泥覆之，令其中外蒸透，以解郁毒而滋生发也。"这两种方法，都是为了加速粪肥腐熟，以提高肥效并杀灭病菌，相当于前面所说的堆沤"蒸粪"法。

4. 明清时期的复合有机肥制作

为了克服农家肥体积大、养分浓度低、肥效缓慢等缺点，提高肥效，明清时期已有了研制"浓缩肥料"和"复合肥料"的思想，煮粪法和粪丹法就是典型例子。

煮粪法。明代袁黄（号了凡）《宝坻劝农书·粪壤》记载："煮粪令熟，壅田，其利百倍。每粪各入骨同煮，牛粪用牛骨，马粪用马骨，人粪则入发

---

① （清）奚诚：《耕心农话》正集《种法》，光绪五年刻本

少须（许）代之。先将区田孔内土晒极干，惟极干则不畏旱矣。将鹅黄草、黄蒿、苍耳子草三味烧灰，同前干土拌熟粪。晒极干，又洒熟粪水。又晒极干，运纳孔内，下种，上用些微粪土盖之。亲尝试验，凡依法布种，则一亩可收三十石；只用熟粪不用草灰，可收二十余石；凡不煮粪不用草灰者，其收皆如常。"袁黄设计的"煮粪法"即把粪便放入大锅，加进人发或动物骨头，一起熬煮。然后取一些田土晒极干，加鹅黄草、黄蒿、苍耳子所烧成之灰，拌合煮熟之粪，晒极干，又洒熟粪水再晒干，即得浓缩肥料。袁氏还称曾亲自试验，增产效果很好。后来徐光启引述并改进了袁黄的"煮粪法"。

粪丹法。徐光启曾抄录前人传下的"粪丹"法并有所改进。如王淦秋"粪丹"法："干大粪三斗；麻（或麻饼）三斗，如无，用麻子黑豆三斗，炒一、煮一、生一；鸽粪三斗，如无，用鸡鹅鸭粪亦可；黑矾六升；槐子二升；砒信五觔（斤）。加工方法是：用猪脏二副或一副（牛羊之类皆可，鱼亦可），挫碎，将退猪水或牲畜血，不拘多寡和匀一处，入坑中或缸内，泥封口。夏月日晒沤发三七日余，用顶口火养三七日，晒干，打碎为末，随子种同下，一全料可上地一顷，极发苗稼。"[①]

可见"粪丹"法是一种制作复合种肥的方法。徐光启还在前人的基础上，改进了粪丹的配制方法。他说，这种肥料在下粪之后不能立即浇水，而要等到三天之后，否则会烧伤幼苗。粪丹的成分既包括植物性有机肥料如豆饼，又包括无机肥料，还包括动物性有机肥料如鸟兽内脏等，养分浓度较高，可看作是一种混合肥。因为加入了砒信和硫磺，这种肥料应具有杀虫功效。只是配置过程较繁琐，原料要求也比较奇怪，推广应用有困难，但这种探求肥料制作新技术的努力，是值得肯定的。

5. 明清时期农家肥积制经验的总结

明清时期肥料种类增加，积制技术也更加完善。明末江苏吴江人袁黄《宝坻劝农书·粪壤第七》曾就堆肥的积制方法加以归纳，指出"其制粪亦有多术，有踏粪法、有窖粪法、有蒸粪法、有酿粪法、有煨粪法、有煮粪法，而煮粪为上"，涉及的肥料积制方法有六种之多，并对其具体积制要点详加叙述。清代陕西关中人杨屾在《知本提纲·农则》中，提出粪肥"酿造有十法之详"，把粪肥积制说成是"酿造"，可见对积肥过程和方法有新认识，杨屾的学生郑世铎就此解释说：

---

① 《徐光启手迹》"农政全书手札"，中华书局，1962 年

"酿造粪壤，大法有十：

一曰人粪，乃谷、肉、果、菜之余气未尽，培苗极肥，为一等粪。法用灰土相合，罨热方熟，粪田无损。每亩可用一车，自成美田。若即于便窖用小便罨熟，名为金汁，合水灌田，亦可肥美。又或单用小便，罨臭浇田，亦可强盛。

一曰牲畜粪，谓所畜牛马之粪。法用夏秋场间所收糠穰碎柴，带土扫积，每日均布牛马槽下，又每日再以干土垫衬；数日一起，罨过打碎，即可肥田。又勤农者于农隙之时，或推车，或挑笼，于各处收取牛马诸粪，罨过亦可肥田。又凡一切鸟兽之粪及蚕沙等物，收积俱可肥田。

一曰草粪，凡一切腐薰、败叶、菜根、无子杂草及大蓝渣滓，并田中锄下杂草，俱不可弃。法用合土窖罨，凡有涤器浊水、米泔水及每日所扫秽恶柴土，并投入其中罨之；月余一起，晒干打碎，亦可肥田。凡春夏所长嫩草，获来锉碎，耕时撒于垄中，犁土掩盖，亦可肥田。

一曰火粪，凡朽木腐材及有子蔓草，法用合土层叠堆架，引火烧之；冷定用碌轴碾碎，并一切柴草之灰，以粪水田最好。旱田亦可用。又如炕土、墙土，久受日火熏炼，膏油外浮，亦可肥田。又水田稻谷已收，即将稻草焚烧田中，亦可肥田。又硝土扫积，亦可肥田。

一曰泥粪，凡阴沟渠港，并河底青泥，法用铁锹转取，或以竹片夹取，置岸上晒干打碎，即可肥田。

一曰骨蛤灰粪，凡一切禽兽骨及蹄角并蚌蛤诸物，法用火烧黄色。碾细筛过，粪冷水稻秧及水灌菜田，肥盛过于诸粪。

一曰苗粪，凡杂粪不继，苗粪可代。黑豆、绿豆为上，小豆、脂麻、葫芦芭次之。法用将地耕开，稠布诸种，伺苗高七八寸，犁掩地中，即可肥田。

一曰渣粪，凡一切菜子、脂麻、棉子，取油成渣，法用碾细，最能肥田。

一曰黑豆粪，法将黑豆磨碎，置窖内，投以人溺罨极臭，合土拌干，粪田更胜于油渣。凡麦粟得豆粪则秆劲不畏暴风，兼耐久雨久旱。如多不能溺罨，磨碎亦可生用。

一曰皮毛粪，凡一切鸟兽皮毛及汤浸之水，法用同罨一处，再投韭菜一握，数日即腐，沃田极肥。若猪毛皮渣，罨稻根下，更得数岁长旺。以上十法，均农务之本，甚勿狃于故习而概弃其余也。"

上述"酿造粪壤"的十大方法，是对明清时期中国传统的肥料种类和相关积制方法的全面总结。其中涉及的肥料种类主要是有机肥，对积制过程和措施的交代都比较详细。需要注意的是，在有机肥积制方法中，郑世铎经常提到"罨"。这里的"罨"显然是指将粪肥堆积并掩盖起来，让其发酵腐熟的意思，与文中的"酿造"一词含义相近。

第四节 因物施肥的经验

经过堆沤而腐熟的农家肥料，可用作追肥，也可用作种肥或基肥。基肥是结合耕田整地时所施的肥料，种肥是播种时施用的肥料，追肥是作物生长期施用的肥料。古代农民对粪肥施用十分重视，强调"用粪得理"，对用粪量、施肥早晚以及施肥方法都有讲究。陈旉《农书》提出"粪药"的理论，即用粪如同用药，还提出施肥的"三宜"原则。以下是几种主要农作物的传统施肥技术，水稻"看苗施肥"即"望田头"等传统经验所包含的生态思想很值得关注。

一、水稻施肥

1. 水稻秧田施肥

宋代陈旉《农书·善其根苗篇》总结了江南地区育秧整地的经验："今夫种谷必先修治秧田，于秋冬即再三深耕之，俾霜冻冱。土壤酥碎，又积腐稿败叶，划剃枯朽根荄，遍铺烧治，即土暖且爽，于始春又再耕耙转，以粪壅之，若用麻枯（芝麻饼）尤善。"江南人很早就注意秧田整地过程中的培肥问题。南方水稻秧田多用河泥铺面，至明清时期在秧田中施用河泥已较普遍。《稼圃初学记》甚至提出把肥鱼塘直接作秧田："有肥鱼塘作秧，则不须肥粪，而秧更好。"秧田面积一般不大，全部铺上河泥，用工不多，简单易行。可见，用于秧田的肥料，有河泥、人畜粪尿、饼肥、草木灰等各种有机肥。

2. 水稻施基肥最为要紧

明代《宝坻劝农书·粪壤第七》说，善于耕作者注重基肥的施用，"化土则用粪于先，而使瘠者以肥；滋苗则用粪于后，徒使苗枝畅茂而实不繁。"认为基肥还有改良土壤的作用。明末《沈氏农书·运田地法》中指出："凡种田总不出'粪多力勤'四字，而垫底尤为要紧。垫底多，则虽遇大水，而苗肯参长浮面，不至淹没；遇旱年，虽种迟，易于发作。"南方人把"基肥"称为"垫底"、"坐兜"、"胎肥"等；把追肥叫作"接力"、"托腰"等。

沈氏还强调施用基肥应该结合深耕来进行："古称'深耕易耨'，以知田地全要垦。切不可贪阴雨闲工，须要老晴天气。二三层起深，每工止垦半亩，倒六七分……若壅灰与牛粪，则撒于初倒之后，下次倒入土中更好。"[①]据研究，"二三层起深"是指在垦翻过的原址上再补充垦翻一两次，总耕深可达一尺多[②]。对深耕的好处，沈氏的解释是："深则肥气深入土中，徐徐讨力，且根派深远，苗干必壮实，可耐水旱。纵接力薄，而原来壅力可以支持；即再多壅，譬如健人善饭，量高多饮，亦不害事。"

现代作物栽培学研究表明，基肥可调节水稻整个生长发育过程的养分供应，一般应施用肥效持久、迟效性的有机肥，如厩肥、堆肥、草塘肥和绿肥等。沈氏用作水稻基肥的主要有：磨路（牛粪或发酵过的牛粪）、猪灰（猪厩肥）、坑灰（人粪尿）、河泥、草泥（草塘泥）等，除坑灰之外，大都是迟效性的。传统农业时代基肥施用量较大，约占总施肥量的一半以上，沈氏强调深施迟效性的厩肥作水稻基肥，是符合科学道理的。

3. 水稻看苗追肥

水稻必须施用基肥，追肥也不可少。追肥是在作物生长期间施用的肥料，以速效肥为主，以及时满足作物对营养的需要和补充基肥的不足，所以追肥时机的把握非常关键。古人认为，水稻抽穗前稻苗颜色变黄时，追肥越多越好。《沈氏农书·运田地法》："到了立秋，苗已长足，壅力已尽，秆必老，色必黄，接力愈多愈好。"水稻追肥是很难掌握的技术，施少了产量不高，施多了则引起徒长倒伏，所谓"盖田上生活，百凡容易。只有接力一壅，须相其时候，察其颜色，为农家最要紧机关。"[③]沈氏指出当时水稻追肥的问题是："无力之家，既苦少壅薄收；粪多之家，每患过肥谷秕，究其根源，总为壅嫩苗之故。"通过长期观察，沈氏提出看苗色施追肥的方法。其具体做法是："下接力，须在处暑后，苗做胎时，在苗色正黄之时。如苗色不黄，断不可下接力；到底不黄，到底不可下也。若苗茂密，度其力短，

① 陈恒力校释、王达参校：《补农书校释》上卷《沈氏农书》"运田地法"，农业出版社，1983 年

② 陈恒力、王达：《补农书研究》，农业出版社，1961 年

③ 陈恒力校释、王达参校：《补农书校释》上卷《沈氏农书》"运田地法"，农业出版社，1983 年

候抽穗之后，每亩下饼三斗，自足接其力。切不可未黄先下，致好苗而无好稻。"

施追肥时沈氏强调一个"黄"字，是因为稻株内的碳水化合物在幼穗分化之前主要贮积在叶片中，从幼穗形成开始，就从叶片较多地转移到叶鞘。到孕穗前，养料的积贮中心是叶鞘，后期则从叶片和叶鞘向茎秆输送，以满足抽穗开花和灌浆的需要。抽穗前叶片落黄，说明养料运转顺利。如果抽穗开花时该黄不黄，叶色乌黑，表明叶片中氮素含量仍很高，碳水化合物都被消耗于蛋白质和叶绿素的合成方面，向茎、穗输送的物质减少，碳氮的代谢被扰乱，使稻穗养料不足，"致好苗而无好稻"，秕谷增多。如不落黄还再施肥，就可能引起徒长倒伏。这种落黄生态的观察要凭借长期的经验积累，施肥的技术、分量也很有讲究，所以农谚形容其"有钱难买"。20 世纪六七十年代，江苏著名农民水稻专家陈永康总结的水稻"三黑三白"栽培法，应是对古代看苗施肥法的继承和发展。

另外，稻田施基肥和追肥都要注意时机的把握，不可过早，也不可过迟。清代康熙二十七年（1688 年）《乌青文献》卷 3 "农桑"记载："粪不可太早，太早而后力不接，交秋多缩而不秀。春初先罱河泥以草罨而腐之，临种担以作底，其力虽慢而长，伏暑时，稍下灰或豆饼（亦有用菜饼、麻饼者），其力慢而不迅疾，立秋后始下大肥壅，则力倍而穗长矣。计其值与菜相当，否则收必薄也。"

4. 水稻施肥有程序要求

清末《松江府志》曾说吴松地区的水稻每季都要施用三次肥料："上农用肥三遍，头遍用红花草、紫云英等绿肥，二遍用农家肥，三遍用豆饼，还用河泥等"[①]。后来《松江府续志》对这种施肥方式做了较为详细的阐述：

"肥田者俗谓膏壅，上农用三通。头通红花草（紫云英）也，于稻将成熟之时，寒露前后田水未放，将草子撒于稻肋之内，到斫稻时草子已青，冬生春长，三月而花，蔓衍满田，垦田时翻压于土下，不日即烂，肥不可言。谚云：种田种到老，不要忘记草。然非上等高田，不能上草，（撒草后，遇雨，田中放水，则草子漂去；冬春雨雪，田有积水，草亦消萎）草子亦亩须四五升。二通膏壅多用猪践，先以稻草灰铺匀于猪圈内，令猪践踏搅和而成者，每亩须用十担。三通用豆饼，（出关东者为大饼，个重六七十斤，从

浒关来为囊饼，个重二十四斛，用大钁刨下，敲碎撒于田内），亩须四十五斛"①。

这是基肥与追肥结合，迟效肥与速效肥结合的一套比较完整的水稻施肥体系，是对传统"三宜"施肥理论的继承和发展。

二、小麦施肥

从汉唐开始，小麦逐渐成为北方地区的主要粮食作物，小麦尤其是冬小麦的栽培积累了丰富的经验。一般而言，小麦栽培包括整地、施肥、播种、镇压、灌溉、中耕管理、收获和碾打等技术环节。施肥可以提高麦田地力，还可以以肥调水，抗旱保墒。

传统时代北方地区的小麦施肥以基肥为主，很少用追肥。施肥时期在秋耕以前，底肥多用土粪（圈厕肥），富裕农家也有用饼肥的。不过古人种麦似乎更讲究整地即土壤耕作，试图通过精细的整地措施为小麦生长创造良好的环境，为小麦施基肥多是结合土地整理进行的。传统农谚说"麦收胎里富"，但古代北方地区关于小麦施肥经验的记载并不多见，且多集中在种肥和绿肥的使用方面。汉代《氾胜之书》已提到"以酢浆并蚕矢"拌麦种，可令麦耐旱忍寒。元代《农桑衣食撮要》说："古人云：'无灰不种麦'……以灰粪匀拌密种之。"明代《群芳谱》指出麦种以"棉子油拌过，则无虫而耐旱"。这些讲的都是种肥的使用，目的在于防虫抗旱。元代《农桑衣食撮要》及明代《群芳谱》提到麦田内先种绿肥，耕翻后再种麦，可以提高产量。这应是麦田种绿肥作底粪的经验。

南方地区唐代种麦已较普遍，这里以水田为主，往往实行稻麦轮作，所以种小麦的关键在于防水防涝，用排水沟中的淤泥肥田。《农政全书》卷26《树艺·谷部下·麦》记玄扈先生曰："南方种大小麦，最忌水湿，每人一日，只令锄地六分，要极细，作垄如龟背……冬月，宜清理麦沟，令深直泻水，即春雨易泻，不浸麦根。理沟时，一人先运锄将沟中土耙垦松细，一人随后持锹，锹土，匀布畦上。沟泥既肥，麦根益深矣。"这里徐光启强调利用沟泥，因为沟泥不仅是很好的肥料，而且还可以给小麦培土，使根系深入土壤。又"种大麦，早稻收割毕，将田锄成行垄，令四畔沟泻通水。下种，

---

① 光绪九年（1883 年）《松江府续志》引姜皋《浦泖农咨》，此处删去了头通有关罱泥壅田的注解

以灰粪盖之。谚云：'无灰不种麦。'须灰粪均调为上。"意思是说种大麦时，草木灰不可缺少，而草木灰和粪肥配合使用效果会更好。这一稻田种麦方法见于唐代《便民图纂·耕获类·种大麦》，明代徐光启加以收录，似乎说明它是南方水田种大麦施肥的传统。

另外，南方地区还吸收北方种麦经验，在大小麦施肥方面有新体会。南宋陈旉《农书》说种麦要多次施用追肥，"屡加粪锄转"、"宜屡耘而屡粪"。元代王祯《农书》指出"江南水地多冷，故用火粪，种麦种蔬尤佳"，即因地制宜，用烧制的土杂肥来改善土壤的湿冷性状，种麦种菜。麦子施肥还讲求因物制宜，包世臣《齐民四术》说"小麦粪于冬，大麦粪于春社，故有大麦粪芒，小麦粪桩之谚"。明末清初张履祥《补农书》则对江南种麦施用种肥和追肥的经验有详细记载：

"壅麦之法，略与梅豆相似。但豆只需撒灰，麦则灰粪兼用。麦根直下而浅，灰粪俱要着根而早壅，方有益，壅泥亦然……余至绍兴，见彼中俱壅菜饼，每亩用饼末十觔。俟麦出齐，每科撮少许。遇雨一次，长一次。吾乡有壅豆饼屑者，更有力。每麦子一升，入饼屑二升。法与麦子同撮，但麦子须浸芽出者为妙。若干麦，则豆速腐而并腐麦子。近年人工既贵，偷惰复多。浇粪不得法，则不若用饼之工粪两省。但撮饼屑，须要潭深而盖土厚，否则虑有鸟雀之害。惟田近民居，则防鸡损。及种麦秧，则不得已而用粪耳。乡居稻场及猪栏前空地，岁加新泥，而刮面上浮土，以壅菜盖麦，最肥有力。"[1]

书中搜集和总结了嘉湖以及绍兴地区用豆饼屑、菜籽饼作小麦种肥以及用草木灰和肥土为小麦追肥的经验。

三、油菜施肥

徐光启《农政全书》卷28记载了"吴下人种油菜法"，主要内容是如何给油菜施肥。

"先于白露前，日中锄，连泥草根晒干成堆，用穰草起火，将草根煨过。约用浓粪，搅和如河泥。复堆起，顶上作窝，如井口。秋冬间，将浓粪再灌三次。此粪灰泥，为种菜肥壅也。到明年九月，耕菜地再三，锄令极细，作垄并沟，广六尺……用前粪灰泥，匀撒土面，然后将菜栽移植。植之

---

[1] （清）张履祥：《补农书》下卷（六）"壅麦之法"

明日，粪之。地湿者粪三水七，干者粪一水九。如是三四遍，菜栽渐盛，渐加真粪。冬月再锄垄沟，沟泥锹起加垄上，一则培根，一则深其沟，以备春雨。腊月，又加浓粪生泥上。春月冻解，将生泥打碎。正二月中，视田肥瘦燥湿加减，加粪壅四次。"总计在基肥之外，追肥有八九次之多，一般产量是"中农之入，亩子二石，薪十石"。

这样的种油菜法，施肥措施相当精细，产量自然会提高。种油菜的基肥用的主要是焦泥，追肥主要用粪肥和生泥，粪肥还有水粪和浓粪之分。基肥和追肥的合理搭配，能满足油菜不同生长期对肥料的需求，为油菜高产提供了保证。徐光启在油菜籽的产量之外，还说能收"薪十石"，注意到油菜籽加油菜茎叶（薪）代表油菜同化太阳能的总生物量，这是一个很重要的认识。因为种子以外的薪，可以作蚕簇、燃料、肥料，最后都归还到田里。

四、棉花施肥

宋元时期，中国的棉花种植逐渐普及，棉花栽培和加工技术有了很大进步，在棉花推广过程中还出现了关于风土条件即棉花生态适应问题的讨论。明清时期，由于农业商品经济的刺激，上海松江一带成为著名的棉区。适应棉花商品生产的需要，棉花栽培技术进一步完善。徐光启详细总结了其家乡松江地区的棉花栽培技术，其中提到棉田施肥的"草壅法"和有效利用泥肥的方法。

草壅法："有种晚棉，用黄花苕饶草（这里指黄花苜蓿）底壅者；田拟种棉，秋则种草；来年刈草壅稻，留草根田中，耕转之。若草不甚盛，则别壅。欲厚壅，即并草罨覆之。或种大麦、蚕豆等，并罨覆之，皆草壅法也。草壅之收，有倍他壅者。"[①] 是指种一季绿肥做棉花的基肥，实行棉花与绿肥轮作。在草壅法中，除了蚕豆和黄花苜蓿以外，大麦也可以作为棉花基肥的绿肥。徐光启介绍了"旧传早种棉花一法"："拟种棉地，先耕地，种大麦，并麦苗掩覆之，耙盖下种。"据现代肥料学知识，一切绿色植物，包括豆科或非豆科植物，均含有丰富的有机质和氮素，翻埋绿肥能增加土壤有机质含量。

徐光启还提倡"深沟高畦"，以便有效利用泥肥的棉田施肥法。他说："姚江之畦有沟，最良法。""其为畦：广丈许，中高旁下，畦间有沟，深广

---

① （明）徐光启：《农政全书》卷第三十五"蚕桑广类·木棉"

各二三尺。秋叶落积沟中烂坏，冬则就沟中起生泥壅田。"徐光启所说的生泥还包括从别处罱取的河泥，提出要"罨蒸去热"，即生河泥要充分风化。"生泥者，或开挑沟底，或罱取草泥。罨蒸去热，此种最良。"这样做的好处是，沟里有棉地冲刷下来的泥土和养分以及各种植物的残体，冬季还可以从别处罱取河泥积于沟中，为棉花提供基肥。泥肥肥效长，有利于均衡地供给棉花生长的养分。

第八章　传统农区的种养结合与物质循环利用

中国传统农业的重要特点是以粮食生产为中心，将种植业与养殖业结合起来，实行综合经营，并因地制宜，创造了各种各样的综合经营技术模式，如粮畜互养、粮桑结合、粮林牧桑渔结合、稻田养鱼养鸭、桑基鱼塘，等等。实际上，种养结合与农牧结合有联系，也有一定区别。从内容上看，前者讲的是种植与养殖的关系，后者讲的是种粮与养畜的关系，前者的内容更为宽泛。从涉及的地域范围看，前者主要是指农区内部种植业与养殖业之间的关系，其中不仅包括种粮与养畜，还包括栽桑养蚕、稻田养鱼养鸭、桑基鱼塘等。后者涉及的地域则比较广阔，既涉及农业区，也涉及畜牧区。从生态学视角看，农区种养结合的关键在于人畜粪尿、作物秸秆、生活垃圾等作为肥料还入田中，并用农副产品饲养家畜，形成农业资源"来之于土，归之于土"的自然循环，在实现经济效益的同时，还具有明显的生态效益。历史时期农牧之间的消长进退及交错迭移，曾对中国社会历史发展带来了巨大影响。以往人们关注的多是历史上的农牧结合问题，而对种养结合较少提及，所以探讨传统农区的种养结合问题很有必要。

第一节　种粮为主，以农养牧

中国农业很早就确立了以农为主、农林牧副渔多种经营的自然经济形态，这里的农业主要是指粮食生产。各个地区自然环境和社会条件不同，以农为主、综合经营的具体形式、规模大小也会有所不同，其中以粮食生产为主，以农养牧、农牧结合是最基本的综合经营形式。这主要表现在农业为牲畜饲养提供饲料，牲畜饲养为农业提供粪肥，形成物质循环利用的生态关系。早在战国时代，孟子就描绘了农业社会的理想生活，"五亩之宅、树之以桑，五十者可以衣帛矣；鸡豚狗彘之畜，无失其时，七十者可以食肉矣；

百亩之田，勿夺其时，数口之家可以无饥矣"①，其中包含了明显的种养结合思想。

一、以粮食生产为主的食物链原理

狭义农业是指粮食种植业，中国传统农业始终以粮食生产为主，这与中国的土地资源环境和社会经济条件都有关系。中国传统农业以个体农户为经营单位，五口或八口之家一般占有土地二三十亩，经营规模小，以满足自身消费为基本目的。在人口增长、赋税负担沉重的情况下，只有通过辛勤劳作，竭力增加粮食生产，并把生产、生活支出降至最低限度，以维持基本生计。应该说，这样的选择有社会历史因素，也符合生态原理。

《欧美农业史》一书的作者说过："即使上古的人，也指导精心守护的田地，能够比不精心守护的田地多养活几个人；或是同一块地，栽种作物可以比用作牧场时多产些食物。"② 在中国，一般农户土地有限，五谷产量很低，常常连人也难以维持温饱，何以用粮食去饲养家畜，或用土地去种植饲料。中国农民已在长期的生存斗争中体悟出精耕细作、种植五谷的理由，并据此理性地选择自己的生产和生活方式，这对中国文明进程和文化性质的影响十分深远。

从生态系统角度来看，能量流动的一个重要途径是食物链。食物链是指在生态系统中，各种生物群体之间通过食物营养关系彼此联结的序列，食物链上不同营养类型的生物（植物、草食动物、小型肉食动物、大型肉食动物等）称为不同的营养级。每一级在能量转化过程中均有大量的能量以热的形式散失到生态系统之外。这样从低到高每经过一个营养级，其能量流的数量必将逐级递减，并形成金字塔状态分布，这一状态便称为生态金字塔。

据研究，生物量从绿色植物向食草动物、食肉动物等按食物链的顺序在不同营养级上转移时，有稳定的数量级比例关系，通常后一级生物量只等于或者小于前一级生物量的1/10。而其余9/10由于呼吸，排泄，消费者采食时的选择性等被消耗掉。这种必然的定量关系也叫"十分之一定律"，是由美国生态学家林德曼（R. L. Lindeman，1915—1942 年）提出来的。该定律说明，在生态金字塔中，每经过一个营养级，能流总量就减少一次。即在食

① 《孟子·梁惠王上》

② N·S·B·Gras 著，万国鼎译：《欧美农业史》，商务印书馆，1935 年

物链中，植物→草食动物→小型肉食动物→大型肉食动物→人类，每提高一个营养级，其能量只能是前一级的1/10。食物链越短，消耗于营养级之间的能量就越少，缩短食物链，就能供养较多的人口。

人类的种植和养殖技术虽然能将能量的转化率提高到1/10以上，但就整体而言，这种逐级减少的趋势是不可改变的，因此从农牧业发展和生态保护的角度来考虑人地关系问题就显得很重要。以粮食为主的食物结构，节约了以植物性食物转化为动物性食物中能量与物质的损失，以植物性食物为主的社会要比以动物性食物为主的社会多养活几倍人口。这应是中国传统农业以粮食生产为主导的生态原因，另一方面这也许是中国长期以农立国，文明持久不衰的原因。粮食种植系统的发展和发达为供养更多的人口提供了基础，人口数量增长导致的更多食物需求又将这种劳动集约型的粮食农业推进到更为广阔的范围。

中国历史的发展还表明，传统社会生产力落后，农业技术进步缓慢，天灾人祸频仍，而粮食种植业以其物质投入少、生产周期短等优势使得个体农户具有顽强的生存和再生能力，这在抗灾救荒、恢复生产的过程中发挥了重要作用。"小农经济一锄、一镰（或者再加上一犁，不是家家都有畜力，那就用人力拉犁），一个主要劳力加上一些辅助劳力，一旦和土地结合，就可以到处组织起简单再生产。这种再简单不过的生产结构虽然脆弱，经不起风吹雨打，但破坏了极容易复活和再生，又非常顽强。古人所说'乱'而后'治'，其中一个缘由，便是这种既脆弱又顽强的小农生产结构在起作用。"[①]许多史料也表明，灾荒后期伴随着开荒种粮高潮。数百万上千万的小农户，每家有一点粮食果腹，就能顽强地生活下去；每家提供一石粮，国家就有数百万上千万石的粮食入库。从这一点上说，中国历史发展的很多秘密实际上蕴含在以粮食生产为主的农业结构之中。

二、利用农副产品饲养家畜

春秋战国时代，中国农牧分区已基本形成。传统农区逐渐形成了以农养牧、以牧促农的局面。《墨子·天志》："粒食之民，莫不犓牛羊，豢犬彘"，一方面，农业为畜牧业提供秸秆糠麸等饲草饲料，可化无用为有用；另一方

---

① 王家范、谢天佑：《中国封建社会农业经济结构试析——兼论中国封建社会长期停滞问题》，载《中国农民战争史研究集刊》第3辑，上海人民出版社，1983年

面，畜牧业又为农业提供动力和粪肥，可化腐朽为神奇。就前者而言，农区牲畜饲养以圈养为主，圈养就必须进行人工饲喂，种植业为解决牲畜的草料问题提供了条件。传统农业时期，农区主要是利用秸秆、糠麸等农副产品来饲喂家畜，尽量节约精饲料。与此相关，中国农区畜牧业形成以粗料为主、精料为辅，先粗后精的饲养方式。

1. 以农副产品养牛

牛是农田耕作的重要动力来源，耕牛饲养很受农民重视，以秸秆类粗饲料搭配麸皮类精料的饲喂程序和方法，充分体现出农区以农养牧的特点。元代《农桑辑要》总结了以粗料为主、精料拌饲的"三和一缴"喂牛经验："辰巳时间上槽，一顿可分三和，皆水拌。第一和草多料少；第二比前草减半，少加料；第三草比第二又减半，所有料全缴拌，食尽即往使耕"。清代陕西关中杨秀元的《农言著实》也指出："喂牲口不在多喂料……宁多添草，少拌麸子。头次如此，第二次渐少，第三、四次又少。然后再拌些麸子，俟其吃毕，饮之以水，晚间亦如之。"清代蒲松龄《农桑经》总结了山东地区用谷草、豆秸饲喂耕牛的经验："谷穰、豆秸，俱不可抛散。若值大雪连阴，皆可救牛之急。"可以看出，古代农区耕牛的饲料主要来源于麦秸、谷草、糠麸等农副产品，实现了农业资源的循环利用。

既以粗料为主，除了讲究饲喂程序外，还要想办法使粗料精制，以促进家畜采食和消化。清代四川张宗法《三农纪》说："春乃耕作之月，新草未茂，宜洁净藁草细挫，拌麦麸、豆饼、稻糠、棉子之属饱饲，方可下耕。"这里强调的"藁草细挫"，就是粗料精制。《农言著实》还总结了冬季制作"混合饲草"的经验："冬月天气喂牛，和和草最好，兼之省料"。所谓"和和草"，即"荞麦秆子、谷草秆子、豆衣子并夏天晒底干苜蓿，俱用锄子锄碎，搅在一起，晚间添底喂牛"。混合饲草，粗料精制，不仅营养价值比较完善，且能增加饲料的适口性，促进牛的采食，节约精料。

2. 以农副产品养猪

中国传统农区畜牧业以养猪为主，人们在开辟猪的饲料来源方面也想了很多办法。北魏《齐民要术》提出"糟糠留到穷冬春初"作为猪饲料。元代创造了发酵饲料喂猪的方法："江北陆地，可种马齿……用之铡切，以泔糟等水，浸于大槛中，令酸黄，或拌麸糠杂饲之"[1]。清代杨屾的《豳风广

---

[1] （元）王祯：《农书》"农桑通诀·畜养篇"

义》总结了猪的饲料来源："养猪以食为本，若纯买麸糠饲之则无利。大凡水陆草叶根皮无毒者，猪皆食之，唯苜蓿最善……春夏之间，长及尺许，割来细切，以米泔水或酒糟、豆粉水；浸入大砖窖内或大蓝瓮内令酸黄，拌麸糠杂饲之。"经过发酵的饲料喂猪能增进食欲，促进消化，使猪易长易肥。

太湖地区历史上对农牧互养尤为重视，讲究以豆饼、菜籽饼、秕糠、残羹剩饭、米汁酒脚等农副产品养猪，猪粪肥田。明清之际的《补农书》说许多农产品"上以食人，下以食畜，莫不各有生息。""养了三年无利猪，富了人家不得知"。宣统《吴长元三县志》（即吴县、长洲、元和）记载："吴乡田家多豢豕，家置栏圈中，未尝牧放，乐岁尤多，捣米有秕糠以为食，岁时烹用供祭祀、宾客，其脂肪最丰厚，可入药，粪又肥田，颈上有刚鬣作板刷之用。"养猪可以食肉、肥田，还可以利用秕糠等农副产品，形成良性生态循环。

3. 广辟饲料来源

农区畜牧业除了在很大程度上依靠秸秆、糠麸等农副产品作为饲料来源之外，也很重视因地制宜，采集农田杂草、野草和树叶以及种植苜蓿、大豆等作为青饲料之补充。

东汉时崔寔《四民月令》有种苜蓿、刘刍茭的记述，可见利用小块地种植优质饲料作物很早就成为中国农区养畜的传统。东汉《神农本草经》总结了利用"梓叶"和"桐花"喂猪的经验。北魏贾思勰在《齐民要术》中提倡种"茭豆"，他认为，养羊一千只，就要"种大豆一顷，杂谷并草留之，不须锄治，八、九月终，刈作青茭"，青茭即青饲料。书中还说"猪性甚便水生之草，耙耧水藻等令近岸，猪食之皆肥"。元代王祯《农书》："江北陆地，可种马齿（苋），约量多寡，计其畜数种之。""江南水地多湖泊，取萍藻及近水诸物可以饲之。"清代《三农纪》说养猪"近山林者，宜收橡栗之属，采嫩叶野蔬，煮以豢之"，"近湖水者，宜收浮萍、泽菜之属煮以豢之"。养猪可因地制宜，近山林者采树叶野菜喂猪，近水者则可充分利用水草、萍藻喂猪。可以看出，传统时代农区青饲料来源相当广泛，这些青饲料实际上也起到了以农养牧的作用。

第二节　养畜积肥，以牧促农

农谚云："禾凭粪长，地凭粪养。"早在战国时代，人们就很重视"粪田"、"化土"，主张利用各种粪肥改良土壤。清代《山居琐言》一书阐述了养畜积肥的重要性："谷蔬果木所出的盛衰多寡，则一视乎粪力，苟无粪力，虽雨露不能畅其生，然则蓄粪又治田之第一要事也，蓄粪之法虽有多端，而以畜养为要"。清代《补农书》也指出"广积粪壤，人既轻忽而不争，田得膏润而生息，变臭为奇，化恶为美，丝谷倍收，蔬果倍茂，衣食并足，俯仰两尽。"[①] 传统作物种植以施用人畜粪尿等有机肥料为主，能做到物质循环利用，土地用养结合，实现农牧互利。传统时代养畜积肥、以牧促农主要有以下 3 种形式。

一、饲养牲畜，积粪肥田

1. 养牛积肥

北魏《齐民要术》记载了"踏粪法"，意思是把秋收时田场上的藁秆、谷壳、碎叶收集起来，每天铺垫在牛舍中，让牛践踏，也混入牛的粪便，扫集堆积制成厩肥。实际上，后来人们把在牲畜圈中垫土积肥也称为踏粪。清代《知本提纲·农则》总结了"垫土积肥"的方法，"一曰牲畜粪，谓所畜牛马之粪。法用夏秋场间所收糠穰碎柴，带土扫积，每日均布牛马槽下，又每日再以干土垫衬；数日一起，罨过打碎，即可肥田"。《农桑经》还总结了"垫草积肥"的经验，"宜秋日多锼草根，堆积栏外，每以尺许垫牛立处，受其作踏，承其溲溺，既透，则掘垫栏中，又铺新者"。并阐明采用垫草积肥"一冬一春得好粪无穷；又使牛常卧干处，岂非两得"！

2. 养猪积肥

农谚有云："养猪不赚钱，回头望望田"；"猪是农家宝，粪是地里金。"养猪的好处之一就是积粪肥田。西汉《氾胜之书》提到的"溷中熟粪"，指的就是腐熟的人畜粪便。考古出土许多汉代"上厕下圈"的猪圈模型（图8-1），东汉许慎《说文》中"溷"和"厕"互释，说明古代很早就有人粪喂猪、圈猪积肥的做法。明代《沈氏农书》中说："种田养猪，第一要紧。"清代《浦泖农咨》总结了"棚中猪多，囷中米多"的经验，认为"养猪乃种田之要务也，岂不以猪践壅田肥美，获利无穷"。清代孙宅揆在《教稼书》里提到，猪圈外设置粪池，与猪圈相通，"择便为圈，半边掘四

---

① （清）杨屾：《知本提纲》"修业章·农则"郑世铎注，王毓瑚点校，载《秦晋农言》，中华书局，1957 年

五尺深坑，用废砖砌底及四旁"；"凡家下刷洗之水及扫除烂柴草，厨下灰土或仓底烂草、场边烂糠之类，俱置其中"。"砌坑内常入水及各色青草，此草可当猪食，践则成粪，若雨太多则垫土，久之，草土俱成粪矣。"夏天注入水，猪自来践踏，久之即成粪。蒲松龄在《农桑经》中也说养猪"一年积粪二十车"。总之，中国古代从南到北普遍形成养猪积肥、农牧互利的传统。

图 8-1　河南洛阳出土的汉代陶猪圈

3. 养羊积肥

历史上农区养羊很普遍，舍饲积肥是农民的习惯。传统经验认为，羊粪性热，起效较快，既可作基肥，也可做追肥，尤其适合瓜果蔬菜及经济作物。养羊积肥，农牧互利的事例随处可见。

明末嘉湖地区的《沈氏农书》特别提倡养猪羊积肥，认为羊粪最适合桑树，以桑叶养羊、羊粪壅桑成为当地羊桑互养的典型事例。该书"运田地法"说："种田地，肥壅最为要紧。""古人云，'种田不养猪，秀才不读书'，必无成功，则养猪羊乃作家第一著……今羊专吃枯叶、枯草，猪专吃糟麦，则烧酒又获赢息。有盈无亏，白落肥壅，又省载取人工，何不为也！"从《沈氏农书》对养羊效益的估算来看，当时看重的是养羊可以积肥，"净得肥壅"。养湖羊十一只，"每年羊毛三十斤之外，约价二两；小羊十余只，约价四两；可抵叶草之本。每年净得肥壅三百担；若垫头多，更不止于此数。"养山羊四只，三雌一雄，每年吃枯草树叶四千斤，垫草一千斤，约本二两数。计一年有小羊十余只，可抵前本而有余；每年净得肥壅八十担余。因为"羊壅宜于地"，所以这一地区多以羊粪壅桑，从而提高了桑叶产量和品质。正如《沈氏农书》所说的"壅地，果能一年四壅……每亩采叶八九十个（按：每个二十斤）断然必有，比中地一亩产四五十个，岂非一亩兼二亩之息。"养羊既可直接获利，羊厩肥还能用于种桑。因此，张履祥《补农书》在制定生产规划时就写到"畜羊五六头，以为桑树之本。"[1]

另外，从农牧互养的角度看，嘉湖地区盛产湖羊，湖羊以繁殖力强，生长发育快，性成熟早，羔皮优美而著称。湖羊之所以具有上述优点，与冬天喂饲枯桑叶有密切关系。因为桑叶富含蛋白质、维生素，是营养价值很高的饲料，在穷冬初春季节，用枯桑叶喂羊，可使湖羊在缺乏青草时仍然膘肥体壮。

二、种植苜蓿，养畜改土

中国历史上农牧互养，用养结合，形成良性生态循环的例证很多。汉代以来人们种紫花苜蓿（*Medicago Sativa* L.）作饲草，并利用其改良土壤、培养地力的做法，是农牧结合的又一典型事例。

苜蓿在西汉武帝时期由西域引入中国，后来逐渐成为黄河流域重要的豆科饲料作物，今天北方尤其是西北地区的苜蓿种植依然较多。据说，苜蓿刚引进时，先在京城宫院内试种，后逐渐传播到西北各地，东汉时苜蓿种植已迅速扩展至黄河中下游地区。明清时期北方地区的苜蓿种植更为普遍，南方个别地区也有种植。《群芳谱》、《农蚕经》、《农圃便览》、《农言著实》等明清农书以及相关地方志均对苜蓿的食用方法、饲用价值、栽培技术有较为全面的记载。从中可以看出，传统时代苜蓿不仅是饲养牛马的优质饲草，还可供人食用和肥田改土，北方有条件的农户多有种植。以下主要从农牧结合角度阐述种植苜蓿的生态价值。

从畜牧的角度看，苜蓿是多年生豆科牧草，茎叶中含有丰富的蛋白质、矿物质和维生素，不仅营养价值高，适口性好，而且抗旱耐瘠、产量高而稳定，有"牧草之王"之美誉。在中国2 000多年的栽培史中，苜蓿主要是用作牛马的饲草，对中国古代牛马良种的繁育发挥了很大作用。苜蓿一般以鲜草形式饲喂牲畜，也有将其制成干草储备起来，供牲畜越冬之用。清代《豳风广义》还介绍了制作苜蓿干粉的方法："于春夏之时，待苜蓿长及尺

---

① 陈恒力校释、王达参校：《补农书校释》，农业出版社，1983 年

许，候天气晴明，将苜蓿割倒，载于场中摊开，晒极干，用碌碡碾为粉末"，收贮之后，"待冬月，合糠麸之类"饲喂牲畜。现代研究认为，苜蓿是家畜的最好饲料，紫花苜蓿还适合调制干草，1 公斤苜蓿干草营养价值相当于 3 公斤麸皮。古人对苜蓿评价也很高或说"花开时刈取喂牛马，易肥健"①，或说"刍秣壮于栈豆谷"②，即苜蓿的营养价值高于豆谷饲料。

再从农业的角度看，中国农民种植苜蓿作为饲草，长期以来不仅积累了丰富的苜蓿栽培和利用经验，还注意到苜蓿在改土肥田方面的作用，从而以苜蓿种植为纽带，将苜蓿种植、牲畜饲养与土地改良结合起来，使农牧之间形成了良性的生态关系。首先值得关注的是，人们常将苜蓿种植在盐碱地及荒坡瘠地上，以便改良土壤。清代《增订教稼书》记载，盐碱地上"宜先种苜蓿，岁夷其苗食之，四年后犁去其根，改种五谷蔬菜，无不发矣"，并说这种改良盐碱地的"苜蓿法，得之沧州老农，甚验。"清代郭云升《救荒简易书》说："祥符县老农曰，苜蓿菜，性耐碱，宜种碱地，并且性能吃碱，久种苜蓿，能使碱地不碱。"清道光时河南《扶沟县志》也说盐碱地种苜蓿最好："苜蓿能暖地，不怕碱，其苗可食，又可放牲畜，三四年后改种五谷，同于膏壤矣。"类似记载在北方地区的志书中还有很多。此外，《救荒简易书》还说苜蓿"宜种于又阴又寒湿地淤地"以及"虫地"、"沙地"。清代乾隆时河南《汲县志》中说苜蓿"沃壤多不种"，光绪时河北《宁津县乡土志》"土性之经雨而胶黏者宜种之"。据现代农学研究，苜蓿属于深根系植物，根系入土深度通常为 2～6 米。强大的根系及其分泌物能为土壤提供大量的有机物质，能从土壤深层吸收钙元素，分解磷酸盐，可使土壤形成稳定的团粒结构，改善土壤的理化性状。种植苜蓿之后的土地，土壤疏松通透，易于耕作，还为后茬作物的生长创造了良好的环境。

人们还常常将苜蓿与粮食作物轮作或混作，使用地养地相结合。《群芳谱》指出：苜蓿地"若垦后次年种谷，必倍收，为数年积叶坏烂，垦地复深，故今三晋人刈草三年即垦作田，亟欲肥地种谷也"。可见古人已经利用苜蓿根系的固氮能力，来提高土壤肥力，促进谷物增产。明清时期的多部农书还提到苜蓿可与荞麦混作。清代《救荒简易书》："闻直隶老农曰：苜蓿菜七月种，必须和秋荞麦而种之，使秋荞麦为苜蓿遮阴，以免烈日晒"，又

---

① （明）王象晋：《群芳谱》，伊钦恒注，农业出版社，1985 年
② （清）吴其濬：《植物名实图考》，商务印书馆，1957 年

说五月种苜蓿时"必须和黍种之"。似乎说明苜蓿和荞、黍等混作是历史上的普遍经验。我们知道，苜蓿属豆科植物，其根系着生丰富的根瘤菌。苜蓿用于轮作，不仅有生物固氮效益，而且在改善土壤结构，增加土壤有机质，调节土壤生态方面有重要作用①。

总之，两千年来，北方农民通过种植紫花苜蓿，将家畜饲养繁育、轮作制度与土地改良结合起来，使区域农业生产更多地呈现出农牧互养的特色，即苜蓿在传统农业系统中发挥了不可替代的生态作用。今天，在北方一些地区仍可见到大片的紫花苜蓿，只是应更多地从农牧结合、改善生态的角度去保持苜蓿的种植传统。另外，值得提及的是，苜蓿在幼嫩的时候是很好的蔬菜，所以它还进入了人们的饮食生活，北方人常把苜蓿称为"苜蓿菜"，还将苜蓿菜与麦面搭配食用或制作面食，一来调节口味，二来节省麦面。

三、农牧结合的生态含义

传统"农牧结合"观念中的"农"主要是指以粮食生产为核心的种植业，"牧"主要是指家畜饲养业，二者之间有密切联系。这种联系从农业方面可归属为四条基本途径：饲料途径、厩肥途径、畜力途径、经济途径。因为种植业与畜牧业各自向对方提供物质、能量，并通过动、植物的生理机能将其转化为自身生长营养物质，形成了相互循环的生物链。这种生生不息的自然现象，是生物界的特殊功能，也是农牧结合的内在依据，所以这样的联系可从生态学角度予以进一步分析。

首先，畜牧业可将农产品转化为具有不同使用价值但价值量更高的畜产品；种植业生产的有机物质和能量，包括粮、棉、油、蔬菜、水果等，只有25%左右能被人类直接利用，其余部分除作为动物饲料外，基本不具备或完全不具备使用价值。通过畜牧业转化为畜产品，大大地提高了其使用价值和价值；种植业经过加工的产品包括糠麸、酒糟、糖糟、粉渣等物质，基本为废弃物，唯有通过畜牧业转化，才可能具有使用价值和价值；家畜在将饲料有机物质 15% ~ 18% 转化为畜产品的同时，绝大部分作为粪尿排泄出去，只有作为厩肥形式才能为种植业所利用，从而转化为具有使用价值和价值的农产品。

---

① 参阅周敏：《中国苜蓿栽培史初探》，《草原与草坪》，2004 年第 1 期

其次，农牧结合生产模式可培育地力。土地是人类赖以生存和发展的基本生产资料，在它为人类提供基本食物来源的同时，人类有责任保持这种功能的延续，使之能永续利用。种植业以农产品形式，每年从土壤中摄取大量氮、磷、钾以及各种微量元素。如果不增加物质、能量的投入，土壤理化性能将会越来越差，土地会越种越瘠薄，最终导致农业生产力的衰竭。改良土壤，提高地力的根本途径在于增加有机肥投入，这不仅有利于促进土壤团粒结构的生成，增加土壤自动调节水肥气热的生理机能，同时对提高农田生态系统转化率有着无机化肥无法替代的作用。据调查研究，1991 年中国通过畜牧业获得粪尿总量 24.91 亿吨，折合标准化肥量是中国当年施用化肥实物量的 1.4 倍。全国耕地养分平衡分析表明，其养分投入产出指数，氮为 1.06，磷为 0.86，钾为 0.83，当年氮、磷、钾投入产出基本平衡，氮有盈余，磷钾稍缺，充分反映了农牧结合培养地力的功能是十分显著的[①]。

再者，农牧结合可以优化生态环境功能。改善农业环境，保持生态平衡，是建立持久农业的先决条件。种植业与畜牧业相互配合的作用在于：一方面种植业为畜牧业提供饲草饲料，使畜牧业能够按人们的要求得以正常发展。另一方面畜牧业将一部分饲料有机质，以厩肥形式还原到农业系统中去，其作用有三个方面：①提高了土壤透气性能和水土保持，为非生物如水分、无机养分等在系统内提供了贮存条件；②有利于分解者，主要是微生物的繁衍滋生，从而加快了微生物把复杂有机物分解为简单无机物的过程；③为自养生物提供了物质与能量，有利于进行光合作用，制造有机物食料。

总之，农牧结合，使农业生态系统所要求的能量流动和物质循环得以正常进行，为农牧业生产及其再生产的活动提供了保证并使之得以持久运转。农牧结合越好，其物质循环和转化速度越快，数量增长越多，为人类提供的农畜产品愈丰富。农牧结合还使农业人类不能直接利用的农业废弃物和家畜粪尿得以充分利用，并避免了相应的人居环境污染。

第三节　南方地区的稻田养鱼

稻田养鱼就是利用稻田水面培育鱼种或食用鱼，是鱼类养殖的传统方式之一，今天人们更关注它的生态意义。中国水稻种植 90% 以上分布在秦岭、

---

① 梁业森，周旭英：《论农牧结合的实质和功能》，《中国农业资源区划》，1995 年第 1 期

淮河以南地区，这里河流众多、水源充足，鱼类资源丰富，稻田星罗棋布，适于发展稻田养鱼。从中国早期稻田养鱼的分布来看，主要集中在西南、华南和东南一带，尤以东南和西南几省的山区更为普遍。因为山区池塘、湖泊较少，不易吃到鲜鱼，种植水稻的农民利用稻田养鱼来弥补这一缺陷是很自然的。作为中国的一种农业历史传统，稻田养鱼今天在南方一些地区依然存在，其中浙江青田的稻田养鱼生态模式还被评为世界农业文化遗产。

一、稻田养鱼的发展历程

中国是稻田养鱼最早的国家，但稻田养鱼始于何时，学术界尚有争议，其中稻田养鱼开始于东汉时期的观点为大多学者所接受。"东汉说"所依据的主要文献资料为东汉末年曹操的《四时食制》，据该书记载："郫县子鱼，黄鳞赤尾，出稻田，可以为酱。"郫县是四川省川西平原的腹心地带，距离成都市42里（1里＝500米，下同），属都江堰自流灌溉区。子鱼即小鱼，黄鳞赤尾应该是鲤鱼，就是说在稻田里可捕到小鲤鱼。

文献中虽然没有讲明在稻田里饲养鲤鱼，但是考古发现多处汉代水田养鱼的证据。如陕西勉县出土的汉代冬水田模型，田内共六坵，有青蛙、鳝鱼、螺蛳、草鱼、鲫鱼等。据研究，这种冬水田分布在浅山丘陵地带，靠雨季或化雪贮水，一年只收一季，由于贮水沤田时间长，所以当地都利用来养鱼。陕西汉中出土的稻田模型，一边为陂池，一边为稻田，中隔一坝，进出口有捉鱼的竹笼和提升式平板闸，等等。四川绵阳新皂水田模型，田分两段，中有鱼和泥鳅。有学者曾说："浙江永嘉山区的老农说，三国孙权坐天下时，我们的祖先就开始在稻田养鱼了。这个口述历史是符合事实的。"[①] 上述材料说明，至迟东汉时期，中国就开始在稻田里养鱼了。

唐代刘恂《岭表录异》还记载了稻田养鱼的另外一种形式："新泷等州，山田栋荒，平处以锄锹，开为町疃，伺春雨，丘中贮水，即先买鲩鱼（草鱼）子散水田中，一、二年后，鱼儿长大，食草根并尽，既为熟田，又收鱼利。乃种稻，且灭稗草，乃齐民之上术也。"这里是利用草鱼来吞食荒田的杂草，既为种稻作准备，养鱼也能得利。荒田尚未种稻，与现在所说的稻田养鱼稍有不同，但其生态内涵与稻田养鱼是相通的。

明清时期，稻田养鱼开始盛行。在太湖地区，最早的史料是明代成化

---

① 游修龄：《稻田养鱼——传统农业可持续发展的典型之一》，《农业考古》，2006 年第 4 期

《湖州府志》："鲫鱼出田间最肥，冬月味尤美"。清代乾隆间《湖州府志》、《乌程县志》和《长兴县志》等也有类似记述。湖州以外，嘉兴县的《闻湖志》有"湖田稻熟鲫鱼肥"的诗篇，描绘这一带农田中亦稻亦鱼的情景。其他如康熙《吴江县志》"物产·鲫鱼"条下，亦注明鲫鱼"出水田者佳"；乾隆《震泽县志》称："岁既获，水田多遗穗，又产鱼虾。在昔绍兴人多来养鸭，收其卵以为利。"稻田的遗穗和鱼虾还能用来养鸭产蛋，稻田养鱼的生态链有所延长。

值得一提的是，稻田养鱼的传统在南方一些地区延续下来了。2005 年，浙江青田县的"稻鱼共生系统"被联合国粮农组织列入首批四个"全球重要农业文化遗产保护项目"之一。浙江青田县稻田养鱼历史悠久，明确的文献记载见于清光绪年间的《青田县志》。该方志在介绍青田物产时，提到田鱼"有红、黑、驳数色，土人于稻田及污池养之"。这一地区形成稻田养鱼传统，首先与当地的自然环境有关。《青田县志》载：旧青田"九山半水半分田"、"梯山为田，窖薯为粮"。县境地处浙南中低山丘陵区，地形复杂，丘陵和山地占95%以上，河谷平原和山间盆地不到5%。一方面，青田地处瓯江水系，水资源丰富；另一方面，浙东溪水峻急，有溪无鱼，山区又难以普遍开挖池塘养鱼，因此宜稻、宜渔面积少。在特定的自然条件下，利用有限的水土资源进行稻鱼共养成为人们的必然选择。经过青田农民的长期养殖实践，当地不仅形成"稻鱼共生"的传统技术系统，而且培育出"青田田鱼"这一特有的田鱼地方品种。

在农业社会中，稻田养鱼对农户来说是一种特别合适的生产方式。从生态学的角度看，鱼在这个系统中起到了耕田除草、减少病虫害的作用。从农家经济角度看，稻田养鱼不占耕地，达到一田多用，既产稻谷，又出水产品之目的。农民在稻田养的鱼除自家消费外，也拿到市场上销售，以补贴家用。农谚说："稻田养鱼不为钱，放点鱼苗换油盐"。从农业文化的角度看，在稻田养鱼历史悠久的地方，如浙江青田县方山乡，农民有熏晒田鱼干的传统，逢年过节、请客送礼，视为珍品。村里人女儿出嫁，还有用田鱼（鱼种）作嫁妆的习俗。正因为稻田养鱼悠久的历史传统和持续至今的实践，青田被联合国粮农组织（2005）评为首批"全球重要农业文化遗产"（GI-AHS），龙现村成为名副其实的"田鱼村"。

今天，随着农村劳动力外出就业的增多以及农业生产专业化的提高，"种稻不养鱼"或"养鱼不种稻"的现象越来越普遍；同时，随着农药施用量的增加和农业面源污染的加重，稻田养鱼技术也已深受影响，甚至随时面临消失的危险。实际上，在江苏、贵州等其他有稻田养鱼传统的地区，都存在这样的现实问题。虽然在当今的社会经济条件下，类似稻田养鱼这样具有生态保护意义的传统技术保护起来难度较大，但积极实施相关保护措施的行动必不可少。稻田养鱼的方式，不用化肥，不打农药，稻鱼双收，或许这是发展绿色农业的一条可借鉴之路，在农业生产实践中依然具有很高的推广价值。

二、稻田养鱼的生态意义

"稻田养鱼"将种稻和养鱼有机地结合起来，它使鱼和稻共同生长在一个环境中，相辅相成，互相依存，互惠共生，加强了物质内循环作用，既提高经济效益，又提高生态效益（图8－2）。

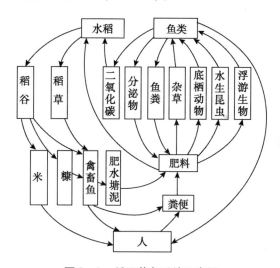

图8－2　稻田养鱼系统示意图

首先，在这个共生系统中，水稻是主体，鱼类则是生态纽带，可起到促进水稻生长的作用。水稻通过光合作用制造有机物质，提供氧气供鱼呼吸，并为鱼类提供可以躲避阳光直射的藏身之所。鱼类呼出二氧化碳，供水稻进行光合作用。由于鱼在田里到处游动，搅动田水，搅糊泥土，促进养分的转化与流动，为水稻根系生长提供氧气，有利于水稻生长；并且鱼的活动使田中上下层水对流增大，使田水比一般的稻田水浑浊，而在同样的光照下浑水比清水的温度高，所以稻田养鱼提高了水温，有利于水稻的生长。

其次，田鱼吃掉了水田中滋生的杂草如猪毛草、鸭舌草、浮萍等，这些杂草又为鱼类提供了丰富的饵料；另外，稻田害虫也成为鱼类的美食。稻田中大量的浮游生物、细菌絮凝物、水稻害虫（如二化螟、稻螟蛉，象鼻虫及食根全花虫等），在个体发育过程中，其幼体是在稻田的水中度过的，这些幼体便成了鱼类的饵料。稻飞虱、浮尘子之类生活在水稻植株上的害虫，在个体发育过程中遇到风吹草动，常会掉落稻田之中，成为鱼类的饵料。为了尽快消灭水稻害虫，浙江青田龙现村的农民在稻田中洒些菜油，用田耙这种工具在田边推水，水面形成的波浪便把稻子上的害虫卷下来。这些害虫一旦沾上菜油，就飞不起来，变成了田鱼的食物。田鱼以杂草、害虫为食，保护了水稻，鱼的粪便又排入田中，为水稻提供了肥源，间接地促进了水稻生长。

最后，田鱼在稻田里游动、翻动泥土，减小了土壤容重，增大了土壤孔隙度，在一定程度上起到了耘田的作用；鱼类的摄食活动能起到松土、增温、增氧，使土壤通气性以及水稻根系活力增强，从而促进了水稻的有效分蘖，使得稻穗长、颗粒多、籽粒饱满。据研究，稻田养鱼的水稻分蘖率比不养鱼稻田高 7% 左右，千粒重增加 0.3 ~ 0.4 克，成穗率增加 4.6% ~ 5.2%[1]。另据报道，稻田养鱼区早稻成穗率为 71.3%，比对照田高 2.9%，每穗实粒数比对照田多 7.7 粒，空壳率较对照田低 1.6%[2]。

总之，稻田养鱼使得稻、鱼共生于稻田的生态环境中，二者相互依存，以废补缺，密切配合。农谚描述，稻田中的鱼是"自动除草工，活动捕虫网，自动中耕器，肥料制造机"。稻田养鱼模式促进了物质就地循环，既促进了稻鱼生产，还没有废物污染，实现了稻田生态系统的良性循环，是传统农业种养结合的典范。

第四节　粮桑渔畜综合经营

前已述及，中国很早就形成了农牧、农桑、农渔结合的优良农业经营传

---

[1]　赵连胜：《稻田养鱼效益的生物学分析和评价》，《福建水产》，1996 年第 1 期

[2]　王华、黄璜：《湿地稻田养鱼、鸭复合生态系统生态经济效益分析》，《中国农学通报》，2002，19（1）

统。明清以来，这种综合经营传统有了进一步发展，主要表现在种养结合范围扩大、经济效益意识增强方面，江南等地出现不少兼有经济效益和生态效益的综合经营范例。

一、粮桑鱼畜综合经营的例证

清代《常昭合志稿》卷 48《轶闻》记载了明代嘉靖年间常熟的谭晓、谭照兄弟修筑圩田，实行农业综合经营的例子：

谭晓，邑东里人也，与兄照俱精心计。居乡湖田多洼芜，乡之民皆逃而鱼，于是田之弃弗治者以万计。晓与照薄其值买，庸乡民百余人，给之食，凿其最洼者为池，余则围以高塍辟而耕，岁入视平壤三倍。池以百计，皆畜鱼，池之上架以梁为茇舍，蓄鸡豕其中，鱼食其粪又易肥，塍之上植梅桃诸果属，其圩泽则种菰茈菱芡，可畦者以艺四时诸蔬，皆以千计。凡昆虫之属，悉罗取而售之。室中置数十瓯，日以其入分投之，若某瓯鱼，某瓯果，入盈乃发之。月发者数焉，视田之入又三倍①。

谭氏兄弟乘荒年以低价购买荒田一区，修筑了万亩以上的大圩田，进行农林牧副渔多种经营。其资源利用方式为洼地掘池养鱼，高地作围种粮，塍上种植果树，畦地种植蔬菜，汙泽处种植水生植物，池上还架梁养鸡豕。总之，凡是能利用的土地和空间都被充分利用起来，因而收到了其田"岁入视平壤三倍"，其副业收入又"视田之入又三倍"的经济效益。这种综合经营设计的生态价值也不可忽视。谭氏兄弟以农副产品养鸡喂猪，鸡猪粪便除作鱼饵料外，还可以肥田，鱼粪及池泥也可作为肥料。他们之所以要把养鱼和养鸡、养猪结合起来，就是因为"鱼食其粪又易肥"，既节省了饲养成本，又实现了资源的循环利用。

明末清初的《补农书》反映嘉湖地区的农业生产状况，作者张履祥在书中记述了他为好友遗孀制订的一套农业生产规划。这个规划体现出小农经济条件下的综合经营特色，其中，包含的农业生态思想也很明确。

《补农书》"策邬氏生业"："今即其遗业，为经画之如左：瘠田十亩……莫若止种桑三亩（原注：桑下冬可种菜，四旁可种豆、芋，此项行

---

① （清）郑钟祥、张瀛修，庞鸿文等纂：《常昭合志稿》，据清光绪三十年（1904）活字本影印，江苏古籍出版社，1991 年；（明）李翊：《戒庵老人漫笔》卷四："谈参"，《常州先哲遗书》"谈晓传"也有大致相同的记载

素已种一亩有余，今宜广之，已种者勿令荒芜）。种豆三亩（原注：豆起则种麦；若能种麻更善……）。种竹二亩（原注：竹有大小，笋有迟早，杂植之，俱可易米）。种果二亩（原注：如梅、李、枣、桔之属，皆可易米；成有迟速，量植之。惟有宜肥宜脊，宜肥者树下仍可种瓜蔬。亦有宜燥宜湿，宜湿者于卑处植之）。池畜鱼（原注：其肥土可上竹地，余可壅桑；鱼，岁终可以易米）。畜羊五六头，以为树桑之本（原注：稚羊亦可易米。喂猪须资本，畜羊饲以草而已）……竹果之类虽非本务，一劳永逸，五年而享其成利矣（原注：计桑之成，育蚕可二十筐。蚕苟熟，丝绵可得三十斤。虽有不足，补以二蚕，可必也。一家衣食已不苦乏。豆麦登，计可足二人之食。若麻则更赢矣，然资力亦倍费，乏力，不如种麦。竹成，每亩可养一二人；果成，每亩可养二三人，然尚有未尽之利。若鱼登，每亩可养二三人，若杂鱼则半之）"。

其规划大意是说，邬家有瘠田十亩、池一方，一家六口多系妇孺，缺乏劳力，最好种桑三亩，桑下冬季可以种菜，四旁可种豆、芋。种豆三亩，豆子收获后则种麦，如果能种麻最好。种竹、种果各二亩，几年后产品可换米。池塘蓄鱼，塘中淤泥肥土可上竹地，其余的可以壅桑，池鱼年末也可换购稻米。养羊五六头，羊粪可以肥桑。种竹果麦豆、栽桑养蚕、蓄鱼养羊，都能成为一家人的衣食来源。

学界对明清时期江南地区的这两个生态农业案例比较关注，在很多著作中都有所论及，其中，李伯重先生的研究最为深入，并引起了不少回应和质疑①。他认为，在 16、17 世纪的江南农业中，出现了一种新的经营方式。这种经营方式体现了我们今日所说的生态农业的主要特点，通过改造资源进行多样化的生产。同时利用食物链原理对废物进行循环利用，从而降低投入而增加产出，达到了较高的生产率。这种生态农业最早出现在明清中期常熟地区的大田中，明清时期在嘉湖一带已相当普遍并为小经营所采纳。这里以为，以上两个案例更多地反映了明清时期江南农业综合经营的极致或理想化设计。实际上，在一般小农家庭，明清时期农业综合经营有许多简单而更有生命力和普遍意义的表现形式。很多不那么繁难或复杂的农业经营形式乃至农业生产安排方式，包含生态性也许更明确，更容易实现。前述农牧结合事

---

① 李伯重：《十六、十七世纪江南的生态农业》（上、下），载于《中国经济史研究》2003 年第 4 期和《中国农史》2004 年第 4 期

例以及下面所谈的综合经营例子似可说明这个问题。

　　湖州是水稻和蚕丝产区，为了发展水稻和蚕丝生产，当地将种稻、养蚕和饲养猪羊联系起来，以糠砒、糟粕养猪，用枯桑叶饲羊，换得猪羊粪用来肥稻田和桑地，形成以农养畜、以畜促农的物质循环。这样，在湖州地区形成了"农（稻、麦、油、菜）—畜（猪、羊）—桑—蚕—鱼"的又一种综合经营方式。这种经营方式，清代又扩展到与湖州生产条件相仿的嘉兴、桐乡以及苏州震泽地区。桐乡的经营方式是："种麦豆—养羊—种桑—养鱼"。震泽的经营方式是："低者开浚鱼池，高者插蒔禾稻，四岸增筑，植以烟靛桑麻"。

　　另外，江南地区的粮桑渔结合也很有特色。明清时期，太湖地区的渔民用水草和螺蛳养鱼，以鱼粪肥桑、肥田。《宝前两溪志略》记载："池鱼中，青鱼饲之以螺蚬，草鱼饲之以草，鲢独受肥，兼饲之以粪。盖一池中，畜青、草七分，鲢二分，鳊、鲤一分。"《湖录》和其他有关史料也有类似记载。关于草鱼和鲢鱼的关系，明王士性《广志绎·江南诸省》有一段生动描述："其鬻种于吴、越间者为鲢鱼，最易长……入池当夹草鱼养之，草鱼食草，鲢则食草鱼之矢，鲢食矢而近其尾，则草鱼畏痒而游，草游，鲢又随觅之，凡鱼游则尾动，定则否，故鲢、草两相逐而易肥。"而鱼粪、藻类和各种有机物质混合在塘泥里成为桑园的主要肥源。

　　除过江南地区以外，北方地区也有农林牧副渔综合经营的例证。清初著名文学家蒲松龄所写的《农桑经》，即结合山东淄博地区的农业生产实践，构思了一个农林牧副渔综合经营的生产模式，它同样具有生态农业的雏形。蒲松龄记载："锄竹园，可以稻糠或麦糠壅之"，而且"种竹必养鸡，竹得鸡矢而茂"。竹园壅糠，繁殖昆虫蚯蚓，竹下养鸡，鸡得其乐；鸡矢茂竹，竹荫蔽鸡，林牧结合。"设二圈，以熟饭遍撒，复以乱草，数日虫生，则驱鸡入；此圈既尽，又入彼圈，则此圈又布之。"养鸡如此，养鱼亦然。"养鱼必养羊，鱼食羊矢，速长而肥"，这里是渔牧结合。若在田中养鱼，鱼有虫可食，"不养自肥。"为养好鱼，有必要为鱼创造一个良好的生长环境，于是"池边宜种芭蕉，以解鱼泛；架蒲桃以遮日色；栽芙蓉以避獭。"这样就形成一个农牧渔果结合的生态系统。

　　总之，上述综合性的农业生产规划及安排，考虑到自然条件、经济效益和农村社会生活需要等各个方面，体现出农业生产内部及其与外部环境的有机联系，就是历史上生态农业的一种重要形式。清初唐甄在《潜书·达政》

所倡导的"善政",即为"勤农本谷,田土不荒芜;桑肥棉茂,麻苧勃郁;山林多材,池沼多鱼,园多果蔬,栏多羊豕。"可见这种五谷六畜、鱼桑瓜果、菜蔬烟茶综合经营的生态型农业生产结构,已成为维持传统农业社会运行的基础。

二、粮桑渔畜综合经营的生态意义

各种生产活动都会产生废物,传统农业综合经营最突出的特点就是根据当地资源条件,合理有序地安排生产活动,使农林牧副渔各业形成相互配合的关系,实现物质、能量的循环利用。这样不仅可以减少对自然资源的索取,而且可以减少废物对环境的污染,从而维持了农业生态系统的动态稳定以及农业社会的生生不息。其中所包含的物质循环利用理念与现代生态农业的核心内容是一致的。

太湖地区著名的粮桑渔畜综合经营系统,就是资源循环利用的典范(图8-3)。游修龄先生曾用生态学的"食物链"原理,对明清太湖地区的"农田生态平衡模式"进行了分析:

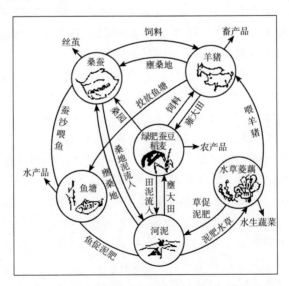

图8-3 粮桑渔畜综合经营系统示意图

"在这种综合经营形式下的农田生态结构中,动植物生产和有机废物的循环从田地扩大到水域,组成水陆资源的循环利用。粮食生产方面实行稻麦一年两熟，并在冬季插入紫云英绿肥、蚕豆等，其他肥料来自猪粪、河泥等，蚕桑方面利用挖塘泥堆起的土墩种桑，用稻秆泥、河泥、羊粪壅桑；桑叶饲蚕，蚕矢喂鱼，水面种菱，水下养鱼虾，菱茎叶腐烂及鱼粪等沉积河塘底，成为富含有机质的河泥。羊舍饲，吃草，过冬食桑叶，可得优质羊羔皮。这样就把粮食、蚕桑、鱼菱、猪羊等的生产组成一个非常密切的互相支援的食物网，使各个环节的残渣废物部分都参加有机质的再循环，人们从中取得粮食、蚕丝、猪羊肉、鱼虾、菱角、羔皮等动植物产品，而没有什么外源的能量投入。这是中国传统农业中充分利用太阳能的高度成就"。[①]

总之，在传统农业的综合经营过程中，生产者、消费者、还原者构成营养循环系统。它不仅使生产废弃物得到充分利用，还保护了生态环境，其表现形式因时因地因人而异，系统大小和循环过程也各有特色，其中的合理性和生态意义值得进一步发掘。

第五节　桑基鱼塘生态技术模式

桑基鱼塘的"基"就是堤埂，用以栽桑种果；"塘"就是鱼池，用以饲养鱼虾。桑基鱼塘是栽桑养蚕与池塘养鱼相结合的农业综合经营方式，可看作中国传统生态农业的典型例证之一。

一、桑基鱼塘发展历程

桑基鱼塘生产方式公元 10 世纪已在太湖流域形成，这里很早就有关于基塘农业的记载。"吴江县湖边一带，明农者因势利导，大者堤，小者塘，界以埂，分以塍，久之皆成沃壤。"明代李翊《戒庵老人漫笔》卷四"谈参"条，记载了嘉靖年间吴人谈参实行农桑果畜鱼综合经营的事迹，清代相关文献中也有类似记载，其中描绘的就是基塘农业的生产方式。此外，明末清初嘉湖地区张履祥《补农书》所附"策邬氏生业"及"策溇上生业"提到凿池畜鳞介，培基植桑竹，水田种粮食，隙地栽果木，棚舍养畜禽等农业综合经营规划，也体现出明显的基塘农业特色。

相对而言，珠江三角洲地区的桑基鱼塘模式更为典型。当地"桑基鱼

---

①　游修龄：《中国古代对食物链的认识及其在农业上的应用》，载《农史研究文集》，中国农业出版社，1999 年

塘"最早的文献记载见于清代屈大均（1630—1696年）的《广东新语》，实际上桑基鱼塘的雏形在南宋时期已经出现，明清时期发展为一种独具地方特色的农业生产形式。其基本内容是："将洼地挖深，泥复四周为基，中凹下为塘，基六塘四，基种桑，塘蓄鱼，桑叶饲蚕，蚕矢饲鱼，两利俱全，十倍禾稼。"[①]

明清时期，随着社会经济的发展和生产力的提高，珠江三角洲地区的土地利用方式有所改进，池塘养鱼地区逐渐扩大，基面和水塘布局的生产形式及与之相关的"果基鱼塘"、"桑基鱼塘"相继出现。基塘的利用，最先还是"凿池蓄鱼"，基面"树果木"而成为果基鱼塘。据记载，明万历年间，在南海县九江地区，人们将低洼积水地或易淹的农田挖深作池塘，挖出的泥土培于池塘四周以为基，池中养鱼，基上栽植荔枝、柑橘、龙眼等果树[②]。明代中后期，桑基鱼塘显示出较大的优越性，因其能够很好地把养鱼业和蚕桑业的生产结合起来，成为比较合理的连环性生产体系。加之广州蚕丝对外贸易的刺激，种桑养蚕的获利大大超过了水果的收益，桑基鱼塘有了很大发展。到明朝末年，桑基鱼塘已成为珠三角地区最主要的基塘类型。

清代尤其是鸦片战争以后，农业商品经济以及对外蚕丝贸易的进一步发展，促使人们更大规模的挖田筑塘，基塘地区不断扩大，桑地面积也随之增加，形成了大片桑、蚕、鱼连环性的专业生产区域。据清代屈大均《广东新语》对广州和南海等地桑基、果基与鱼塘的记载："广州诸大县村落中，往往弃肥田以为基，以树果木。荔枝最多，茶、桑次，柑、橙次之，龙眼多树宅旁，亦树于基。基下为池以畜鱼，岁暮涸之，至春以播稻秧，大者至数十亩。其筑海为池者，辄以顷计"。一些地区甚至出现了农民纷纷"弃田筑塘，废稻树桑"的局面，南海、顺德等县部分地区，已经是有桑塘无稻田的地区了。民国时期，20世纪30年代初世界经济危机曾对广东蚕丝业造成很大冲击，导致不少桑基改种甘蔗，顺德等传统基塘区出现蔗基鱼塘等新型生产模式[③]。

珠江三角洲地处亚热带气候区，气候温和，雨量充沛，但地势低洼，洪涝灾害频繁。稻田改作桑基鱼塘之后，一方面因田基培高而免除了水潦之

① 光绪《高明县志》（1894年）
② 《珠江三角洲农业志》四
③ 吴建新：《民国广东的农业与环境》，中国农业出版社，2011年，第260页

患；另一方面，基种桑，塘养鱼，桑叶饲蚕，鱼屎肥塘，塘泥培桑，各生产要素之间形成互相依存、良性循环的生态关系，经济效益也很显著。桑基鱼塘长期以来受到人们的重视和好评，现在依然是珠三角地区发展生态农业的基本技术模式。

二、桑基鱼塘模式的生态意义

传统的桑基鱼塘模式实际上是一种水域与陆地两个人工生态系统之间的联结，它们彼此进行着能量、物质交换与补偿，使系统内循环规模扩大，也借此减少了外部能量物质的投入，系统的经济效益和生态效益皆有提高。在桑基鱼塘系统中，种桑、养蚕、养鱼三者是相互联系，相互推动的、多样化的循环性生产过程。它以桑为基础，鱼塘是关键，鱼塘也是"养"基的条件。鱼塘本身又以饲料、肥料的输入为基础。桑基又是养鱼饲料、肥料的供给源。因此形成了"基种桑，塘养鱼，桑叶饲蚕，蚕屎饲鱼，塘泥培桑"的物质循环模式，前一环节的废物成为后一环节的营养物，实现了综合利用，减少了环境污染。广东顺德民间有言："桑茂、蚕壮、鱼肥大；塘肥、基好、蚕茧多。"充分说明了桑基鱼塘循环性生产的关系。以下利用相关试验研究数据[1]，从生态学角度对桑基鱼塘的物质循环过程再做分析（图8-4）：

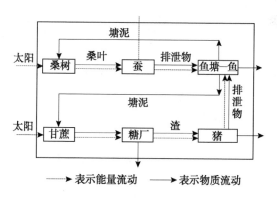

图8-4 桑基鱼塘示意图

---

① 胡保同等：《综合养鱼200问》"在桑基鱼塘里，鱼、桑、蚕构成怎样的定量关系？"中国农业出版社，2002年

首先，桑是生产者，利用太阳光能、二氧化碳和水分等生产桑叶；桑叶饲蚕，桑的营养物质和能量沿着活食食物链首先转移到蚕，蚕是第一消费者。据研究，太湖地区每亩桑基可产桑叶 1 000～1 500 公斤，每年养蚕4～5 次；珠江三角洲每亩可产桑叶 2 400～2 500 公斤，养蚕 8 次。如果每 100 公斤桑叶平均生产 8 公斤蚕茧，太湖地区每亩桑基年产茧 80～120公斤；珠江三角洲产茧 160～200 公斤。再以每 100 公斤茧平均产 7 公斤丝，太湖地区每亩桑可年产丝 5.6～8.4 公斤；珠江三角洲产 11.2～14.0公斤。

其次，养蚕、缫丝的废弃物和副产品可以作鱼类的饲料和鱼池的肥料，在活食食物链上鱼是第二消费者。蚕沙是蚕粪、蚕蜕和吃剩桑叶的混合物，这种养蚕的废弃物，养分很高，含水量很少。其中含有机物 87% 以上，含氮 2.2%～3.5%，含磷酸 2%～2.5%，含钾 1.5%～2%，还含有大量微量元素，养分高于任何畜禽粪便。蚕蛹则是缫丝业主要副产品，蛋白质和粗脂肪的含量都很高，为养鱼的优质饲料。据研究，一般每亩桑基的桑叶可产蚕蛹 130 公斤左右，而每 1.5～2 公斤蚕蛹可产鱼 1 公斤。另外，每生产 8 公斤蚕茧，又可产出 30 公斤（太湖地区）到 50 公斤（珠江三角洲）蚕沙（粪）。蚕沙入鱼塘后，既起肥料作用，又可作为鱼的饲料。太湖地区每亩桑基桑叶养蚕，可获蚕沙 300～450 公斤，珠江三角洲可获 1 200～1 250 公斤，而大约 8 公斤蚕沙能养出 1 公斤鲜鱼。这样，单用蚕沙养鱼，太湖地区、珠江三角洲每亩桑基分别可生产鲜鱼 37.5～56.25 公斤和 150～156.25公斤。

再次，塘里微生物分解塘里鱼粪、藻类和各种有机物质为氮、磷、钾等元素，混合在塘泥里，泥是桑基的主要肥源。每年冬季塘鱼起捕，干塘后把塘泥运上桑基作肥料（广东称"上大泥"，浙江叫"白泥"），夏秋二季戽2～3 次，"泥花"或"小泥"施于桑基行间或稍带水戽于基上，干后耙匀，桑基的肥料就基本可满足。以后随着塘泥又还原到桑基，微生物是腐烂链中有机物质的分解者和还原者。在生产过程中，有一部分桑叶落到基上或鱼塘里，经过微生物的分解变为无机物，释放到土壤中，又被桑树吸收利用，开始新的物质循环。

总之，在桑基鱼塘系统中，桑树是有机物的"生产者"，它固定太阳能；蚕是第一"消费者"，它吃进桑叶，生产出丝、茧、蛹，排出蚕粪；鱼是第二"消费者"，它吃蚕沙、蚕蛹，排出鱼粪；池塘里的微生物是"分解者"，它们将鱼粪和残剩的蚕粪、饵料分解"加工"成含氮、磷、钾的简单物质，混入塘泥。这种塘泥肥力高，肥效长，可作为上好的肥料就近提供给桑基，从而重新进入循环。如此就构成了一个水陆相互联系、动植物相互作用、物质循环利用的农业生态系统，极大地提高了资源利用率，并减少了环境污染。

第九章 传统农业的生物多样性保护与利用

农业生物资源是指在当前的社会经济技术条件下人类农业生产可以利用与可能利用的生物，是农业生物多样性的物质体现。生物多样性（Biodiversity）则是指生物及其与环境形成的生态复合体以及与此相关的各种生态过程的总和，包括遗传多样性、物种多样性、生态系统多样性及景观多样性。将这一概念应用到农业中来，它应该包括栽培植物和饲养动物种类及品种的多样性、农业生态类型和过程的多样性等。生物多样性是在人类活动的深度和广度不断拓展，自然界的生物种类不断减少，大量珍贵种质资源迅速消亡，进而引起人们警觉的时候产生的。中国古人没有明确的生物多样性概念，但一直具备相关的思想意识，如"万物并育而不相害"、"和实生物，同则不继"、"种谷必杂五种"等，注意在农业生产生活中保护、培育好引进动植物资源，合理利用各种动植物之间相生相克的关系，较好地保持了中国传统农业生物的多样性。本章依然从生态学视角，总结传统农业在生物多样性保护与利用方面的成就。

第一节 传统农业生物多样性思想与物种多样性概况

农业生物资源多样性是现代科学概念，它的产生和发展具有一定的时代背景。中国古代尽管没有对生物多样性形成明确的认识和系统记述，但已在长期的农业生产过程中形成了生物资源多样性的思想观念。在生物多样性思想的指导下，中国传统农业基本实现了农业生物资源的有效保护与合理利用，保障了农业自身的持续发展。下面以现代生物多样性概念为基础，总结古代关于农业生物多样性的思想观念和品种资源积累。

一、农业生物多样性的概念

1. 农业生物多样性的内涵

生物多样性是指在一定范围内多种多样活的有机体（动物、植物、微生物）有规律地结合所构成的稳定生态综合体。这种多样包括动物、植物、微生物的物种之间的多样性，物种内部的多样性及生态系统的多样性等三个层次[①]。对于农业生态系统来说，生物多样性在这三个层次中都发挥着重要的作用。建立在生物多样性基础之上的农业生物多样性，其概念也十分宽泛：农业生物多样性是指与食物及农业生产相关的所有生物的总称，其中包括高等植物、高等动物、节肢动物、其他大型生物及微生物。

在农业生物遗传多样性、物种多样性和生态多样性三者之中，遗传多样性是基础，或者说遗传多样性是生物物种多样性的内在形式；物种多样性是前提，物种的多样性可以反映生态系统类型的多样性；物种多样性还是构成生态系统多样性的基本单元（表9－1）。

表9－1　农业生物多样性的内涵[②]

多样性层次	狭义的基本范畴	广义的基本范畴
农业生物遗传多样性	仅含农业生物本身的遗传多样性，如各种水稻的传统农家种和现代高产种，包括杂交稻	农业生物相关的近缘种、野生种以及有潜在转化利用可能的其他生物基因，如野生稻、Bt抗虫基因、抗除草剂基因等
农业生物物种多样性	目前农业生产用地目标物种，如稻、麦、棉、豆、牛、羊、鸡、鸭	农业生产关联物种以及可能利用的潜在物种，如病虫害及其天敌、土壤生物、中草药、野菜、自然水产资源
农业生态系统多样性	农业生产涉及的生态系统，如农田、鱼塘、牧场生态系统；农业生产体系的布局，如农田、果园、菜地、鱼塘等	涉及农业流域的天然林业系统、自然水域系统，农业流域从上游水保林到下游出海口富营养化污染区的整体格局

农业生物多样性产生和存在的现实基础是农业生物的差异性（或曰矛盾性）、联系性和发展性。世界上没有完全相同的生物，任何生物都各有自己的特点，这就是生物间的差异性；差异性又是与同一性联系在一起的，异中有同，同中有异，一切生物都是同和异的统一体。以最常见的两种作物为例：粟和黍外形和性状特别相似，而且它们的根系吸收水分的能力较其他作

---

① 有观点认为生物多样性还包括景观多样性

② 源于骆世明：《农业生物多样性利用的原理与技术》，化学工业出版社，2010 年

物强，发芽时所需的水分也较少，蒸腾系数又较小，耐碱性，可在多种土壤中生长。因此，粟和黍就成为我国半干旱黄土区最适于生存繁衍的粮食作物。这是它们同一的一面，其差异性在于黍比粟生长期更短些，更耐旱，对杂草的竞争力更强，更能适应高寒环境。在农业系统中，许多诸如黍与粟之类的物种就构成了农业生物的多样性。

农业生物的联系性是指生物内部以及生物之间所发生的关系，不妨以生物系统中的物质循环为例来说明。在生物系统中，除了能量的交换（主要是吸收太阳能，转化成生物能），最主要的是物质的交换。这种交换，并不局限于两个相关生物之间，而作链环式的交换与流通，由此构成了网环式的生物链。在这个生物链中，植物是动物的食物；微生物分解动物、植物的排泄物和尸体，使之成为植物生长的养料。不难看出，物质、能量的交换和流通其实就是系统内生物之间的联系。

农业生物的发展性指农业生物各方面运动变化的过程性，尤指作物品种的不断多样化、优质化。中国早在西周时代，就有了"嘉种"（即良种）的观念，并且已经培育出了一批黍和粟的良种，如"秬"和"秠"就是黍的两个良种；"穈"和"芑"则是粟的两个良种①。由两个物种，到各自形成许多品种，就是农业生物的发展性，其中作物的遗传性是内因，环境诱导和人工培育是外因。

2. 农业生物多样性的组分和意义

农业生态系统的物种可分为生产性生物种，如农作物、林木、饲养动物等，其多样性对系统的生产力、稳定性起重要作用；资源性生物种，如传粉昆虫、害虫天敌、微生物等，其多样性对系统内的植物传粉、害虫防治、资源分解、养分循环，起了重要的作用，并间接影响着系统的稳定性和生产力；破坏性生物种，如杂草、害虫、病原生物等，因影响系统生产力，被人类视为控制的对象。

农业生物多样性是人为管理下满足人类生存及发展的生物多样性系统，是社会与自然互动的产物。其意义就在于维护生态系统平衡，对人类历史发展进程起到保障作用，包括为人类提供衣食之源，为资源型产业提供有效资源，为农作物的品种改良提供有利基因，为有害物种提供有效天敌等，并将为人类未来的生存与可持续发展提供物质资源。

---

① 《诗经·大雅·生民》

二、古代对农业生物多样性的观察和认识

古人很早就开始了对生物的观察和认识，并在长期的实践活动中积累了许多有关动物、植物形态和性状等方面的知识，发现了各种动植物之间的联系与区别。这些观察和认识成果与现代的生物多样性概念有不少相通之处，对传统农业生产起到了积极的指导作用。

在上古时期，人们就通过仔细观察和不断比较，认识到各种生物的形态特征，并尝试用不同的符号或文字加以区分。距今约 7 000 年左右的河姆渡遗址的陶器外壁有鱼虫花草形状，个别骨器上还雕有精致的禽鸟图像。在西安半坡遗址中，同样发现不少器物上刻绘有动植物形象，动物以各种鱼形花纹为多，还有鹿形、鸟形、兽形等花纹，植物一般是草木或谷物的形象。殷墟卜辞中可见到表示不同农作物的象形字及会意字。甲骨文"禾"和"黍"二字分别为粟和黍的象形，其字形充分表现了前者攒穗、后者散穗的特点；"来"字是小麦植株的形象，麦穗挺直有芒，上面一横似强调其芒；"牛"和"羊"二字表现出牛角向上弯、羊角向下弯的特征；"豕"是肥腹垂尾猪的形象，"犬"是瘦腹垂尾狗的形象。在后来的会意、形声字中，古人常用某些特定的偏旁部首来表示不同形态的动植物。如"鸡"字从"又"从"鸟"，突出了公鸡打鸣时头颈部的特征；"稻"字从"水"从"禾"，既反映稻与黍一样散穗的特点，又体现了稻在水田环境生长的习性。

春秋战国时期，儒家"和而不同"的思想观念集中体现了中国哲学的生态内涵。它最早出于《国语·郑语》："夫和实生物，同则不继。以他平他谓之和，故能丰长而物归之，若以同裨同，尽乃弃矣"，就是说，只有允许不同的事物共同存在，才能生成世间万物，如果所有的事物都一样的话，这个世界就不再发展了。儒家"和而不同"思想所蕴含的生态哲理，开启了后人对生物多样性进行观察、认识和利用的智慧。

道家注重对自然界的观察和思考，其思想观念中包含了不少关于生态方面的深刻见解。《庄子·山木》讲到一则寓言："睹一蝉，方得美荫而忘其身；螳螂执翳而搏之，见得而忘其形。异鹊从而利之，见利而忘其真。"大意是说，一只蝉正陶醉在浓密的树荫之中，忘记了自身的安危；一只螳螂用树叶作隐蔽，举起有力的前肢想要捕捉这只蝉，眼看就要得手；这时，一只怪鹊紧随螳螂，觉得也是扑食的大好时机，可它没想到，树下还有一个猎人正举着弹弓向它瞄准。"螳螂捕蝉，黄雀在后"这一典故，是对生物之间相

互关系的精妙阐述。另外，道教还以"道法自然"的思想观念，劝戒人们以自然为大美，不能以人的意志干预自然，保护生物的多样性。

古人在农业生活中，仔细观察各种生物的习性或天性，并不断探索各种生物之间的相互联系。《诗经·小雅》云："螟蛉有子，蜾蠃负之"，就是说，细腰蜂以螟蛉之子来喂养其幼虫，二者形成寄生关系。《诗经·頍弁》："茑与女萝，施与松柏"。茑是小灌木，女萝即菟丝，二者均攀援、缠附于松柏之上，和松柏构成共生关系。在此基础上，人们认识到了生物之间的相抑相克关系，所谓"树郁则为蠹，草郁则为菑"①，"树相近二靡，或軵（反推）之也"②，"冬与夏不能两刑，草与稼不能两成，新谷熟而陈谷亏"③，都是对生物间制约关系的阐述。

古人注意到同种生物形态不一的情形。《尔雅》记载了马的 30 个品种，并对其间的差异进行了描述，如鸨黑白杂毛，駓黄白杂毛，骍红白杂毛等等。北魏《齐民要术》记载："凡谷成熟有早晚，苗秆有高下，收实有多少，性质有强弱，米味有美恶，粒实有息耗"。宋代蔡襄《荔枝谱》总结："荔枝以甘为味，虽有百千树，莫有同者"。明代《天工开物》描述："梁粟种类甚多，相去数百里，则色味形质随之而变，大同小异，千百其名。"

人们还发现，一定的人工干预可以促使生物性状的改变，形成某一物种的遗传多样性。《尔雅·释鸟》云："舒雁，鹅；舒凫，鹜"。鹅由雁驯化而来，鸭（鹜）由凫驯化而来；雁和凫经过人工驯化之后，性情变得舒驯，故称之为"舒雁"或"舒凫"。可见两千多年前，人们对人工培育条件下的生物变异现象已有所认识，并自觉加以利用。李时珍《本草纲目》引苏颂的话说："欲其花之诡异，皆秋冬移接，培以粪土，至春盛开，其状百变"。清初园艺学家陈淏子在《花镜》中也说："花小者可大，瓣单者可重，实小者可巨，酸苦者可甜，臭恶者可馥"。"审其燥湿，避其寒暑，使各顺其性，虽遐方异域，南北易地，人力亦可以夺天工。"④。这些论述，无不强调人工干预在农业生物多样性控制中的重要性。

---

① 《吕氏春秋·达郁》
② 《吕氏春秋·精通》
③ 《吕氏春秋·博志》
④ （清）陈淏子：《花镜》

三、粮食及园艺作物的物种多样性

农业产生以来，人类通过对生物的不断驯化和利用，使野生生物逐渐成为可以种植或畜养的农业生物，以满足自身的生存和发展的需要。在这个过程中，不适宜种植（或驯养）的生物逐渐从人们的视野中淡出，适宜栽培或饲养的生物不断地被强化培育，积久而形成丰富的农业生物品种资源。历代农书、地方志、谱录等文献所记载的农作物种类、品种及具有农业生物潜质的物种，不胜枚举。以下主要阐述粮食作物和园艺作物的物种资源及其多样性情况。

1. 粮食作物品种数量

《诗经》除记载有几十种农作物种类及品种外，还记载了大量野生植物，这些野生植物有不少可以采食充饥，实际上具有农业生物潜质。《管子·地员》篇记录了 10 个水稻品种的名称。《齐民要术》记载的作物品种，粟 97 个，黍 12 个，稷 6 个，粱 4 个，秫 6 个，小麦 8 个，水稻 36 个（包括糯稻 11 个）（图 9 - 1），其中对粟品种的记载最为详细，如早熟、晚熟、耐旱、耐风、免虫、免雀暴、易春、味美、味恶等[①]。唐诗所见的水稻品种有 10 余个，即白稻、红稻、香稻、红莲、黄稻、霜稻、珠稻、穄秖、长枪、獐牙稻。有学者查阅了 26 种宋代方志，其中 12 种记有水稻品种的名称，共得 301 个，除去重复的 89 个，实际 212 个[②]。

明清时期，地方志及农书中记载的水稻品种数大为增加。明代黄省曾的《理生玉镜稻品》所载皖南、苏南和浙北的水稻品种有 36 个，粳、籼、糯俱全，早、中、晚齐备。明代何乔远的《闽书》记载了福建地区的水稻品种，泉

图 9 - 1　粟的良种：粱

（选自《植物名实图考》）

---

① 石声汉：《从齐民要术看中国古代的农业科学知识》，科学出版社，1957 年

② 游修龄：《方志在农业科学史上的意义》，载《农史研究文集》，中国农业出版社，1999 年，第 204 - 205 页

州地区 44 种，建宁 45 种，延平 15 种，兴化 8 种，彰州 9 种，合计达 121 种。清代李彦章《江南催耕课稻编》引《高邮州新志》的记载说明，仅该州的水稻品种就多达 78 个，其中早熟 9 种，中熟 33 种，晚熟 36 种。清代乾隆时期官修《授时通考》收集了 223 个州县的水稻品种，是有史以来中国收录水稻品种最多的书籍。农史学家游修龄先生统计，其中所收录的水稻品种多达 3 429 个，除去重复，实有品种大约 2 500 个。而实际上，《授时通考》收录的水稻品种资料并不全面，一来它只搜集了乾隆七年（1742 年）以前的资料，二来它收集的州县也不齐全。有研究者对清代各地方志中的水稻品种进行逐一登录，查到在生产上应用的品种有 5 140 个，比《授时通考》记载的 3 429 个多了 1 711 个①。

2. 粮食作物的耐旱和耐涝品种

作物品种性状包括很多方面，人们常常依据品质、形态及抗逆性对其进行分类描述，这里主要从抗逆性方面阐述部分传统粮食作物的品种特点。干旱和水涝一直是中国农业面临的主要环境灾害。为了战胜旱涝灾害，人们有针对性地选育出大量抗旱耐涝的作物品种。

（1）旱地作物的耐旱和耐涝品种　贾思勰《齐民要术》中记有"朱脊"、"高居黄"、"刘猪獬"等 14 个早熟耐旱免虫的谷子品种。清代《救荒简易书》中记有一种叫"白子粟谷"（白粱粟）的作物，既耐碱，又耐水旱。同一书中，还记有"黑子高粱"，既耐风雨，又耐水旱，"能荒年多得谷也"。

《齐民要术》中记有"竹叶青"、"衙天棒"、"青子规"等 10 个耐涝谷子品种。清代《救荒简易书》记载："黑子高粱性能耐水，宜种水地"，"其秆比红高粱，又粗又坚，又柔韧，水上二三尺，而能持立水中，不折刮不弯曲，且离地六七寸高，四面生出许多大根，俗呼为霸王根者"。书中又说河内县有一种水白豆，"性能耐水，灭顶三日，而豆仍不败"。书中还记有不少其他耐水作物品种，如"黑子谷"、"穆子谷"、"稗子谷"、"稊子谷"、"薏苡谷"、"春麦"、"蚕豆"、"豌豆"、"小扁豆"，"胡秋"、"快高粱"、"快粟谷"、"快包谷"、"快黍"，"快稷"、"快豆"等。

（2）水稻的耐旱和耐涝品种　江浙各地的方志文献中记有不少能在缺水之处种植的水稻品种。江苏靖江、通州等地有特别耐旱的"撒杀天"、

---

① 　徐旺生、闵庆文：《农业文化遗产与"三农"》，中国环境科学出版社，2008 年，第 52 页

"短箕糯"，它们"秸短，九月熟，极旱不损"；一种被称作"旱棱"的品种，适宜种在宜高田；越南传入的"占城"稻种，"最耐旱，有红、白二色。"除此之外，浙江衢州的"南安旱"、"浦棱"等，"非自占城亦能耐旱"[①]。在南方一些山区，如江西、湖南、广西、云南等地多有此类耐旱品种分布。

黄穋稻则是一个耐水性很强的水稻品种，宋代以后在圩田地区广为种植。它生育期短，可在水潦到来之前抢种，或水退之后补种。与之相类的品种在低洼易涝的地区都有分布，其中特别耐涝的水稻品种有"长水红"，又名丈水红、深水莲、深水红、一丈红、松江赤等，它"粒最长，积三粒盈寸，极涝不伤"；再如"料水白"，它"岁遇甚潦，辄能长出水上"。有些水稻品种还具有耐冷水和咸水的功能，它们是适应山区冷浆田和沿海涂田等的开发而培育起来的。

蜀黍

图 9-2　高粱

3. 粮食作物的耐盐碱品种

中国盐碱地面积广大，增加耕地的有效途径一是改造盐碱地，二是培育抗盐耐碱的作物品种。

（1）旱地作物的耐盐碱品种　《齐民要术》中曾记有"白醭谷"、"山醭"、"醭折筐"等品种。从许慎《说文解字》卤部"醭、碱也"的注解，可推知这三个以"醭"字命名的品种，当与抗盐碱有关。清代郭云升在《救荒简易书》中列出许多耐盐碱作物及品种，耐盐碱作物如䅮麦、臭麦、大麦、谷子、高粱、黍、稷、小子黑豆、薏苡等（图9-2）。其他古文献中也记载了不少特别能耐碱的旱地作物品种，耐碱谷子如"黑子谷"、"红子谷"、"白子谷"、"踵子谷"，耐碱高粱有"黑子高粱"、"红子高粱"、"白子粱"等，黍（糜子）有"黑子黍"、"红子黍"、"白子黍"等。

（2）水稻的耐碱品种　战国时期的《管子·地员篇》谈到一种"白稻"，能够在"甚咸以苦"的土壤中生长。在沿海各地的地方志中，出现了

不少适于盐碱地的水稻品种名称，如"乌芒稻"、"咸稻"等，"宜种卤田"；乌芒稻，"卤地之咸者尤宜种之，壳粗厚"。

4. 粮食作物的抗虫防兽害品种

（1）旱作物的抗虫防兽害品种　《齐民要术》列举"朱谷"、"高居黄"等 14 个谷子品种能"免虫"；"今随车"、"下马看"、"百群羊"等 24 个品种穗上皆有毛，耐风，可免雀暴。清代《救荒简易书》记载的抗虫品种主要有臭麦、稊子谷、气杀蝼蛄谷、翻眼黄谷、紫苏油谷、白荏油谷、脂麻油谷、小子黑豆、大子黑豆、小子黄豆、大子黄豆、长秧绿豆、短秧绿豆、红小豆、白小豆、春麦、蚕豆、豌豆、小扁豆等。有些作物品种被虫吃过之后，能迅速恢复生长。如气杀蝼蛄，"性不畏虫，虫食以苗，更生二苗，虫食二苗，更生四苗。名曰气杀蝼蛄。"还有些作物具有特殊气味，家畜和虫子不敢或不愿意采食，如"臭麦出滑县、濬县及长垣封丘等，六畜不敢食其苗，虫不敢食"。

（2）水稻的抗虫防兽害品种　清代《象山县志》记载，红蒙"不畏蟿虫"①。蟿虫为稻飞虱、叶蝉一类的害虫。历史上广为种植的一些品种，如水稻品种中的"飞来凤"，则具有抗病虫害力强的特点。针对山田野猪、田鼠、山猴、禽兽等为害，人们培育出黄萌栗、矮黄、野猪愁等水稻品种②。"红芒糯"，被山中人称作"野猪哽"，可防兽害；"乌芒糯，山乡稻熟，兽辄食之，此稻秆芒硬，兽不食，故多种焉。"③稻田养鸭可以除草治虫，但鸭有时候也会加害于即将成熟的稻谷，这也有赖水稻品种来解决。清代四川南溪县就有一种名为"鸭望糯"的水稻品种，"茎高可四尺，以鸭望而不得啄，故名。"④

5. 瓜果蔬菜及花卉品种

古籍对果蔬花卉类植物种类及品种的记载更多，也更关注，甚至形成了一系列专门的谱录类书籍。以下主要列举若干见于文献记载的瓜果蔬菜品种。

战国时中国见诸文献记载的栽培果树已经有十多种，包括桃、李、枣、

---

① 雍正七年（1729 年）《象山县志》卷九"物产"
② 弘治四年（1491 年）《休宁志》卷一"租税"
③ 康熙十七年（1678 年）《东阳县志》；光绪《浦江县志》（1896 年）
④ 光绪二十六年（1900 年）《南溪乡土志》

栗、梨、山楂、樱桃、棠、杏、柰、梅、柑橘（卢橘、黄甘、香橙等）、柿等。考古资料中也可见到梅、栗、樱桃、李、核桃、枣、桃、梨等果品[1]。秦汉时期，随着国家的统一，各民族经济文化交流加强，见于记载的果树种类和品种明显增多，尤其是南方和西域的奇珍异果传入中原。《上林赋》等文献中新增的果品包括枇杷、杨梅、葡萄（蒲陶）、荔枝、龙眼、林檎、安石榴、槟榔（仁频）、橄榄、椰子（胥馀）等十几种。西汉时长安著名的甜瓜品种东陵瓜，甚至见于太史公的笔端[2]。

西晋郭义恭《广志》记载桃树品种 4 个，枣树品种 14 个，梨树品种 9个，瓜品种 10 多个，并对不少瓜果品种的性状做了描述。

"瓜之所出，以辽东、庐江、敦煌之种为美。有乌瓜、鱼瓜、狸头瓜、蜜筩瓜、女臂瓜、龙蹄瓜、羊髓瓜、缥瓜……蜀地温，良瓜冬熟。有春日瓜，细小，小瓣宜藏，正月种，三月熟。有秋泉瓜，秋种，十月熟，形如羊角，色苍黑。"

"北邙张公夏梨，海内唯有一树。常山真定梨、山阳钜野梨、梁国睢阳梨、齐郡临淄梨。广都梨，又云钜鹿豪梨，重六斤，数人分食之……"

"河东安邑枣，东郡谷城紫枣，长二寸。西王母枣，大如李核，三月熟，在众果之先……枣有狗牙、鸡心、牛头、羊矢、猕猴、细腰之名，又有玄枣、大枣、崎廉枣、桂枣、夕枣之名。"

北宋周师厚《洛阳花木记》记载桃树品种 30 个，梨树品种 27 个，李树品种 20 个，梅品种 6 个，杏品种 16 个，樱桃品种 11 个，石榴品种 9 个，林檎品种 6 个，绵苹果品种 10 个。南宋韩彦直《橘录》记载温州地区的柑橘品种 27 个。

北宋初年郑熊《广中荔枝谱》记载当时的荔枝品种 22 个，稍后的蔡襄《荔枝谱》记载了福州、兴化、泉州、漳州的荔枝品种 32 个，张宗闵《增城荔枝谱》著录增城县荔枝品种 100 多个；清代陈鼎著《荔枝谱》，记述闽、蜀、粤、桂荔枝品种 43 种[3]。

此外，明清时期选育出来的果品，如山东莱阳梨、肥城桃，辽宁等地的秋白梨，上海水蜜桃等，至今依然是著名的地方特产。

---

[1] 陈文华：《中国农业考古图录》，江西科学技术出版社，1994 年版

[2] 《史记·萧相国世家》

[3] 彭世奖：《历代荔枝谱述评》，《古今农业》，2009 年第 2 期

四、畜禽品种资源及其多样性

1. 马、牛

（1）马　中国历史上马的优良品种主要有乌孙马、大宛马、西南马、蒙古马等，它们对中国马的改良和繁育发挥了重大作用。例如，乌孙马又名"天马"，清初所培育的伊犁马，它的老祖宗就是乌孙马。蒙古马原产蒙古高原，具有适应性强，耐粗饲和终年放牧等特点。近世著名的西宁马的祖先就是蒙古马，伊犁马、三河马等名马也与蒙古马有血缘关系。

（2）牛　牛是传统农业的重要动力来源，古人对牛的选种育种很重视，并在特定的农耕环境和饲养条件下成功培育出很多优秀品种。中国的家牛种类主要有黄牛、水牛、牦牛等，牛种不同，驯化和分布的地区也有差别。黄牛遍布我国各地，但以秦岭和淮河以北地区饲养最普遍；水牛饲养以江淮以南为主；牦牛主要分布在青藏高原。

黄牛是中国传统牛种的代表。顾名思义，黄牛指被毛黄色的牛，实际上黄牛包括了各种毛色的"旱牛"。时代不同，人们对牲畜毛色的喜爱也会不同，曾有黑、白、黄、褐等不同的毛色要求。《诗经·无羊》中有"谁谓尔无牛，九十其犉"，犉被解释为体格壮大的黑唇黄牛。大概从西周开始，人们开始喜欢黄色的牛，长期有意识的选择，导致黄色以及接近黄色的牛更为普通。明代李时珍《本草纲目》引唐《本草拾遗》说："南人以水牛为牛，北人以黄牛为牛"。将水牛与黄牛相提并论，说明唐代黄牛已成统称，而不是单纯指黄色牛。若以毛色而论，黄牛之名不排除红牛、黑牛、花牛等称呼。唐代韩滉《五牛图》为中国传世名画，画中五牛，一字排开，各具状貌，姿态互异，活灵活现。从牛种上说，五头牛均为黄牛，但毛色则有赭、黄、青、白、花等（图9-3）。

图9-3　故宫博物院藏　唐代韩滉《五牛图》

传统黄牛品种以秦川牛、南阳牛、鲁西牛三个品系最为著名，其他优良黄牛品种还有晋南牛、蒙古牛、延边牛、复州牛、荡脚牛等。秦川牛主产于陕西渭河流域的关中平原，是著名的大型役肉兼用型黄牛品种。历史上的关中地区农产丰富，广种苜蓿，加之当地农民的长期精心选育，大约在明清时期最终育成了这一西北乃至全国最优秀的牛种。秦川牛毛色紫红，身长体高，骨骼粗壮，肌肉丰厚，役用肉用性能俱佳，现已成为当今关中地区牛产业发展的基础。

水牛在甲骨文中写作"沈牛"，汉司马相如《上林赋》也提到沈牛，张揖注说："沈牛，水牛也，能沉没水中"。水牛在我国的驯化饲养至少已有六千年的历史，长江下游河姆渡遗址曾发现家养水牛遗骨。南方各地的水牛同根同源，外形特征基本相同，至于体格大小、役用性能高低则与生长环境和饲养条件好坏有关。水牛毛色几乎都是青灰色或铁灰色，有极少数白毛色，体形较大，躯干深广，四肢粗短，体重往往超过同一地区的黄牛。水牛行动迟缓但力强持久，不仅胜任稻作区的水田耕作，而且适合陆上运输。目前，我国水牛当以西南及湖广地区最多，中国台湾地区也多有水牛分布。

牦牛在古代文献中又写作牦牛、犛牛、旄牛等，其驯养历史距今至少有1 000年。牦牛有家养和野生之分，家牦牛周身被覆长毛，肩部、腹下及股部被毛最长。其毛色多为黑色，其次红褐色，也有白毛或黑白斑的牦牛。今多分布在青海、西藏等我国西部高原地区。牦牛可与黄牛杂交，其杂交种称犏牛。犏牛多见于牦牛和黄牛分布的交界处，如云南丽江、甘肃永登等地。

2. 猪、羊

（1）猪　中国养猪历史悠久，养猪一般与种粮紧密结合，猪的种类和品种繁多，且南北东西的猪种各有特色。从出土文物看，秦汉时期中国至少已形成五个类型的优良猪种：华南猪、华北猪、四川猪、大伦庄猪、贵州猪[①]。汉代《尔雅》中记载了猵、豝、豯等多个猪品种专名，综合历史上的相关解释看，"猵"是指一种皮肤皱褶较多的猪，"豝"是一种体型较大的猪，"豯"是一种白蹄猪。明代李时珍《本草纲目》记载："生于青、淮、兖、徐者耳大，生燕、冀者皮厚，生梁、雍者足短；生辽东者头白，生豫州者味短，生江南者耳小，谓之江猪，生岭南者白而极肥。"[②] 可惜中国历史

---

① 梁家勉：《中国农业科学技术史稿》，农业出版社，1989年，第224页

② 《本草纲目》卷五十，上兽部豕条；清代《豳风广义》和《三农纪》关于猪种的记载与《本草纲目》大同小异

上关于猪种的文献记载很少，后人无法更多地了解地方猪种形成和发展的历史。

过去一般从驯化的角度，把中国猪种分为华北型和华南型两大类型。当代畜牧工作者则在品种资源调查的基础上，按照各地猪种的生产性能和体型外貌特征，综合其起源地，将中国猪的地方品种分为华北型、华南型、华中型、江海型、西南型、高原型六大类①。华北型猪如东北民猪、西北的八眉猪、河套大耳猪和黄淮海黑猪；华南型猪如滇南小耳猪、福建的槐猪、广东的海南猪；华中型猪如浙江的金华猪、湖南宁乡猪、广东大白花猪、华中的两头乌猪；江海型有太湖猪、湖北阳新猪、浙江的虹桥猪、中国台湾的桃园猪；西南型猪如四川的内江猪、荣昌猪、贵州的关岭猪，云贵川接壤的乌金猪；高原型猪则以藏猪为代表。中国地方猪种都是在各地的自然环境、饲料条件和饲养方式下，经过农民长期精心饲养和选育而形成的。这些猪种除了外形和生产性能各有特点以外，还以耐粗饲、早熟易肥、繁殖力强、肉质优良等共同特性而著称于世②。

（2）羊　家羊有山羊和绵羊之分，它的驯化以亚洲西南部为最早。中国大约在五六千年前已开始饲养家羊，在长期的饲养实践中选育出蒙古羊、大尾羊、同羊、洮羊、湖羊、滩羊、封羊（驼羊）等地方良种。

大尾羊是一种古老的羊种，现代畜牧上属于蒙古大尾羊类。大尾羊唐代以前出现于西域，《唐书》称灵羊，北宋时已有一定名气。明代《本草纲目》兽部羊条附载："哈密及大食诸番有大尾羊，细毛薄皮，尾上旁广，重一二十斤，行则以车载之。"大尾羊在清代更加驰名，并传入陕甘地区。大尾羊尾富含脂肪，冬天饲料不足时可凭借尾部脂肪维持身体消耗。

同羊又叫同州羊、茧耳羊，西魏至唐代期间，在同州（今陕西省大荔县）沙苑地区选育而成，迄今已有 1 200~1 500 余年的繁育史。现主要分布于陕西省渭北高原东部和中部一带，对渭北半湿润易旱区的生态条件具有很好的适应能力，既可舍饲，又能放牧，抗逆性强。同羊将优质半细毛、羊肉、脂尾和珍贵的毛皮集于一身，堪称中国以及世界非常珍贵的绵羊品种资源。

宁夏滩羊久负盛名，是以蒙古羊为基础，在黄河两岸长期选育形成的。

---

① 中国猪品种志编写组：《中国猪品种志》，上海科学技术出版社，1986 年
② 参阅徐旺生：《中国养猪史》第三章，中国农业出版社，2009 年

滩羊形体特征与蒙古羊相似，唯体格略长，羊毛细致均匀，是用作裘皮的优良品种。其羔羊皮俗称"二毛皮"，毛束紧密且有波浪状花纹，毛质雪白柔软，呈现出美丽的光泽，为裘皮中的佳品。

中国历史上的优良羊种，有不少已难以考知，有些至今仍有饲养，同羊、湖羊、滩羊等依然是优秀的地方羊种。今天应当珍视这些宝贵的畜种资源，认真加以选育改良，让它们继续在畜牧生产中发挥作用。

3. 鸡、鸭、鹅

（1）鸡　养鸡养鸭是中国农家的传统，历史上尤其是明清时期选育出的鸡鸭鹅品种很多，这些优良遗传资源对于中外家禽品种的改良和培育具有重大价值。

中国古代选育出的家鸡品种主要有：泰和鸡、乌骨鸡、寿光鸡、九斤黄、狼山鸡、文昌鸡、长鸣鸡、辽阳鸡、矮鸡等。明代李时珍《本草纲目》："鸡类甚多，五方所产，大小形色往往亦异。""辽阳一种食鸡，一种角鸡，味俱肥美，大胜诸鸡。"辽阳鸡当与现在所称的辽东大骨鸡有一定关系。乌骨鸡"有白毛乌骨者，黑毛乌骨者，斑毛乌骨者，但观舌黑，则骨肉俱乌，入药更良。"明代《便民图纂》卷十二也说："用白毛乌骨鸡，重二斤许，作乌鸡煎丸。"这也许就是中药"乌鸡白凤丸"制作的文献依据。"江南一种矮鸡，脚才二寸许也。"① 江南矮鸡也是原产中国的特异观赏鸡种，后来辗转传入日本、欧美等地。在陕西关中地区，清代已有肉用和卵用两个类型的鸡种："我秦中一种边鸡，一名斗鸡，脚高而大，重有十余斤者，不把屋，不暴园，生卵甚稀，欲供馔者多养之；又有一种柴鸡，形小而身轻，重一二斤，能飞，善暴园，生卵甚多，欲生卵者多养之。"②

九斤黄，是明清时期著名的肉用鸡种。因其喙、足、毛都呈黄色，所以历史上也称三黄鸡。又因其个大体重，可长到八九斤重，故又有九斤黄、九斤王之称。九斤黄初见于《戒庵老人漫笔》："嘉定、南翔、罗店出三黄鸡"。崇祯十五年（1642 年）《太仓州志》也说："鸡出嘉定，曰黄脚鸡，味极肥美。"鸦片战争之后，九斤黄先后被英美等国从上海引去，一些世界上的著名鸡种如芦花鸡、洛岛红、奥品顿以及日本名古屋鸡、三河鸡，无不

---

① （明）李时珍：《本草纲目》"禽部"第四十八卷
② （清）杨屾：《豳风广义》卷三

是利用九斤黄的优良品质培育而成的。

（2）鸭、鹅　中国鸭的著名品种有如凤头鸭、勺鸭、雄鸭、建昌鸭、北京鸭、高邮鸭等。中国鹅的地方良种也有很多，如狮头鹅、皖西白鹅、溆浦鹅、浙东白鹅、四川白鹅、太湖鹅、瞎眼鹅、乌鬃鹅、雁鹅等。以下主要介绍鸭的良种。

北京鸭，原产于北京西郊玉泉山一带，它的育成至少已有三四百年的历史。关于北京鸭的品种来源，尚有不同说法。一种说法是它来源于江苏南京的"白色湖鸭"。另一种说法是它来源于北京东郊潮白河的"小白眼鸭"，俗称"白河蒲鸭"，后来又放养于玉泉山一带。这一带水草丰盛、鱼虾很多，而且严冬不冻，酷暑凉爽，很适宜鸭子生长，加之长期的选优汰劣，便逐渐形成了今日的北京鸭。北京鸭与19世纪中期以后先后传入美、英、日本等国，现已遍布世界各地，在国际养鸭业中占有重要地位。值得提及的是，由于中国本土物种遗传资源的流失，现在真正的"北京鸭"已几乎绝迹，而以北京鸭杂交繁育出来的英国樱桃谷鸭，取而代之成为"北京烤鸭"的主要原料。

高邮鸭，又名高邮麻鸭，主要分布于江苏里下河地区的高邮、兴化、宝应一带。它生长快、个体大、觅食力强、适应于放牧饲养，善产双黄蛋。清代嘉庆《高邮县志》记载："高邮水田放鸭生卵，腌成盛桶，名盐蛋，色味俱胜他方。"高邮咸鸭蛋现在依然是有名的地方特产。

总之，中国是世界上生物多样性最丰富的国家之一，不仅世代积累的农业生物物种资源繁多，农业生物物种培育、引进和保护经验丰富，而且拥有许多含有抗病虫、抗旱、抗寒、高产等优良基因的野生种和近源野生种，它们已成为当前和未来农业可持续发展的资源宝库。

第二节　传统农业生物物种多样性的形成

前已述及，农业生物多样性包括遗传多样性、物种多样性和生态多样性三个层次，其中遗传多样性、物种多样性与农业生物品种选育及引进有密切关系，品种的多样性即代表遗传基因的多样性。农业生物资源多样性保护与农业生物品种培育既相统一又相矛盾，其统一性主要表现在农业生物品种培育以生物遗传资源的多样性为基础，其矛盾性则表现在人们在农业生物品种培育过程中，总是按照自己的意愿和经济原则，来选择、培育作物种类及品种，而淘汰或消灭掉经济价值较低的作物或改变对自己不利的作物性状。就历史实际看，在中国传统农业时代，一方面见于文献记载的农业生物资源非常丰富，另一方面人们选育出大量动植物良种，并从域外引入许多新作物，所以农业生物物种多样性的保持相对较好，多种多样的农业生物资源为近现代的种质资源保护和利用奠定了基础。以下主要从动植物品种选育和引进的角度阐述传统农业生物多样性的形成过程及相关成就。

一、本土农作物及畜禽品种选育

遗传和变异是生物界的普遍现象，野生生物的驯化与农业生物的育种正是建立在遗传和变异的基础之上。由于环境影响的存在，生物在种族繁衍过程中会不断地产生各种变异，这样代代相传，有利变异得到不断积累和加强，最终促成了新品种的产生。农业生物种类的多样化，更多地受到人类育种意图的作用和诱导。中国人在对农业动植物长期利用和不断改良的过程中，借助生物的自然变异，培育出多种多样的农家品种或者地方品种，并形成了经验性的农业生物选育技术。

1. 农作物品种的选育

良种对于农业增产的作用很早就为人们所认识，在农业生产中选用良种，改良品质，可以追溯到先秦时期。早在西周时代，人们就要对种子进行粒选，选种的标准是色泽鲜亮、粒大饱满，所谓"种之黄茂"①。战国时期的《吕氏春秋》"任地"篇中提出如何改善作物性状和品质的问题，如"子能使藁数节而茎坚乎?""子能使米多沃而食之强乎?"其中应该包含对选种育种的要求。

西汉《氾胜之书》首次出现了关于"穗选法"的记载："取禾种，择高大者，斩一节下，把悬高燥处，苗则不败。"后世也有不少穗选法或株选法的事迹。穗选法是借助生物自然变异，选用一个具有优良性状的单穗或单株，连续加以繁殖，从而培育出新的品种，又叫"一穗传"。

魏晋南北朝时期，作物品种选育已从穗选法发展到选种、留种、建立种子田，形成了一套良种选育技术。《齐民要术》："粟、黍、穄、粱、秫，常岁岁别收，选好穗纯色者，劁刈，高悬之。至春治取，别种，以拟

---

① 《诗经·大雅·生民》

明年种子。其别种种子，常须加锄，先治而别埋，还所以治蘘草蔽窖。"这里涉及传统的作物选种和良种繁育技术关键。其一，选种要"岁岁别收"，即种子要单收、单打、单藏，防止混杂，保持纯洁；其二，明确了良种的必备条件是穗大、粒饱、色纯；其三，首次提出良种繁殖要建立种子田；其四，种子田要做好田间管理，"其别种种子，常须加锄"，以便生产出合格的种子。其五，良种收获后，要晒干扬净，妥善贮藏，避免损失及混杂。另外，人们在选种育种过程中，已注意到矮化育种的问题。《齐民要术》"种谷"："早熟者。苗短而收多；晚熟者，苗长而收少。"已发现早熟矮秆品种比晚熟高秆品种产量高这一规律性现象。当时人们还有一个重要发现："收少者，美而耗，收多者，恶而息也。"明确指出了作物产量和品质之间的矛盾，即品质优的往往产量上不去，高产的往往品质较差。

明清时期，谷类作物的单株选育，混合繁殖，选种繁育相结合的方法更加完善和普遍。明代耿荫楼《国脉民天》对良种繁育有专篇论述，谓之"养种"。其中不仅讲到五谷品种的选育方法，还交代了水果、蔬菜的育种措施。"至于菜果应作种者，每苗止留一子，余皆摘去，用泥将摘去枝眼封固。如茄则止留一茄，瓜则止留一瓜，豆则止留荚十数个，其余开花时俱摘去矣。"清代杨屾《知本提纲·农则》和包世臣的《齐民四术》，也对传统作物选种育种的理论和实际问题做了进一步阐释。

另外，从自然突变中选择单株变异，培育成早熟优质品种，也是清代作物品种选育的重要成绩。据清初《康熙几暇格物编》记载："时方六月下旬，谷类方颖，忽见一科，高出众稻之上，实已坚好，因收藏其中，待来年验其成熟之早否。明岁六月时，此种果然先熟，从此生生不已"。这个品种早熟、高产、气香而味腴，被康熙皇帝赐名"御稻"，后来在江南地区予以推广。乾隆《象山县志》记载了一个早稻品种"救公饥"。相传一孀妇居贫乏食，在稻田中发现早熟的稻株，就摘下来给翁姑吃，并予以试种，居然年年早熟，故名"救公饥"。

实际上，从历史上育成的大量具有优良品质或特异性状的作物品种上，也可以了解到传统农业时代作物品种选育的目标、措施和成就，尤其是人们对生物遗传多样性方面的贡献。清代方志文献可见大量的水稻品种记载，这些形形色色的品种，即反映了水稻的育种目标及其遗传多样性特征。从水稻品种特征看，其生育期有特早熟、最迟熟的；株型有矮秆，也有高秆；穗型有大穗、长穗，还有密穗的；粒型特征有大粒型的，长粒型的；米质有芳香型的，洁白型的，宜于酿酒的，宜于作糕饼的，还有能滋补治病的；肥料反应特征有耐肥型的，有耐瘠型的；抗逆性有耐旱型的，耐水型的、耐盐碱型的，抗虫害兽害型的，抗倒防风雨型的等①。很显然，这些特征鲜明的地方水稻良种，都是当地农民根据农业生产和生活的实际需要，立足一定的环境条件长期培育而成的，其中包含了珍贵的生物多样性遗传资源。

2. 家畜家禽的驯化与培育

传统农业时代，农牧民在长期的生产实践中，结合当地的饲草饲料条件，按照各种牲畜的生理特点和生活习性，精心喂养和选育，使其优良性状不断积累，从而形成各种家畜家禽良种。

家猪是由野猪驯化而来的。野猪长期生活在山林草莽和沼泽地带，经过人类的不断驯化，其生活习性、体态结构及生理机能等逐渐发生变异，最终演化成了家猪。在南北各地不同的生态条件下，家猪的品种也越来越多，表现出明显的遗传多样性。

关于家猪品种的培育，《齐民要术》说："母猪取短喙，无柔毛者良。"因为"喙长则牙多；一厢三牙以上则不烦畜，为难肥故。"今天看来，嘴筒短善于吃食，消化系统必然发达，因而易于早熟和肥育；嘴筒长则牙多，齿多则不善采食，因而不易肥育。当然，中国地域辽阔，各个地方的自然环境、饲料条件和文化传统有较大差别，所以对猪的外形、饲养管理和产肉性能的要求不同，品种选育的标准也不一样，长期以来就形成了很多特色鲜明的优良地方猪种。

羊的品种培育重点在于对羔羊的选留。《齐民要术》曰："常留腊月、正月生羔为种者上，十一月，二月生者次之"。其他各月所生的羔羊，因为气候、饲草、母乳等生态方面的原因，"毛必焦卷，骨骼细小，发育欠佳，不易留作种用。其八、九、十生者，虽值秋肥，然比至冬暮，母乳已竭，春草未生，是故不佳。其三四月生者，草虽茂美，而羔小未食，常饮热乳，所以亦恶。五、六、七月生者两热相仍，恶中之甚。其十一月及二月生者，母既含重（即怀孕），肤躯充满，草虽枯，亦不羸瘦；母乳适尽，即得春草，

---

① 徐旺生、闵庆文：《农业文化遗产与"三农"》，中国环境科学出版社，2008年，第53页

是以极佳也。"①

马牛良种的选育以相畜术为前提。《齐民要术》对马牛的良种标准作了详细阐述，指出要淘汰"三羸"、"五驽"，留下外貌和内部器官发育良好的牲畜。在一定环境条件下，经过农牧民的长期选育和精心饲养，中国历史上出现很多马牛的地方良种。另外，人们还通过家畜远缘杂交培育良种。东汉许慎《说文》已明确地解释了骡是马与驴远缘杂交而成：骡，"驴父马母"；駃騠，"马父驴母"。《齐民要术》载："骡，驴覆马生骡，则准常。以马覆驴，所生骡者，形容壮大，弥复胜马。"② 意思是说以公驴母马杂交生产骡子是常用的繁育方法，骡子体格强壮、挽力大而持久，优点明显。《新唐书·兵志》指出"既杂胡种，马乃益壮"，则表明对不同品种马匹间的杂交优势有所认识。牛的育种也利用了杂种优势原理，犏牛就是牦牛和黄牛杂交所产生的后代，具有牦牛耐劳，黄牛易驯的特点。

总之，在传统的作物品种选育过程中，人们从自己的利益出发，采取一定措施，改变动植物的性状和功能，这一方面满足了人类的需要，另一方面也使生物的遗传多样性发生变化。例如粮食作物普遍出现穗部增大、落粒减少、秸秆变矮、根系变小、叶片不披散，有利于群体生产和籽粒收获；果蔬的糖类增加，而生物碱减少；饲养动物的肉、蛋、奶、毛增加，活动性能和竞争性能减弱了。仅就生物的品种选育而言，历史上人类在一定自然环境条件下不断的定向干预，使得农业动植物品种资源越来越丰富，这其实也是一个农业生物遗传性多样化的过程。

二、域外作物和家畜良种的引进与传播

中国古代的域外动植物引进和传播，是一个持续不断的历史过程，不过人们通常有"三次引种高潮"之说，即秦汉时期、唐宋时期与明清时期。如果加上近代西方农牧品种的大量引进，中国传统农业时代的域外动植物引种当有四次高潮。另外，先秦时期从西亚引入的小麦，北宋以前从越南引入的占城稻，也值得一提。域外动植物良种的大量引入、传播和本土化，改变了中国的农业生产结构和民众饮食生活，也增加了农业生物的多样性，具有重要的生态意义。

---

① 《齐民要术》卷六"养羊"
② 《齐民要术》卷六"养牛、马、驴、骡"

1. 秦汉时期域外作物和家畜良种的引进及传播。

西汉时期，张骞开通西域，大批域外作物和家畜品种通过丝绸之路传入中国，形成中国农业史上的第一次引种高潮。引入作物包括黄瓜（胡瓜）、大蒜（葫）、芫荽（胡荽）、葱（胡葱）、芝麻（胡麻）、核桃（胡桃）、石榴（安石榴）、蚕豆（胡豆）、豌豆（图9-4）、葡萄（蒲桃）、苜蓿（牧蓿）等佳种美利，中国本土的园艺作物种类和品种大为增加。汗血马、驴、骡、駃騠、骆驼等良马奇畜在秦汉时代也由塞外大量传入内地，迅速成为中原地区的重要役畜。

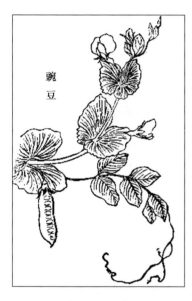

豌豆

图9-4　豌豆

（1）冬小麦　秦汉时期引种作物对中国农业生态产生重大影响的，莫过于宿麦的推广普及与苜蓿的大量种植。一般认为，麦类作物原产西亚地区，秦汉以前已由新疆、河煌这一途径传入中原①。在小麦传入中原之后，人们结合小麦的生长习性和区域自然条件，对小麦种植进行环境适应性改造，使小麦完成了从"旋麦"向"宿麦"的转变，即由春种秋收改为秋种夏收②。由于抗御黄河水患的需要、石转磨的推广、栽培技术的进步、水利兴修等因素的推动，西汉末年黄河流域麦类作物已有较大发展，在某些地区冬小麦似已跃居五谷之首。

汉代以后，麦类作物尤其是冬小麦的推广和普及，从根本上改变了黄河流域的农作制度、民众生活和农田生态。冬麦普及以前，中国黄河流域的粟作农业是春种秋收，一年一熟，若遇灾害则有劳而不获之虞。冬麦秋种夏收，可充分利用秋冬和早春的生长季节，不与其他作物争地，既可改善北方冬季农田生态，还能避开河汛水灾，保障收获，接绝

---

① 梁家勉：《中国农业科学技术史稿》，农业出版社，1989年，第23页
② 曾雄生：《论小麦在中国之扩张》，《中国饮食文化》，2005年第1期

继乏①。

（2）苜蓿　苜蓿在汉武帝时从西域引入，开始在京师宫苑试种，后逐步推广到关中及西北牧区的宁夏、甘肃一带，形成大面积草场（图9－5）。唐代诗人李商隐曾赞叹关中"苜蓿榴花遍近郊"成片的紫花苜蓿成为当地的生态景观。苜蓿是多年生豆科牧草，茎叶中含有丰富的蛋白质、矿物质和维生素，营养价值高，适口性好，产量高而稳定，为汉唐养马业提供了优质饲草。后世西北名优家畜品种居多，当与苜蓿的引入和推广有直接关系。在中原农区，苜蓿已经不仅仅是一种牧草，其嫩苗可作蔬菜，它还被加入轮作制度，成为重要的肥田倒茬作物。

另外，汉代从西域引进中原的果品和蔬菜大多栽植成功，葡萄、石榴、核桃、黄瓜、大蒜、葱、蚕豆、豌豆等都得到了广泛传播，在很大程度上改变了中国的园艺生产面貌和民众的饮食生活。

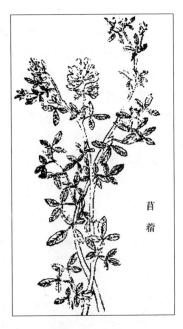

苜蓿

图9－5　苜蓿

2. **唐宋时期域外作物和家畜良种的引进与传播**

唐宋时期海陆交通发达，中国从域外引入的作物有无花果、槟榔、杨桃（五敛子、洋桃）、海枣（波斯枣）、扁桃（巴旦杏）、阿月浑子、油橄榄（齐暾果）、豇豆、莴苣、菠菜、西瓜等，仍然以果树和蔬菜作物为主。唐代韩鄂《四时纂要》记载了35种蔬菜，其中四分之一的种类是隋以前所没有的②。唐代良马名驹的引种和推广更加频繁，仅以《唐会要》所记各种番马印记估算，当时的引入品种即有近40种，比较著名的有大宛马、康居马、波斯马、骨利干马等。这一时期的域外作物的引种及传播以棉花、西瓜、豇豆、莴苣、菠菜等意义最大。

（1）棉花　宋代以前，中国棉花种植主要限于华南及西部的边疆地区，

---

① 惠富平：《汉代黄河流域麦作发展的环境因素与技术影响》，载王利华主编《中国历史上的环境与社会》，三联书店，2007年

② 梁家勉：《中国农业科学技术史稿》，农业出版社，1989年，第347页

黄河流域和长江流域的衣被原料，长期以麻、葛、丝和皮毛为主。宋代棉花开始分南北二路传入中原，"关、陕、闽、广首得其利"①，说明陕西、闽广地区植棉较早。宋代南道棉以木本为主，从闽广进入两浙、江西等地；北道棉主要为草本，由西域进入河西走廊，元代传播到内地。到了明代，棉花进一步扩展至黄河下游和长江流域，"遍布于天下，地无南北皆宜之，人无贫富皆赖之。"棉花替代麻、葛、苎，导致中国纤维作物和衣被原料的结构发生重大变化。值得提及的是，原产中美洲的陆地棉棉铃大、产量高，纤维较优。于是近代以来向世界各地广泛传播。由于传统中棉纤维粗短，不能适应机器纺织需要，中国便多次从美国引进陆地棉。1958 年以后，美洲陆地棉已基本上取代了曾广泛栽培的中棉。

（2）西瓜　西瓜原产非洲，经埃及而入印度，大约隋唐时由天山南路传入西北，当时回纥族即在西北干燥地区种植。后来东北契丹民族打败回纥，西瓜被引种到辽王朝统治区，五代时引种到中原地区。据欧阳修《新五代史·四夷附录》所记，五代后周令胡峤居辽国七年，后在逃归中原的途中吃到了西瓜，"数十里遂入平川，多草木，始食西瓜。云契丹破回纥得此种，以牛粪复棚而种，大如中国冬瓜而味甜。"考西瓜在我国传播路线，自西北入东北，再入中原，但毕竟自西而来，故仍名西瓜。

（3）莴苣、菠菜、茄子　莴苣原产西亚，大约在隋唐时期经丝绸之路传入西北。唐代诗人杜甫有《种莴苣》诗："苣分蔬之常，随事艺其子"，莴苣似已成为常见蔬菜。南宋诗人陆游也说："黄瓜翠苣最相宜，上市登盘四月时。"菠菜于唐贞观十二年（638 年）由尼泊尔传入，《唐会要》明确记载了菠菜的来源、形态和食用事宜："泥婆罗（即尼泊尔）国献菠稜菜，类红兰花，实似蒺藜，火熟之能益食。"唐韦绚《刘宾客嘉话录》也说菠菜种出自西方菠稜国，有僧人将它的种子带到了中国②。茄子原产印度，史前已经驯化栽培，至迟唐代已传进中国。唐代《本草经》曾有记载，唐人增补的《齐民要术》"杂说"篇还有提倡种茄的文字："去城廓近，务须多种瓜菜茄子，且得供家，有余出卖。"唐人将茄子与瓜菜并提，可见当时茄子种植已相当普遍。

---

①　（明）丘濬（1420—1495 年）：《大学衍义补》，《四库全书》本
②　（唐）韦绚：《刘宾客嘉话录》，见《说郛》卷 21

3. 明清时期美洲作物的引进及传播

大约从 16 世纪后期开始，中国从美洲新大陆引入的作物计有玉米、甘薯、马铃薯、豆薯、木薯、南瓜、花生、向日葵、辣椒、番茄、菜豆、利马豆、西洋苹果、菠萝、番荔枝、番石榴、油梨、腰果、可可、西洋参、番木瓜、陆地棉、烟草等近 30 种。明清对外交通以东南海路为主，故外来良种一般先在东南沿海地区试种推广，然后传播至内地，其中，玉米、甘薯、马铃薯、花生、烟草等作物传播广泛，影响最大。

（1）玉米　玉米又称包谷、玉麦、玉蜀黍等，原产墨西哥，明中叶辗转传入中国，并迅速在山地丘陵区扩展开来。嘉靖《平凉府志》称玉米为"番麦"，并详记其生态性状："一曰西天麦，苗叶如蜀秫而肥短，末有穗如稻而非实。实如塔，如桐子大，生节间。花垂红绒在塔末，长五六寸。三月种，八月收。"（图 9-6）清代文献则开始详记玉米的传播情况。乾隆年间纂修的陕西《洵阳县志》"物产部"记载："江楚居民从土人租荒山，烧山种包谷。"说明玉米是由江西、湖北客民传入陕南山区，主要在荒山上开地种植。嘉庆时纂修的《汉中府志》说："数十年前，山内秋收以粟谷为大宗。粟利不及包谷，近日遍山漫谷皆包谷矣。""山民言，大米不及包谷耐饥，蒸饭、作馍、饲猪皆取于此，与大麦之用

图 9-6　玉米

相当。故夏收视麦，秋收视包谷，以其厚薄定丰歉。"综合相关研究成果看，乾嘉时期玉米由南方客民传入秦巴山区，不久就在当地普遍种植，成为山民的重要生计来源。但人们大肆开垦荒山种植玉米，造成了严重的森林植被破坏和水土流失问题。

（2）甘薯　甘薯因引自外域又名番薯，各地还有红芋、红苕、红薯、地瓜等称呼。大约在明朝万历年间，甘薯由吕宋（今菲律宾）传入我国福建漳州、福州、泉州等地，同时由越南传入广东地区。明末甘薯从闽粤扩展到江浙地区，18 世纪初期推广到长江中上游的湘赣川等省，并很快蔓延到黄河流域，成为抗灾救饥的重要粮食作物。甘薯产量高，种植简单，耐瘠抗虫，却不易储存。但冬藏土窖，可供数月之食。北方气候干爽，黄土区的土

窖和窑洞均是理想的甘薯储存场所，所以，清代乾嘉以后甘薯迅速在黄河流域安家落户，翠叶紫茎在田间地头引蔓而生。

（3）马铃薯　马铃薯也叫洋芋、土豆，17世纪前期由荷兰人带入台湾岛，时称"荷兰豆"。17世纪末期登陆，最先种植于福建地区，后来逐步传播到云南、贵州、四川、陕西和山西等地。18世纪中期以后，马铃薯逐渐成为南北方山地丘陵区的重要粮食作物。清代河南固始人吴其濬（1789—1847年）《植物名实图考》记载："阳芋，滇、黔有之……山西种之为田，俗呼山药蛋，尤硕大，花色白，闻终南山岷种植尤繁，富者岁收数百石云。"19世纪末期成书的四川《奉节县志》说："乾嘉以来渐产此物，然犹有高低土宜之异，今则栽种遍野，农民之食，全恃此矣。"马铃薯喜冷凉高燥环境，生长期短，对土壤适应性强，在瘠薄的山地也能栽培，所以清代秦巴山区老林开发，马铃薯与玉米一起，成为贫民种植的主要作物。由于土壤、气候等原因，马铃薯特别适宜在黄土高原地区生长，陕北、陇东、宁夏南部山区成为重要的传统马铃薯产地，对区域农业生态产生了很大影响。

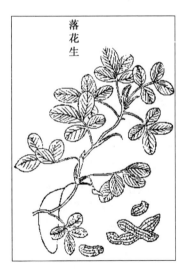

图9-7　花生

（4）花生　花生又名落花生、长生果等，大约明代已由海路传入中国东南沿海地区，并见诸文献记载①。清代《植物名实图考》还用图画描绘了花生的枝叶和荚果形态，生动逼真（图9-7）。

清代，花生逐渐在中国大地传播开来，文献中关于花生性状、栽培及利用的记载有所增加。《乾隆台湾府志》："土豆，即落花生。蔓生，花开黄色，花谢于地即结实，故名。一房三四粒，堪称果品。以榨油，可代蜡。北方名长生果"②。清中叶《南越笔记》："落花生，草本，蔓生。种着以沙压横枝，则蔓上开花。花吐丝而不能成荚，其荚乃别生根茎间，掘沙取之，壳长寸许，皱纹中有实三四，似蚕豆。味甘以清，微有参气，亦名

---

① 见《学圃杂疏·菜蔬》；《种芋法》，《植物名实图考长编·附录》
② 《乾隆台湾府志》卷17《物产·五谷》

落花生。凡草木之实皆成于花，独此花自花而荚自荚。花不生荚，荚不蒂，亦异甚。"说明当时花生种植已比较普遍，人们开始总结其栽培方法和生长特性。

（5）辣椒　明清时期，中国的瓜果蔬菜种类及品种大为增加，这是本土蔬菜品种选育的结果，也是新大陆蔬菜传播的贡献。辣椒又叫番椒、大辣、辣子、海椒、秦椒等，它起源于南美北部热带地区，大概在明代万历年间传入中国。中国关于辣椒的记载首见于明代高濂的《遵生八笺》（1591年），书中记载："番椒，丛生，白花，子俨秃头笔，味辣，色红，甚可观，子种"①。清初陈淏子《花镜》（1688年）对辣椒记述稍为详细，番椒"丛生白花，深秋结子，俨如秃头笔笔倒垂。初绿后朱红，悬挂可观，其味甚辣。人多采用，冬月可代胡椒"②。到了19世纪上半叶，辣椒在中国的栽培和食用已经普及③。辣椒红绿可人，炒菜下饭香辣刺激，既可为食物增色调味，还有开胃助消化，驱湿抗寒之功效，西北、西南、中南等地的人们逐渐形成嗜辣口味，喜食辣椒、善用辣椒也成为当地饮食文化的重要特色。

（6）南瓜（C. moschata）　原产于南美洲，16世纪中叶经东南亚传入中国，又称番瓜、倭瓜、饭瓜等。成书于万历六年（1578年）的《本草纲目》对南瓜始有详细记载："南瓜种出南番，转入浙闽，今燕京诸处亦有之矣。二月下种，宜沙沃地。四月生苗，引蔓甚繁，一蔓可延十余丈。节节有根，近地即着。其茎中空，其叶状如蜀葵而大如荷叶。八九月开黄花，如西瓜花。结瓜正圆，大如西瓜，皮上有棱如甜瓜。一本可结数十颗，其色或绿或黄或红，经霜收置暖处，可留至春。其子如冬瓜，其肉厚色黄，不可生食，惟去皮瓤淪食，味如山药。同猪肉煮食更良，亦可蜜煎。"李时珍对南瓜的传播、种植、生长形态、施食用方法等的观察和记述，全面细致，后世文献少有出其右者。稍后，王象晋的《群芳谱》（1621年成书）也对南瓜有精细观察："附地蔓生，茎粗而空有毛。叶大而绿，亦有毛。开黄花，结实横圆而竖扁……"，注意到南瓜茎叶有绒毛的生态特点。文中还提到另有番南瓜"形似葫芦"，说明当时的南瓜已有扁圆形和长吊形两大类型。到了清中叶以后，南瓜种植已十分普及，农民乐于用它代粮充饥或制作菜肴。当

---

① （明）高濂：《遵生八笺》卷十六"燕闲清赏笺下"，《四库全书》本
② （清）陈淏子：《花镜》《花草类考·番椒》，农业出版社，1962年
③ 《中国农业百科全书·农业历史卷》"辣椒栽培史条"（叶静渊撰文），第1821页

人们遇到产量较高或香甜而干面的南瓜时，往往会保留南瓜子，来年再种。这一时期，吴其濬进一步描述了南瓜的形态和功用，特别是总结了南瓜的药用价值（图9-8）。

图9-8　南瓜

4. 近代的引种高潮

随着西方实验农学的传入，国外尤其是美欧、日本的大量作物及家畜新品种被相继引进中国并加以试验推广，或用于当地品种改良。其中包括陆地棉、马齿玉米品种、约克夏猪、巴克夏猪、波中猪、美利奴羊、荷兰奶牛、哈佛特牛、来航鸡等。至于稻、麦、蔬菜、果树、烟草、牧草等作物品种则更多，不一一列举。这次农业生物引种高潮的发生和发展，一方面使得中国作物和畜禽品种更加繁多，生产性能也发生了巨大变化，但另一方面也对了中国传统地方品种造成很大冲击，大量优秀本土生物遗传资源消失。近年来，随着遗传学和生态学等学科的发展，保护本土生物遗传资源及生物多样性的问题已受到重视，不再赘述。

总而言之，传统农业时期的域外作物及动物的引种、传播，是一个引进动植物不断适应和融入本土环境的生态过程，并对中国农业生产、民众生活及生态环境产生了深远影响。从生态学角度看，在这个过程中，人们陆续选育出既有别于原生地的、又具迁入地特色的新品种，这些新品种对中国农业生物资源的多样性有重大贡献。但令人担忧的是，现代农业的发展使人们在动植物引种和品种选育过程中，往往过度关注生产性能的提高，而忽略动植物的生态适应性，从而造成本土优质生物遗传资源的流失和消亡。

第三节　传统农业生物生态多样性利用

现代生物多样性概念的实质，是强调各种生物物种之间的对立统一关系以及它们与多样环境之间的契合关系。古人虽然没有明确的生物生态多样性概念，但却知道"种谷必杂五种"，在农业生产实践中注意利用各种动植物之间的互利、互补及互抑关系，合理安排种植制度，改进栽培措施，保持农业生态系统的平衡与稳定，从而实现农业生产系统的效益最大化。传统农业对生物生态多样性的利用，比较典型的做法包括轮作复种、间作套种以及病虫害生物防治。

一、轮作复种、间作套种及其生态意义

从农业生态的角度看，农作物之间不仅存在着争光、争肥和争空间的竞争关系，还由于植物体能向周围环境释放出某些化学物质，改变其周围的生态环境，从而导致作物与作物之间以及作物与土壤之间的相生相克关系。古人在长期的生产实践中观察到了这种现象，并在生产加以合理利用。过去对传统农业轮作复种与间作套种的种植制度已有很多总结，这里主要从农业生物多样性利用的角度来认识其生态意义。

1. 轮作复种及其生态意义

战国时期的《吕氏春秋》"任地"篇已有"今兹美禾，来兹美麦"文字，可看作是关于粟麦轮作的记载。西汉《氾胜之书》中有瓜、薤、小豆和桑黍混作的记载，东汉时北方地区已形成二年三熟的轮作复种制，其方式是禾、麦、豆的轮作。可以看出，战国秦汉时期，人们已认识到粟黍、麦、瓜菜、豆科等作物各自之间包含互利或互抑作用，应通过轮作复种或间作套种的方式趋利避害。

北魏时期，轮作复种制已趋成熟，其特点是广泛采用禾谷类和豆科作物轮作，并有意识地在轮作中加入绿豆、小豆、芝麻等绿肥作物，形成用地养地结合，灵活多样的轮作复种方式。《齐民要术》明确指出，谷、黍等作物的前作，都以豆类作物为好。如"凡谷田，绿豆、小豆底为上"；"凡黍穄田，新开荒为上，大豆底次之"；"种瓜……良田小豆底佳"等。反之，豆类作物的前作，又以谷类作物为好，如"小豆，大率用麦底"。说明古人很早就认识到豆类与谷类作物相互协作的生态关系，并将豆谷轮作确立为合理种植的基本方式。今天看来，这实际上是利用豆科作物根瘤的固氮肥田作用，为粟、麦生长提供其最需要的氮素营养，有效避免同类物种之间的互抑互害。

与此同时，《齐民要术》相关篇章强调了单一种植或连作的危害。"谷田必须岁易"，"麻，欲得良田，不用故墟"，"稻无所缘，唯岁易为良"等。因为谷子连作会"莠多而收薄"，麻连作会有"点叶夭折之患"，水稻连作会"草稗俱生，芟亦不死"。就是说，一种谷物连作会造成产量下降以及病虫、杂草危害，必须通过多种作物轮作来避免。

唐宋时期，江南等地由于北人大量南迁，开始利用稻田的冬闲时期来种麦，这样便形成了稻麦两熟制。当时除了稻麦轮作以外，还出现了稻与油菜、蚕豆、蔬菜等的轮作复种。南宋陈旉《农书》记载："早田获刈才毕，随即耕治晒曝，加粪壅培，而种豆麦蔬茹。"这样的水旱轮作，"熟土壤而肥沃之"，在生产中起到了熟化土壤，提高地力的作用，在生态方面则是通过稻麦、稻豆、稻菜轮作，调节作物与土壤环境的关系。稻麦两熟制后来成为南方稻区的主要种植制度。

明清时期，北方的山东、河北和陕西关中等地，主要实行二年三熟和三年四熟制。陕西三原杨秀元《农言著实》对关中地区的轮作复种有所反映，结合其他材料可以看出，当时这里的种植制度大约有两种基本类型：一是冬小麦和豌豆、扁豆、菜子等收获后，经过夏闲，秋季再种冬小麦，这种小麦，习惯上叫"歇茬麦"或"正茬麦"。但为了充分利用土地，也可适当加入秋熟杂粮作物，将小麦或菜籽、豌豆、扁豆与秋熟杂粮作物，组成以三年四熟为主的耕作制度；肥料、劳力和地力条件较好的情况下，则实行两年三熟制。另一种类型是轮作中加入苜蓿，周期较长。一般是连种五六年苜蓿，其后连种三四年小麦也可获得好收成，如关中农谚所说："一亩苜蓿三亩田，连种三年劲不散"[①]。两种类型都有利用豆科作物养地的环节，其中后者通过苜蓿种植将改良土地与饲养牲畜结合起来，是关中地区农牧结合的范例，而且这样的传统保持了很久。

2. 混作、间作与套作及其生态意义

作物种间既有互利关系，也有互抑关系，在种植过程中要充分利用互利关系，尽量避免互抑关系。在农业生产实践中，现在人们一般根据植物层片结构的规律，采取高秆作物对矮秆作物；尖叶作物对圆叶作物；深根作物对浅根作物的办法，以便分层利用空间，扩大占领空间的领域，充分利用太阳光能。古代农民对这些方面很早就有了经验性认识，利用不同作物之间的互利互补关系实行混种和间作套种。

《齐民要术》多处谈到不同作物之间的互利作用。"种瓜"篇说："瓜性弱，苗不独生，故须大豆为之起土。"待瓜生出数片叶子的时候，掐去豆子茎叶而保留豆根。即瓜和大豆混种，有助于瓜苗出土，豆类根瘤还能为瓜苗提供氮素营养。"种桑"篇说，桑间种植绿豆、小豆，有"二豆良美，润泽

---

① （清）杨一臣著，翟允禔整理：《农言著实评注》，农业出版社，1989年

益桑"的功效。"竹木"篇还谈到槐（豆科）与麻夹植，可以互利。麻靠槐养，槐靠麻扶。当年麻熟刈去，留槐，将麻地锄松，播麻子再种，如此连种三年，麻得其膏泽，槐亦借此而成为挺直的苗木。

唐代北方地区的桑麦间作已比较普遍，这与当时蚕桑业的兴盛和麦作的普及有直接关系。唐代诗人司空曙（约720—790年）《田家》诗："泉溢沟塍坏，麦高桑柘低。"韩愈（768—824年）《过南阳》亦曰："南阳郭门外，桑下麦青青。"宋代以后，则出现了桑与麦、荞麦、苎麻等更多作物间作的情景。北宋诗人梅尧臣（1002—1060年）《桑原》诗曰："原上种良桑，桑下种茂麦。雉雊麦秀时，蚕眠叶休摘。"南宋诗人范成大（1126—1193年）《香山》："落日青山都好在，桑间荞麦满芳洲。"南宋农学家陈旉《农书》"种桑之法"专门谈到桑苎间作的经验："若桑圃近家，即可作墙篱，仍更疏植桑，令畦垄差阔，其下偏栽苎。因粪苎，即桑亦获肥益矣，是两得之也。桑根植深，苎根植浅，并不相妨，而利倍差"。在桑苎间作中，利用深根植物对浅根植物的种间互利因素，可取得"用力少而见功多"的效果。

清代黄可润《谷菜同畛》讲粮棉菜间作："无极农民，种五谷、棉花之畦，多种菜及豆，以附于畦。盖谷与菜同畛，不惟不相妨，而反有益。浇菜则禾根润，锄菜则谷地松，至谷熟而菜可继发矣"。就是说，河北无极一带的农民，在种有粮食、棉花的田地中，间作蔬菜及豆类，不仅不会相互妨害，还能一举两得。清代汪灏提到茶园对植物的要求："茶园不宜间以恶木，唯桂、梅、辛夷、玫瑰、苍松，翠竹与之间植，足以蔽覆霜雪，掩映秋阳。其下可植芳兰、幽菊清芬之物，最忌菜畦相逼，不免渗漏，滓厥清真。"[1] 茶园上层间种气味芬芳的乔木，下层间种草本芳香植物，建立相生互利的完整植物群落。

古人还注意观察并利用生物物种之间的互抑关系。战国时期的《吕氏春秋》中就有"桂枝之下无杂木"的记载，汉代《神农本草经》也说："树得桂而枯"，在后世的其他文献中也可见到类似文字，可见人们很早就注意到桂树有妨害其他树木生长的现象，沈括曾解释说这是由于桂树能分泌出一种能抑制其他草木生长的刺激性气味。《齐民要术》"种麻子"告诫人们："慎勿于大豆地中杂种芝麻，扇地两损，而收菲薄"。大概大豆和芝麻杂种，会竞争养分和阳光，相互妨害，当为经验之谈。元代《农桑辑要》

---

[1]　（清）汪灏：《广群芳谱》

认为，桑间不宜间作蜀黍，因为"若种蜀黍，其枝叶与桑等，如此丛杂，桑亦不茂"，即蜀黍秆子较高，二者枝叶会相互遮蔽阳光，不利于生长，说明间作时应考虑作物植株高矮的关系。清代《湖洲府志》记载，浙江吴兴一带在桑田中可以种植豆、芋、油菜，但忌种有藤作物和麦类作物。

1896 年郭云陞撰写的《救荒简易书》总结了多种作物的互抑相害关系，提醒人们在套种轮作中加以注意："高粱内种落花生，落花生茬种高粱，高粱皆不茂盛"；"红薯怕姜茬。武陟县老农曰，姜茬重薯，薯皆带姜气"；"红薯怕重辣椒茬。武陟县老农曰，辣椒茬种薯，薯皆带辣气"。

农业生产中要避免生物物种之间相互抑制作用的发生，但这种抑制关系却可以用来消除杂草或病虫害。明代邝璠《便民图纂》说："凡开垦荒田，烧去野草，犁过，先种芝麻一年，使草木之根败烂后，种谷，则无荒草之害。盖芝麻之于草木若锡之于五金，性相制也，务农者不可不知。"农谚也说"荒地种芝麻，一年不出草。"芝麻根系分泌物对多种杂草的萌发和生长有一定抑制作用，人们便利用芝麻消除谷田杂草。民间俗称"黑麦能咬草"，在遇到农田荒芜的时候，特种一茬黑麦来除草。《种艺必用》载，"凡种好花木，其傍须种葱、薤之类"，这是因为葱、蒜、薤之类都能杀灭土壤病菌。

从科学的角度来分析，古代的轮作复种、间作套种，就是要寻求多样生物之间的最佳生态关系，实现生物互利作用的最大化和互害作用的最小化。中国古代栽培的作物种类多种多样，其中既有谷类作物，又有豆科作物；既有耗地作物，又有养地作物。在单一作物群体的轮作复种中，传统农业一般采取豆科和谷类作物；养地作物和耗地作物的合理组合，寻求作物与作物之间的最佳生态关系（表 9 - 2，表 9 - 3）。

表 9 - 2　古农书中反映的北方轮作复种制度

类型	文献	时代	地区	轮作复种方式
一年一熟	《齐民要术》	北魏	黄河中下游	大豆—谷—黍、稷 大豆—黍、稷—谷子 谷子—小豆—瓜 小豆—麻—谷子 ………………
	《马首农言》	清代	山西	大豆（黑豆）—高粱 黑豆—春小麦 黑豆—黍、稷 谷子—黍、稷—黑豆

（续表）

类型	文献	时代	地区	轮作复种方式
二年三熟	《氾胜之书》	西汉	关中	谷子—冬小麦
	《周礼郑注》	西汉		谷子—冬麦—禾豆
	《齐民要术》	北魏	黄河中下游	麦—大豆（小豆）—谷子、黍
	《说经残稿》	清代	山东	冬麦—大豆—蜀黍、谷子（坡）
	《说经残稿》	清代	山东	冬麦—大豆—蜀黍、穇子（洼）
	《夏小正义》	清代	陕西	糜—冬麦—菽
			河北、山东	冬麦—大豆—黍、谷子
				………………

注：本表源于郭文韬《中国古代的农作制和耕作法》，农业出版社，1981年，第42页

表9-3　古农书反映的南方轮作复种制度

类型	文献	时代	地区	轮作复种方式
一年二熟	《蛮书》	唐	云南	水稻—大麦
	《新唐书》	唐	江南	水稻—水稻
	陈旉《农书》	宋	江苏	水稻—大豆（麦、菜）
	《天工开物》	明	江西	水稻—大豆
	《天工开物》	明	江西	水稻—水稻
	《天工开物》	明	江西	大麦—水稻
	《天工开物》	明	江西	水稻—荞麦
	《天工开物》	明	江西	水稻—绿豆
	《齐民四术》	清	安徽	大豆—荞麦
	《齐民四术》	清	安徽	水稻—菜
	《畊心农话》	清	江苏	绿豆—绿豆
一年三熟	《岭外代答》	宋	钦州	水稻—水稻—水稻
	《本草纲目》	明		水稻—水稻—水稻
	《齐民四术》	清	安徽	稻—稻—大麦
	《江南催耕课稻编》	清	福建	麦—稻—稻
	《广东新语》	清	广东	豆—豆—豆

注：本表源于郭文韬《中国古代的农作制和耕作法》，农业出版社，1981年，第43页

二、农业病虫害的生物防治

中国传统农业面临多种病虫害的威胁，虫害如蝗灾、螟害、稻苞虫、稻

飞虱、叶蝉、黏虫、蝧等，其中，蝗灾最为严重；作物病害也有很多，不过由于真菌、细菌、病毒等病源肉眼看不见，所以历史上相关记载很少，并且只能对作物遭受病害之后的症状或表现作些描述①。在传统农业时代，如果发生了病虫害，人们往往只能望灾兴叹，无可奈何。但灾害的考验也促使人们去探究病虫害发生的原因，寻找抗灾防灾的办法，如实行轮作、选用抗病虫品种、人工扑杀、以虫治虫、药物防治等，以尽量预防或减少病虫害对农业造成的损失。在生物防治方面，以利用黄猄蚁治柑橘虫害，养鸭治蝗、青蛙治虫等方法最为典型。

1. 以虫治虫

《诗经》已有"螟蛉有子，蜾蠃负之"的记载，《庄子》也说："螳螂捕蝉，黄雀在后"，可见中国很早就对昆虫天敌有了认识。后来人们陆续发现许多具有捕食害虫习性的昆虫。

宋代陆佃《埤雅》记载："蜻蛉，六足四翅，其翅薄如蝉，昼取蚊虫亡食之。"北宋科学家沈括《梦溪笔谈》记载："元丰中，庆州界生子方虫，方为秋田之害。忽有一虫生，如土中狗蝎，其喙有钳，千万蔽地；遇子方虫，则以钳搏之，悉为两段。旬日子方皆尽，岁以大穰。其虫旧曾有之，土人谓之'傍不肯'。"意思是说，宋神宗元丰年间，庆州地区生出大量黏虫，秋田里的庄稼受到危害。忽然有一种昆虫出现了，样子像泥土里的"狗蝎"，嘴上长有钳，成千上万，遮蔽住了土地；它们遇上黏虫，就用嘴上的钳跟黏虫搏斗，黏虫全都被咬成两段。十天后，黏虫全被杀尽，年成因此而获得大丰收。这昆虫过去曾经有过，当地的人称它为"傍不肯"（意谓它旁边容不得害虫）。苏轼在《东坡志林》中也提到类似的黏虫天敌："子方虫为害甚于蝗，有小甲虫见，辄断其腰而去，俗谓'旁不肯'"。据昆虫学家周尧考证，"旁不肯"即是步行虫，属于鞘翅目步甲科昆虫。步甲的成虫和幼虫多以蜘蛛、黏虫、钉螺、蚯蚓等小昆虫及软体动物为食，在自然界生物平衡及消灭害虫方面起着一定作用。

2. 利用黄猄蚁防治柑蠹

大约在西晋的时候，中国人在柑橘生产中发明了以虫治虫的生物防治方法。嵇含《南方草木状》记载："柑，乃橘之属，滋味甘美特异者也。有黄

---

① 游修龄教授指出，古代关于水稻病害的较明确的文献记载都在宋以后，如烂秧、白飒及白飏、缩科及蹲缩、火烧瘟、斑黑成腐、冻桂花及青风、粳谷奴等，见《中国稻作史》第四章

者，有頼者，谓之壶柑。交趾人以席囊贮蚁，鬻于市者，其巢如薄絮，囊皆连枝叶，蚁在其中，并巢而卖。蚁赤黄色，大于常蚁，南方柑树，若无此蚁，则其实皆为群蠹所伤，无复一完者矣。"一般认为，这是国内外以虫治虫的最早记录。唐代段成式《酉阳杂俎》也有类似记载，不再引述。这里所谓的赤黄色大蚁，即现今的黄猄蚁，又称红树蚁、织巢蚁，产于热带或亚热带。它常在柑橘树上网丝筑巢，能吞食柑橘害虫。从上述文献记载看，当时岭南还有人以收集和贩卖黄猄蚁为业，可见用这种治虫方法的应用比较普遍。

清代道光时期，程岱葊《西吴菊略·除害》则有以螳螂防治菊花害虫的记载："于五月间觅螳螂窠数枚，置菊左右，立秋前螳螂子出，跳跃菊上，不食菊叶，能驱蝴蝶，兼食诸虫。"这里便是有意识地利用螳螂治虫。中国的螳螂种类很多，其中不少是农林果和观赏植物害虫的重要天敌，值得加强保护和利用。

3. 青蛙治虫

古书称青蛙为黽，俗名田鸡、水鸡、土鸭等。青蛙吞食昆虫是自然界常见的现象，人们很早就将它与农作物的丰歉联系起来。如中国西南少数民族早期出土的铜鼓上，常铸有蛙形纹饰，这是粮食丰收的象征。唐代诗人章孝标《长安秋夜》诗云："田家无五行，水旱卜蛙声"。明代李时珍也说：农民以蛙声的大小、早晚来预测年成丰歉。南宋著名词人辛弃疾（1140—1207年）的《西江月·夜行黄沙道中》："稻花香里说丰年，听取蛙声一片。"将蛙鸣一片与稻子丰收联系起来。

在南方稻作区，民间还形成了蛙神崇拜习俗。从各地文献记载来看，古时的江汉平原、江浙地区和福建地区均有形形色色的蛙崇拜现象。清代施鸿保在《闽杂记》中记载，闽江上游的建州、延平、邵武、汀州四府的百姓"祀（蛙）神甚谨，延平府城东且有庙"。今天，在福建南平市延平区樟湖镇溪口村，每年农历七月廿一日，人们都要按照古老的习俗举办盛大的"青蛙节"。

青蛙崇拜属自然神崇拜，它的产生和发展与闽越等地的稻作生态保护有直接关系。以溪口村为例，这里土地肥沃，主要种植水稻。传说几百年前溪口村闹虫灾，虫子把稻子吃光了，田里颗粒无收。当时张公是一地主家的长工，平日里就乐于助人，看到农民们没有收成，非常着急，想到了用青蛙来治虫。于是他抓了几只青蛙，在它们的背上用香烫了7个点作记号放入田里，并交代农民如果抓到这些被香点过的青蛙不要杀，要及时放生。大家记住他的话，认真地将这些青蛙保护起来，第二年稻田里的虫子很快都被青蛙消灭了，农民们迎来了好收成①。

另一方面，因蛙肉鲜美，蛙常又成为人们捕食的对象，历史上一些有见识的官吏常常明令禁止捕蛙。宋代彭乘《墨客挥犀》卷六记载："浙人喜食蛙，沈文通（1025—1062年）在钱塘日切禁之。"宋代赵葵《行营杂录》中也提到："马裕斋知处州（今浙江丽水），禁民捕蛙。"清康熙四十九年（1710年）《渊鉴类函》中提到："蛙能食虫，必应禁捕。"清代王凤生《永城县捕蛙事宜》中也提出要保护青蛙，以利灭蝗除虫。

4. 养鸭治蝗

中国养鸭历史悠久，利用鸭子治虫的记载始见于明代的广东、福建两省。清代屈大均《广东新语》记载："广州滨海之田，多产蟛蜞，岁食谷芽为农害，惟鸭能食之。鸭在田间，春夏食蟛蜞，秋食遗稻，易以肥大。故乡落间多畜鸭。"这是农民利用鸭子来防治危害水稻的蟛蜞（红蟹之一种）。福建闽县人陈经纶在其《治蝗笔记》首次生动地介绍了放鸭治蝗的方法。"侦蝗煞在何方，日则举烟，夜则放火为号。用夫数十人，挑鸭数十笼，八面环而唼之。"放鸭最适宜的时间是蝗蝻羽化前20多天，因"蝗蝻两旬试飞，匝月高腾"，鸭子就难以捕食了。据说这样畜鸭治蝗效果很好，只是当时应用不广。

清乾隆年间，陈经纶五世孙陈九振在安徽芜湖为官，上任后遇到蝗灾，他便应用祖法畜鸭捕蝗，收到奇效。于是这种养鸭治蝗这种切实有效方法在安徽、江苏一带得到推广，并屡见于清代捕蝗书中。清代顾彦《治蝗全法》（1857年）卷一记："蝻未能飞时，鸭能食之。如置鸭数百于田中，顷刻可尽，亦江南捕蝻之一法也……咸丰七年（1857年）四月，无锡军嶂山山上之蝻，亦以鸭七八百捕，顷刻即尽。"②这种养鸭治虫护稻相结合的做法经济实用，还具有生态效益。清代陈梓（1683—1759年）《鸭捕蝗》则以诗歌形式生动地描绘了用鸭子捕食蝗虫的经过："江头产蝗地无缝，老农披蓑惊晓梦。谋夫孔多策谁贡？鸭来鸭来百千哄。五日腹半裹，十日蝗尽嗻。鸭

---

① 曹原彰：福建南平市樟湖溪口"蛙崇拜"，http://caoyuanzhang.blog.163.com/blog/static/18142508420124822640781/

② （清）顾彦：《治蝗全法》卷一"土民治蝗去法"，犹白雪斋光绪十四年刊本

肥田亦肥，捕蝗此良法。"据诗序说，这首诗是作者有感于上元县（今南京江宁一带）以鸭灭蝗之事而作。

民国时期，西方化学药物除蝗方法和除蝗器械被引入中国，但中国传统的养鸭治蝗法依然在江浙等地得到推广，并取得了明显效果。另外，鸭除了捕食稻田蝗虫外，还能捕食飞虱、叶蝉、稻椿、黏虫、负泥虫等许多水稻害虫。

今天，稻田大量使用化学农药所造成的生态破坏和环境污染令人担忧，应该认真总结传统养鸭治蝗应用与推广的经验，发展稻鸭共育生态农业技术[①]。

5. 鸟类捕虫

中国鸟类资源丰富，是消灭害虫害兽，维持生态平衡的生力军。人们很早就注意到鸟类能啄食森林以及农田中的昆虫。中国历史上蝗灾频繁，所以对鸟类啄食蝗虫的现象尤为关注，并往往把它与德政联系起来。《南史》记梁武帝时（502—549年）时，萧修在汉中一带任刺史，"长史范洪胄有田一顷，将秋遇蝗……忽有飞鸟千群，蔽日而至，瞬息之间，食虫遂尽而去，莫知何鸟"[②]。后汉隐帝乾祐元年（948年）"秋七月戊申朔，鸜鹆食蝗。丙辰，禁捕鸜鹆"[③]。鸜鹆即八哥，又名播谷鸟。辽大安四年（1088年）"八月庚辰，有司奏宛平、永清蝗为飞鸟所食。"[④] 元至元三年（1337年）秋七月庚戌，"河南武陟县禾将熟，有蝗自东来……俄有鱼鹰群飞啄食之"[⑤]。清康熙《莘县志》载明嘉靖九年（1530年）夏"黑蜂满野，啮蝗尽死"。从这些记载中可以看出古人注意到蝗虫是有天敌的，历史上也常见保护益鸟的事例。

历史文献中也有利用鸟类啄食其他农业害虫的记载。唐代段成式《酉阳杂俎》载："异鸟，天宝二年（743年），平卢有紫虫食禾苗，时东北有赤头鸟，群飞食之。开元二十三年（735年），榆关有蚼蝤虫，延入平州界，亦有群雀食之。又开元中，具州蝗虫食禾，有大白鸟数千，小白鸟数万，尽

---

① 赵艳萍：《传统养鸭治蝗技术的再思考》，载《农业：文化与遗产保护》，中国农业科学技术出版社，2011年，第99－105页
② 《南史》"列传第四十二"
③ 《新五代史》"汉本纪第一"
④ 《辽史》"本纪第二十五·道宗"
⑤ 《元史》"本纪第三十九·顺帝"

食其虫。"① 文中的记述当有一定的事实依据。《云南事略》记载："昭通田生赤虫，食稻叶，有群鸦食之尽……好蚄，害稼虫，山鸦喜食之。"

实际上，在传统农业社会，燕子、麻雀、老鹰、猫头鹰、喜鹊、乌鸦等鸟类很常见，它们或在人们的屋檐房梁下筑巢，或栖息于乡村树枝之上，或在人们的头顶盘旋，陪伴人们度过一个又一个春夏秋冬。更重要的是，它们都是人类的守护神。因为90%以上的鸟类都以昆虫为食，对抑制农业害虫的繁衍、保护农业生产和维持生态平衡有着重要作用，直接或间接地给人类生存带来了巨大的生态效益。有人曾作过调查统计，专以松毛虫为食的鸟类至少有六七十种，这些鸟类中最常见的是大山雀、啄木鸟、灰喜鹊等，它们的数量多，活动灵活而范围广阔，捕食量大，起到了比农药灭虫更加理想的生物防治效果。此外，以凿食蠹虫著称的啄木鸟，以喜食松毛虫、梨星毛虫、苹果天社蛾、夜蛾闻名的山雀，以嗜食蝗虫、金龟子、象鼻子为生的田鹨和夜鹰，以飞翔方式追捕蚊、蝇、蚋的燕子和鹊鸰以及杜鹃、伯劳、黑枕黄鹂、椋鸟、莺类都是农林害虫的天敌，猫头鹰则是家喻户晓的灭鼠能手。

历史上人们早已养成了爱鸟护鸟的传统甚至鸟崇拜习俗，古代文献中也常见在繁殖期间禁止捕猎鸟兽和拣拾鸟卵的禁令。虽然过去人们对猫头鹰、乌鸦等鸟类有一些文化上的偏见，唯恐避之不及，但这些鸟类并没有受到大量捕杀，它们对农业生态平衡作出了巨大贡献。值得反省的是，今天由于自然资源的过度开发利用，鸟类繁衍栖息的环境遭到严重干扰和破坏，加之人们对利用生物之间相生相克的关系来维持生态平衡的重要性缺乏认识，导致鸟类数量急剧减少，很多鸟类绝灭或濒于绝灭②。如果这种情况持续下去，农业生态后果将不堪设想。相反，充分利用害虫天敌来防虫，不会造成环境污染和生态破坏，还能促进无公害农产品的生产。

第四节　传统农业生物多样性的实践意义

在论及中国传统农业精耕细作的特点及历史意义的时候，人们总是强调

---

① （唐）段成式：《酉阳杂俎》卷十六"广动植之一"

② 据统计，自16世纪以来，被人类直接消灭或因破坏环境而灭绝的鸟类就有150种，另外还有数百种濒临绝境。目前中国已有183种鸟类宣告濒危，占濒危鸟类总数的15.5%

土地培肥和改良的作用，却往往忽视农业生物的功劳。实际上，在农业生产中，土地与生物是分不开的，干预土地的目标在于增加生物产量。古人所说的"稼"即代表农业生物，它不只是生产的对象，同时也参与了生产的过程。就是说，在粪多力勤、培肥改土之外，保持农业生物的多样性，也应是中国传统农业在应对耕地不足、人口压力、土地退化、自然灾害等困境时所采取的重要措施之一①。

一、农业生物多样性与土地利用

由于中国农业很早就有了耕地不足的压力，扩大耕地面积便成为发展生产的当务之急，其最直接的方法是改变土地的自然属性，使其尽可能地适应作物的生长需要，于是出现了圩田、梯田、架田、涂田、砂田等多种土地利用方式。《汉书》曰："辟土殖谷曰农"。辟土只是手段，殖谷才是目的，即扩大耕地面积最终是为了种植作物。由于土壤性质不同，地势高下有别，还必须借助适宜的作物种类或品种，才能使辟土殖谷之目的得以真正实现。

中国幅员辽阔，东西南北自然条件差异很大，即使是在一个相对较小的区域，气候、土壤等也有较大的区别。传统农业所谓的"相地之宜"，不仅包括要依据地势的不同特点，进行土地的规划和改造，也包括选用不同的作物，进行"因土种植"。比如，易旱的高田，除开凿陂塘外，也需要耐旱且生育期短的"早稻"品种来配套。"高田早稻，自种至收，不过五六月，其间旱干不过灌溉四五次，此可力致其常稔也。"易涝的低田，除筑堤作圩之外，也需要耐水性强、生育期短的稻谷品种。"黄绿谷自下种至收刈，不过六七十日，亦以避水溢之患也"；乌口稻可"备潦余补种"。海滨涂田，"初种水稗，斥卤既尽，可为稼田"，但还要配合上如咸稻、大塞、乌芒稻、咸水允稻等能够在卤田咸水中生长的品种。明清时期山地的开发利用，也是和玉米、甘薯的引进推广同步进行的。可以说，任何土地的开垦都必须有相应的作物种类或品种来配套。

有时，只要有适当的作物种类，就可以达到扩大生产面积之目的。"丘陵、阪险不生五谷者，树以竹木。"② 即便是那些不任耕稼、不宜五谷的山

---

① 参阅曾雄生：《杂种：农业生物多样性与中国农业的发展》，载《亚洲农业的过去、现在与未来》，中国农业出版社，2010年11月，第289–351页

② 《淮南子·主术训》

田薄地，通过种枣、榆、柳、柞（橡）等，也能使土地得到充分利用。明末徐光启提倡利用荒山隙地种植乌桕、女贞等经济林木，制造火烛，减少麻、菽、苴等常规油料作物的种植面积，腾出更多的土地生产粮食。就水面利用而言，虽然架田这种人造耕地种菜种稻，但由于其投入较大，成本较高，可能只占到水面很小的一部分，更多的水面还是被直接用来种植水生作物如莲、菱、茭、芡等。这种以生物多样性适应不同自然环境的土地利用方法，不仅节省民力，也保护了生态的多样性和物种的多样性。

总之，农业生物多样性是土地利用的一个基本要求，多样化的土地利用方式和多样性的作物相辅相成，由此体现出农业生物多样性在生产实践中的重要意义。

二、农业生物多样性与多熟种植

历史上的人地矛盾，迫使中国传统农区采用集约经营方式，尽力提高单位面积产量，以有限的耕地生产出尽可能多的农产品。土地的这种深层次利用主要是通过改变耕作制度，实行多熟种植等方式实现的，而保持生物多样性就是其中的关键。

战国秦汉以来，中国传统农业通过不同作物之间的轮作复种或间作套种方式，尽可能地使原来一年只能种一茬庄稼的土地，种上两三茬作物，达到"一岁数收"。据《齐民要术》记载，与粟轮作的作物就包括有绿豆、小豆、麻、黍、胡麻、芜菁、大豆等，与黍穄轮作的有大豆、粟，与麦子轮作的有豆、蔓菁，与小豆、黍轮作的有瓜。其中，北方地区以冬麦为中心的轮作复种制度，使得原本冬季空闲的农田得到有效利用，还可以解决粮食生产青黄不接的问题。

农业生物多样性的存在为不同生物间的组合，提供了有利条件。而不同生物组合所形成的新的农业生态系统，其产生的生态、经济效益，远大于单一物种的简单相加，最典型的例子要数桑间种植。农桑结合是导致中国耕地紧张的原因之一，减少桑树种植对于粮田的占用，是缓解耕地紧张的一个重要方面。对此，古人主要从两方面来着手。一是利用零碎的空地种桑，如"环庐树桑"，即利用房前屋后的空隙地种植桑树。二是在桑间种植作物，如桑下种麦种黍，尽可能地使桑田中长出粮食，桑粮又能相互促进。

西汉《氾胜之书》首倡桑黍混作。金元时期的《务本新书》认为，桑黍混作可为桑树提供良好的生长环境，对黍也有益处，"椹藉黍力，易为生

313

发，又遮日色"，农家有"桑发黍，黍发桑"的说法。《齐民要术》说，桑树下面种禾豆，"不失地利，田又调熟"。元代《农桑辑要》将桑间种植的作物扩展到绿豆、黑豆、芝麻、瓜、芋等，认为此法可使"桑郁茂，明年叶增二三分。"南宋陈旉《农书》提出桑下栽苎，"因粪苎，即桑亦获肥益矣，是两得之也。桑根植深，苎根植浅，并不相妨，而利倍差。"明清时期桑间种植的作物种类已发展到花生、甘薯、棉花、芝麻、小豆、绿豆、瓜、蔬、大麦、小麦、豌豆、胡豆、菜籽等几十种，特别是桑间种豆，遍及两浙。在种植经济树木的场地，有计划地间种一年生农作物，可以达到培肥土壤，收获粮食，减少杂草等目的。当然，人们在实践中也发现有些作物，如谷子（粟）、蜀秫（高粱）等不宜与桑树间作①。

三、农业生物多样性与地力常新

"多粪肥田"，用地养地相结合，保持地力新壮，是中国传统农业的一个突出成就。在这一过程中，人们也做出种种努力，欲利用农业生物的多样性来维护地力。因为不同作物对于土壤肥料元素的需求或吸收能力不同，所以作物的轮作复种、间作套种，甚至种植和养殖的结合，是合理利用土地，维持地力，发挥作物增产潜力的重要途径。

农村曾流传"换种强下肥"、"肥田不如换种"的说法。稻农发现，早稻田改栽晚稻，头二三年，不必施肥，就可以获得好收成。在实践中更形成了"每年换种"的做法，如今年种粳，明年此田当种糯，不可年年种一色②。在换种种植的过程中，人们发现有些作物非常适合轮作、套种和间作。如《齐民要术》所记载的谷子与绿豆轮作，明代江南地区的棉稻轮作③，清代河北无极县农民的谷菜同畦④等。此类做法不仅可以控制草害和病虫害，更可以提高土壤肥力。

古人还发现，有些作物对于地力的恢复有良好作用，可以成为绿肥作物，其中豆科植物诸如绿豆、小豆、苕草一类的固氮肥田作用最受重视。近代以来随着玉米种植在华北的普及，绿豆就一直与玉米合种，二者相得益

---

① 《农桑辑要》卷三"栽桑"

② （明）王芷：《稼圃辑》

③ 《农政全书》卷三十五

④ （清）黄可润：《谷菜同畦》

彰，俗语称为"绿豆棒子"①。美国农史学家格拉斯（N. S. B. Gras）说过："中国给农业历史学家一种极有意思的情况……他把两种以上的作物同时种在一起；他把田地结结实实地种满，使他的农场像鱼鳞一般……那是聪明的耕种制度，使这个国家不致枯竭"②。

种养结合也是传统农业维护生物多样性，保持地力常新的重要手段。中国农民向来有养猪羊积肥的传统，动物粪便成为是农家肥的主要来源之一。不论北方还是南方，人们普遍利用麸糠、秸秆、杂草和残羹剩饭等生产生活废弃物来饲喂猪羊。养猪不仅可以赚钱、吃肉，还可以积粪肥田，形成猪多、肥多、粮多的良性循环。于是，养猪便和种田紧密结合在一起，人们甚至把"种田不养猪"比作"秀才不读书"。除此之外，稻田养鱼、养鸭，茶园养鸡等，都可以为稻田、茶园等提供肥料。种养结合，也体现出生物多样性与土地培肥的联系。

四、农业生物多样性与灾害防治

为了确保农业稳定发展，中国传统农业采取了许多技术措施以应对自然灾害，保持生物多样性便是灾害防治的一项重要措施。《汉书·食货志》"种谷必杂五种，以备灾害"的说法，是对这项措施的经典概括。"杂种"有时又称"参植"、"兼种"、"扩种"，应该是一种古老的传统。它有两种方式，一是同一块田里的混合栽培；一是插花田式的因土种植。插花田式的因土种植，如高田种粟、坡地种麦、低田种稻，使性质不同的土壤都可以生产出为人所需要的产品，从整体上加强了应对灾害的能力。

至迟在战国秦汉时期，北方旱作区就形成了"种谷必杂五种"的观念。这里的"五种"并不是确指黍、稷、麻、麦、豆等旱地作物，仅是告诉人们种植作物应考虑多样性，若一种作物受灾，另外一种或两种可能还有收成。这种"种谷杂五种"以防灾减灾的做法，后来在南方稻作区也受到重视。宋初，本着"参植以防水旱"的古训，朝廷"诏江南、两浙、荆湖、岭南、福建诸州长吏，劝民益种诸谷，民之粟、麦、黍、豆种者，于淮北州郡给之。江北诸州，亦令就水广种粳稻，并免其租"③。宋代南方的小麦和

---

① 齐如山：《华北的农村》，辽宁教育出版社，2007年7月，第137页
② （美）格拉斯著，万国鼎译：《欧美农业史》，商务印书馆，1935年
③ 《宋史·食货志上》"农田条"

北方的水稻种植面积都得到了长足发展，南方一度出现"竞种春稼（小麦），极目不减淮北"的盛况①。稻作农业发达的吴地，民众"开荒垦洼，种粳稻，又种菜麦麻豆，耕无废圩，刈无遗陇。"② 在南方扩种小麦等旱地作物，除了可以充分利用土地之外，抗灾保收也是重要原因。《农政全书·凡例》曾指出："谷以百者，所以别地宜，防水旱也。""蔬蓏，所以助饔飧，御凶馑也。五果，所以备迨豆，辅时气也。"

　　因为各种作物抗逆性都是不同的，"杂种参植"可以应对各种环境条件下的生产需要。粟黍，具有耐旱、耐瘠薄等特性，所以在北方粮食生产中一度占有首要地位。冬小麦秋种夏收，可以避开河汛水患，并解决粟黍类作物春种秋收所致的青黄不接问题，在历史上受到特别重视。麦的耐旱性不如粟黍，但强于稻。当稻因干旱等原因歉收时，种植麦子便成了最好的选择。稻适合于在低洼多水的地区种植，在北方地区，即便是旱稻，其耐水涝的能力也要胜过其他旱地作物。因此，"下田停水处"，不宜禾、豆、麦，便选择种稻③。其他如胡麻、麻、稗、高粱、甘薯、荞麦、玉米等作物也因各自不同的抗逆性特点，成为农民种植的对象。甘薯有"风雨不能侵损"、"凶岁不能灾"、"虫蝗无所奈何"等优点，

荞麦

图9-9　荞麦

被称为"杂植中第一品"。荞麦生长期短，春夏秋三季都可以种，特别是当主栽作物中途受了灾，随时补种一茬荞麦可免一无所获（图9-9）。江南水乡，除了在水面架田种稻之外，还利用水面种植莲藕、菱角、菰米、芡实（鸡头米）等水生植物，以防灾救荒。

　　即使是同一种作物，品种不同，抗逆性也不同，古代常见的做法是选用具有不同抗逆性的品种，有针对性地应对自然灾害。《齐民要术》"种谷第三"所载的粟品种就有：耐旱、免虫的14种，耐风、免雀暴的24种，耐水

---

① 庄绰：《鸡肋编》，中华书局，1983年，第36页

② （宋）吴泳：《鹤林集》卷三十九《隆兴府劝农文》，《四库全书》本

③ 《齐民要术》"旱稻十二"

的 14 种。在水稻品种上，这种情况更为普遍。唐宋以来，在南方的水稻品种中便有早稻、中稻和晚稻等生育期长短不一的品种存在，这与抗御自然灾害有很大关系。除生育期不同之外，有的稻种耐旱，有的耐涝，有的耐寒，有的耐盐碱，有的耐肥，有的耐瘠，有的耐肥耐水抗倒伏，还有的对虫害兽害有较强的抵抗力等。如宋时引进的占城稻便是一个耐旱而早熟的水稻品种；民国时期，江苏松江县有种耐旱品种，取名就叫"干弗杀"[①]。

除了发现和利用不同生物组合的抗灾害能力之外，古代农民还注意到某些生物之间的相抑相克现象，并将这一发现用于杂草和害虫控制。《齐民要术》"种麻子第九"："慎勿于大豆地中杂种麻子。扇地两损，而收并薄。"芝麻会对其周围的杂草产生抑制作用，因而被广泛地用作先锋作物，用于开荒，以控制杂草；也用于与大豆套种，以避虫害[②]。

---

① 民国二十四年（1935 年）《江苏省鉴》"实业"第二目"稻作·松江县"
② 参阅《齐民要术》、王祯《农书》和《农桑经》等

第十章　传统农业的畜力与自然力利用

中国古代的农业动力除人力自身之外，就是畜力和风力、水力等自然力资源。中国古人在畜力和自然力的利用方面积累了丰富的经验，有过曲辕犁、水转翻车、风扇车等不少发明创造，这些实践经验和发明创造在农业生态保护方面具有特殊意义。近现代以来，农业生产普遍使用化石燃料作为动力来源，它不仅消耗珍贵的自然资源，还会造成环境污染。以下主要论述传统农业时期畜力、水力和风力利用的历史，并阐述其对现代生态农业发展的启示意义。尤其是造成了人与自然的疏远，人与自然无法达到真正意义上的和谐，有的只是一种经济利益上的考虑。

第一节　传统农业的畜力利用

中国自古以农为本，而农业的发展离不开人们对各种动力能源的开发和利用。传统时代的农业动力除人力自身之外，就是畜力和风力、水力等自然力资源。比较而言，农业上的自然力利用受环境因素限制较大，多用于粮食加工和农田排灌，而畜力利用则几乎涉及农业生产的全过程，耕播、灌溉、运输、农产品加工等都有畜力参与其中。过去，牛、马、驴、骡等大牲畜都曾作为役畜或农业动力来使用。它们的习性和力量类型不同，具体饲养条件和役使用途也有所差别，但总体上能够相互补充，满足农业生产不同方面以及不同生产环节的动力需求，并减轻人的劳苦。在数千年的农业文明时代，人们整天与耕牛役马相伴，于是在畜力利用方面积累了丰富的经验，并有曲辕犁、牛转水车等许多相关的发明创造。现在，畜力利用在中国绝大多数地区退出了历史舞台，但它的文化影响却一直存在着，其资源保护价值和生态意义不可小视。

一、畜力与土地耕作

牛马等大牲畜被人类驯化以后，早期主要用于提供肉食，后来才逐渐有了军事、交通和农业用途。土壤耕作和作物播种是农业生产的基本环节，传统时代除人力之外，以耕牛为主体的畜力是耕作播种的主要动力来源，以至牛耕成为传统农业确立和发展的标志。

图 10 – 1 汉代牛耕图
陕西米脂汉墓出土

春秋战国时期，"宗庙之牺，为畎亩之勤"[①]，畜力耕作逐渐兴起。牛，性情温顺，体壮力大且持久，是耕田拉车的首选，以至牛耕普及成为传统农业确立的重要标志。从 1923 年山西浑源县出土的牛尊看，春秋后期晋国的牛已穿有鼻环。《吕氏春秋·重己》还有牛穿鼻环的记载。穿上鼻环的牛，容易牵拉和控制，性情也变得更为驯顺，可用于耕作或驾车。据《战国策·赵策》记载，秦国用牛耕田，从水路运粮，农业生产水平大大超越赵国等东方诸国，粮足兵强应是其克敌制胜、统一天下的根本。

汉初畜力奇缺，后经休养生息，到汉武帝的时候，已出现"众庶街巷有马，阡陌之间成群"的局面。马牛等大牲畜饲养数量的大幅度增加以及耕具的改进，为畜力在农业中的广泛使用提供了条件。西汉关中地区耕、摩、蔺相结合的土壤耕作体系，赵过发明耧车、推广代田法以及汉武帝以后冬小麦种植的推广，实际上均与牛耕的普及有密切关系（图 10 – 1）。东汉应劭说："牛乃耕农之本，百姓所仰，为用最大，国家之为强弱也。"[②] 可见耕牛作为基本的农业动力来源，在当时已很受重视。新中国成立后全国许多地区都有汉代画像石"牛耕图"出土，出土铁铧的地方更多，也说明汉代牛耕已相当普遍。

晋唐时期，北方地区的畜力耕作更加普及，传统抗旱保墒的精耕细作技术体系趋于成熟。《齐民要术》所记述的耕—耙—耱相结合的土壤耕作技术体系以及大量因时因地制宜的具体耕作技术，都是以畜力和相关旱作农具的

---

① 《国语·晋语》
② 《艺文类聚》卷 85 引《风俗通》

配合使用为前提的。在甘肃嘉峪关魏晋壁画中，发现涉及各个土地耕作环节的牛耕图像，生动地体现当时畜力利用的情形。唐初李寿墓的牛耕壁画则说明，当时无论是牛的轭具还是耕作技术，都与近现代十分接近。

尤其是这一时期江南地区的畜力利用已达到较高水平。以江东犁（曲辕犁）为核心的水田农具体系的形成，明确反映出当地的畜力利用状况。从晚唐陆龟蒙《耒耜经》的记载可以看出，这种犁的结构特别适用于土质黏重、田块较小的江南水田使用，挽犁动力自然是南方的水牛。《耒耜经》记载的爬（耙）、碌碡和砺礋等也是在牛力牵引下，与曲辕犁配套进行水田土地整理的农具。即使在南方的一些偏远地区，晋唐时期也开始使用畜力耕作。广东连县的一座晋墓中曾出土黑色陶质的牛力犁田耙地模型；广西梧州的南朝墓中，也

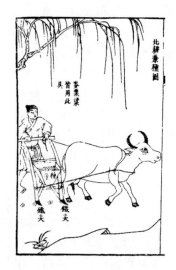

图 10 - 2 《天工开物》耧车图

出土牛耙田的模型①。《新唐书·南诏》记载，云南一带"犁田以一牛三夫，前挽、中压、后驱。"可以说，晋唐时期南方地区水田精耕细作技术的形成以及农业经济发展，与畜力利用的逐渐普及有密切关系。

宋元以来，传统土地耕作农具已基本定型，以役畜挽拉的耕种农具主要有犁、耙、耱、耖、耧等（图 10 - 2 ~ 4），耕犁的结构和功能已变得更加完善，畜力耕作的效率自然有所提高。王祯《农书》曰："中原地皆平旷，旱田陆地，一犁必用两牛、三牛或四牛，以一人执之……南方水田泥耕，其田高下阔狭不等，一犁一牛挽之，作止回旋，惟人所便。"他还说，北方地区，"凡治田之法，犁耕既毕，则有耙劳。"在南方地区，耙之后又用耖用耧。耖这种农具"人以两手按之，前用畜力挽行……耕耙后而用此，泥壤始熟矣"。用耧车播种，"三犁共一牛，一人将之，下种挽耧，皆取备焉。

① 徐恒彬：《简谈广东连县出土的西晋犁田耙田模型》，《文物》，1976 年第 3 期；李乃贤：《浅谈广西倒水出土的耙田模型》，《农业考古》，1982 年第 2 期

日种一顷。"① 我们知道，精耕细作是中国农业的优良传统，而精耕细作离开了畜力尤其是牛力是难以实现的。与此相关，宋元以来人们对耕牛及畜力在农业生产中的作用有了充分认识，并出现了很多赞颂耕牛役畜的诗词歌谣。

图 10 - 3　《吴地农具》描绘的牛车图

图 10 - 4　南宋马逵的"柳荫云碓图"

二、畜力与农田灌溉

灌溉是提高作物产量的重要手段，也是消耗能量较大的生产项目。中国农田灌溉开始于战国时代，而畜力灌溉机具——牛转翻车的使用，至迟始于唐代。畜力排灌的原理是利用畜力在一定地点的连续工作，即采用"回转运动"，并由地平面上的回转运动把动力传送到机具本体，最后使机具产生动作做功，这中间需要一对斜齿轮的传送。② 牛转翻车结构较复杂，造价较高，估计富裕户才能用得起或用得上。

早在东汉时期，中国人已将畜力踏碓应用于谷物加工，并发明了翻车（或称龙骨车）这种灌溉工具。《旧唐书·文宗纪》载："大和二年（828年），内出水车样，令京兆府造水车，散给缘郑伯渠百姓，以溉水田。"③ 这

---

① （元）王祯：《农书》

② 刘仙洲：《中国机械工程发明史》（第一编），科学出版社，1962 年

③ （后晋）刘昫等撰：《旧唐书·文宗纪》，中华书局，1975 年

里所说的水车当是翻车或龙骨水车。早期翻车当是脚踏手摇的人力翻车，形制有大有小。唐宋及其以后，南方经济后来居上，土地得到大面积开垦，水旱轮作制的推广，使单位面积土地的灌排任务量加大。特别是不少田地，利用渠堰不便自流灌溉，就需要借助机械和畜力及自然力来引水或提水。尤其是需要有相匹配的畜力投入，以保障农田灌溉的动力来源。随着水车制作及使用技术的日益成熟，畜力、风力和水力翻车相继出现，并且在江南等地推广开来，其中，畜力翻车的应用比较普遍。

元代王祯《农书》对牛转翻车有较为详细的文字记载，并配有图像。"牛转翻车，如无流水处用之。其车比水转翻车卧轮之制，但去下轮，置于车傍，岸上用牛拽转轮轴，则翻车随转，比人踏功将倍之。"可见王祯所讲的牛转翻车是由水转翻车改装的，具体构造是在水车上端的横轴上装有一个竖齿轮，旁边立一根大立轴，立轴中部装上一个大的卧齿轮，让卧齿轮和竖齿轮相衔接。立轴上装一根大横杆，让牛拉着横杆转动，经过两个齿轮的传动，带动水车转动，把水刮上来。王祯还写诗赞颂牛力车水的好处："日日车头踏万回，重劳人力亦堪衰。从今垄首浇田浪，都自乌犍领上来。"①

苏锡常（吴地）一带使用牛转翻车的记载可以追溯到南宋。乾道六年（1170年），陆游入蜀途中路过吴县一带时，"运河水泛溢，高于近村地至数尺。两岸皆车出积水，妇人儿童竭作，亦或用牛"。牛转翻车保存至今的最早图像是南宋宁宗朝马逵绘制的"柳荫云碓图"②，该图（10-5）与明代《天工开物》所载牛转翻车图完全一致。从图中可以看出，翻车本身并没有什么特别，但在翻车的旁边有一个由牛牵引运转的卧轮，翻车延长的踏轴上安装了一个较小的齿轮，该齿轮与卧轮周边的轮齿相咬接。这样牛在牵引卧轮时就会带动翻车工作。当今吴地人编著的《吴地农具》一书对牛车的构造和制作有详细介绍，其卧轮叫"车盘"，支撑车盘的轴架叫"龙床"，翻车与车盘连接的装置叫"轴拨"（包括"卧轴"、"拨"和"眠牛"。"拨"是木齿轮），又绘制了"牛车灌田图"（图10-3）③，可以和南宋的"柳荫云碓图"（图10-4）、明代《天工开物》"牛转翻车图"（图10-5）相印证。

① 《农书·农器图谱·灌溉门·牛转翻车》
② 曾刊载于《故宫周刊》，1935年第484期
③ 金煦、陆志明：《吴地农具》，河海大学出版社，1999年，第34-37页

图 10－5　《天工开物》
牛转翻车图

近有学者对王祯所谓"新制"的"牛转翻车"提出了质疑，认为它是别出心裁但不切实际的设计，难以在生产中应用推广。相比而言，"柳荫云碓图"、《天工开物》"牛转翻车图"所描绘的牛转翻车动力机具，只有一个卧轮（包括其支架）与主轴的小齿轮（吴称"拨"）联结，结构简单，从南宋到近世 1 000 多年里一直在使用，其合理性和实用性是被实践证明了的①。

历史上用于畜力灌溉的役畜以牛为主，驴、马、骡也有使用。王祯《农书》中既有牛转翻车，也有卫（驴）转筒车的记载，且绘图加以说明。牛转翻车"用牛拽转轮轴，则翻车随转比人踏功将倍之。"驴转筒车"与前牛转翻车之制无异，凡临坎井或积水渊潭，可用浇灌园圃，胜于人力汲引。"畜力灌排机具的普遍使用，在一定程度上解决了人力灌排机具费时费力，不能连续作业的问题，灌溉功效大为提高，有力促进了长江下游地区农业的发展。

三、畜力与粮食加工

按照动力来源分，历史上的粮食加工包括人力、畜力、水力和风力等多种形式，相关加工工具则有碓、砻、磨、碾等。畜力功效大于人力，又不像风力、水力那样易受自然条件的限制，遂成为谷物加工的主要动力。

中国春秋时代发明了石转磨。汉代由于小麦种植的扩大和面粉加工等方面的需求，畜力石转磨逐步推广，还出现了砻、畜力碓和水碓等谷物加工工具。东汉桓谭《新论》记踏碓"复设机关，用驴、赢（骡）、牛、马及役水而舂，其利乃且百倍"。魏晋南北朝时期，出现畜力连磨这种粮食加工工具。这一时期杜预、崔亮等人注意改革和推广新农具，据说"八磨"这种畜力粮食加工器械即为杜预所发明②。晋稽含《八磴赋》对八磨的形制有所

① 李根蟠：《水车起源和发展丛谈》（中辑），《中国农史》，2011 年第 4 期
② 《魏书·崔亮传》记载："亮在雍州读杜预传，见其为八磨，嘉其有济时用。"今本《晋书·杜预传》未见杜预作八磨的记载

描述，说其"策一牛之任，转八磨之重"。元代王祯《农书》称八磨为"连磨"："其制，中置巨轮，轮轴上贯架木，下承镮臼，复于轮之周围，列绕八磨，轮辐适与各磨木齿相间，一牛曳转，则八磨随轴俱转，用力少二见工多。"① 这种木制的畜力连磨结构比较复杂，可能应用不广（图10-6）。唐代北方地区水力粮食加工比较常见，在关中灌区经营水力碾硙磨面曾兴盛一时，想必当时的畜力粮食加工也比较普遍，可惜缺乏相关文献记载。

宋代小麦生产在南北方均已普及，面粉加工已成为专门行业。在北方一些地区，驴子因"性能旋磨"成为主要的役畜，一些经营磨坊者还由此发财致富。京师许大郎"世以鬻面为业，然仅能自赡。至此老颇留意管理，增磨坊三处，买驴三四十头，市麦于外邑，贪多务得，无时少缓。"十多年之后，其家道日以昌盛，成为富户②。莱州胶水县（今山东平度）主簿董国庆弃官后家贫，其妾"以治生为己任，罄家所有，买磨驴七八头，麦数十斛，每得面，自骑驴入城鬻之，至晚负钱以归。率数日一出，如是三年，获利愈益多，有田宅矣。"以上是经营畜力

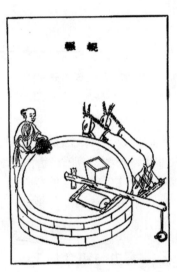

图10-6 王祯描绘的畜力碾

磨坊致富的事例，一般农家多以自己饲养或借用他家的耕畜进行粮食加工，驴、牛、马、骡均有使用，碾磨等加工器具常是公有公用或私有公用的，这种方式一直延续到新中国成立初期。

四、畜力与农业运输

中国古代农业运输在陆地上主要靠人力和畜力。畜力运输有拉车和驮载两种形式，地势平坦的地区多用牛车马车来运输，而崎岖坎坷的山区丘陵地带则多用畜力驮载。牛车马车往返于村舍与田间地头，拉人载物，运送粪

---

① （元）王祯：《农书·农器图谱》"杵臼门"

② （宋）洪迈撰，何卓点校：《夷坚志·夷坚支志戊》卷七，中华书局，2006年

肥、种子、工具和收获物，是传统乡村常见的生产、生活场景。

　　畜力车用于农业生产，汉代就已普遍使用，汉画像石中有许多马牛挽拉农用车的形象。江苏睢宁双沟出土的东汉画像石"牛耕图"，在犁耕者的后面，停放着一辆往田间运送生产工具和肥料的双辕双轮牛车①。山东沂南北寨村出土的汉画像石"丰收宴享图"中，有三辆牛拉双辕双轮车的图像，车厢内装满粮食②。在四川广汉东南乡"收租图"画像石上，可以看到农夫运粮交租用的马拉双辕车③。

　　元代王祯《农书》"农器图谱"记载了三种传统畜力农用车，有下泽车、大车、拖车。下泽车"田间任载车也"，是一种适于在泥泞中行走的单辕畜力农用车，"其轮用厚阔板木相嵌，斫成圆样，就留短毂，无有辐也，泥淖中易于行转，了不沾塞，即《周礼》行泽车也"。大车，为"平地任载之车……中原农家例用之。拖车，又名"拖脚车，虽名为车，其实无轮。"其结构是"以脚木二茎，长可四尺，前头微昂，上立四榫，横木连之，阔约三尺，高及二尺，用载农具及刍种等物，以往耕所。有就上覆草为舍，取蔽风雨。耕牛挽行，以代轮也，故曰拖车，中土多用之。"

　　明代宋应星《天工开物》"舟车"也记载了多种畜力车，如骡马拉的大车，骡车"凡骡车之制有四轮者，有双轮者，其上承载支架，皆从轴上穿斗而起。"北方的独辕车，"人推其后，驴曳其前。"④《天工开物》还提到畜力车各部件的材质："凡车质惟先择长者为轴，短者为毂，其木以槐、枣、檀、榆（用椰榆）为上。檀质太久劳则发烧，有慎用者，合抱枣、槐，其至美也。其余轸、衡、箱、轭则诸木可为耳。此外，牛车以载刍粮，最盛晋地。路逢隘道则牛颈系巨铃，名曰报君知，犹之骡车群马尽系铃声也。"

　　畜力车的运输能力远大于役畜驮载，过去一直是农村运粮送肥的重要工具。近现代以来直至20世纪七八十年代，中国农村的畜力车使用依然相当普遍，只是畜力车的车轮逐渐由木轮改为橡胶轮，运输效率有所提高。

五、传统畜力利用的文化意义

　　中国农业的畜力利用大约始于春秋战国时期，当时主要是用牛拉犁耕

---

① 徐燕：《从汉代画像石看汉代的牛耕技术》，《农业考古》，2006年第1期
② 杨爱国：《山东汉画像石》，山东文艺出版社，2004年，第152-153页图
③ 徐勤海：《从四川汉画像砖图像看东汉庄园经济》，《农业考古》，2008年第3期
④ （明）宋应星撰，潘吉星译注：《天工开物》，上海古籍出版社，2008年

田。秦汉以后畜力利用范围逐渐扩大，农业的动力来源形成以畜力牵引与人力操作相结合的特征。牛马之力的大量使用和普遍的家庭饲养，为精耕细作技术体系的形成提供了动力保障，使人在一定程度上摆脱了繁重的农业劳作，并提高了农业劳动生产率。由于耕牛役畜的家庭饲养及其在传统农业生产生活中的重要作用，农民与牛马朝夕相伴，相互依赖，共同经受寒风烈日下的劳作之苦，所以人畜之间往往会产生一定的情感（图 10 - 7，10 - 8）。一方面，历史时期人们对牛马爱护有加，在疾病防治和饲养繁育方面积累了丰富的经验，历代政府还有保护耕牛的法令；另一方面，历史上形成大量歌颂耕牛役畜的诗文以及相关的拟人化描写。反过来讲，如果中国古代饲养牲畜主要是为了吃肉，那么其畜牧文化必然是另外一番景象了。以下主要就前一方面予以简单阐述，大致反映传统时代畜力利用的文化意义。

图 10 - 7 　《授时通考》"牛室"

图 10 - 8 　《授时通考》"牧笛"

北魏贾思勰的《齐民要术》为传统农学经典，书中设有畜牧专卷，并特别提到大家畜的饲养原则："服牛乘马，量其力能；寒温饮饲，适其天性；如不肥充繁息者，未之有也。"书中还记载了马牛的"三刍"和"三时"饲喂方法，"三刍"是将饲料分为恶刍、中刍、善刍三等，"饥时与恶刍，饱时与善刍，引之令食，食常饱，则无不肥"。"三时"则是将马的饮水分为朝饮、昼饮和暮饮三个时间，朝饮要少，昼饮要节制，暮饮则要足。可以说，贾思勰总结的以耕、耙、耱为核心的北方旱地耕作技术体系，就是以牛耕为基础的。若没有牛力，这套精耕细作技术体系根本无法实现，贾思勰注意总结牛马的饲养繁育经验，大概与此有一定关系。

南宋农学家陈旉充分肯定了耕牛的作用："农者天下之大本，衣食财用之所从出，非牛无以成其事耶！"① 他的《农书》分上、中、下三卷，中卷"牛说"专谈水牛的"牧养役用之宜"和"医治之宜"。宋代李刚咏牛诗云："耕犁千亩实千箱，力尽筋疲谁复伤？但得众生皆饱暖，不辞羸病卧残阳！"元代大司农司编纂的《农桑辑要》说："家有一牛，可代七人之力。"该书卷十记载了耕牛饲喂的"三和一缴"法："第一和草多料少；第二比前草减半，少加料；第三草比第二又减半，所有料全搅拌。"体现传统时代人们饲养大家畜以粗料为主，先粗后精、精料拌饲的饲养原则以及在牲畜饲养管理方面的细致程度。

清朝为满族政权，曾严禁内地汉人养马，废除明代官督民牧制度。在禁马政策的影响下，农区仅能以牛耕田，清朝260年间无重要马医著作，马病学停滞不前。这一时期，养牛业因农耕发展的需要而受到普遍重视，秦川牛等一些著名牛种相继育成，牦牛和黄牛远缘杂交产生犏牛，相牛和治牛病的书籍大批出现。为适应时势要求，清代人将牛病治疗等方面的书籍及内容并入《元亨疗马集》，多次编纂刊印，命名为《马牛驼经全集》、《新刻注释马牛驼经大全集》等，长期流传。此外，清朝末期相继产生了《养耕集》、《牛医金鉴》、《抱犊集》、《牛经备要医方》、《大武经》、《活兽慈舟》等与牛病治疗相关的兽医著作。

其中，《活兽慈舟》成书于清乾隆年间，书作者为时任四川威远县县令的李南晖。该书重点记载了黄牛、水牛疾病防治方法。值得提及的是，《活兽慈舟》的书名和内容都反映出一种爱护牲畜，体恤牛力的仁慈之心。如在首卷《黄牛》"旱牛口齿论"，作者以歌谣形式，表述了自己对老耕牛养护之情："牛老全赖药殷勤，牧童仔细须留心。牛命如同人的命，切莫残忍竟忘情。牛老精力已消磨，更宜爱惜矜怜他，夏欲凉兮冬欲暖，人情物理细揣摩。"就是说，老耕牛一生勤恳劳作，精力消耗殆尽，需细心喂养和照顾。在《牧养惜牛篇》，作者提出"以牛为贵"的观念："牛全靠人，人皆赖牛，故农桑事业，莫不首重乎牛，以牛为贵。人既赖牛以耕，当惜牛命。

---

① （南宋）陈旉撰，万国鼎校注：《陈旉农书校注》，中国农业出版社，1965 年

惜牛之道，总在殷勤为佳。"① 今天看来，这种以慈爱养护为核心的传统畜牧文化，与当今西方人所倡导的动物福利思想是相通的，它对单纯追求经济效益的当代动物饲养业具有重要鉴戒意义。

回到畜力利用的现实中来看，在中国的大多数地区，化石能源和其他能源已替代畜力，成为农村的主要能源形式，但在一些丘陵山区及偏远地区，畜力在农业耕作中的应用依然比较普遍，这种传统可能还要维持相当长的时间。我们看到的梯田耕作场景中往往有牛耕来点缀，的确，在云贵等南方山地丘陵区，如果没有牛力，梯田耕作是很难扩展开来的。只是近几十年来，由于社会经济的发展，许多传统役畜纷纷向肉用或兼用型转化，其饲养方式也发生了很大变化，人类与牛马等大牲畜离得越来越远了，历史上优秀的畜牧文化失去了生存的条件。随着能源短缺、农业生态和动物工厂化养殖问题的日益突出，重提传统畜力利用、役畜资源保护以及人对各种动物的关爱，显得很有必要。建议采取相关政策措施，保护传统畜力利用的役畜种质资源和技术资源，提高役畜利用效率和经济效益，为今后的农牧资源开发和农业生态保护服务。

第二节　传统农业的水力利用

一般说来，由于地形高下不均而造成水体的位差，使得处于高位的水体比处于低位的水体具有更大的位能——即势能，而水作为流体本身具有流动性的特质，从而会因为势能而产生动力，形成"水往低处流"的现象。中国人在生产实践中很早就对水力的作用有了科学认识，并借助相关机械对其加以开发和利用，使水力成为重要的农业动力来源。据文献记载，早在2 000多年前，中国已出现水车、水碓和水磨等水力利用机械。水力机械的使用，是中国古代在农用动力能源上的重大进步。它不仅使劳动者摆脱了某些繁重的体力劳动，提高了生产效率，还为一部分生产环节实现自动化创造了条件。本节主要阐述中国农业的水力利用历史及相关技术成就。

一、农业生产中的水力利用历史

在大禹治水的时候，中国先民大概已注意利用水流的力量了。从春秋战

① （清）李南晖撰，四川畜牧兽医研究所整理：《活兽慈舟校注》，四川人民出版社，1980年

国至两汉时期，随着筑坝技术的发展以及水闸、水栅栏等调水工具的出现，人们可以自由地调节水量，蓄积水势，水力被用于战争、治河、农田灌溉、农产品加工等各个方面。尤其是伴随着水力机械的出现，水力开始成为农田灌溉和农产品加工的重要动力来源。

1. 水力机械的出现

水力机械，即以流水作为动力，带动水轮转动，依靠齿轮和传动装置与水轮的轴相联，把水轮的运动传到机械终端，实现其生产功能。据文献记载，我国对水力机械的利用，最早出现于东汉。桓谭《新论》提到水碓"役水而舂"，加工粮食。东汉顺帝永建四年（129 年），尚书仆射虞诩在上疏中也说，当时上郡龟兹县（今宁夏境内）一带"因渠以溉，水舂河漕，用功省少，而军粮饶足。"①

在历史的早期，水力机械几乎都是用在粮食加工上。因为当时中国北方生产的粮食主要是粟类，它们都需要舂去外皮后才能粒食或磨成粉食用，将粮食脱壳、磨粉便成了一项繁重枯燥的体力活。这样，借助自然力来减轻人的劳动、提高粮食加工效率就成了农业生活中的必然选择。东汉末年孔融的《肉刑论》中评价说："贤者所制，逾于圣人，水碓之巧，胜于斫木掘地。"②

2. 晋唐时期北方地区水力粮食加工的兴盛

魏晋至唐代水能利用出现规模化发展的趋势，这主要表现在水力粮食加工方面。魏晋时代，利用水碓进行谷物加工已很普遍。在西晋末期的洛阳，水碓已为谷物加工所必需，一旦无水舂粮，粮食供应就要出现问题。"八王之乱"期间，张方开决千金堨，导致"水碓皆涸"，粮食供应困难，朝廷只得下令以手工舂粮。③ 另外，经营水碓从事粮食加工有利可图，权势之家往往霸占水源，广置水碓。但水碓设置往往与农田灌溉、河渠航运产生冲突，所以当时私设水碓已为朝廷律法所禁止。魏晋时期曾规定洛阳城周围百里不得作水碓，违者要受到处罚④。如果水碓与百姓灌溉用水发生矛盾，正直的地方官则加以拆毁。西晋时期，河内郡界"多公主水碓，遏塞流水，转为

① （唐）杜佑：《通典》卷一八九，《边防五》引
② （宋）李昉等：《太平御览》卷七六二引
③ （唐）房玄龄等：《晋书》卷四，《惠帝纪》
④ （宋）李昉等：《太平御览》卷七六二

浸害"，时任郡守的刘颂上表罢之①。

魏晋时期的主要水力加工机具是水碓，水碾和水磨尚未见于记载。至北朝时期，水磨和水碾的使用开始普遍起来。北魏时期，崔亮读《杜预传》，受杜预制造"八连磨"的启发，"遂教民为碾"；他在担任仆射期间，又上奏"于（洛阳）张方桥东堰谷水造水碾磨数十区"。② 北朝时利用水力碾磨进行大规模的谷物加工，至少在一些中心城市已经成为普遍现象，杨衒之《洛阳伽蓝记》称，洛阳城"碾硙春簸，皆用水功"。

唐代北方粮食加工中的水力使用达到鼎盛阶段，水力碾硙的分布区域较前代为广，其中关中郑、白二渠上的水碾水硙随处可见。权势之家在郑、白二渠霸占水源，广设水力碾硙，加工粮食，经营牟利。高力士于"京城西北截沣水作碾，并转五轮，日破麦三百斛"③。由于碾硙设置过多，农田灌溉和航运大受影响，朝廷一再试图加以解决，并将设立碾硙及碾硙用水宜禁列入相关规定之中。正是因为利用水力加工粮食获利颇厚，所以它在唐代已与水上交通、灌溉、渔捕等并列，成为水利官员行政事务中的一项重要内容。唐制规定：水部郎中、员外郎之职是"掌津济、船舻、渠梁、堤堰、沟洫、渔捕、运漕、碾硙之事。"④

3. 五代以后北方水力加工由盛转衰

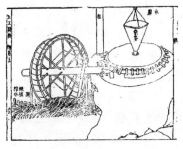

图10-9 《天工开物》描绘的水力磨面

五代以后，北方水力利用渐呈颓势，故文献中的相关记载远不及晋唐时期，但在某些地方，粮食的水力加工仍有一定规模（图10-9）。例如五代后唐明宗时，曾下诏"罢（洛阳）城南稻田务"，以便集中水源，用于民间的水力碾硙⑤。宋代曾在相关司府下专设多个"水磨务"，以便增加税源，说明水磨较多。民间设置水碾、水碓进行谷物加工也时见记载。宋神宗熙宁六

① （唐）房玄龄等：《晋书》卷四十六，《刘颂传》
② （北齐）魏收：《魏书》卷六十六，《崔亮传》
③ （宋）宋祁、欧阳修等：《旧唐书》卷一八四，《宦官·高力士传》
④ （唐）杜佑：《通典》卷二十三，《职官五》
⑤ （北宋）薛居正等：《旧五代史》卷四十三，《唐书·明宗纪》

年（1073 年），因程砀上疏，皇帝下诏令"诸创置水砀碾碓妨灌溉民田者，以违制论。"① 元朝文宗天历三年（1330 年）怀庆路同知阿合马上言称，济源、河内、河阳、温、武陟一带"因豪家截河起堰，立碾磨，壅遏水势"，对当地农业灌溉造成了不利影响②。同在文宗天历三年，中书省大臣上奏称，元代大都附近有寺观和权贵私设水碾，妨碍漕运，请求禁止。这些记载从侧面反映出，五代直至宋金元时期，北方水力利用仍有进步。

明清以至民国时期，关中、河内和洛阳周围的水力加工已风光不再，趋于衰落，而在山西等局部地区，水力粮食加工却有所发展并形成一定规模③。

有学者将历史时期北方地区水力加工由盛转衰的原因，主要归诸水环境变迁方面。自东汉末年至唐代，北方水力粮食加工之所以能够逐渐发展并一度兴旺，固然有其技术与经济方面的原因，但与这一地区的水环境尚称良好、水源较丰富有直接关系，因为只有足够的水量水力才能带动水轮做功。宋代以后北方地区的水力粮食加工总体上逐渐衰退，原因应在于当地水环境逐渐恶化，水资源短缺日益严重，最终导致这一经济活动无法继续进行④。随着五代以后中国经济中心的南移以及南方优越的水环境基础，宋元时期中国水力利用进入新阶段。

4. 宋元时期南方水力利用的全面发展

入宋以后南方地区成为中国新的经济文化中心。随着人口的增加，南方稻作农业的规模逐渐扩大。南方优越的水环境以及多山地丘陵的自然地形，使得水能资源开发得天独厚，水力被广泛地应用于农田灌溉、农产品加工以及手工业生产等方面，水力利用的措施和方法也不断改进。

一方面，南方地区涌现出各种水力灌溉提水和农产品加工机械，如水转翻车、水转筒车、水转高车等。翻车、筒车等灌溉工具出现和应用可追溯到汉唐时代，但那时这些农业器械都是人力或畜力的。宋元时代，由于南方农业的拓展，人们纷纷因地制宜，将人力和畜力农具改造成以水为动力的提水灌溉器械以及粮食、茶叶加工器械，还出现了水转连磨等较复杂的水力机

---

① （元）脱脱、欧阳玄等：《宋史》卷九十五，《河渠》五
② （明）宋濂等：《元史》卷六十五，《河渠》二
③ 张俊峰：《明清以来山西水力加工业的兴衰》，《中国农史》，2005 年第 4 期
④ 参阅王利华：《古代华北水力加工兴衰的水环境背景》，《中国经济史研究》，2005 年第 1 期

械。陆游游历四川时曾有诗提到"硙轮激水无时息，酒旆迎风尽日遥。"①
王祯《农书》开创性地记述了一系列传统水力利用器具，其中农产品加工
机械以水砻、水碾、水磨为代表，高效省力，它们实际上多是由过去的人力
或畜力器具换上水轮创制而来的。用水碾碾米"比于陆碾，功利过倍"；用
水磨磨面，"比之陆磨，功力数倍"。这些水力器具可免除农业灌溉、加工
的人踏牛转之苦，凝聚了古代劳动人民在利用自然力、提高生产效率方面的
聪明才智。

另一方面，人们利用南方的自然环境条件，合理使用各种水力机械，并
注意将引水、控水设施与水力机械配合使用，以提高水力资源的利用效率。
南方多山地丘陵，地形复杂多变，这也使得水能利用形式丰富多样。王祯
《农书》说，不同的水力机械，需要的水力大小不同，因此要根据水力情况
来设置水力机械。例如水转连磨，需要较大的水力，应选择"急流大水"
的地方架设；而槽碓在"泉流稍细"的地方也可使用。有时水力不符合使
用条件，还需要人为地创造条件。王祯多次提到，为了增大水流力量，保证
水轮受到足够的冲击力，带动相应的灌溉或加工机具，要设置水闸或者水栅
来提增水势。筒车："若水力稍缓，亦有木石制为阪珊，横约溪流，旁出激
轮，又省工费。或遭流水狭处，但垒石敛水凑之，亦为便易，此筒车大小之
体用也。"在讲到连机碓时也说："凡在流水岸傍，俱可设置，须度水势高
下为之"。②

5. 明清时期南方地区水转筒车的广泛使用

历史上翻车多用人力，水转翻车的使用并不普遍，而筒车多用水力，对
农田灌溉发挥了较大作用。明清时期，农业水力机械的种类和区域发展依然
不平衡，相比而言，水转筒车在南方丘陵山区的使用达到了兴盛阶段③。明
清时期的个人诗文集以及地方志中，常可见到有关筒车的记述。这些文字大
都是纪实之作，从不同角度描述了筒车的地域、制作、构造、运转和功能，
能在一定程度上反映当时筒车灌溉的发展状况。

广东番禺人屈大均（1630—1696 年）在《广东新语》中，介绍了从化

---

① （南宋）陆游：《剑南诗稿》卷五，《过绿杨桥》
② （元）王祯：《农书》，《农器图谱》
③ 周昕：《丰富多彩的筒车文化》，载"国学网·中国经济史论坛"，http：//eco. guoxue. com/
article. php/26843

一带的筒车。当地人称筒车为水翻车，又叫大輣车。这里从五指山到黄龙砥之间的一百多里路上，到处都是急流险滩。当地老百姓用大树障水，在水流湍急处架设的水翻车连绵不绝，每架水车的水轮都有三四丈高，日夜连续运转，浇灌两岸高田。书中还说，每台水翻车在浇田的同时，还可以带动十三四个水碓，用以舂捣线香原料，所以当地人又称这种水车为香水车。

清代诗人查慎行（1650—1727年）曾漫游南方诸省，其《得树楼杂钞》中记有广西、湖南等地使用筒车的情况："筒车，山家引水者，植木为架，刳木为筒，或剖巨竹为之。自水源起，高下相承，涓流不绝，直灌田中，不劳人力。余所见广西、湖南一带，处处有之。"[①] 清代寿州人孙蟠（1727—1804年）《南游纪程》记录了他游历南方各省的所见所闻，其中对福建松溪一带的水转筒车颇为赞赏："沿途田家取水法甚巧，以大竹轮置溪中，轮上斜安竹筒数十，水激轮转……引水入田，昼夜不息。"[②] 嘉庆进士王椒园在《鸿泥日录》中介绍了他旅经贵州时，到处都能见到水转筒车，夜间经过大小金盆两滩，虽然夜幕下看不见水车的身影，却依然可听到水车转动的"哑哑"声。清代四川张宗法的《三农纪》也有关于筒车的记载："两壁高田，中流大水，深不可以为堰，又难用龙股车（龙骨车）设法，当于水陡急处为灌车（筒车）"。

另外，在清代志书中，也常见有关筒车灌溉的记载。清康熙《绍兴府志》卷十七说："水车，置流水中，轮随水转，周轮置大竹管，经水中则筒皆满，及转而上，管中水乃下倾"。清道光《中江县新志》卷二记载了当地制作和安装筒车的情形："凯江岸高水低，沿江灌溉者，横江作堰，使水潴蓄，近岸搭造高架，置大轮车略高于岸，斜缚竹筒，於车尾汲引江水，倾岸上入田。车式以木为轴，四围以竹竿为轮，每竿尾斜系一筒，口向上，遮篾席一片，缘水激席，则轮始转也。轮前横放水槽一，竖接水槽一，皆承以叉木，直达岸口，所以引水赴塍也。"志书又说："中江更扩其式而大之，下际江，上齐山，第闻车声轧轧，水声汨汨，一带平冈尽为沃壤。"中江的筒车高大壮观，运转起来车声水声响成一片，使山岗上的土地尽成良田沃壤。

从相关文献中可以看到，当时在南方地区尤其是有湍急水流的丘陵山区，常见水转筒车日夜不息，汲水溉田。这些地区包括广东、广西、福建、

<hr />

① （清）查慎行：《得树楼杂钞》卷三，民国《适园丛书》
② （清）孙蟠：《南游纪程》上，第33页，清嘉庆刻本

贵州、云南、湖南、江西、四川、浙江、江苏等十多个省区。可以说，在急流大溪处架设水轮灌溉，"不劳人力而水自足"，它不仅对当地稻作农业的发展起到了不小的推动作用而且成为清代南方不少丘陵山地的一大农田生态景观。清道光时期刘沅的《槐轩杂著》卷二有一篇《筒车记》，不仅客观地记载蜀西筒车及其灌溉过程，而且描述了对筒车灌溉的主观感受，读来颇有情趣："蜀西水利，甲于天下……而筒车尤异……春夏之交，观听所及，盘盘焉，囷囷焉，有满月之形；泠泠焉，逄逄焉，有管弦之声。水竹参差，林树蓊蔼，遥而聆之，不知其音之奚自也。"文中赞叹筒车形如满月之美，音如管弦之妙；其所在的环境翠竹参差，树木繁茂，车与林相互掩映，从远处听来，让人难以判断这样的声音来自何处。

今天，筒车在云、桂、川、甘、陕、粤等地仍有采用，并被赋予休闲农业及观光旅游等方面的新内涵。

二、水力机械与农田灌溉

按照中国传统水力机械的用途，可将其分为三大类：农田灌溉机械如水转翻车、水转筒车、高转筒车等；农产品加工机械如水碓、水碾、水磨等；手工业机械如水排、水转大纺车等。中国用于农田灌溉的水力机械大约出现于汉代，生命力顽强持久，现在某些水源丰富的丘陵山地区仍有使用。

1. 水转翻车

翻车又称龙骨车，据说先由东汉末年宦官毕岚创制，后经三国时期发明家马钧的改革，效能大为提高[1]。从文献记载看，这种木结构的人力水车，以脚踏的方式刮水上岸。凡是濒水地段，水低田高，都可架车车水。后来人们在人力翻车的基础上发明了水转翻车，即采用水力作为动力的翻车。王祯《农书》所记载的水转翻车有卧轮式与立轮式两种，它与人踏翻车的最大区别就是增加了水激卧轮或立轮。水转翻车的最大好处是利用自然力，省去人力劳作，还能使输水灌溉日夜不息。

可惜由于水转翻车对设计制造的要求较高，架设时还要选择合适的地形，所以，历史上水转翻车并未普遍推广开来，反倒是人力翻车成为当时南方最常见的灌溉器械（图 10-10）。明清时期南方人多地少，劳力富余，人力踏车的使用更为普遍。《松江府志》说："凡一车用三人至六人，日灌田

---

① （元）王祯：《农书》卷十八，《农器图谱·灌溉门》

二十亩。"① 张应昌所辑《清诗铎》记载："男妇足茧更流血，鞭牛日夜牛蹄脱"；"往年车完人力尽，今年车破人无食"。诗句描绘了人力车水的艰辛和农民生活的悲苦。

图 10－10 王祯《农书》
描绘的人力翻车

图 10－11 《天工开物》
水力筒车

2. 筒 车

筒车是一种利用水流冲击力提水灌溉的器具，大概发明于晋唐，两宋时期已被广泛使用（图 10－11）。唐人陈廷章《水轮赋》描述的当是筒车："水能利物，轮乃曲成，升降满农夫之用，低徊随匠民之程……虽破浪于川湄，善行无迹；既斡流于波面，终夜有声。"②

宋代及其以后，伴随着经济的发展和人口压力的持续增加，南方地区的土地开发不断地由平畴向丘陵山地拓展。在某些岸高流急或溪涧水量丰沛的地方，民间往往采用水力筒车来提水溉田。可以想见，田间地头筒车吱呀，水流潺潺，禾苗翠绿，这样的农业生态景观必然引起文人学士的关注和描绘。

两宋时期各地出现不少描写筒车灌溉的诗文，从中可以了解当时筒车的普及程度。北宋范仲淹、梅尧臣和南宋张孝祥等人都对筒车的形制和功效作了诗意化的描述。范仲淹《水车赋》曰："器以象制，水以轮济，假一毂汲引之利，为万顷生成之惠，扬清激浊，诚运转而有时，救患分灾，幸周旋于

---

① （清）宋如林：《松江府志》卷六十四
② （唐）陈廷章：《水轮赋》，见《全唐文》卷九四八

当世。"① 北宋梅尧臣于景祐四年（1037 年）知建德县时作《水轮咏》："孤轮运寒水，无乃农者营。随流转自速，居高还复倾。"② 北宋李处权还注意到水转筒车的优越之处："吴侬踏车茧盈足，用力多而见功少。江南水轮不假人，智者创物真大巧。一轮十筒抱且注，循环上下无时了。"③ 南宋赵蕃《激水轮》一诗，曾描写了长沙一带的筒车使用情况："两岸多为激水轮，创由人力用如神。山田枯旱湖田涝，惟此丰凶岁岁均。"④

南宋时的张孝祥也在一首关于湖湘地区农田灌溉的诗作中，对筒车做了生动的描述："象龙唤不应，竹龙起行雨。连绵十车幅，伊轧百舟橹。转此大法轮，救汝旱岁苦。横江锁巨石，溅瀑垒城鼓。神机日夜运，甘泽高下普。老农用不知，瞬息了千亩。抱孙带黄犊，但看翠浪舞。"⑤ 其大意是说，它像龙却叫不应，虽然用竹子作成，却能行雨溉田。由十几条车辐组成的大法轮转动起来，声势就像百艘船在摇橹，能解救人们的大旱之苦。巨石横江锁水，水浪激起荡，声如攻城的战鼓。神机日夜运转不息，及时雨不知不觉间浇遍了大片饱受干旱的禾苗，老农心里真高兴啊。他悠闲的抱着小孙子，带着还不会耕田的小牛犊来到这田头河畔，欣赏那生机盎然的稻田景色。

元明清时期，关于筒车的记载和描绘更为具体。王祯《农书》对各种筒车的性能与构造作了详细记述："筒车，流水筒轮。凡制此车，先视岸之高下，可用轮之大小；须要轮高于岸，筒贮于槽，乃为得法。其车之所在，自上流排作石仓，斜掷水势，急凑筒轮，其轮就轴作毂，轴之两旁阁于椿柱山口之内。轮辐之间除受水板外，又作木圈缚绕轮上，就系竹筒或木筒于轮之一周；水激轮转，众筒兜水，次第下倾于岸上所横木槽，谓之'天池'，以灌田稻。日夜不息，绝胜人力，智之事也。若水力稍缓，亦有木石制为陂栏，横约溪流，旁出激轮，又省工费。或遇流水狭处，但垒石敛水凑之亦为便易。此筒车大小之体用也。有流水处俱可置此。"⑥

从上述表述中可以总结出筒车的几个特点：一是筒车的制作结构与地理环境密切相关，制作的轮径大小须高于岸，方可送水于高处；二是筒车形制

① （北宋）范仲淹：《范文正公集》卷二零
② （北宋）梅尧臣：《宛陵先生集》卷四，"四部丛刊"本
③ （北宋）李处权：《崧菴集》卷三，民国李宜秋馆刻本
④ （南宋）赵蕃：《淳熙稿》卷 19，丛书集成本
⑤ （南宋）张孝祥：《于湖居士文集》卷四
⑥ （元）王祯：《农书》卷十八，《农器图谱·灌溉门》

庞大，但制作材料主要是南方各地普遍生长的竹子，原材料来源丰富，且能就地取材，制作成本低廉，方法简易，一般农家均可制作。三是筒车运转须有足够的水力冲激，架设筒车必须选水势陡急之处。若水力稍缓则不能置车，须设陂栏或木石障加强水力，冲激水轮。同时在轮上"编竹为筏如掌"，增大流水对筒轮的冲击面。

实际上，在筒车使用过程中，天然的水流往往不理想，水劲不足，推转无力，人们必须想办法增加水的冲力，这在明清文献中有明确反映。《天工开物》在介绍筒车时说："凡河滨有制筒车者，堰陂障流绕于车下，激轮使转，挽水入筒，一一倾于枧内，流入亩中，昼夜不息，百亩无忧。"清人梁九图在《紫藤馆杂录》卷九记载："吾粤及浙江、湖广居民多于两岸巨石相距、水湍怒流处，以树石障水为翻车（指筒车）"。[①] 滇地农人们"先于溪旁筑石成隘，使上流水至隘，势极奋迅"[②]，增强水流冲击力。与此相关，古人注意到，筒车若离开南方丘陵山区的特殊地形和水流环境，其生存和发展就比较困难。清人许缵曾在其《滇行纪程》中指出："大江以南，水势平衍，不可用也。"就是说，筒车一般只能用于水流湍急的山乡，在平原水流平缓之处难有用武之地。如果要在水流平缓的地方使用，就需要修筑堰坝，成本相对较高，推广不易。

图 10 - 12　黄河大水车

值得提及的是，甘肃的黄河大水车也是筒车形制（图 10 - 12）。明嘉靖进士、兰州人段续曾在南方作官，见到当地用竹子制作的筒车，能利用水的冲力，将低处的流水，提往高处灌田，很有感触。他联想到滚滚黄河，穿兰州而过，却因水低岸高，无法浇灌田地，遂决定建造黄河水车，造福百姓。针对西北地形特色，段续对筒车做了三点改造：一是利用兰州所产榆、槐、柳木取代竹子创制水车；二是视河岸高低，做成直径二三十米的巨轮；三是

①　（清）梁九图：《紫藤馆杂录》卷九（清道光刻本）
②　（清）许缵曾：《滇行纪程》

想办法加大水流冲击力驱动大水轮转动起来。兰州水车因为高大壮观，被人们称为"老虎车"、"天车"。后来，黄河两岸农民争相仿制，有清一代，数百里黄河岸边一座座大型水车倒挽河水，灌溉农田，日夜不息。

三、水力机械与粮食加工

前已述及，水力粮食加工由水碓到水碾、水磨，有一个逐渐精细化的过程。水碓可以捣去谷物颖壳和种皮或者把谷物的籽粒捣碎，要加工面粉则比较困难。水磨则可以把麦子、玉米甚至谷子、稻子的籽粒磨成面粉，加工更为细致。水碾的功能介于水碓和水磨之间，但更接近于前者。

1. 水　碓

"断木为杵，掘地为臼"，原始时代的谷物加工工具很简单。"碓"这种舂米工具出现相对较晚，它实际上就是在石臼上面架一木杠，杠端安装杵或者绑缚石块，劳动者用脚踏动木杠，使杵起落，脱去谷物颖壳或将其舂成粉状。以人力舂捣粮食是一种强体力劳动，汉代甚至把它当作一种徒刑。唐代大诗人李白《宿五松山下荀媪家》对舂米的艰辛也有描述："田家秋作苦，邻女夜舂寒。"[①]

以碓舂米出现于何时，无从考知，不过东汉已出现了用水力取代人力的水碓，水碓的动力来自一个大的立式水轮。利用水碓，可以日夜不间断地加工粮食，省去人力舂捣之苦。西汉桓谭的《桓子新论》记载："宓羲之制杵臼，万民以济，及后人加巧因延，力借身重以践碓，而利十倍杵臼，又复设机关，用驴骡牛马及役水而舂，其利乃且百倍。"[②] 这段话总结了以碓加工谷物的演进过程，尤其是提到了"役水而舂"的事实。

三国时期，张既曾令其辖区内的官吏制作水碓。张既在魏国初建时曾任尚书、雍州刺史，在征伐张鲁后，与曹洪、夏侯渊分别攻取临洮、狄道。曹操迁徙民众充扩河北，陇西、天水、南安一带的民众害怕迁徙，人心惶恐。张既令三郡籍的官吏"使治屋宅，作水碓，民心遂安。"[③] 说明三国时期今甘肃东部地区有使用水碓的传统。自东晋开始，水碓在粮食加工中的应用逐渐增多。1 600多年前南朝宋刘义庆的《世说新语·俭啬》记载："司

---

① 《全唐诗》卷一八一
② （北宋）李昉等：《太平御览》卷八二九引
③ （西晋）陈寿：《三国志·魏书》卷二十三

徒王戎，既贵且富，区宅、僮仆、膏田、水碓之属，洛下无比。"① 当时以"水碓"指代粮食加工业，与宅院、僮仆、良田同列。

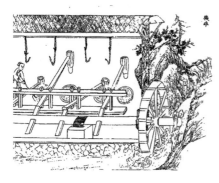

图 10 – 13　王祯《农书》"水碓"

据说魏晋时期人们还发明了连机碓。王祯《农书》引《晋书》曰："今人造作水轮，轮轴长可数尺，列贯横木，相交如滚枪之制。水激轮转，则轴间横木，间打所排碓梢，一起一落舂之，即连机碓也。"② 这里所说的"连机碓"是一种效率更高的"水碓"，在东晋时已有应用，最常见是设置四个碓（图 10 – 13）。它与单一水碓不同之处只是动力轴加长，轮上分布若干拨板，一个拨板和一套碓具相配。另外，人们还根据水势大小急缓，各趋巧便，制成撩车、斗碓、槽碓等水力粮食加工器械。宋代以后，水碓的运用范围不断扩大，不仅用于舂米，还用于制陶、造纸等多个领域。

2. 水碾和水磨

"水碾"、"水磨"同样是以水力代替人力和畜力的粮食加工器具，其问世当在水碓普遍运用之后。北方农村过去习惯的说法是"碾米磨面"，从加工原理上看，碾、磨比舂、碓更为进步，可实现不同粮食的精细加工。水碾的基本结构是在一扇大磨盘中设中轴，并装一根横轴，横轴一端装滚轮，利用水轮带动中轴上的滚轮在磨盘上转动，主要用于谷物的脱壳、去皮及磨碎加工，工效高于畜力碾，只是传统时代水力碾的使用并不普遍。

磨最初叫硙，汉代开始称磨，是把麦子、玉米等粮食加工成面粉的机械。磨的动力来源有人力、畜力和水力，水力磨大约在晋代就发明了。唐代水磨的应用已比较普遍，陕西关中地区的郑白渠上曾架设很多水磨，用于加工小麦。北宋朝廷对民间兴建水磨予以支持，水磨的应用更加广泛。北宋文同"水硙"诗描述嘉陵江一带水磨使用情景："激水为硙嘉陵民，构高穴深良苦辛。十里之间凡共此，麦入面出虚无人。彼氓居险所产薄，世世食此江

---

① （南朝宋）刘义庆：《世说新语·俭啬第二十九》
② （元）王祯：《农书》卷十九，《农器图谱·利用门》

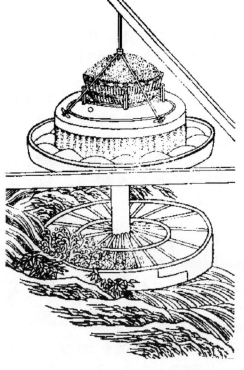

图 10-14 《授时通考》卧轮水磨

之滨，朝廷遣使兴水利，嗟尔平轮与侧轮。"① 最后一句是说驱动水磨的水轮有卧式（平轮）、立式（侧轮）两种类型。

王祯《农书》以及后来的《农政全书》、《授时通考》对上述两种水力磨都有介绍，从中可以看出水磨的基本构造。卧式水磨的动力部分是一个卧式水轮，在轮的立轴上安装磨的上扇，流水冲动水轮带动磨转动，这种磨适合安装在水力比较大的地方（图10-14）。假如水的冲力比较小，但是，水量比较大，可以安装另外一种形式的水磨：动力机械是一个立轮，在轮轴上安装一个齿轮和磨轴下部平装的齿轮相衔接，水轮通过齿轮使磨转动起来。这两种形式的水磨，构造简单，应用比较广泛。另外，书中还提到一个水轮能带动两个磨同时转动的连二水磨，以及一个水轮同时带动多个磨转动的水转连磨，不过这两种磨对水力水量的要求较高，应用不广。

四、水力利用的社会历史因素及现实启示

商周时期，先民们就已经对水体因势能位差而出现的自流现象有了科学的认识，开始有意识地通过一些简单的手段进行水能利用。春秋战国时期，在儒家思想的影响下，出于社会生产的实际需要，引水、调水、控水等水力利用原理及手段已经广泛运用于各个领域。

春秋时期，儒家创始人孔子主张重人事，崇尚"刚健有为"的入世观念。这种思想实际上来源于人们对自然界认识的深化。后来，儒家学派的荀

---

① （清）文同：《丹渊集》卷十七，《四库全书》集部，别集类

子提出"人定胜天"的命题，并进一步阐述了"善假于物"、"机械之利"①和"官天地而役万物"②的观点。《荀子》一书指出"假舆马者，非利足也，而致千里；假舟楫者，非能水也，而绝江河。"③荀况的学生，法家代表人物韩非也说："舟车机械之利，用力少，致功大，则入多"④。这说明战国时期人们就对使用工具的意义有了明确认识。上述"善假于物"的思想，对于后世农业器械的创造发明以及对于畜力、水力、风力等自然能源的利用，无疑都具有重要的指导及促进作用，其中一系列水力机械的发明和应用最具有代表性。

汉代以水碓和水排为代表的水力机械的发明，标志着水力利用取得了根本性的进步，表明古人对于水力利用的技术水平达到了新的高度。魏晋南北朝时期，随着地主庄园经济的兴起、经济利益的驱动以及相关机械发明的成熟，水力资源成为颇受人们重视的动力来源。在这种情况下，北方地区的水力粮食加工日益普及，水力利用器械不断改良，从水碓到水碾再到水磨，几乎所有用于粮食加工的水力机械改进都是在这一时期完成的。可以说，以水作为动力源的水力机械，尤其是用于粮食加工的水力机械的广泛使用，正是从魏晋南北朝时期开始的。

但是，农业灌溉用水与水力粮食加工的矛盾，一直困扰着水能利用在北方的发展。进入唐朝以后，中央政府不断采取各种措施打压门阀士族势力，其中包括拆除世家大族在河渠旁阻水而建的水力粮食加工机械。《唐会要·砲碾》卷八十九记载："开元九年（712年）正月，京兆少尹李元级奏疏：三辅诸渠，王公之家缘渠立砲，以害水功，一切毁之，百姓大获其利。"广德二年（764年）三月，户部侍郎李栖药等人奏："请拆京城北白渠上王公寺观砲碾七十余所，以广水田之利，计岁收粳稻三百万石。"这样类似的记载还有不少，其意思大都是王公贵族在郑白渠上设立大量水力砲碾，以粮食加工牟利，影响农田灌溉，要求朝廷下令拆毁。宋代也多次下令砲碾不得妨碍民田灌溉。

五代以后，伴随着经济中心的南移以及北方水环境的变化，水力利用重

---

① 《荀子·荣辱》
② 《荀子·天论》
③ 《荀子·劝学》
④ 《韩非子·难二》

点开始转移至南方。宋元时期，南方优越的水环境为水力利用提供了良好条件。王祯《农书》在介绍水力机械时提到："用水有良法，假物役机智"、"世间机械巧相同，水利居多用在人"[1]。以水转筒车等为代表的水力灌溉器具的普遍应用，标志着古代水力利用进入新的阶段，有学者甚至认为这一时期诞生的水转大纺车对近代工业革命起到过积极的推动作用。明清时期，小农经济的繁荣使得因地制宜、简易方便的水力利用大为增加，这一点以南方丘陵山区水转筒车的普遍使用最为典型。

近现代以来，中国水力利用方式逐渐发生转变，水力发电成为水力利用主体，水电在中国能源结构中的地位逐步提高。据相关统计资料，中国是能源生产和消费大国，在能源自给率达90%的同时，煤炭和石油仍然是中国的主要能源，2009年一次性能源消费为30.66亿吨标准煤，其中，煤炭占70.1%、石油占18.7%、天然气占3.85%、其他（水电、核电、风电）占7.35%。中国水资源丰富，水能作为可再生能源，开发利用技术最为成熟，水电建设成就辉煌，但目前水电只占能源供应量的6%，可见中国水能资源开发利用潜力依然巨大[2]。今后应通过多种手段，尽可能地减少煤炭石油等高碳能源消耗，实现"低碳发展"。

第三节　传统农业的风力利用

风是空气流动的现象，风有自然风和人造风之分。自然风是由于太阳辐射造成地球表面受热不均，引起大气层中压力分布不平衡，从而导致空气流动，水平方向上的空气流动即称为风。人造风是人们通过一定的机械装置强制空气流动而产生风。因为空气具有一定的质量，空气的流动具有一定的动能，通常称为风能。空气流动越快，风速就越大，风的能量自然也就大。从这个意义上说，自然风能是太阳能的一种转化形式，是一种可再生的自然能源。中国古人很早就注意到风具有能量，可以借助一定手段在生产、生活中加以转化和利用。其中农业中的风力利用有不少发明创造和技术经验，比较典型的包括用于谷物清选的风扇车和用于灌溉的风力翻车。

---

① （元）王祯：《农书》卷十八，《农器图谱·利用门》

② 刘纯银，方永乐：《低碳经济时代水能资源开发面临的机遇和对策》，《中国水能及电气化》，2010 年第 11 期

一、风力与谷物清选加工

在谷物碾打脱粒后，人们借助自然风或人造风把粮食籽粒与碎秸秆、糠秕等杂物分开，达到"取精去粗"之目的，并由此形成了一些农具或器械。中国古代谷物清选加工一是借助自然风的"扬"法，主要工具有枚和飏篮；二是"簸"法，主要工具是簸箕；三是利用风扇车等机械产生间断或连续的人造风清选谷物。扬、簸、扇等利用自然风或人造风清选谷物的过程，是粮食收获的必要环节，贯穿传统农业之始终。

1. "扬"法和"簸"法

西汉元帝（公元前48—前33年）黄门令史游《急就篇》记载了当时主要的谷物加工农具："碓、磑、扇、隤、舂、簸、扬"。唐颜师古注："碓，所以舂也；磑，所以碎也。古者雍父作舂，鲁班作磑。扇，扇车也。隤，扇车之道也，隤之言坠也，言即扇之，且令坠下也。舂则簸之、扬之，所以除糠秕也。扬字或作飏，音义同。"[①]其中的扇、隤、簸、扬都与谷物舂碾脱粒后的清选加工有关。

"扬"法是借助自然风，对碾打后的谷物进行清选，北方地区叫"扬场"。一般在有风的时候，将碾打脱粒后的谷物用工具扬入空中，这样，较重的籽粒直落到地上，重量较轻的颖壳、糠秕则被风吹开。它的出现相对较早，长期沿用。扬场的工具主要有木枚、竹扬枚和飏篮等（图10-15）。元代王祯《农书》对木枚和

图10-15　利用自然风吹去糠秕
（选自雍正《御制耕织图》）

----

① 《四部丛刊续编·急就篇》，商务印书馆，1934年

竹扬枚有详细记载，并附有工具图。

"簸"法是用簸箕簸扬需要清选的谷物，在谷物下落过程中，谷物与簸箕间的空气因受压而产生向外运动的气流，从而吹带走谷物颖壳以及其他较轻的杂物。使用簸箕需要借助臂膀和手腕有节奏的摆动将糠秕杂物簸扬出去，是传统农业中的一项技术活。明代宋应星《天工开物》"粹精"还对簸箕的使用原理作了解释："挤匀扬播，轻者居前，摞弃地下。重者在后，嘉实存焉。"

据研究，簸箕的使用可追溯至商周时期，因为甲骨文、金文中均有"箕"字，字形与后代的簸箕形体很相近，似用条状编织物编制的开口器物①。春秋战国时期，相关文献已明确说明了"箕"的功能是用来簸扬的。《庄子》："箕之簸物，虽去粗留精，然要其终，皆有所陈是也。"汉代李尤《箕铭》载："箕主簸扬，糠秕乃陈。"四川新津曾出土一汉代农妇陶俑，她背负婴儿，双手平端一簸箕，似在簸扬②。四川还出土多件执箕的东汉男性陶俑或石俑，其中彭山出土的东汉男性陶俑右手于胸前执锸，左手下垂执箕。

北魏贾思勰《齐民要术》记载了当时专门用于编织簸箕的"箕柳"。元代王祯《农书》对当时南北所用簸箕及其材料有详细记载："北人用柳，南人用竹，其制不同，用则一也。"簸箕是传统农家的必备农具，从王祯《农书》的描绘看，簸箕形制自汉代始，一直没有大的变化，适应性很强。

2. 风扇车

风扇车又称扇车、扬扇，它以手摇或足踏为动力源，促使空气加速流动，产生风力，其功能主要是将谷物舂碾脱粒后的颖壳、糠秕吹除出去。它使人们能够摆脱对自然风的依赖，根据需要随时对谷物进行碾打清选，提高了生产效率。至迟在西汉时期，中国已经发明了风扇车。李约瑟博士认为，中国使用扬谷扇车至少要比西方早14个世纪。

中国古代风扇车的形制主要有立轴式和卧轴式两种。用于谷物碾打清选的立轴式风扇车很少见，四川彭县大平出土的汉画像砖"舂捣图"中的汉代门式大风扇，应为立轴式风扇车的早期形态。图的右下方有一人两手各执一片"门"形扇叶的柄，平行左右动，另一人正肩上扛粮斗将谷物徐徐倒下，谷物在下落过程中，糠秕被扇叶扇起的风吹向一边。王祯《农书》虽

① 周昕：《中国农具发展史》，山东科学技术出版社，2005 年

② 史占扬：《从陶俑看四川汉代农夫形象和农具》，《农业考古》，1985 年 1 期

然提及风扇车有立扇、卧扇之别，但并未绘出立扇的图像。

古代卧轴式风扇车使用很常见，并有两种形制——敞开风箱式风扇车和闭合风箱式风扇车。两种风扇车结构不同，使用场所也不相同。敞开风箱式风扇车用足踩踏，风轮由四或六片（或更多的偶数片）大扇叶构成，风箱部敞开，形体较为宽大，可产生较强的风力，使用于场圃间，可扇去麦禾碾打后的颖壳、糠秕。闭合风箱式风扇车——飔扇，则主要是与碓、碾等谷物去壳工具配合使用。

卧轴式风扇车模型，在汉代考古遗址中多有发现。1969 年河南济源泗涧沟出土的西汉陶制踏碓与风扇车模型，风扇车箱体呈梯形，箱体中部上方有漏斗形盛粮用的高槛，槛下有匾缝启门，启门上还装有一个能调节大小的长板，启门下边的正面有一长方形出米口，出米口右侧的正面有圆形进风口，在其对面中心处，有一安装风轮的轴孔，这个孔与在进风口一侧的一竖木用以固定风轮和曲柄摇把，出土时这些木制件已不存在。在进风口后部塑有一个立俑，双手作摇风扇车的姿势。在槛的左边有斜坡形空箱，系盛谷糠的地方。槛的右边为风轮箱体，呈长方体。

旋转式风扇车自西汉出现以来，至迟在元明时已趋于定型，即箱体变为圆柱形，风轮封闭在风车箱体之中。这在元代王祯《农书》和明代宋应星《天工开物》中有明确反映。王祯《农书》首次对风扇车的结构、效用等作了详细记载："飔扇。《集韵》云：飔，风飞也。扬谷器。其制：中置箕轴，列穿四扇或六扇，用薄板，或糊竹为之。复有立扇、卧扇之别，各带掉轴。或手转足蹨，扇即随转。凡舂碾之际，以糠米贮之高槛，槛底通作匾缝，下泻均细如箳，即将机轴掉转搧之，糠秕既去，乃得净米。又有异之场圃间用之者，谓之扇车。凡蹨打麦禾等稼，穰秅相杂，亦须用此风扇，比之枕掷箕簸，其功多倍。"结合相关图像可以看出，文中所描述的风扇车箱体已由汉代的长方形变为圆柱形，这样做可以减少风轮运转时涡流阻力的影响，是风扇车技术的一大进步，标志着中国传统风扇车形制及技术的成熟。不过，从王祯所绘的风扇车图像可以发现，当时采用是风轮叶片裸露在外的开放式风扇车。

《天工开物》则描绘了闭合式风扇车的图像（图 10 - 16），从中可见，在装有轮轴、扇叶板和曲柄摇手的右边，是一个特制的圆形风腔，曲柄摇手的周围的圆形空洞，就是进风口，左边有长方形风道，来自漏斗的稻谷通过斗阀穿过风道，饱满结实的谷粒落入出粮口，而糠秕杂物则沿风道飘出风

图 10－16 《天工开物》风扇车

口。在一些偏远地区，这种类型的风扇车至今还有使用。

中国古代风扇车的另一技术进步是双出粮口风扇车的出现。据研究，这种风扇车至迟在 18 世纪 40 年代以前就已发明，20 世纪 80 年代山东一些地方仍然沿用①。双出粮口风扇车工作时，通过调整叶轮的转速以产生合适风力的气流，把从同一高度落下的重量不同的好米、次米、糠吹到远近不同的地方；在距高槛最近的一个出米口落好米，另一个出米口出次米，糠则从风扇车前边的口吹出，这样只需扇一次就把好米、次米、糠秕分开了。而单出粮口风扇车，需先从谷米中把谷糠扇去，而后再将好米、次米分开，共需两次清选。双出粮口风扇车缩短了生产时间，提高了生产效率。

北宋诗人梅尧臣曾颂曰："田扇非团扇，每来场圃见。因风吹糠粃，编竹破筠箭。任从高下手，不为喧寒变。去粗而得精，持之莫肯倦。"风扇车具有很高的技术水平，反映了中国古代劳动人民的勤劳与智慧。它使人们能够摆脱对自然风的依赖，采用连续的人造风随时清除谷物的颖壳糠秕，提高了劳动效率。大约 18 世纪初，中国的风扇车传到了西方，西方人传统的谷物簸扬法开始发生改变。

二、风力灌溉及排水机械

风力用于农田灌溉或排水，是通过风车将空气流动的动能转化为用于灌溉或排水所需的机械能，主要是用做翻车的动力。提水灌溉的风车也有立轴式风车和卧轴式风车两种，其动力来源是自然风，而粮食加工用风扇车的动力来源是脚踏手摇所生成的人造风。中国农民善于利用风力，宋代似已发明了独特的立轴式风车。明清时期，在中国风力资源丰富的地区，风车利用的

---

① 张鹜中：《中国风扇车小考》，《农业考古》，1988 年 2 期

记载逐渐增多。

现在多认为，宋代农民已经开始利用风车灌溉，不过这种看法尚缺乏扎实的文献依据①。明清文献开始出现较多的关于利用风车进行提水灌溉及排水的记载。《天工开物》卷一记，扬郡（今江苏扬州、泰州、江都等地）"以风帆数扇"驱动翻车，"去泽水以便栽种"。明代童冀《水车行》描述："零陵水车风作轮，缘江夜响盘空云。轮盘团团径三丈，水声却在风轮上……轮盘引水入沟去，分送高田种禾黍。盘盘自转不用人，年年只用修车轮。"文中所指应是零陵（今湖南永州及广西全州一带）用为立轴式"大风车"进行灌溉的情景。

1656年来华的荷兰使节曾用图画描绘出江苏使用立轴式风车的场面（图10-17）。从画面中可以看出，宽阔的水渠边是平整的田块，田地中由近及远，错落有致地分布着五六架立轴式风车，田地和渠道的尽头似乎是一座城池，水渠中有一条小船划过，渠岸边的道路上人来人往，反映的显然是城郊的田园风光及风车灌溉场景。

图10-17 17世纪中期江苏使用立轴式风车的场景

（采自李约瑟《中国科学技术史·机械工程》科学出版社，1999）

清代金武祥著《粟香二笔》卷一中引用山西寿阳祁春圃（寯藻）（1793—1866年）的文字，描述了风车的构造及应用："寿阳祁春圃相国《谷曼谷九亭集》，有水轮歌一篇，其序云：……吾乡田平水缓，江北通泰诸邑，则用风车，其式以蒲为篷，八中立柱，八篷围绕之，随风左右，下置龙骨车，挽水而上，日夜不绝，较水车同一便疾也。"文中说，山西寿阳附近地区曾用风车灌溉农田。

---

① （南宋）刘一止（1078—1161年）：《苕溪集》卷三："老龙下饮骨节瘦，引水上诉声呻呀。初疑虇蹙踏动地轴，风轮共转相钩加……残年我亦冀一饱，谓此鼓吹胜闻蛙。"有人说文中的"风轮"指风车，似不足为凭。即使明清诗词中所出现的"风轮"一词，也不一定全指风转翻车。李根蟠先生考证认为，元代任仁发在《水利集》中谈到宋代浙西的治水工具时，提到的"风车"倒很可能就是风动翻车，并指出这还是一条孤证，需要继续发掘和探索

清代《宁河县志》卷十五也记载了当地人仿造江南风车，用以灌溉农田的记载。

晚清林昌彝《砚耒圭绪录》卷十三介绍了立轴式风车用于农田灌溉时的安装及使用方法：

"造风车车水之法，极为巧便，尝谓船使风篷，随河路之湾曲尚可宛转用之，若于平地作风车以转水车，可代桔槔之多费人力，亦不必如舟帆之随时转侧也。风车之篷用布蒲、竹篾者，皆可架车于平地四面有风处，风车圈各有筍，互相接续于水车，如钟表内铜圈然。其水车一如田间常用之式，置于水中亦有以筍接风车，随之而转。又风车上下另加篷两扇，斜侧向里，留篷以逼风入车更得力。惟水车置于河道内，殊碍行船，可于堤外开一水窦，通堤内开沟三五丈，引水入大池中，池中置水车，岸上置风车，随风所向转水灌田……昔余过浙江处州，舟中曾见乡村中用此法以车水。"

将风车安装于田间四面有风之处，并用齿轮与水车连接起来，就可以转水灌田了，作者曾见到浙江处州（今丽水市）乡村用这种方法灌溉田地。其中，"风车圈"系指卧置大齿轮，"筍"即齿轮的齿。另加的两扇"篷"起着导风于风轮的作用，扩大了风能利用面积。"不必如舟帆之随时转侧也"，则是对立轴式风车的自动风帆方向调节系统的记述。

据文献记载和调查考证，立轴式风车活用了海上行船靠风帆的原理，在中置立轴的八棱柱框架上，挂起八片风帆。每当帆片转到顺风处，会自动调整与风向垂直，可受最大风力。而转动至逆风方向时，帆片自动与风向平行，所受阻力也变成极小。更巧妙的是，无论风从何方吹来，整个风车旋转的方向总是保持一致，如此才能有效地把风能转换为便于使用的机械能。另外如果风力过于强烈时，帆片也可以适度调降，从而避免全机被大风吹毁。将风车与水车通过齿轮联结起来，就可汲水溉田了[1]。

立轴式风车除用于农业提水灌溉及排水外，在清代以及近现代盐场中也被用于汲取海水制盐。清中叶周庆云在《盐法通志》卷三十六中描述了盐场所用立轴式风车的形制和构造。据调查，20世纪50年代初，仅渤海之滨的汉沽塞上区和塘大区就有立轴式风车约600部[2]。1982年江苏阜宁县沟墩

---

[1] 详细内容参阅刘仙洲：《中国古代农业机械发明史》，科学出版社，1963年
[2] 陈立：《为什么风力没有在华北普遍利用——渤海海滨风车调查报告》，《科学通讯》，第2卷，1951年第3期

的盐场尚有立轴式风车，该车有 2 丈 4 尺高，4 丈多宽，但已有损坏。同济大学机械史课题组曾对沟墩风车进行了调查，还根据所抢救的测量资料及其他史料，为中国科技馆制作了一套复原模型①。

另一种卧轴式风车至晚出现于明代，其所用风帆也是典型的中国式船帆。其原理是通过调节帆脚索，使帆面与风轮的回转平面保持适当的夹角（一般为 10 度左右），利用风帆上与风的气流垂直方向的分力产生驱动力，驱动风轮转动。明末清初学者方以智所撰《物理小识》记："用风帆六幅车水灌田者，淮扬海滩皆为之。"清代曾廷枚《音义辨同》卷七又记："有若水车桔槔，置之近水旁，用篾篷如风帆者五六，相为牵绊，使乘风引水也。"近现代沿海的一些盐场也曾采用卧轴式风车驱动翻车，提取盐水②。

三、传统风力利用的历史特点及其借鉴价值

风是一种常见自然现象，从能源利用角度看，风能是取之不竭的。中国古代的风力利用经历了从间歇做功到连续做功的发展过程，相关技术和器具不断完善，自然风和人造风在农业、冶金、交通运输等生产领域都有应用。就农业而言，风力利用器具有木杴、竹扬杴、飏篮、簸箕、风扇车、风车等。

社会生产生活需要是科技发展的重要驱动力，中国古代科技即以经济实用为其最大特点。汉代以来，各种风扇车、风车的发明和应用，都和社会经济发展的需要密切相关。为了克服农业生产过程中自然风利用的局限性，古人还发明簸箕、门式大风扇和风扇车等可产生人造风的工具。风扇车可产生连续的人造风，它的发明和应用使人们得以摆脱自然风力不足对谷物加工的影响，及时进行谷物清选作业。风车则利用自然风提水灌溉或排除积水，免除人力车水的辛劳。

明清以来，中国城乡人口数量不断增长，米谷消费与日俱增，从而对粮食生产与加工提出了更高要求，由此催生了不少风力粮食加工和农田灌溉方面的发明创造。这一时期发明的双出粮口风扇车能有效地把好米、次米、糠秕谷分开，明显提高了生产效率，较好地满足了粮食商品性生产的需要。另外，这一时期沿海地区及长江流域一些地区粮食生产的扩大，也促使人们更

---

① 易颖琦，陆敬严：《中国古代立轴式风车的考证与复原》，《农业考古》，1992 年第 3 期

② 参阅卢嘉锡总主编：《中国科学技术史·机械卷》，科学出版社，2000 年

多地利用风力翻车提水灌溉，风力利用的设施有了很大进步。用于农业和盐业的风车，借鉴船帆设计而成。特别是立轴式风车，其风向调节系统极具科学性，不仅可以不受风向的影响，而且可根据风力的大小非常简便的改变帆的受风面积，保证风车连续做功。当王徵、邓玉函（J·Terrenz）编译《远西奇器图说录最》（1627年）介绍国外风车时，中国风车技术已相当成熟。

新中国成立之前，中国农村常见的旧式风车主要有两种形式：一种是风帆水平轴低速风车，另一种是立式风帆风车。前者多见于江浙一带，由六个风帆组成风轮，装在一根横轴上，再用一根绳子和两个绳轮把横轴的回转传递到接近地面的另一根横轴上，这根横轴就是翻斗水车的轴，风轮转动后就带动水车向上抽水。新中国成立初期，这种风车曾由江苏省农林厅加以研究改进，在当地加以推广和使用。立式风帆风车多用于天津大沽和塘沽一带，俗称走马灯。前已述及，它的设计很巧妙，可惜1949年后对这种风车没有做过多少研究改进，后来就很少见到了。

众所周知，能源是现代社会赖以生存和发展的基础，清洁能源的供给更是关系到社会经济的可持续发展问题。目前，自然风能作为一种替代矿物能源的绿色能源以及清洁的可再生能源，为世界各国所重视，风能利用的范围更为广泛。按照不同的需要，风力可以被转换成其他各种不同形式的能量，如机械能、电能、热能等，实现泵水灌溉、发电、供热、风帆助航等功能，为人们的生产、生活服务。例如，风力发电不消耗矿物资源和水资源，是几乎没有污染的绿色能源。全球自然风能储量非常巨大，理论上仅1%的风能就能满足人类能源需要。

中国地域辽阔，风能资源丰富、储量大、分布面广，仅陆地上的风能储量约2.53亿千瓦。风能资源丰富的地区主要包括西北、华北和东北的草原或戈壁，以及东南部和东南沿海及岛屿。这些地区一般都缺少煤炭等常规能源，而且在时间上，冬春季风大而降雨量少，夏季风小而降雨量大，与水电的枯水期和丰水期有较好的互补性，风电与水电配合使用，尤为可取。随着风电利用技术的进步和环保事业的发展，预计风能将会成为中国社会经济可持续发展的重要动力源。

第十一章　传统农业生态文化的现实意义

中国和古埃及、古巴比伦、古印度被称为世界四大文明古国，但除中华文明之外，其他三大文明很早就相继衰落了。中华文明发展何以能历经磨难却始终没有中断，原因应当是多方面的。其中，最基本也最重要的一条就是，中国传统农业较早就形成了完整的精耕细作技术体系，由此维持了农业自身的稳定发展与社会文明的持续不衰。正如农史学家石声汉先生所言，以精耕细作为核心的中国农业，犹如一棵根深蒂固的大树，砍断一个大枝，很快又长出新的大枝来代替，不但依然绿荫满地，而且比以前更加繁茂①。可见，生命力顽强的中国传统农业，为中华文明的成长、复苏和延续奠定了牢固的物质基础。

如果从生态学的角度来审视，中国传统精耕细作农业巨大而顽强的生命力，正在于其技术体系特别注意协调农业生产与水土、气候环境条件之间的关系，很好地处理了农业发展和保护环境这一对矛盾，形成了无与伦比的生态特性。也正是因为中国传统农业技术体系具有明显的生态化特征，才保证了中华文明虽历尽磨难却生生不息。当我们关切当代农业生态危机的时候，能明显感受到传统农业生态文化的的历史作用，更能体会到它对现代农业可持续发展的重大意义。以下结合前面各章节的内容，联系现实农业生态问题，选择传统农业生态思想与实践的若干层面来阐述其当代价值。

第一节　传统农业"三才"生态思想的现实意义

人们在早期农业实践中，由于对气候变迁、季节变换，生物生长繁衍以及动植物种群等一系列生态事实的经历及感知，产生了生态化思想观念。在中国以农为本的社会经济环境里，这种生态思想不断得到强化，促使人们在

---

① 石声汉：《中国农业遗产要略》，农业出版社，1980 年

处理人类与自然的关系方面取向于"协同"、"调和"与"共生","天人合一"最终成为中国文化的主导思想。在此基础上形成的传统农业"三才"生态思想体系，即是从人与自然的关系出发，提倡天、地、人、物系统的整体平衡，协调人的农业活动与农作物生长的关系，以维持农业生产的持续发展。

一、传统农业生态思想体系的内容结构

中国传统农学根植于对"天、地、人、物和谐统一"思想的深刻理解和具体实践，产生了三才论、元气论、阴阳五行学说以及因时制宜、因物制宜、因地制宜的"三宜"原则等，这些思想原则的最大特点就是具有鲜明的生态内涵，而且形成了比较完整的体系，可称之为农业生态思想体系。这个思想体系主要包含四个层面的内容，这里在已有的研究基础上予以总结。

第一层面是天地人"三才"理论。农业"三才论"的经典表述首见于《吕氏春秋·审时》篇："夫稼，为之者人也，生之者地也，养之者天也。"它把农业生产看作稼、天、地、人诸因素组成的整体，对农业生产中农作物（或农业生物）与自然环境和人类劳动之间关系的一种概括。在传统农业"三才"论中，天地自然是能动的、变化的有机体，这种能动性、可变性可以通过气、阴阳、五行等形式表现出来。与"天、地"并列的"人"，既非大自然的奴隶，又非大自然的主宰，而是"赞天地之化育"、"天人相参"，是农业自然生产过程的参与者和调控者。就是说，人和自然不是对抗的关系，而是协调的关系，人类主观能动性的发挥，应建立在尊重自然规律的基础之上。这种具有哲学意味的农业生态系统论，构成中国传统农业生态思想体系的理论基础或核心层面，并与现代生态理念完全吻合，体现出农业"三才"论的现实意义。

按照现代生态学理念，地球生物圈是各种生物之间、生物与环境之间相互依存的变动不居、生生不息的生态系统，人类是生物圈的一个成员，人类的经济系统是生物圈生态系统中的一个子系统，人类的经济活动是在生物圈的生态系统中进行、并由人和自然协同完成的。因此，如果人类的经济活动能够遵循生态规律，保持经济系统与生态系统的协调，那么，它就有可能像大自然的再生产那样生生不息。中国传统农业之所以能够实现可持续发展，正是由于在以"三才"论为核心的传统农业生态思想的指引下，摆正了人

与自然的关系，摆正了经济规律与生态规律的关系，摆正了发挥主观能动性和尊重自然界客观规律的关系[①]。

第二层面是元气论、阴阳五行学说。它们是对"三才"论及其农业系统各因素运作机理的理论阐释，强调农业生产的自然属性及生态规律。"气"是天地人物的共同本原物质，天地万物因气而生，因气而化。气分阴阳，阴阳接，变化起；阴阳和，则万物生。"一阴一阳之谓道"，"阴阳"是一切事物的属性，也是宇宙间两种相互矛盾的基本力量，其对峙、统一和变化，决定着万事万物的发生、发展及演进过程。五行则是对宇宙自然及社会系统复杂事物的基本属性、内在结构及作用机制的阐述。五行配伍体系及"生克制化"理论，阐明了事物普遍联系、相互制约的关系。在传统农学方面，人们试图运用气、阴阳和五行学说阐释土壤耕作、作物栽培以及动植物生长发育的机理，指导人们"顺时宣气，蕃阜庶物"，承认自然再生产的基础作用，从人与自然的统一中把握农业生产要领。

我们知道，农业生产的对象是经过人工驯化的或野生的动植物，它们的生长发育离不开它周围的自然环境，首先是直接受自然界气候季节变化的制约。春秋战国时人们就说："春气至则草木产，秋气至则草木落。产与落或使之，非自然也。故使之者至，则物无不为，使之者不至，则物无可为。古人审其所以使，故物莫不为用。"[②] "春者，阳气始上，故万物生；夏者，阳气毕上，故万物长；秋者，阴气始下，故万物收；冬者，阴气毕下，故万物藏。故春夏生长，秋冬收藏，四时之节也。"[③] 这是以阴阳二气的消长来解释气候变迁，以草木万物的生长荣枯对气候变迁的依赖来说明掌握农时的重要性。所谓"产与落或使之，非自然也"，是指草木的生长、成熟和凋谢受气候变化的制约，并非自身能够单独完成的过程。所以农业活动要"审其所以使"，即顺应气候变化的规律，才能使物为我用。也正是在气论、阴阳五行学说的指导下，中国传统农业形成了"顺时"、"趋时"、"不违农时"以及"上时"、"中时"、"下时"等农时观念，人们"春耕、夏耘、秋收、冬藏"，使农业生产秩序适应气候季节变化的节奏。它的实践意义就在于保证

---

① 李根蟠：《中国传统农业的可持续发展思想和实践》，2006 年韩国东亚农史国际学术研讨会主题报告，载国学网·中国经济史论坛
② 《吕氏春秋·义赏》
③ 《管子·形势解》

农业生物的自然再生产按照生态规律正常进行，在此基础上为人所用。

第三层面是关于农业系统诸要素的相生相克和循环往复思想。这些思想建立在三才论、气论和阴阳五行学说的基础之上，以生克相依、循环往复的耕作栽培观念，要求人们在农业生产上依照自然规律，采用作物轮种、用地养地相结合、多业综合经营、生物防治等技术措施，选择合理的方法，协调农业生物之间以及农业生物与外界环境条件之间的关系，实现各种农业资源的循环利用，兼顾农业活动的经济效益和生态效益。

其中，用地养地相结合思想的核心在于正确处理作物与土地的生态关系。作物生长要消耗地力，要保证作物产量，必须通过施肥来补充地力。另外，施用农家肥还是传统农业变废为宝、化恶为美，实现农业生态系统内部物质循环的关键一环。它既可及时恢复地力，还在相当程度上消除了生产、生活废弃物对环境的污染。清代农学家杨屾指出："粪壤之类甚多，要皆余气相培。如人食谷肉果菜，采其五行之气，依类添补于身。所有不尽余气，化粪而出，沃之田间，渐渍禾苗，同类相求，仍培禾身，自能强大壮盛。"[1]这里的"余气相培"表达的正是对农业生态系统中物质循环和能量转化的一种朴素认识。几千年来，中国的土地保持了较高的生产率，不仅未出现地力大范围衰竭的情况，不少土地还越种越肥，这不能不说是世界农业史上的一个奇迹。实际上，中国农民解决地力衰退问题的主要办法，就是通过辛勤劳动将用地和养地结合起来，所谓"深耕细锄，厚加粪壤，勉致人功，以助地力"[2]。至于农桑牧渔各业综合经营则涉及更大范围的物质能量循环利用问题，其中桑基鱼塘、种田养猪、稻田养鱼、养鸭治蝗等都属于这方面的成功范例。

第四层面是时宜、地宜、物宜"三宜"为中心的生态农学思想。"三宜"思想不论是在耕作、栽培、收获、加工、贮藏等农业生产过程的各个技术环节，还是在土壤耕作、粮油果蔬作物种植、栽桑养蚕、畜牧兽医、农田水利、农具创制、农业灾害防治等农业的各个方面都有表现，内容具体明确，基本特色在于以因宜适变为原则，寻求动植物生长的最佳生态环境，对于指导相关的农业活动发挥了重要作用。

古人首先注意的是时宜，后来对地宜和物宜越来越重视。先秦时期出现

① （清）杨屾：《知本提纲》

② （东汉）王充：《论衡》"率性"

月令体裁的著作，即包含着农事活动要适时的思想。《吕氏春秋》专列"审时"篇来讨论农时，指出了得时、先时和后时与作物生长发育的关系；其"辩土"、"任地"篇表明当时对地宜已有深刻认识。"任地"所总结的"耕之大方"即土壤耕作原则，提出了土壤耕作的五对指标，目的在于通过精耕细作，使土壤的质地、肥力、水分达到最理想的适中状态，没有太过或不及的现象。北魏贾思勰《齐民要术》包含的"三宜"思想内容更加丰富。在"时宜"方面，各种作物播种期都有上时、中时和下时之分。在"地宜"方面，"良田宜种晚，薄田宜种早。"清代《浦泖农咨》："农之为道，习天时，审土宜，辨物性，而后可以为良农。"可见"三宜"生态思想已成为一种明确的农业经营原则。

以上四个层面统一于农业生产的天、地、人、物系统，渗透和贯穿于农业生产的各个实践环节，指导中国传统农业走向了生态化的道路，促使传统农业的技术系统、经济系统和生态系统构成了一个相互关联的有机体[①]。这在生产技术方面主要表现为淡化农作物性状结构、个体生长发育机制以及遗传变异过程及规律等微观层面的探索，而偏重于宏观的理论阐述，并由此产生了中国传统农业特有的不违农时、土壤精细耕作、作物轮作复种及间作套种、种养结合、三宜施肥、农林牧渔综合经营等生态特色鲜明的优良技术传统。农业经济方面主要表现为在农业生物群落及其生长发育规律的基础上，围绕农业生态系统各种要素及其相互关系的协调、均衡和优化，以循环利用的理念和恰当的农业经营方法，以较小的投入获得较多的产出，从而保证了农业自然资源的永续利用和农业的稳定发展。

二、传统农业"三才"生态思想体系的合理内核

前已述及，传统农业生态思想体系的第一个层面是农业"三才"论，第二个层面是气论和阴阳五行学说，第三个层面是农业系统内诸要素生克相依和循环往复的观念，第四个层面是农业"三宜"技术原则。这些源于生产、生活实践并受到中国传统哲学影响的农业生态思想，曾对历史时期中国农业的持久发展起到了重要指导作用，今天依然能让人感受到它旺盛的生命力。从可持续发展的角度看，传统农业"三才"生态思想各个层面的合理

---

① 郭文韬：《中国传统农业思想研究》，中国农业科技出版社，2001年，第187－367页；胡火金：《天人合一——中国古代农业思想的精髓》，《农业考古》，2007年第1期

性及科学性可以从以下六个方面来表述①：

第一，协调统一的"三才"观。先秦时期，诸子百家就对农业的天时、地利与人力等问题有很多论述。《管子·禁藏》曰："顺天之时，约地之宜，忠人之和，故风雨时，五谷实，草木美多，六畜蕃息，国富兵强。"《吕氏春秋》"审时"篇："夫稼，为之者人也，生之者地也，养之者天也。"高度概括了农业生产的对象是农作物，"天、地、人"是农业生产的三个要素，农作物的生长离不开自然环境，也离不开人的辛勤劳动。西汉《氾胜之书》指出"得时之和，适地之宜，田虽薄恶，收可亩十石"。北魏《齐民要术》强调："顺天时，量地利，则用力少而成功多。"明代农学家马一龙《农说》："知时为上，知土次之。知其所宜，用其不可弃；知其所宜，避其不可为，力足以胜天矣。"古代农学家认识到，农业生产只有顺应自然，合理利用气候、土地等农业资源，趋利避害，才能收到事半功倍的效果。正是由于古人摆正了发挥主观能动性和尊重自然的关系，始终强调天地自然的基础作用，中国传统农业才能实现几千年的持续发展。

第二，趋时避害的农时观。中国农业有着很强的农时观念，《尚书·尧典》提出"食哉唯时"，把掌握农时当作解决民食的关键。几千年来，"不误农时"、"不违农时"是中国农民从事农业生产的重要指导思想，以时系事的"月令体"也成为农民安排农业生产、生活的基本模式。"顺时"的要求还被贯彻到林木砍伐、水产捕捞和野生动物的捕猎等各个方面，讲求"以时禁发"。"禁"是保护，"发"是利用，即只允许在一定时段内和一定程度上采猎利用动植物，不能在萌发、孕育和幼小的时候就扼杀它们，更不允许竭泽而渔。

第三，辨土施肥、用养结合的地力观。土地为农作物提供营养元素，也可以说农作物生长要消耗地力。只有地力得到恢复或补充，作物种植才能维持下去；地力衰竭则必然造成作物减产乃至绝收。传统农业时期，人们采取多种措施改良土壤，培肥地力，中国基本上没有出现地力衰竭现象，不少的土地还越种越肥。这既是农民辛勤劳动的结果，也与传统"土宜论"、"土脉论"和"地力常新壮"等土壤生态学的理论指导有直接关系。"土宜论"指出，不同地区、不同地形和不同土壤都各有其适宜生长的植物与动物；

"地脉论"则把土壤视为有血脉、能变动、与气候变化相呼应的活的有机体；南宋农学家陈旉提出"地力常新壮"理论，则认为只要注意施肥改土，将用地与养地结合起来，原来的瘠田薄土可以变成良田沃壤，并保持地力长盛不衰。

第四，有遗传也有变异的物性观。中国传统农学的物性观主要包括两方面的内容：一是物性可变，二是物性相关。就前者而言，中国古人很早就认识到，生物的性状不但可以代代相传（遗传性），也会发生变化（变异性）。生物的遗传性和变异性，成为人们能够选育新品种以及引进新物种的客观依据，也指导人们因物制宜，根据农业生物的特性采取相应的栽培措施，正如清代《知本提纲》所言："物宜者，物性不齐，各随其情。"就后者而言，中国传统农学早已对农业生物之间作物种间互抑或互利关系有了深刻认识，巧妙利用轮作倒茬、间套混作、多熟种植、农林牧桑综合经营等措施来促进农业生产的生态化发展。

第五，变废为宝的循环观。在中国传统农业中，农户生态系统是"小而全"的结构单元，人们将种植业、畜牧业紧密结合起来，将作物秸秆、人畜粪尿、有机垃圾等经堆积腐熟后还田，物质封闭循环，几乎所有的农副产品都被循环利用，以弥补农田养分输出的损耗。通过废弃物的循环再利用，实现无废物生产，既可使地力得到及时恢复，也在相当程度上消除了生产生活废弃物对环境的污染。正如元代农学家王祯所说："夫扫除之秽，腐朽之物，人视之而轻忽，田得之而膏泽，唯务本者知之，所谓惜粪如惜金也。故能变恶为美，种少收多。"

第六，御欲尚俭、积储备荒的节用观。春秋战国时期，诸子曾大力倡导"强本节用"。《荀子·天论》："强本而节用，则天不能贫。"《管子》、《墨子》等也强调努力耕作，节制消费。后世有更多文献论及"节用"问题。如"生之有时，而用之亡度，则物力必屈。"[1] "地力之生物有大数，人力之成物有大限，取之有度，用之有节，则常足；取之无度，用之无节，则常不足。"[2] 在一定条件下，人类所能利用的自然资源是有限度的，因而建立在自然再生产基础上的农业发展也是有限度的，不可能满足人类无限的物质消费需求。缓解这一矛盾的途径之一就是节制消费，尤其是统

---

[1] 《汉书》卷24，《食货志》引贾谊语
[2] （唐）陆贽：《均节赋税恤百姓六条》

治者对人力、物力的使用不能超越老百姓和自然界所能负荷的限度，否则就会导致国穷民贫。另外，中国是一个自然灾害频繁的国度，古人提倡俭省节约，还在于积储粮食，防灾备荒。传统社会老百姓生活贫困，日常衣食之节俭程度已达到极限，但一些思想家还是反复提醒人们要节省粮食。战国时代的荀子讲到："人之情，食欲有刍豢，衣欲有文绣，行欲有舆马，又欲夫余财蓄积之富也；然而穷年累世不知不足，是人之情也。今人之生也，方知畜鸡狗猪彘，又蓄牛羊，然而食不敢有酒肉；余刀布，有囷窌，然而衣不敢有丝帛；约者有筐箧之藏，然而行不敢有舆马。是何也？非不欲也，几不长虑顾后，而恐无以继之故也？于是又节用御欲，收敛蓄藏以继之也。是于己长虑顾后，几不甚善矣哉！今夫偷生浅知之属，曾此而不知也，粮食大侈，不顾其后，俄则屈安穷矣。"① 就是说，如果从长远考虑，非实行"节用"不可，要把"节用"的原则真正付诸实施，又非控制人们的消费欲望不可。这种"御欲节用"的观念及训诫，对我们今天反对奢侈与浪费、建设节约型社会，减少自然资源消耗仍然具有一定的借鉴意义。

三、"三才"生态思想体系对现代农业发展的意义

现代农业以化石能源等外源性投入为主，农业劳动生产率和土地生产率有了很大提高，但它对生态环境和食品安全的影响也比较明显。尤其是化肥、农药、生长素的过量使用，自然资源的过度消耗以及相关生物技术的滥用等，已为农业生产和人类生活带来一系列负面影响，甚至威胁到人类社会文明的可持续发展。

20 世纪后期以来，中国农业现代化进程加快，农业生产成就巨大。但是，伴随近几十年来农业的迅速发展以及工业化、城市化的不断推进，农业生态破坏和环境污染令人触目惊心。具体来说，盲目引进西方先进科技，过度使用化肥、农药和杀虫剂，竭力提高农业产量，忽视农产品品质，导致食品安全问题频发；一味强调农业的经济功能，忽视农业的生态功能和社会功能，使中国农业发展陷入了经济增长与生态破坏的恶性循环之中。有专家指出，现代常规农业对环境造成的压力越来越大，"农业增产与面源污染成为

---

① 《荀子·荣辱》

了相互依存的恶性循环。"①

近年来农业生态与环境方面出现的严重问题，促使人们进行深刻反思，并从政策、经济、科技等各层面，提出保障农业可持续发展和农产品质量安全的举措，有机农业、生态农业、循环农业、绿色农业等农业发展理念逐渐深入人心。就是说，今天再也不能离开可持续发展来谈论农业现代化问题，而农业要实现可持续发展，就必须正确认识和处理人与自然的关系问题，继承和发扬以天人相参和天人相协为灵魂的农业生态文化传统②。另外，当人们面临农业生态环境问题的时候，更能感受到中国传统农业"三才"思想体系的生态保护价值，并试图从相关农业生态文化中寻求现代农业的可持续发展之路，提出各种"生态型"的经济发展模式。当前中国的生态农业建设就明确要求将传统农业文化与现代农业科技相结合，相关的成功例证已有不少，一度被人们淡忘甚至摈弃的传统农业生态思想再次焕发出新的生命力。

有人还提出，"三才"论应是中国现代生态农业建设的指导原则和重要思想③。的确，"三才"思想至少可以引导人们重新思考农业现代化实践中的"人天关系"和"人地关系"问题，重塑人与自然之间的平衡与和谐。联系农业发展历史来看，在"三才"思想指导下的中国传统农业符合生态规律，是一种"持续农业"；中国传统农学包含了丰富的生态思想和生态技术，本质上属于生态农学。传统农业生态思想体系以"天人合一"为最高架构，倡导作物与天地人的整体协调统一。它在强调顺应自然，尊重客观规律的同时，还注意发挥人的能动作用。

从古到今，农业生产的本质是相同的，都是自然环境、农业生物和人类劳动相互结合、相互作用的再生产过程。在这个过程中，一方面农业生物与自然环境之间实现能量转化和物质转换；另一方面人类运用技术、经济等手段对生物有机体的生命运动加以人工干预，生产出人类生存和发展所需要的农产品。它实际上就是人类通过自身的劳动，为作物生长发育创造良好的环境条件，利用和促进绿色植物的光合作用，将太阳能转化为化学能，将无机物转化为有机物。从这一点上来说，以天地人"三才"理论为基础的传统

① 温铁军：《新农村建设中的生态农业与环保农村》，《环境保护》，2007 年第 1 期
② 参阅李根蟠：《精耕细作、天人关系和农业现代化》，《古今农业》，2004 年第 3 期
③ 高明：《继承传统农业精华发展现代生态农业》，《学术交流》，2004 年第 5 期

农业生态思想，完全可以成为中国现代生态农业建设以及农业可持续发展的重要依据。

第二节　传统农业生态技术的借鉴与应用价值

中国传统农业生产技术不仅内容丰富，体系完整，而且生态保护意义明确。以往人们对相关问题已有所总结，只是泛论者较多，针对性不强。以下主要立足现实农业生态问题，先从总体上认识传统农业技术与现代生态农业以及有机农业的联系，再选取有机肥使用、多样化种植等方面的内容，论述传统农业技术的生态价值及其在现代农业发展中的借鉴意义。

一、传统农业技术与现代生态农业及有机农业的联系

20 世纪 70 年代以来，人们注意到，现代常规农业依赖于化肥、农药、除草剂、生长素等外源性物质，它在带来作物增产的同时，也导致了生态破坏、环境污染和食品安全问题。于是世界各国开始探索农业发展的新途径和新模式，生态农业及有机农业最终成为现代农业发展的方向。

1. 传统农业技术对现代生态农业的影响

生态农业的关键是充分利用物质循环再生的原理，合理安排物质在系统内部的循环利用和重复利用，来代替石油能源或减少石油能源的消耗，以尽可能少的投入，生产更多的产品，是一种高效优质农业。生态农业强调农业的生态本质，它要求人们在发展农业的过程中，尊重生态经济规律，协调生产与生态之间的相互关系。值得注意的是，国内外关于生态农业技术的总结，一般都会提到继承传统农业精华的问题。

1971 年美国土壤学家威廉姆·奥伯特（William A. Albrecht）在 *Acres* 杂志上首先提出了生态农业思想，即尽量减少能量投入，通过发展畜牧业使用农家肥、实行作物轮作等途径实行农业的自我循环。1981 年，英国农学家沃什顿（M. K. Worthington）在其经典著作《生态农业及其有关技术》一书中将生态农业定义为：生态上能够保持平衡，能量上能自我维持、低输入，经济上有生命力，在环境、伦理和审美方面可接受的小型农业系统。他还从许多生态农业技术中总结了四项最重要的生态技术：①轮作　通过种植豆科作物、绿肥，以增加土壤中的氮素；②施肥　粪肥是十分重要的，每年每公顷施用 12 吨粪肥；③防治病虫杂草　通过种植多样化，选用抗性品种，实

行生物防治与综合防治，减少化肥、农药和除草剂的使用；④品种 不一味
追求高产品种，而是要依靠具有忍耐性，适应性强的，产量较为理想的品
种。从国外农学家的定义中可以看出，生态农业是一种完全不用和基本不用
人工合成的化肥、农药、动植物生长调节剂和饲料添加剂，而是主要依靠作
物轮作、秸秆、牲畜粪肥、豆科作物、绿肥等补充养分，利用生物和人工技
术防治病虫草害的生产体系。尤其值得注意的是，这些生态技术要求与中国
传统农业的做法是基本一致的。

中国农学家认为，生态农业是在单位面积上，集植物生产、动物生产和
土壤培肥于同一生产系统内，组成人工食物链，通过提高太阳能的固定率和
利用率、生物能的转化率、废弃物的再循环利用率等，促进物质在农业生态
系统内部的循环利用和多次重复利用，以尽可能少的投入，获得尽可能多的
产出，使农业生产处于良性循环之中。它的最大特点是生物种群的多样性和
物质转化利用的多次性。在生态农业内部，各种生物占有自己适宜的空间，
遵循生物竞争与互补的原则，和谐地生活在一起，按照各自的需要同化外界
因子，进行多样性的物质生产，从而提高了物质的转化和利用率。生态农业
通过适量施用化肥和低毒高效农药等，避免了石油农业的弊端，又能发挥其
优越性。生态农业不同于传统农业，它既突破了传统农业的局限性，又能利
用其精耕细作、施用有机肥、间作套种等技术精华。它既是有机农业与无机
农业相结合的农业生产综合体，又是一个高效、复杂的人工生态系统。

在上述认识的基础上，中国农学家提出了生态农业建设的基本要求：因
地制宜，把发展粮食与多种经济作物生产，发展大田种植与林、牧、副、渔
业，发展大农业与第二、第三产业结合起来，充分吸收传统农业精华，结合
现代科学技术，以多种生态模式、生态工程和丰富多彩的技术类型装备农业
生产，形成生态与经济的两个良性循环，实现经济、生态、社会三大效益的
统一。其中提到的"充分吸收传统农业精华"，实际上是要继承中国农业的
生态技术传统，它也反映出中国传统农业在很多方面与现代生态农业的内容
是相通的。

2. 传统农业技术对现代有机农业的影响

有机农业实际上属于生态农业的一种类型，它是指完全不用人工合成的
化学肥料、农药、生长调节剂和饲料添加剂的生产制度。有机农业技术系统
充分考虑了土地、农作物、畜禽、鱼类等的自然生产能力，在可能的范围内
尽量依靠轮作、作物秸秆、家畜粪尿、绿肥、外来的有机废弃物、机械中

耕、含有无机养分的矿石及生物防治等方法，保持土壤的肥力和易耕性，供给作物养分，防治病虫杂草危害，既提高食品质量又改善生态环境。传统农业的耕作制度安排和作物栽培技术精华，对有机农业有重要借鉴作用。正是因为传统农业技术与有机农业有密切关系，所以有农学家提出："认真总结和发掘传统农业的技术精华，进一步利用和完善传统农业中物质循环利用技术，将生物多样性利用、立体种植、时空布局，用养结合、地力常新等可持续技术应用到我国有机农业建设体系中去。"①

例如，有机农业的关键技术是依靠有机肥料和生物肥料，来满足作物生长对各种养分的需求，其中的有机肥主要是指传统的农家肥。"农家肥是有机农业的生产基础，适合小规模生产和分散经营模式，是综合利用能源的有效手段，是有机农业低成本投入的有效形式。大量施用农家肥可促进有机农业生产中种植与养殖的有效结合，实现低成本的良性物质循环。"② 这里指出了有机农业对肥料种类选择的要求，充分肯定了农家肥在有机农业中的重要性。传统的农家肥、堆沤肥、绿肥等积制方法，经过适当改造或科学处理之后，在当今的有机农业建设中大有作为。

再如，传统农业广泛应用的轮作复种和间作套种技术，也是有机农业建设的重要措施。"轮作是有机栽培的最基本要求和特征之一。有机农业极力强调包括豆科作物在内的合理的轮作复种和间作套种，以增强作物品种多样性，可均衡利用土壤中的营养元素，把用地和养地结合起来，培育地力。"③因为不同作物对土壤养分的具体要求和吸收能力不同，所以不同类型的作物轮作或间作套种可以全面均衡地利用和吸收土壤中的营养成分，充分发挥土壤的生产潜力，在用地的同时达到养地的效果。中国传统农业在这方面积累了丰富的经验，南北各地都有大量可资借鉴利用的技术模式。尤其是古人很早就有意识地实行豆科作物、绿肥作物与粮食作物的轮作，以改善土壤性状，提高土地肥力。

另外，有机农业在病虫害防治方面的要求特别严格，其技术核心之关键是"在防不在治"，特别强调禁用化学农药，要求充分发挥农业生态系统内

---

① 宗良纲、卢东、杨永岗等：《有机农业：可持续农业发展的典范》，《中国人口·资源与环境》，2002年第3期
② 杜相革：《有机农业原理和技术》，中国农业大学出版社，2008年，第58页
③ 黄国勤：《有机农业：理论、模式与技术》，中国农业出版社，2008年，第167页

部的自然调节机制，通过合理耕作、选用抗性品种、轮间套作措施以及生物、物理方法，防治病虫害。仅就间作而言，现代科学研究已经揭示出它的防病机理：间作作物根系的分泌物或微生物，能够影响土壤病原物对周围生长的作物根系的侵染，不利于病害发作；通过作物的间作和混作，起到了多物种相克相生的作用，打乱病虫害的生活规律和生活周期，降低病虫害对寄主的适应性，从而减少其危害的时间和程度。传统农业病虫害防治的一系列技术措施，如深耕细耙、翻耕冬灌、轮作间作套种、抗虫品种选育、生物防治等，都与有机农业有契合之处。

二、传统有机肥施用技术与土地资源保护

现代有机农业的重要特征就是农业物质循环的有机性和农业自然资源利用的永续性。土地是最基本的农业自然资源，没有土地利用的可持续性，有机农业就失去了其自然资源保护的意义，也就谈不上农业的可持续发展。有专家指出："用地与养地结合是不断培育土壤、实现有机农业持续发展的重要途径。"[①] 在这方面，传统有机肥施用和用地养地相结合、保持地力常新壮的理念及技术措施，对于发展有机农业，弥补现代农业的不足，具有重要的借鉴价值。

1. 近代以来中外学者对传统有机肥养地作用的高度评价

我们知道，自20世纪初期以来，中国传统农业开始向现代农业过渡，传统农学趋于衰微，但中国传统农业文明经久不衰的事实及其所创造的奇迹，长期以来一直很受西方学者的关注，并试图探索其中的奥秘。他们从中西比较的角度总结说，传统农业时代中国人把一切能充作肥料的东西都放到土壤里去，使其参与物质的再循环和资源的再利用，化无用为有用。近代农业化学奠基人李比希（Justus von Liebig，1803—1873年）曾将中国能长久保持土壤肥力的奇迹，归结于其无与伦比的用地养地制度。他说这种耕作制度"就是把从土壤取走的植物养分，又以农产品残余部分的形式，全部归还土壤"[②]。德国农学家瓦格纳（W. Wagner）根据他自己的亲身见闻说："在中国人口稠密和千百年来耕种的地带，一直到现在未呈现土地疲敝的现

---

① 杜相革：《有机农业原理和技术》，中国农业大学出版社，2008年，第56页
② （德）尤·李比希著，刘另更译：《化学在农业和生理学中的应用》，中国农业出版社，1983年版，第43页

象，这要归功于他们的农民细心施肥这一点。"[①]

特别值得一提的是，1909 年，美国农学家金氏（F. H. King）曾用了五个月时间到中国和日本、朝鲜考察农业，其中在中国就呆了四个多月。回国后他撰写的 *Farmers of Forty Centuries*（《四千年农夫》）一书，高度评价东亚的传统农业。该书的副题是 *Permanent Agriculture in China，Korea and Japan，Permanent Agriculture*，可以翻译为"永久农业"，也可以译成持续农业。一百多年前的金氏就把中国传统农业称之为"持续农业"，是很有眼光的[②]。金氏在书中重点描述了中国、朝鲜和日本农业的废物利用传统，并将之与美欧国家做了比较，高度赞扬东方国家粪肥积制与施用传统及其对维护土地肥力所起的作用。作者指出，东方民族的特质之一就是能够很好地保护土壤，为了很好地保护土壤，避免破坏土壤肥力和污染环境，他们很注意随时随地收集粪肥。他根据自己在江浙一带的见闻写到：

"中国人总是沿着乡间小路或者公路收寻动物的粪便，当我们走在城市的大街上时，也经常看到有人迅速将地上的粪便捡起，然后将它们小心地埋在地下，尽量避免因为透水以及发酵而造成的养分损失。在一些桑园里，人们会在树干周围挖一个直径 6~8 英尺、深 3~4 英寸的坑，然后将蚕的粪便、褪下的皮以及吃剩下的一些叶子和梗一起埋在下面。这样处理废物是必要的，因为人们将除丝绸之外的所有东西都利用了，避免不必要的损失，而且这些东西也一定程度上促进了下一季桑叶的生长。"

书中还对中国农民在作物种植过程中充分利用粪肥的智慧和技艺深有感触[③]。实际上，金氏描述的这种现象在中国传统农业时代或者畜力运输时代非常普遍。中国北方有一句谚语叫"早起不拾粪"，也可以理解为，很多人早起是为了赶路拾取路上的牲畜粪便。

著名社会学家费孝通对中国社会特点的认识，深受《四千年农民》的影响。他转述金氏的话说：中国人像是整个生态系统里的一环，通过自然循环实现生态平衡，这个循环就是人和"土"的循环。人从土里出生，食物取之于土，泻物还之于土，一生结束，又回到土地。一代又一代，周而复

---

① （德）Wagner 著，王建新译：《中国农书》，商务印书馆，1936 年版，第 240 页

② 李根蟠：《中国传统农业的可持续发展思想和实践》，2006 年韩国东亚农史国际学术研讨会主题报告，国学网·中国经济史论坛

③ （美）富兰克林·H·金著，程存旺、石嫣译：《四千年农夫》"第 9 章"，东方出版社，2011 年，第 113 页

始。靠着这个自然循环，人类在这块土地上生活了五千年，成为这个循环的一部分。他们的农业不是和土地对立的农业，而是和谐的农业。在亚洲这块土地上长期以来生产了多少粮食，养育了多少人，谁也无法估计，而且这块土地将继续养育许多人，看不到终点①。就是说，在这个系统中，人类成为自然循环的一部分，社会就像自然界一样循环往复，不断地持续并缓慢发展。

遗憾的是，中国在近几十年农业发展过程中，面对耕地不断减少的严峻现实，在土地利用上一直强调提高土地生产率而忽视地力培养，过度依赖化肥而轻视甚至弃用有机肥，结果导致土壤生态恶化，土地肥力下降，农产品品质受到影响，并给农业的可持续发展带来严重威胁。于是人们开始反思并纠正以往只强调生产效益而忽视生态效益的农业经济观念，认识到土地利用必须走用养结合的道路。

2. 传统有机肥的优点及其回归土地的意义

地力的维持和土地的培肥离不开肥料，传统农业所施用的肥料一般是农家肥或天然有机肥，其中包括人畜粪尿、厩肥、作物秸秆、绿肥、饼粕、草木灰、河泥、骨粉、骨灰等，种类繁多。据研究，各种农家肥具有不同的养分特点，可以在养地和培肥土壤方面发挥不同作用。家畜粪便中含有大量有机质和营养物质，如氮、磷、钾等，还含有铁、镁、硼、铜、锌等微量元素，是一种复合有机肥料。而且家畜不同，其粪肥的充分也有差别。猪粪尿具有质地细，木质素少，总腐殖含量高等特征；鸡粪养分含量高，适用于各种土壤，还可提高作物的品质。作物秸秆还田，有利于提高土壤养分和有机质，改善土壤结构和墒情。现代试验研究认为："在现有农业生产条件下，如果每公顷耕地还田秸秆 3.0~4.5 吨，平均可增产粮食 15% 以上；连续三年秸秆还田，可使土壤理化性状有明显改善。"② 还有研究表明，稻田综合使用绿肥、化肥与有机物养分，不仅能够进一步提高水稻产量，而且能显著改善土壤肥力性状③。

① 费孝通：《社会调查自白》（1985），载《学术自述与反思：费孝通学术文集》，生活、读书、新知三联书店，1996 版，第 37 页
② 毕于运、王道龙、高春雨等：《中国秸秆资源评价与利用》"序言"，中国农业科学技术出版社，2008 年
③ 王凯荣、刘鑫、周卫军等：《稻田系统养分循环利用对土壤肥力和可持续生产力的影响》，《农业环境科学学报》，2004 年第 6 期

联系传统农学理论来看，土壤性状和肥力能够通过合理的耕作和施肥措施加以改变，土地可以越种越肥，南宋农学家陈旉曾明确提出了"地力常新壮"的土壤学理论。此外，传统土壤科学还包含了两种很有特色的理论——土宜论和土脉论。土宜论指出，不同地区、不同地形和不同土壤都各有其适宜生长的植物与动物。土脉论则把土壤视为有血脉、能变动的活的有机体。这些具有明确生态含义的传统土壤学理论，为历史时期土壤的有效保护和合理利用提供了重要依据。从农业生产实践来看，中国几千年能够维持地力不衰，而且土地越种越肥，显然与其用地养地相结合的农业生态技术经验有密切关系。

当今中国农村和城镇的社会经济面貌发生了巨大变化，过去的一些粪肥积制和施用条件已不复存在。"过去农村连垃圾都少，别说人畜粪尿，但凡能够有些肥力的生活垃圾，连拆除的炕土、灶台、墙土，都混合上切碎的秸秆沤肥，送到地里去了。那时连收废品的都不下乡，因为农村几乎没什么废品，差不多都被老百姓循环利用了。"① 但是，这种情景伴随着社会经济条件的变化以及化肥的大量使用而逐渐消失，由此带来的土地退化和环境污染也日益严重。从目前的农业生产实际来看，要做到合理使用化肥，实现化肥与有机肥的配合施用以及有机肥的真正回归，将用地和养地结合起来，还需要一段较长的路要走。例如，农作物秸秆过去是肥料、饲料和燃料，农民舍不得丢弃。现在由于农村的生产方式和生活方式变了，秸秆似乎成了废物，不少地区的农民干脆在田里一烧了之，于是出现村村点火、处处冒烟的现象。要解决类似的环境问题，需要借助现代科技和先进经营理念，在传统农业自然资源利用的基础上有所创新。

第三节　传统农业综合经营生态模式的保护与利用

传统农业的综合经营俱以种养结合为基础，具有多种经营和集约经营等多种内涵，在提高经济效益的同时，能实现一定的生态效益。历史上出现的桑基鱼塘、稻田养鱼、稻田养鸭、粮桑牧结合等都是比较典型的综合经营模式。其核心内容就是因地制宜，制定各种恰当的生产组合，并通过一系列技术措施，在保证粮食生产的基础上，安排其他生产项目，谋求产量的提高和

---

① 　温铁军：《新农村建设中的生态农业与环保农村》，《环境保护》，2007 年第 1 期

经济收益的增加。同时，通过农业系统内各种废弃物的循环利用，节约生产成本，实现无废物生产。现代农业倡导农业经营的综合性以及多功能性，所以传统农业种养结合、综合经营的资源循环利用模式具有重要的现实意义。

一、传统农业综合经营模式与物质循环利用以及农业多功能性的实现

从生态学的角度看，中国农民在长期的生产实践中，从事着提高太阳能利用率、生物能转化率和废弃物再循环率的农业生态活动。传统农业将种植业、养殖业紧密结合起来，将作物秸秆、人畜粪尿、有机垃圾等经堆积腐熟后还田，顺应物质能量循环的规律，形成了一个没有废物产生的系统。具体到每家每户，农户生态系统也是"小而全"的结构单元，物质封闭循环，几乎所有的副产品被循环利用，以弥补农田养分输出的损耗。更加难能可贵的是，这种普遍的观念和一般性做法，还被发展成为若干农业生态模式，其中比较典型的如粮桑渔畜综合经营、桑基鱼塘、稻田养鱼、稻田养鸭等。在现代农业发展过程中，传统农业综合经营的特征及其典型模式，依然能体现出它的生命力和应用价值。

当前中国农业和农村发展的重要目标之一，就是促进资源节约型、环境友好型农业生产体系的建设，保护生态环境，实现农业与农村的可持续发展。新时期的农业生产体系建设无疑需要充分应用现代科技成果，但也要注意吸收传统农业生态文化的精华。"过去的经验的确能够为现代生态农业建设提供丰富的思路甚至是捷径。"[①] "我国一些传统农业生产方式中的优秀模式，在一些特定的区域，具有现代常规农业难以取代的优势。"[②] "就生态农业的概念来说，其并不排斥传统，反而主张吸收传统农业的精华。"[③] 有农学家还根据循环系统的范围，把生态农业分为五种循环模式：（1）农田循环模式，如秸秆还田模式；（2）农牧循环模式，如猪—沼—果模式；（3）农村循环模式，如生活废物循环模式；（4）城乡循环模式，如工业废物循环模式，城市垃圾循环模式；（5）全球循环模式，如碳汇林建造模式等。[④]

---

① 骆世明：《传统农业精华与现代生态农业》，《地理研究》，2007 年第 3 期
② 李文华、刘某承、张丹：《用生态价值观权衡传统农业与常规农业的效益——以稻鱼共作模式为例》，《资源科学》，2009 年第 6 期
③ 孔志峰：《中国生态农业运行模式研究》，经济科学出版社，2006 年，第 1 页
④ 骆世明：《论生态农业模式的基本类型》，《中国生态农业学报》，2009 年第 3 期

前三种循环模式都属于农业系统内部的物质循环利用模式，中国传统在这些方面积累了丰富的实践经验。游修龄先生曾根据食物链原理分析了太湖地区著名的粮桑渔畜综合经营系统，认为它是水陆资源循环利用的典型实例。我国农业发展的现实情况，也决定了推行农业产业内部的循环经济模式是首选。它要求尽量将农林牧副渔一体化，包括农林结合型、农牧结合型、农渔结合型、农林牧副渔综合型等。其中农牧结合既能更好地扩大畜牧业的饲料来源，也能为农田提供丰富优质的有机肥，并可以减少农业和养殖业废弃物对环境的污染，提高养分资源和能源的利用效率。

不可否认，传统农业生态文化毕竟是在生产力水平较低的小农经济条件下形成和发展，它与现代农业生产目标和生产方式不可同日而语，其经验性和局限性也很明显。如果不与现代农业设施和科技手段相配套，低生产力和经验性的问题就难以解决。但是，单纯以高科技方式发展农业又会引起一系列农田环境与农产品污染问题。因此，要达到经济与环境双赢的目标，必须在新的历史条件下重新审视传统农业的各种技术模式，从科学的高度充分认识各种循环经营模式的理论基础和关键机理，并举一反三，因地制宜，不断创新农业生态新模式，拓展综合性循环经营的新领域。

按照现代农业概念，农业生产结构复合化主要包含两个方面的内容：一是指农林渔牧大农业在立体结构上的复合安排；二是指农业生产与其他产业的复合经营。前者典型的如"农林复合经营"，即在一个土地单元中，将木本植物和农作物以及禽畜渔养殖等多种生产结合起来形成一个农业生产系统单元，这种农业经营方式的具体形式有农林复合型、林农复合型、林牧复合型、农林渔复合型等[①]。值得关注的是，传统农业综合经营模式在一定程度上实现了生产结构的复合化，现代关于"可持续农业"的具体设计也多借鉴了这种传统思路。在传统农业综合经营生态模式的基础上，适应当前环境条件和地方经济特色发展起来现代农业生态模式，如珠江三角洲地区的"果基鱼塘"、"花基鱼塘"、"菜基鱼塘"等模式[②]，江南地区的稻—萍—鱼共生模式，海南地区的"茶胶相依"模式等，都是传统继承与现代创新相结合的典范。再如，很多地方的食用菌产业利用各类农作物秸秆，林木枝杈

---

① 参阅裴福庚、方嘉兴：《农林复合经营系统及其实践》，《林业科学研究》，1996年第3期
② 赵玉环等：《珠江三角洲基塘系统几种典型模式的生态经济分析》，《华南农业大学学报》，2001年第4期

等农林副产品下脚料作为培养料，而生产食用菌后的废菌糠经过菌丝体分解，含有大量的菌体蛋白及多种微量元素，是很好的畜禽饲料，也是优质的有机肥料。它既可以用于养殖业，降低饲养成本，也可以还田增产。养殖业的畜禽粪便可以肥田，农作物秸秆又可以继续用来栽培食用菌，从而形成一个良性循环链。

另外，农业具有多元功能已成为人们的共识，即农业不仅具有农产品产出功能，还具有其他经济功能、生态功能和社会功能，实现这些功能正是"可持续农业"的目标要求。而农业综合经营所表现出的生产结构的复合，有利于发挥农业的多功能特性，符合"可持续农业"的要义。农业生产结构的复合也正是以农业多元功能为指向的："农林复合"有利于涵养水土、洁净水源；"农林渔复合"有利于充分利用中间废物，既节约能源又减少农业污染；能源农业的发展既可以获取替代能源，又可以保护生态环境；而生态休闲农业既补偿了农民为生态保护和生态建设可能损失的经济收益，也满足了城市居民的游乐、休闲需求。可以说，农业多元功能效应的相当一部分正是来源于农业生产结构的复合性。在这一方面，存留至今的活态传统农业综合经营模式如稻田养鱼、稻田养鸭、农林牧桑系统、梯田系统、果园系统和茶园系统等更是具有直接利用价值。

我们知道，近年来，在新农村建设以及联合国粮农组织"全球重要农业文化遗产"评选活动的推动下，中国农业文化遗产的整理、保护和利用日益受到重视。按照粮农组织的定义，全球重要农业文化遗产是"农村与其所处环境长期协同进化和动态适应下所形成的独特的土地利用和农业景观，这种系统与景观具有丰富的生物多样性，而且可以满足当地社会经济文化的需要，有利于促进区域可持续发展"。可见国际上对农业文化遗产的理解偏重于活态传统农业生态系统方面。从现实情况来看，这种活态传统农业生态系统基本上是以农业综合经营系统或农业生产复合系统的形式而延续下来的，所以至今仍有一定的生命力。今后应当结合中国农业文化遗产保护工作，在发掘和整理传统农业综合经营实例的过程中，推进中国传统农业生态文化的传承与利用。

二、典型传统农业综合经营生态模式的继承与发展

1. 嘉湖地区粮桑鱼畜系统

浙江嘉兴、湖州地处太湖南岸，这里地势平坦，土壤肥沃，气候温和，

雨量充沛，河流纵横，农业生产条件良好。但由于地势较低，"每多水患"。在这种条件下，当地人民经过长期的生产实践，创造了与水争田，圩田耕作的农业方式。即在圩内种稻，圩上栽桑，圩外养鱼，合理利用农业资源，全面发展粮桑鱼畜生产，这里逐渐成为水稻和蚕桑的高产区以及著名的湖羊产地。嘉湖地区农业发展的重要原因，在于建立了物质再循环和资源再利用的高效率农业系统。

明清时期嘉湖一带采用的农牧结合、农畜互养的形式包括：（1）以农副产品养猪和以猪粪肥田。（2）以桑叶养羊和以羊粪壅桑。（3）以螺蛳水草养鱼和以鱼粪肥桑。这种农牧结合与农畜互养，体现了植物生产、动物生产和土壤培肥之间物质循环和能量转化的密切联系。它既实现了用地与养地的结合，保证了地力常新壮，又提高了农牧业产量。此外，这一地区还在种植业内部形成"以田养田"和"田地互养"的土地资源合理利用机制。"以田养田"的一种方式是水旱轮作，就是实行稻麦（包括油菜和豆类）轮作复种；另一种是粮肥轮作，就是稻后种草，实行水稻和红花草的轮作复种。"田地互养"也有两种方式，其一是以田养地，就是挖取稻田土培壅桑树根；其二是以地养田，就是在白地上种梅豆，以梅豆壅田①。

近几十年来，嘉湖地区工商业的扩张和城镇化发展，使这里的农业衰退和环境污染问题日益严重，传统的鱼米之乡名存实亡。如何恢复和保护这里的田园风光以及农业历史文化资源，改善人居环境，很值得结合当地的历史文化特点予以思考。明清时期嘉湖农民创造的合理利用和保护土地资源，建立农业综合经营系统的宝贵经验，应当在今天发展生态农业、休闲农业的过程中发扬光大。

2. 珠江三角洲地区的桑基鱼塘模式

珠江三角洲平野千里，水道纵横交错，水热条件优越。但是，历史上这里地势低洼，水涝频仍，民众生活困苦。后来，人们在长期与水涝灾害的抗争中，逐渐创造了围"海"筑塘和挖田筑塘的巧妙办法，防涝抗灾，农林牧渔全面发展，由此形成的"桑基鱼塘"模式还成为传统生态农业的典范。值得注意的是，桑基鱼塘的兴衰演变与社会经济环境变迁之间，呈现出十分密切的关系。

明代中后期，珠江三角洲的部分地方，在农业商品经济发展的推动下，

---

① （清）张履祥：《补农书》："以梅豆壅田，力最长而不损苗，每亩三斗，出米必倍"

已经开始采用"果基鱼塘"、"茶基鱼塘"和"桑基鱼塘"的经营方式。据明代万历《顺德县志》记载:"堑负郭之田为圃,名曰基,以树果木,荔枝最多,茶、桑次之……圃中凿池蓄鱼,春则涸之播秧,大者数十亩。"大约明末清初的时候,由于对外生丝贸易的刺激,种桑养鱼"两利俱全,十倍禾稼",珠江三角洲濒海地区的桑基鱼塘已比较普遍:"民多改业桑鱼,树艺之夫,百不得一"[①]。清代乾嘉时期,珠江三角洲的基塘区进一步扩大。鸦片战争之后,广东独有的生丝对外贸易地位以及缫丝工业迅速发展等因素,再次引发了珠三角地区的桑蚕生产高潮,农民纷纷"弃田筑塘,废稻树桑"。自 1929 年世界经济危机发生后,广东生丝外销锐减,桑基鱼塘面积随之萎缩,不过同时又出现了蔗基鱼塘等技术模式。1978 年实行改革开放以后,市场经济兴起,因桑蚕生产效益相对较低,20 世纪末桑基鱼塘模式几乎消失。

当今珠江三角洲地区基塘农业的基本形式依然存在,在新的社会经济环境下形成的蔗基鱼塘、花基鱼塘、果基鱼塘、菜基鱼塘、杂基鱼塘等形式,使这一地区的资源综合利用达到了新境界。"过去是在基上种植桑树,并与蚕和鱼塘构成一个生态系统;考虑到现在的经济条件,可以探索引入其他比桑树经济价值更高的作物,以及效果更好的鱼的品种,这样不仅发扬了好的传统,还能利用新技术取得更好的效益。"[②] 实际上,这些新的基塘农业模式经济效益虽好,但并未取得"桑基鱼塘"那样理想的生态效应,即"塘基种桑,桑叶养蚕,蚕茧缫丝、蚕沙饲鱼,鱼粪塘泥肥桑",它们只能在有限的程度上继承传统。鉴于此,有学者提出应该对桑基鱼塘这类农业文化遗产实行以"核心保护"为前提的动态调适保护,以便在新的社会经济条件下为其创造一个适宜的生存环境[③]。

3. 稻田养鱼模式

稻田养鱼,鱼粪肥田,稻鱼共生,这种种养结合的生产方式在维护稻田生态、保持地力方面具有现代常规农业不可比拟的优点。稻田养鱼在中国已有 2 000 多年的历史,目前不少省市还保留着传统的稻田养鱼生产方式。但

---

① 《珠江三角洲农业志》(初稿)三"珠江三角洲池塘养鱼业发展史",1976 年编印
② 王卉:《华夏农业文化遗产是世界瑰宝》,《科学时报》,2007 年 6 月 12 日
③ 谢丽:《农业文化遗产动态保护中传统与发展的矛盾调适——以珠江三角洲桑基鱼塘为例》,载《农业:文化与遗产保护》,中国农业科学技术出版社,2011 年,第 79 页

随着社会发展和农业技术进步，近年来稻田养鱼的面积呈不断缩小的趋势。如果不加以特殊保护，稻田养鱼不久就会变成"历史"。

新中国成立至20世纪70年代末期，全国各地的稻田养鱼主要是传统方式。八九十年代，稻田养鱼由南方地区逐步扩展到全国各地，田鱼产量有较大增加，同时，稻田养鱼技术也有了长足发展。1989年全国稻田养鱼面积达1330万亩，产鱼12.5万吨，平均亩产12公斤，分别比1983年增长1倍、2.4倍和1.2倍。这一时期，稻田养鱼技术由传统的单家独户实行平板田粗放养殖，逐步转变为多种多样的稻田养鱼新形式，如沟函结合、沟塘结合、宽厢深沟、窄垄深沟等；由放养鲤鱼等单一品种，发展到10多个品种；由只依靠稻田的天然饵料，发展到人工投饵；由传统的稻鱼双元复合结构模式，发展为稻、莲、萍、茭白、菜、菌菇、禽、鱼等多元复合结构模式①。就是说，八九十年代以后，全国绝大多数地区传统的稻田养鱼方式已发生了转变。

一般来说，稻鱼生产方式生态效益显著。在田里，水稻可为鱼类提供阴凉和有机物质，而鱼类又可以为水稻提供氧气、吞食害虫，这有益于养分循环，还能有效地减少水稻病虫草害，降低农药污染，达到粮食增产和生态保护的双重目的。另外，它利用鲤鱼的掘食习性来疏松土壤，客观上起到增氧促根，类似持续中耕的作用，鱼类的粪便也可以培肥土壤。但传统稻田养鱼的养殖技术较为粗放，经济收益有限。这主要表现在以下几个方面：一是水体小，鱼类栖息环境差。传统的稻田养鱼方式不开鱼沟和鱼坑，采取"平板式"养鱼，由于水体小，使总溶氧量、浮游生物量下降，夏季田水温度高，鱼类遇敌害时栖避困难等一系列问题，限制了稻田养鱼的密度、回捕率和产量。二是鱼种单一、规格小，放养密度低。传统养殖方式一般以养鲤鱼为主，长期以来种性退化，加之主要放养小规格鱼种，有的还直接放养鱼苗，造成鱼生长慢，成活率低。三是饵料不足。传统稻田养鱼不投人工饵料，但稻田天然饵料数量有限，浮游生物量和田间杂草的数量都难以满足鱼类生长的需要。四是迟放早捕，养殖时间短。一般鱼类在插秧一周后放养，收稻时起捕，稻鱼共生期很短。单季中稻地区90天左右，双季稻地区160～180天，而我国南方稻田每年宜渔时间有240～330天。

上述技术因素严重限制了传统稻田养鱼产量的提高，进而影响到这种生

---

① 欧京义：《全国第二次稻田养鱼经验交流会在重庆召开》，《中国水产》，1990年第11期

产方式的生存和发展。青田县 1985 年稻田养鱼平均亩产鲜鱼 7.6 公斤，1987 年 10.7 公斤，2004 年为 20 公斤，而完全采用传统方式养殖的田块产量一直保持在 10 公斤以下。加之农民稻田养鱼面积小且零星分布，方山龙现村多数农户仅有几分田，即使全部出售，收益也很少①。

不过，如果过多采用现代农业技术实行稻田养鱼，又会带来其他问题。首先，化肥、农药的大量使用，加大稻鱼矛盾。从 20 世纪 60 年代起，为提高水稻产量，稻田开始大量施用化肥、农药，且施用量逐年增加，一定程度上破坏了稻鱼的和谐共生。其次，传统生产方式与现代养殖技术的冲突。传统稻田养鱼不喂人工饵料，鱼以稻田中的天然产物为食，有的只喂少量的麦麸、米糠等粗粮；采用当地传统田鱼品种，口味好，品质优，但产量低。在利益驱动下，某些养殖、加工大户为提高产量，外购高产鱼种，用配合饲料加以精养，产量可提高到 200~300 公斤/亩，但品质远不如当地纯正田鱼。最后，外来物种入侵的威胁。随着市场经济的发展，当地传统水稻与田鲤品种面临着外来物种的威胁。水稻农家品种已被高产的杂交稻所取代，部分地区传统的田鱼品种也已换成更为高产的新品种。

在农业生态危机面前，专家们对稻田养鱼评价很高，但一遇到继承和发展的矛盾，就会陷入困惑之中。2005 年浙江省青田县龙现村"稻鱼共生系统"被联合国粮农组织列入首批四个"全球重要农业文化遗产保护项目"之一，成为当时亚洲唯一的农业文化遗产保护项目，同时它也成为中国当代种养结合生态模式的典型实例。2011 年，贵州"从江侗乡稻鱼鸭系统"又被粮农组织列为全球重要农业文化遗产保护试点。从项目名称上即可看出，这里保护的是长期延续下来，且至今还在运行的稻田养鱼养鸭传统。就是说，稻田养鱼养鸭除了具有一定的文化内涵之外，它还是一种世代沿袭的生产方式乃至生活习俗。

过去，农民为了生存，会自觉不自觉地利用和保护这种农业传统。但如果当地的农业技术进步了，有了更先进的生产方式，谁还能要求农民固守着原有的耕作传统。实际上，这样的两难选择已经在浙江青田以及青田以外的很多地方出现了。也许地方政府通过各种手段和措施保护一两个"稻田养鱼养鸭"这样的农业文化遗产，并非难事。但要让这样种养模式成为当地

---

① 夏如兵、王思明：《中国传统稻鱼共生系统的历史分析——以全球重要农业文化遗产"青田稻鱼共生系统"为例》，《中国农学通报》，2009 年第 5 期

农民的普遍行动，在实际农业生产中保持下去并推广开来，还需要采取一系列切实的扶持措施。

近年来，有些地方提出并开始实行"生态稻田养鱼"，在"稻田养鱼"的种养技术及管理模式上进行探索和创新，试图在现代农业中突出稻田养鱼的生态意义，以便动态继承这种农业文化遗产。根据贵州实施生态渔业工程的实践，稻田载鱼量达到 1 500 公斤/公顷以上时，养鱼一年后，土壤中的氮、磷、钾可分别提高 57.7%、78.9%、34.8%。水稻的空壳率下降，千粒重提高，单位面积产量增加 5% ~ 15%[①]。但愿这样的生态工程对更多的农民有一定推广示范作用。

第四节　农业自然资源保护的现实问题与历史启示

目前，中国正处于社会经济转型期，人口、资源和环境压力十分沉重，资源与环境保护方面所遇到的问题非常严峻。这些问题的形成有其直接原因，如缺乏约束的利益驱动，制度缺陷和管理体制的弊端等，但绝不能忽视文化理念和价值取向等方面的深层次原因。必须在充分认识环境污染和生态危机的前提下，坚持以人为本，把生态文明建设落实到中国社会与经济发展的制度框架中去，进行理论与实践上的创新。就农业发展而言，在西方工业文明基础上成长起来的现代农业大大提高了农业生产力，但却往往造成土地退化、水资源短缺、动植物资源减少等严重的生态问题。中国传统农业在自然资源保护利用方面积累的大量经验教训，对解决现代农业生态环境保护与改善问题具有一定的启示作用。

一、中国水土资源现状及问题

农业是典型的资源约束型产业，水土资源是农业发展的根基。目前，中国的水土流失和水土环境污染问题日趋严峻，已成为影响中国农业长远发展的首要生态环境问题。尤其是不合理的农业生产和资源开发利用方式正在成为加剧水土流失和水土污染的重要原因，水土资源问题又反过来进一步约束农业的可持续发展，威胁人们的食品安全。

---

① 孟宪德、吴万夫：《我国稻田养殖的新发展》，《中国渔业经济》，2002 年第 1 期

1. 水资源现状及问题

20 世纪七八十年代以来，由于城镇化的迅速扩展、工农业用水的急剧增加和严重的水污染，人们能明显感受到中国水环境和水资源的恶化现象。在北方地区，过去村边小河流水的景象早已不复存在，河水断流，原有河床常年干涸见底，或者变成了臭水沟，沿河的自然和社会生态也随之消失。南方地区本来河湖纵横，水源丰富，多鱼米之乡，水给人们的生活带来很多便利和乐趣，但近些年也是河湖萎缩，水体污染，甚至出现了"江南水乡无水喝"的现象。虽然近年来经过大力整治，水污染状况略有好转，但情况依然不容乐观。

据相关科学数据，中国水资源极度短缺，大多数省份人均水资源处于 1 700 立方米国际水资源紧张警戒线以下，其中，10 多个省（市）人均水资源处于 1 000 立方米严重水荒国际线以下①。水资源不仅短缺，而且浪费惊人，污染严重。据环境保护部《2011 年中国环境保护公报》，全国地表水总体为轻度污染，湖泊（水库）富营养化问题仍然突出。2011 年，长江、黄河、珠江、松花江、淮河、海河、辽河、浙闽片河流、西南诸河和内陆诸河十大水系监测的 469 个国控断面中，Ⅰ～Ⅲ类、Ⅳ～Ⅴ类和劣Ⅴ类水质断面比例分别为 61.0%、25.3% 和 13.7%；监测的 26 个国控重点湖泊（水库）中，Ⅰ～Ⅲ类、Ⅳ～Ⅴ类和劣Ⅴ类水质的湖泊（水库）比例分别为 42.3%、50.0% 和 7.7%；在全国 200 个城市 4 727 个地下水水质监测点中，优良—良好—较好水质的监测点比例为 45.0%，较差—极差水质的监测点比例为 55.0%。2009 年全国废水排放总量为 589.2 亿吨，2010 年为 617.3 亿吨，2011 年为 652.1 亿吨，呈逐年上升之势。

与此相关，除工业废水和城市生活污水造成的污染外，目前，因不合理的农业经营管理方式和农业生产方式导致的面源污染日趋严重②，已成为中国农业污染的重要形式，而且其治理难度更大。中国农业面源污染主要表现为：化肥、农药、农膜的不合理使用和处理所产生的污染；畜禽的高密度养殖和粪便的不适当处理而产生的污染；秸秆的露天焚烧和随意丢弃而产生的

---

① 中国社会科学院环境与发展研究中心：《中国环境与发展评论》第二卷，社会科学文献出版社，2004 年

② 有关面源污染的认识与研究 20 世纪 70 年代起源于美国，广义的面源污染一般是指各种没有固定排污口的生态环境污染，而狭义的面源污染一般仅指非点源性水污染

污染等。这也导致氨氮成为区域水土资源环境的重要污染因子。面源污染一旦生成，其影响的不仅是农业和农村的地表水环境，还会对农业土壤环境、地下水环境以及农村大气环境产生直接或间接的影响，并可能经由水循环和大气循环影响农业生态系统之外的生态环境。此外，较之于点源污染，面源污染的分散性、广泛性、多样性、随机性等特点也会加大治污难度和治污成本。

令人担忧的是，中国目前的水污染已经大大超过了生态环境的承载能力和自我调节能力，所以，水污染问题显得更加严重。随着经济发展和城市化进程的加速，水资源的消耗和各种污染物的排放量还会增加，水环境保护的压力有增无减。因此，必须采取各种有效措施正本清源，切实转变经济增长方式，制定严格的水资源管理和保护政策，完善环保法律法规体系，并加强水环境及水资源保护的宣传与教育，养成全社会爱水惜水的意识。另外还要注意吸收中国传统水环境资源保护的经验，特别是要注意继承古代关于"水土一体，治土必治水"、"山水同治，治水必治山"、"治山必治林，利用林草防治水土流失"的思想观念及实践措施。

2. 土地资源现状及问题

自 20 世纪 50 年代以来，中国在土地沙漠化、水土流失和盐渍化的治理方面作出了巨大努力，但是农业土地退化仍继续存在并有恶化趋势。土地退化对中国的资源环境安全和社会经济发展产生了很大的负面影响。

就水土流失而言，中国现有水土流失面积 356.92 万平方公里，占国土总面积的 37.2%。其中，水力侵蚀面积 161.22 万平方公里，占国土总面积的 16.8%；风力侵蚀面积 195.70 万平方公里，占国土总面积的 20.4%。水土流失范围遍及所有的省、自治区和直辖市，平均每年流失土壤 45 亿吨，每年因水土流失损失耕地约 100 万亩。[①] 如果以遭受水土流失的土地面积占土地总面积的百分比来衡量，中国是世界上水土流失最严重的国家之一。中国大面积的水土流失与其多山地丘陵和高原的自然环境有密切关系，从某种程度上说，土地的这种特征决定了其水土流失规模和地区分布。然而，从长期发展来看，水土流失扩张的趋势主要应归因于不合理的人类活动因素和政策因素，如过度放牧垦荒、乱砍滥伐、开矿建厂等。

同时，人类活动导致的荒漠化和沙化土地面积仍在扩大。第四次全国荒

---

① 参阅国家环境保护部近年来的《中国环境保护公报》以及相关水土流失调查学术文献

漠化和沙化监测结果显示，截至 2009 年底，中国荒漠化土地面积为 262. 37 万平方公里，沙化土地面积为 173. 11 万平方公里。与 2004 年相比，5 年间荒漠化土地面积净减少 12 454 平方公里，年均减少 2 491 平方公里。沙化土地面积净减少 8 587 平方公里，年均减少 1 717 平方公里。监测分析表明，由于采取了一系列重大措施，中国土地荒漠化和沙化整体得到初步遏制，荒漠化和沙化土地面积持续减少。但土地荒漠化和沙化在局部地区仍有扩展，土地荒漠化、沙化的严峻形势尚未根本改变，土地沙化仍然是当前最为严重的生态问题①。

土壤污染也是近年来土地退化的一个重要原因。工业三废的排放，塑料制品、化肥、农药的过量使用和不合理使用等原因，造成严重的土壤、水源污染。水土污染不仅使土壤的理化性状及生态过程发生很大变化，土壤质量变坏，而且污染物会通过食物链进入人体，危害人的身心健康。例如，过度使用化肥，会在土壤中留下大量酸根，使土壤的酸性越来越高，土壤胶体也起了变化，本来疏松柔软的土壤变得干硬板结，丧失保水保肥和供水供肥的能力。大量施用氮肥，还会在土壤中积累硝酸盐，过多的硝酸盐通过植物吸收后进入食物系统。用污水灌溉，则会造成土壤重金属污染，重金属长期留存于土壤之中，对土壤生态和人体健康都会造成严重损害。

实际上，除水土资源问题外，随着农村经济社会的快速发展，农业产业化、城乡一体化进程的不断加快，农村和农业污染物排放量增大，农村的整个环境形势也相当严峻。这突出表现为部分地区农村生活污染加剧，畜禽养殖污染严重，工业和城市污染向农村转移，农村生态退化尚未得到有效遏制。不论是农业与农村的水土资源问题，还是农村的整体生产与生活环境问题，都需要从经济制度和文化观念的层面加以考虑和解决，传统农耕文化中的一些生态环境保护理念值得借鉴。

二、传统农业水土资源保护与利用的历史启示

传统水土资源保护与利用主要包括两方面的内容，一是防治水土流失，二是土壤的培肥与改良。就前者而言，中国古代对于水土流失的原因和危害早有认识，并采取了一些积极有效的防治措施，如修筑梯田、打坝淤地、陂塘蓄水、封山育林等。尤其是古人从深刻的历史教训中总结出山林损毁与水

---

① 参阅国家林业局 2011 年发布的《中国沙漠化和沙化状况公报》

土流失、生态恶化的关系，认识到平治水土最根本和最有效的办法就是保护山林、植树造林。就后者而言，人们竭力通过精细的土壤耕作和施肥，来改善土壤性状，维持土壤肥力，既为作物生长创造一个良好的环境条件，又可促进土地的长久利用。

其一，注意总结山林保护与水土平治的关系。先秦时期，人们已认识到山林保护对保持水土的作用。汉代人更明确地指出了山地林木含蓄水土的功能以及山林破坏与水土流失的关系。西汉刘向《别录》说："唇亡而齿寒，河水崩，其坏在山。"《汉书·贡禹传》："斩伐林木亡有时禁，水旱之灾未必不由此也。"揭示了水旱灾害的发生与山林破坏有关。唐宋以来，由于经济开发扩大等原因，山林的破坏日益严重，人们对山林破坏的后果也看得更清楚了。清代道光朝进士梅曾亮（1786—1856年）《书棚民事》曰："及余来宣城问诸乡人，皆言未开之山，土坚石固，草树茂密，腐叶积数年，可二三寸，每天雨从树至叶，从叶至土石，历石罅，滴沥成泉，其下水也缓，又水下而土不随其下，水缓，故低田受之不为灾。而半月不雨，高田犹受其浸溉。今以斧斤童其山，而以锄犁疏其土，一雨未毕，砂石随下，奔流注壑，涧中皆填淤，不可贮水，毕至洼田中乃止。及洼田竭，而山田之水无继者。是为开不毛之土，而病有谷之田，利无税之佣，而瘠有税之户也。"① 可见当时人们对森林保持水土、涵养水源的作用有了更为细致的观察和认识。实际上，为了发展农业、谋求生计并避免水土流失，南方很多山区的民众根据当地的水土和气候特点，继承和发展了梯田这种山地开发利用方式。这些梯田往往把水稻种植、蓄水灌溉和森林保护很好地结合在一起，实现了农田开发、生态保护和文化传承的统一，延续千年而不衰。著名的如云南哈尼梯田、贵州龙脊梯田、湖南新化紫鹊界梯田等，现均已成为重要的农业文化遗产。

其二，提倡植树造林，注意营造护堤林、风水林、边防林、用材林、果木林，栽植行道树。有些林木栽植虽然并非出于水土治理之目的，但客观上起到了维护自然生态的作用。战国时期的《管子·度地》已明确提出，沿河等地应"树以荆棘，以固其地，杂之以柏杨，以备决水"。与此相关，数千年来在河堤上种植柳树、榆树以护岸固堤成为历史传统。清代陕甘总督左宗棠修筑东起潼关，西迄乌鲁木齐的新疆大道，沿途种植柳树数百万株，时

---

① （清）梅曾亮：《柏枧山房文集》卷十，清咸丰六年刻本

人杨昌浚称颂："新栽杨柳三千里，引得春风度玉关"。尤其是传统果木林除了能生产果品、代粮充饥、卖钱换米外，还具有保持水土、改善环境等生态效益。有些传统果园延续至今，依然在当地的农业生产和生态保护方面发挥着重要作用，如陕北佳县古枣园、河北宣化古葡萄园、甘肃省皋兰县什川镇古梨园、云南漾濞古核桃园等。目前这些珍贵的果园林木文化遗产，已开始受到人们的关注和保护。

　　其三，采取严格的山林资源保护措施。据《周礼·地官司徒》记载，西周时期中国已有了管理森林的职官"山虞"和"林衡"，此后，中国历代都设有专官来管护森林资源，这对保持水土起到了重要作用。历史上政府的森林保护手段主要有实行"以时禁发"、森林防火、严禁偷砍毁林行为、建立林草"保护区"等。如宋真宗祥符四年（1011年）关于防止森林火灾的诏令："火田之禁，著在《礼经》，山林之间，合顺时令。其或昆虫未蛰，草木犹蕃，辄纵燎原，则伤生类。诸州县人畲田，并如乡土旧例。自余焚烧野草，须十月后方得纵火。其行路野宿人，所在检察，毋使延燔。"[1] 规定不得随时随地焚烧荒田野草，放火烧荒应限制在冬季进行，并要防止火势蔓延。对盗砍林木、破坏森林者历代也都制定了严厉的惩罚措施，《管子·地数》载："有动封山者，罪死而不赦。有犯令者，左足入，左足断；右足入，右足断。"在设立森林保护区方面，历代皇陵风水林是朝廷划定的禁地，"不得入斧斤"，禁止樵采放牧。明代设立"九边"以御塞外蒙古骑兵侵扰，边防林是其天然屏障，明朝多次发布禁令，严禁砍伐。东北的长白山林区系满清发祥之地，被划为保护区，禁止砍伐；河北承德的木兰围场是清朝皇帝的狩猎之所，也被划为保护禁区。各地民间则常以护林碑的形式公布山林保护的乡规民约，明清时期的护林碑最为普遍[2]。目前全国各地所开展的封山育林和退耕还林还草工作，应在严格执行相关林木保护、水土保持法规的同时，借鉴历史上政府和民间保护山林的经验。

　　其四，重视土壤耕作、有机肥施用和轮间套作。传统农业对土壤耕作十分重视，竭力通过各种措施来保护、改良和培肥土壤，以便为作物生长创造一个良好的环境条件。从传统农书的内容可以看出，古人始终把土壤耕作和改良作为农业生产的首要内容，而且传统的土壤改良和培肥，主要是通过有

---

① 《宋史》卷一百七十三"食货志"
② 倪根金：《明清护林碑研究》，《中国农史》，1995年第4期

机肥施用与合理的耕作措施来实现的。如深耕细耨，适当免耕，因时因地因物的"三宜"耕作；将人畜粪尿、作物秸秆、有机垃圾等经堆积腐熟还入田中，循环利用，并采用底肥为主、追肥为辅的措施，改善土壤性状，恢复土壤肥力；通过豆谷、粮肥轮作培养地力、防治病虫害、提高土地利用率。

历史表明，中国传统农业的繁荣在很大程度上应归功于其包含了符合生态学原理的耕作栽培技术。这些生态化耕作栽培技术不仅直接影响农业产出，还会对农业环境，尤其是对土壤生态改善有直接影响。具体而言，中国传统农业以劳动集约式的精耕细作为主要特点，它除了需要加大劳动力的投入以外，还要尽量解决土壤肥力供给能力与农业产出之间的矛盾。在有限的肥料投入条件下，人们依靠精细的土壤耕作、有机肥施用以及轮间套作技术，保持土壤肥力收支平衡，缓和土壤肥力供给与农业产出之间的矛盾，由此支撑了几千年不间断的中华文明。其中轮作和间种套作等很多传统技术经验，至今仍是减少农业投入的一种技术替代，被世界各国普遍采用。

当然，传统农业在耕作技术方面所积累的生态经验，对于生态环境资源更为紧张而产出要求又相当高的现代农业而言是远远不够的，现代农业在耕作技术的生态化创新方面任重道远。不过，充分借助现代高新技术成果，因地制宜地研究和应用传统农业生态技术，可以为现代农业耕作技术创新提供更为宽广的空间，也可以使传统经验更好地发挥功能。当今国内外比较重视的保护性耕作技术、生物肥料技术、生物农药技术等，均是借鉴传统农业耕作技术经验，维护农业生态以及食品安全的例证。

总之，中国历史上既有破坏山林植被，造成水土流失的深刻教训，也有通过护山育林、精耕细作来保持水土、改良土壤的经验。面对当今水土资源保护现状和问题，应认真吸取我国历史上的相关经验教训，保护山林草地、推行植树造林和退耕还林还牧，竭力通过合理的耕作栽培措施以及有机肥施用措施改善土壤质量，促进农业生产的可持续发展。

三、传统农业生物多样性智慧对解决现代单一化种植问题的启示

农业对于生物多样性保护的意义主要体现在遗传多样性与栖息地提供。首先，在物种上，农业通过耕作牧养及育种保留了大量动植物资源；其次，农田及其山林草地为野生动植物提供了栖息地与繁衍之处。不过，现代常规农业大量使用化肥、农药、除草剂等化学品，不仅使农作物病虫的抗药性增

强，而且在杀死害虫的同时，也伤害了大量有益生物，使得生物多样性减少，进而危及整个生态系统。同时，由于一味追求农作物产量和生产效益，导致单一化种植问题日益严重，农业生物多样性受到威胁。上述两个方面又互为因果，使农业生态陷入恶性循环。要改变这种状况，传统农耕文化中的生物多样性保护理念值得借鉴和利用。

1. 农业生物多样性保护的历史与现实问题

生物多样性是维护自然生态平衡的基础，也是良好的农业生态的重要组分以及农产品的直接来源。农业生物多样性结构的形成是生物对特定农业自然与社会经济环境长期适应的结果，农业环境的任何改变都可能影响其对应的生物多样性结构。所以，社会经济环境和自然环境的改变往往对农业生物多样性结构产生严重影响，导致农业生物多样性减损和基因流失。

实际上，为了提高产量，应付人口增长的压力，古人也总是有意识地选种一些高产作物。但由于单一性的高产和多样性的稳产毕竟存在一定矛盾，在古代生产力水平较低、人口多、劳动力充裕，且人们的生活仅限于温饱的情况下，种植多种农作物，保持农业生物多样性，抗御自然灾害，追求稳产成为中国传统农业的首要目标。这样，人们会有意识地种植某些低产但适应性强的作物，如粟、黍、大豆、稗等，并不断地选育不同的动植物品种等。就是说，虽然近代以前中国农业已出现了单一栽培的现象，但这种现象由于人口、经济、社会的各种因素的影响而受到遏制。人们通过不同农业生物的组合以及品种的多样性培育缓解了作物栽培单一化的扩展及其危害。只是由于增加产量、提高效益也一直是农业追求的目标，所以，单一栽培的趋势并没有停止。

20世纪初期以来，迅速发展的工业化和经济全球化，使传统农业受到很大冲击，自给自足的小农经济遭到破坏，农业商品经济迅速发展。农业商品经济对于农产品产量提高和成本控制的要求，使得规模化、专业化、机械化成为提高农业经营效益的必然途径，并由此导致了作物栽培的单一化。同时，现代先进的生产力和传统农业中长期存在的富余劳动力，也为治山改水和园田化建设提供了有利条件，导致农业生态系统单一化。这样，原来的生物多样性农业模式就被完全打破了，农业生物多样性减损严重。与此相关，农业生物多样性减损和基因流失已成为一个世界性问题。据统计，20世纪，在全球已知的农业植物基因中，3/4 流失；在 6 300 种农牧业动物品种中，1 350种濒危或已经灭绝。生物多样性在人类日常进食中的体现十分单一，人们的粮食来源品种越来越少，现在只食用约 30 种作物和 10 余种肉类。而人类每天摄取的 90% 以上的动物蛋白只从 10 余种动物得来，而所需的植物热量有一半只从 4 种农作物获取，生物多样性的破坏正对全球的粮食安全产生影响[1]。中国农业生物多样性资源也正受到农业生态环境退化的威胁：山林地、沼泽地等土地资源的过度开发利用会导致生物原生境的破碎；农业集约化、专业化程度的提高往往会影响以农业区域为主要栖息地的生物种群的生存；庭院农业的衰弱也使一些生物种群失去了栖息环境；工农业污染会直接导致生存环境的恶化并影响动植物种群的生存；而新兴农业技术（包括基因选择技术）的不恰当应用则会打破生物种群平衡，并可能造成农业生物种群日益单一化的局面。

在单一化过程中，农作物的种植面积此消彼长，大豆、谷子和高粱等种植面积的减少乃至消失便是单一化种植的结果。在这些作物种植萎缩的同时，玉米、小麦、水稻的播种面积却大为增加。在作物和家畜品种上，也有出现了较为普遍的单一化现象。品种单一化趋势在 20 世纪 50 年代以后加速。50 年代，中国各级农业科学研究机构组织调查收集整理农家传统品种，进行农家品种的比较试验，从中选择出优良高产的品种，进行大力推广，淘汰当地原有的低产农家品种，这项工作取得显著成效。由于一些高产农家品种得到迅速推广，粮食增产明显。但在大量被淘汰的农家品种中，作物的不少其他优良性状如抗病、耐旱、耐瘠、优质等基因也随之遭到汰除。20 世纪六七十年代，农学家又利用遗传学原理，培育出一批批以矮秆高产为主要特征的作物品种，取代了原有的农家高产品种。70 年代以后，杂交育种的成功和大面积推广，进一步加速了作物品种单一化进程，农业收成过分依赖于少数高产品种，地方品种资源被大量淘汰或抛弃。所以，保护生物多样性、促进粮食安全，也是中国现代农业面临的重大问题。

2. 单一化栽培的危害及传统农业生物多样性保护经验的启示

单一栽培对于粮食增产贡献巨大，但由于缺乏多样性，容易引发病虫害及其他生态问题。传统农业常常通过不同生物的组合来应对各种灾害，甚至变害为利。在单一栽培的情况之下，人们只能通过使用农药、化肥和灌溉等来保证收成。农药、化肥和灌溉的大量使用，既增加了农民负担，又会造成

---

[1] 联合国新闻：《粮农组织呼吁保护农业生物多样性》，http://www.un.org/chinese/News/story.asp?newsID=1671，2004 年 5 月 20 日

生态环境破坏，农产品品质下降，最终危害人类的健康。就单一栽培引起的生态破坏而言，单一种植会引起土壤中某些重要营养要素的极端消耗，而该作物需求很少的另外一些要素则日积月累，导致土壤性状改变、肥力下降，甚至会引起土地的退化、砂化和盐碱化。与单一种植相关的"多年连作"易引起多种病虫害，它们积累于土壤中，就会造成"重茬地"现象。化肥施用量增加，土壤微生物日益衰竭，直接影响到土壤生态的平衡和土地肥力的再生产。滥用杀虫剂，蜜蜂和蝴蝶都被毒死，虫媒花作物油菜、桃、杏等开花却不能结果；鱼类、蛙类遭到灭顶之灾。青蛙等害虫天敌的减少，又使人不得不加大对农药的依赖，导致土壤环境和作物体内的污染也在增加。单一经营以及与之相关的专业化、规模化生产，还会带来其他生态及文化问题。例如，以原有多样性农业生物为基础所构筑的本土食物体系，也正在被替换成产业化、全球化食物体系，由此必然引起人们对传统文化传承和食品安全的担忧。

比较而言，维持农业经营的多样性是传统农业的重要特点，这主要表现在：每块土地同时种植多种作物，每种作物都有很多地方品种和特色品种，每种作物都有多种用途；人们不仅关注作物的经济产量，还关注作物的生物学产量；在不宜五谷之地，种植榆、白杨、乌桕、女贞等树木，提供用材和燃料等。这种农业难以用纯粹的经济利益标准加以衡量，但对于传统的农民来说却是很有价值的。在当代农业的产业化栽培中，"产量"一般是指单位面积上某单一作物的经济产量，作物其他经济价值不高的部位则往往被当成废物。就是说，传统的农业生物多样性在为人类提供营养的同时，还满足了人类生产和生活多方面的需要。中国农业之所以能维持几千年而不衰，与其长期保持作物的多样性种植有直接关系。传统农业通过包括草本和木本的杂植，甚至植物和动物之间的组合，人为地组成一种"多物种"的生态系统，使光热、水土以及农副产品等自然资源都得到充分利用。这不仅扩大了农业用地面积，提高了土地利用率，保持了地力常新，还在应对自然灾害、调节劳动力使用方面发挥了重要作用。

现在人们对保持生物多样性的价值及意义已有一定认识，注意到单一栽培的危险，并开始采取措施保护农业生物的多样性。如果回顾历史，传统农业生物多样性的思想与实践可以带给我们很多启示：其一，重新认识和利用相关生物资源的社会经济价值，如开发生物燃料，替代石油能源，缓解能源紧张趋势。其二，以生物多样性来应对自然灾害。据试验研究，在同一稻田中同时播种几种不同的品种，可以使稻瘟病的发病率大为下降，产量大幅度提高。在新品种的选育和推广过程中，应充分发挥各种农业生物自身的抗逆性，减少对农药、化肥及灌溉的依赖。其三，以种养结合的生态农业来提高资源的利用率，如桑基鱼塘、稻田养鱼养鸭等。其四，利用生物自身的适应性或抗逆性，保护自然生态。因土因地种植，综合利用山地、水面、草原、滩涂等土地资源，减少垦山、造田、改土的行为，在节约社会经济资源的同时，扩大衣食之源，尽量遏制对自然的人为干预。其五，防止外来生物入侵所导致的生态灾难，同时应积极引进域外动植物良种，丰富生物多样性。其六，以人的身心健康和生活幸福作为农业发展的根本出发点。人类需要一份安全的食品，需要一个丰富多彩的世界，而生物多样性是这些生活需求的基础，可见在农业生产过程中维护生物多样性，对人类身心健康以及社会可持续发展都具有重要意义。

参考文献

一、古籍及古籍整理本（按古籍成书时代顺序排列）

［1］夏小正.夏纬瑛校释本（夏小正经文校释）.北京：农业出版社，1981.

［2］诗经.程俊英，蒋见元整理本（诗经注析）.北京：中华书局，1991.

［3］周礼.孙诒让注疏本（周礼正义）.北京：中华书局，1987.

［4］礼记.（清）孙希旦集解本（礼记集解）.沈啸寰，王星贤点校.北京：中华书局，1989.

［5］管子.郭沫若，闻一多，许维遹校注本.北京：科学出版社，1956.

［6］管子.夏纬瑛校释本（管子地员篇校释）.北京：中华书局，1958.

［7］（战国）吕不韦.吕氏春秋.陈奇猷校释本（吕氏春秋校释）.上海：学林出版社，1984.

［8］（战国）吕不韦.吕氏春秋.夏纬瑛校释本（吕氏春秋上农等四篇校释）.北京：农业出版社，1979.

［9］（西汉）司马迁.史记.中华书局点校本.北京：中华书局，1959.

［10］（西汉）董仲舒.春秋繁露.钟肇鹏校释本（春秋繁露校释）.石家庄：河北人民出版社，2005.

［11］（西汉）氾胜之.氾胜之书.石声汉校释本（氾胜之书今释）.北京：科学出版社，1956.

［12］（东汉）王充.论衡.黄晖校释本（论衡校释）.北京：中华书局，1990.

［13］（东汉）崔寔.四民月令.石声汉辑注本（四民月令校注）.北京：中华书局，1956.

［14］（东汉）班固.汉书.中华书局点校本.北京：中华书局，1962.

［15］（晋）戴凯之.竹谱.丛书集成初编本.第1352册.上海：商务印书馆，1935.

［16］（西晋）陈寿.三国志.中华书局点校本.北京：中华书局，1959.

［17］（东晋）常璩.华阳国志.刘琳校注本（华阳国志校注）.巴蜀书社，1984.

［18］（北魏）贾思勰.齐民要术.缪启愉校释本（齐民要术校释）.北京：农业出版社，1982.

［19］（北魏）郦道元.水经注.（民国）杨守敬等注疏本（水经注疏）.南京：江苏古籍出版社，1989.

［20］（北齐）颜之推.颜氏家训.王利器整理本（颜氏家训集解）.北京：中华书局，1993.

［21］（唐）欧阳询.艺文类聚.上海：上海古籍出版社，1982.

［22］（唐）段成式.酉阳杂俎.方南生点校本.北京：中华书局，1981.

［23］（唐）韩鄂.四时纂要.缪启愉校释本（四时纂要校释）.北京：农业出版社，1981.

［24］（北宋）李昉等.太平御览.中华书局年影印本.北京：中华书局，1985.

［25］（北宋）单锷.吴中水利书.丛书集成初编本.北京：中华书局，1985.

［26］（北宋）范仲淹.范文正公集（1－4册）.万有文库本.上海：商务印书馆，1937.

［27］（南宋）陈旉.农书.万国鼎校注本（陈旉农书校注）.北京：农业出版社，1965.

［28］（南宋）范成大.骖鸾录.丛书集成初编本，北京：中华书局，1985.

［29］（南宋）楼钥.攻媿集.丛书集成初编本.上海：商务印书馆，1935.

［30］（南宋）吴攒.种艺必用.（元）张福补遗.胡道静校注本.北京：农业出版社，1963.

［31］（南宋）吴泳.鹤林集.文渊阁四库全书影印本.上海：上海古籍出版社，1987.

［32］（元）大司农司.农桑辑要.石声汉校注本（农桑辑要校注）.北京：农业出版社，1983.

［33］（元）大司农司.农桑辑要.马宗申译注本.上海：上海古籍出版社，2008.

［34］（元）王祯.农书.王毓瑚点校本.北京：农业出版社，1981.

［35］（元）王祯.农书.四库全书本.上海：上海古籍出版社，1987.

［36］（明）朱橚.救荒本草.中华书局影印明嘉靖四年刊本.北京：中华书局，1959.

［37］（明）朱橚.救荒本草.倪根金校注本（救荒本草校注）.北京：中国农业出版社，2008.

［38］（明）马一龙.农说.宋湛庆校释本.南京：东南大学出版社，1990.

［39］（明）李诩.戒庵老人漫笔.北京：中华书局，1982.

［40］（明）李时珍.本草纲目.校点本（第2版）.北京：人民卫生出版社，2005.

［41］（明）王世懋.学圃杂疏.丛书集成初编本.上海：商务印书馆，1937.

［42］（明）宋应星.天工开物.潘吉星校注本（天工开物校注及研究）.成都：巴蜀书社，1989.

［43］（明）张国维等.吴中水利全书.明崇祯10年刻本.

［44］（明）田艺衡.留青日札.朱碧莲点校本.上海：上海古籍出版社，1992.

［45］（明）俞本元，俞本亨.元亨疗马集.（清）郭怀西注释本（新刻注释马牛驼经大全集）.北京：农业出版社，1988.

［46］（明）王象晋.（二如亭）群芳谱.伊钦恒注释本（群芳谱诠释）.北京：农业出版社，1985.

［47］（明）徐光启.农政全书.石声汉校注本.上海：上海古籍出版社，1979.

［48］（明）涟川沈氏撰，（清）张履祥辑补.补农书.陈恒力校释本（补农书校释）.北京：农业出版社，1983.

［49］（清）顾炎武撰，黄汝成集释.日知录集释.上海：上海古籍出版，2006.

［50］（清）焦秉贞.康熙御制耕织图.上海：华东师范大学出版社，2010.

［51］（清）陈淏子.花镜.伊钦恒校注本.北京：农业出版社，1979.

［52］（清）屈大均.广东新语.清代史料笔记丛刊本.北京：中华书局，1985.

［53］（清）蒲松龄.农蚕经.李长年校注本（农蚕经校注）.北京：农业出版社，1982.

［54］（清）高士奇.北墅抱瓮录.丛书集成初编本.上海：商务印书馆，1937.

［55］（清）汪灏等.（佩文斋）广群芳谱.万有文库本.上海：商务印书馆，1935.

［56］（清）爱新觉罗.玄烨.几暇格物编.李迪译注本.上海：上海古籍出版社，1993.

［57］（清）王心敬.区田法.区种十种本.北京：财政经济出版社，1955.

［58］（清）丁宜曾.农圃便览.王毓瑚点校本.北京：中华书局，1957.

［59］（清）文渊阁四库全书，电子版（原文及全文检索版）.上海：上海人民出版社，香港：迪志文化出版公司，1999.

［60］（清）帅念祖.区田编.区种十种本.北京：财政经济出版社，1955.

［61］（清）盛百二.增订教稼书.区种十种本.北京：财政经济出版社，1955.

［62］（清）鄂尔泰等.授时通考.马宗申校注本（授时通考校注）.北京：农业出版社，1991–1995.

［63］（清）张宗法.三农纪.邹介正校释本（三农纪校释）.北京：中国农业出版社，1989.

［64］（清）严如熠.三省边防备览.扬州：江苏广陵古籍刻印社，1991.

［65］（清）严如熠修，郑炳然等纂.嘉庆汉南续修府志.清嘉庆十九年刻本.

［66］（清）卢坤.秦疆治略.陕西志辑要本.道光七年刻本.

［67］（清）吴邦庆.泽农要录.畿辅河道水利丛书本.北京：农业出版社，1964.

［68］（清）包世臣.郡县农政.王毓瑚点校本.北京：农业出版社，1962.

［69］（清）梅曾亮.柏枧山房文集.咸丰六年（1856）刻本.

［70］（清）吴其濬.植物名实图考.北京：中华书局，1963.

[71]（清）奚诚.耕心农话.清咸丰壬子年（1852）自序抄本.

[72]（清）祁隽藻.马首农言.高恩广，胡辅华注释本（马首农言注释）.北京：农业出版社，1991.

[73]（清）杨秀元.农言著实.翟允禔评注本（农言著实评注）.北京：农业出版社，1989.

[74]（清）金武祥.粟香随笔.上海：上海古籍出版社，1996.

[75]（清）阮元校刻.十三经注疏（附校勘记）.中华书局影印本.北京：中华书局，1982.

[76]（清）郭云升.救荒简易书.续修四库全书本.上海：上海古籍出版社，1995.

[77]（清）郑钟祥，张瀛修，庞鸿文纂.光绪《常昭合志稿》.清光绪三十年木活字本.

二、专著及论文集（按出版时间排列）

[1] 岑仲勉.黄河变迁史 [M].北京：人民出版社，1957.

[2] 刘坦.中国古代之星岁纪年 [M].北京：科学出版社，1957.

[3] 陈恒力，王达参校.补农书研究 [M].北京：中华书局，1958.

[4] 刘仙洲.中国机械工程发明史 [M].第一编.北京：科学出版社，1962.

[5] 刘东生，等.黄土的物质成分和结构 [M].北京：科学出版社，1966.

[6] 何炳棣.黄土与中国农业的起源 [M].香港：香港中文大学，1969.

[7] 恩格斯.自然辩证法 [M].北京：人民出版社，1971.

[8] 梁方仲.中国历代户口，田地，田赋统计 [M].上海：上海人民出版社，1980.

[9] 中国科学院地理研究所经济地理研究室.中国农业地理总论 [M].北京：科学出版社，1980.

[10] 王云森.中国古代土壤科学 [M].北京：科学出版社，1980.

[11] 竺可桢，宛敏渭.物候学 [M].北京：科学出版社，1980：8.

[12] 洪世年，陈文言.中国气象史 [M].北京：农业出版社，1981.

[13] 冀朝鼎著，朱诗鳌译.中国历史上的基本经济区与水利事业的发展 [M].北京：中国社会科学出版社，1981.

[14] 石声汉.中国农业遗产要略 [M].北京：农业出版社，1981.

[15] 陈恒力，王达.补农书校释 [M].增订本.北京：农业出版社，1983.

[16] 中国科学院自然科学史研究所地学史组.中国古代地理学史 [M].北京：科学出版社，1984.

[17] 中国农业遗产研究室.中国农学史（上，下册） [M].北京：科学出版社，1984.

[18] 费孝通.乡土中国 [M].北京：三联书店，1985.

［19］缪启愉.太湖塘浦圩田史研究［M］.北京：农业出版社，1985.

［20］中国科学院中国农业遗产研究室.中国古代农业科学技术史简编［M］.南京：江苏科学技术出版社，1985.

［21］陈直.居延汉简研究［M］.天津：天津古籍出版社，1986.

［22］郭文韬，等.中国传统农业与现代农业［M］.北京：中国农业科技出版社，1986.

［23］唐启宇.中国作物栽培史稿［M］.北京：农业出版社，1986.

［24］方国瑜.中国西南历史地理考释［M］.北京：中华书局，1987.

［25］李振泉，石庆武.东北经济区经济地理总论［M］.长春：东北师范大学出版社，1988.

［26］苟萃花.中国古代生物学史［M］.北京：科学出版社，1989.

［27］梁家勉.中国农业科学技术史稿［M］.北京：农业出版社，1989.

［28］张波.西北农牧史［M］.西安：陕西科学技术出版社，1989.

［29］（英）李约瑟.中国科学技术史第二卷·科学思想史［M］.北京：科学出版社，1990.

［30］马汝珩，马大正，成崇德.清代边疆开发研究［M］.北京：中国社会科学出版社，1990.

［31］汪家伦，张芳.中国农田水利史［M］.北京：农业出版社，1990.

［32］中国农业遗产研究室.太湖地区农业史［M］.北京：农业出版社，1990.

［33］蓝勇.历史时期西南经济开发与生态变迁［M］.昆明：云南教育出版社，1992.

［34］彭雨新，张建民.明清长江流域农业水利研究［M］.武汉：武汉大学出版社，1992.

［35］汪子春，等.中国古代生物学史略［M］.石家庄：河北科技出版社，1992.

［36］邹德秀.中国农业文化［M］.西安：陕西人民出版社，1992.

［37］李申.中国古代哲学和自然科学［M］.北京：中国社会科学出版社，1993.

［38］游修龄.稻作史论集［M］.北京：中国农业科技出版社，1993.

［39］张兰生.中国生存环境历史演变规律研究［M］.北京：海洋出版社，1993.

［40］张义丰，等.淮河地理研究［M］.北京：测绘出版社，1993.

［41］郭文韬.中国耕作制度史研究［M］.南京：河海大学出版社，1994.

［42］孙颌，等.中国农业自然资源与区域发展［M］.南京：江苏科学技术出版社，1994.

［43］梅莉，张建国，晏昌贵.两湖平原开发探源［M］.南昌：江西教育出版社，1995：165.

［44］吴廷桢，郭厚安.河西开发史研究［M］.兰州：甘肃教育出版社，1996.

［45］夏亨廉，林正同.汉代农业画像砖石［M］.北京：中国农业出版社，1996.

［46］赵冈.中国历史上生态环境之变迁［M］.北京：中国环境科学出版社，1996.

［47］汪子春.中国古代生物学［M］.北京：商务印书馆，1997.

［48］张波.不可斋农史文集［M］.西安：陕西人民出版社，1997.

［49］施雅风，李吉均，李炳元，等.青藏高原晚新生代隆升与环境变化［M］.广州：广东科技出版社，1998.

［50］萧正洪.环境与技术选择——清代中国西部地区农业技术地理研究［M］.北京：中国社会科学出版社，1998.

［51］（美）唐纳德·沃斯特，侯文蕙译.自然的经济体系—生态思想史［M］.北京：商务印书馆，1999.

［52］王玉德，张全明，等.中华五千年生态文化［M］.武汉：华中师范大学出版社，1999.

［53］游修龄.农史研究文集［M］.北京：中国农业出版社，1999.

［54］张芳.明清农田水利研究［M］.北京：中国农业科技出版社，1999.

［55］惠富平，牛文智.中国农书概说［M］.西安：西安地图出版社，1999.

［56］黄宗智.长江三角洲的小农家庭与乡村发展［M］.北京：中华书局，2000.

［57］黄宗智.华北的小农经济与社会变迁［M］.北京：中华书局，2000.

［58］田培栋.明清陕西社会经济史［M］.北京：首都师范大学出版社，2000.

［59］费孝通.江村经济——中国农民的生活［M］.北京：商务印书馆，2001.

［60］郭文韬.中国传统农业思想研究［M］.北京：中国农业科技出版社，2001.

［61］史念海.黄土高原历史地理研究［M］.郑州：黄河水利出版社，2001.

［62］司徒尚纪.岭南历史人文地理——广系，客福佬民系比较研究［M］.广州：中山大学出版社，2001.

［63］王兆骞.中国生态农业与可持续发展研究［M］.北京：北京出版社，2001.

［64］邹逸麟.中国历史人文地理［M］.北京：科学出版社，2001.

［65］陈阜.农业生态学［M］.北京：中国农业大学出版社，2002.

［66］李伯重.理论，方法，发展趋势：中国经济史研究新探［M］.北京：清华大学出版社，2002.

［67］李根蟠，（日）原宗子，曹幸穗.中国经济史上的天人关系［M］.北京：中国农业出版社，2002.

［68］蓝勇.中国历史地理学［M］.北京：高等教育出版社，2002.

［69］赵敏.中国古代生态农学研究［M］.长沙：湖南科学技术出版社，2002.

［70］周魁一.中国科学技术史·水利卷［M］.北京：科学出版社，2002.

［71］江帆.生态民俗学［M］.哈尔滨：黑龙江人民出版社，2003.

［72］张泽咸.汉晋唐农业［M］.北京：中国社会科学出版社，2003.

［73］钞晓鸿.生态环境与明清社会经济［M］.合肥：黄山书社，2004.

［74］洪璞.明代以来太湖南岸乡村的经济与社会变迁—以吴江县为中心［M］.北京：中华书局，2005.

［75］倪根金.生物史与农史新探——中国生物学史暨农史讨论会论文集［M］.中国台北：万人出版社有限公司，2005.

［76］潘吉星.李约瑟文集［M］.沈阳：辽宁科技出版社，2005.

［77］周昕.中国农具发展史［M］.济南：山东科学技术出版社，2005.

［78］樊志民.问稼轩农史文集［M］.杨凌：西北农林科技大学出版社，2006.

［79］王毓瑚.中国农学书录［M］.北京：中华书局，2006.

［80］（美）蕾切尔·卡森，吕瑞兰，李长生译.寂静的春天［M］.上海：上海译文出版社，2007.

［81］刘本炬.论实践生态主义［M］.北京：中国社会科学出版社，2007.

［82］（日）秋道智弥，尹绍亭.生态与历史：人类学的视角［M］.昆明：云南大学出版社，2007.

［83］王子今.秦汉时期生态环境研究［M］.北京：北京大学出版社，2007.

［84］周昆叔.环境考古［M］.北京：文物出版社，2007.

［85］冯贤亮.太湖平原的环境刻画与城乡变迁（1368—1912）［M］.上海：上海人民出版社，2008.

［86］谢丽.清代至民国时期农业开发对塔里木盆地南缘生态环境的影响［M］.上海：上海人民出版社，2008.

［87］徐旺生，闵庆文.农业文化遗产与三农［M］.北京：中国环境科学出版社，2008.

［88］尹玲玲.明清两湖平原的环境变迁与社会应对［M］.上海：上海人民出版社，2008.

［89］杨伟兵.云贵高原的土地利用与生态变迁（1659—1912）［M］.上海：上海人民出版社，2008.

［90］唐大为.中国环境史研究理论与方法［M］.北京：中国环境科学出版社，2009.

［91］王建革.传统社会末期华北的生态与社会［M］.北京：生活·读书·新知三联书店，2009.

［92］徐旺生.中国养猪史［M］.北京：中国农业出版社，2009.

［93］张芳.中国古代灌溉工程技术史［M］.太原：山西教育出版社，2009.

［94］骆世明.农业生物多样性利用的原理与技术［M］.北京：化学工业出版社，2010.

［95］曾雄生.亚洲农业的过去，现在与未来［M］.北京：中国农业出版社，2010.

[96]（美）富兰克林·H·金，程存旺，石嫣译.四千年农夫［M］.北京：东方出版社，2011.

[97] 胡火金.协和的农业：中国传统农业生态思想［M］.苏州：苏州大学出版社，2011.

[98] 吴建新.民国广东的农业与环境［M］.北京：中国农业出版社，2011.

[99] 王思明，李明.农业：文化与遗产保护［M］.北京：中国农业科学技术出版社，2011.

[100] 张建民，鲁西奇.历史时期长江中游地区人类活动与环境变迁专题研究［M］.武汉：武汉大学出版社，2011.

[101] 包茂宏.环境史学的起源和发展［M］.北京：北京大学出版社，2012.

[102] 王利华.徘徊在人与自然之间——中国生态环境史探索［M］.天津：天津古籍出版社，2012.

[103] 王星光.中国农史与环境史研究［M］.郑州：大象出版社，2012.

[104] 曾雄生.中国农学史［M］.福州：福建人民出版社，2012.

三、学术论文（按发表时间排列）

[1]（日）篠田统.欧亚大陆东西栽培植物之交流［J］.东方学报，1959（29）.

[2] 谭其骧.何以黄河在东汉以后会出现一个长期安流的局面［J］.学术月刊，1962（2）.

[3] 辛树帜.我国水土保持的历史研究［J］.历史研究·科学史集刊，1962（2）.

[4] 陈桥驿.古代鉴湖兴废与山会平原农田水利［J］.地理学报，1962（3）.

[5] 何炳棣.美洲作物的引进，传播及其对中国粮食生产的影响［J］.世界农业，1979（04），（05），（06）.

[6] 陈树平.玉米和番薯在中国传播情况研究［J］.中国社会科学，1980（3）.

[7] 王毓瑚.我国历史上的土地利用［J］.中国农业科学，1980（1）.

[8] 张帆.江淮丘陵森林的盛衰及中兴［J］.江淮论坛，1981（6）.

[9] 李凤岐，张波.陇中砂田之探讨［J］.中国农史，1982（1）.

[10] 李乃贤.浅谈广西倒水出土的耙田模型［J］.农业考古，1982（2）.

[11] 林承坤.古代长江中下游平原筑堤围垸与塘浦圩田对地理环境的影响［J］.环境科学学报，1984（2）.

[12] 马正林.人类活动与中国沙漠地区的扩大［J］.陕西师范大学学报，1984（3）.

[13] 汪一鸣.宁夏平原自然生态系统的改造——历史上人类活动对宁夏平原生态环境的影响初探［J］.中国农史，1984（2）.

[14] 谭作刚.清代陕南地区的移民，农业垦殖与自然环境的恶化［J］.中国农史，1986（1）.

［15］赵永复.历史时期河西走廊的农牧业变迁［A］.历史地理.第四辑［M］.上海：上海人民出版社，1986.

［16］倪根金.试论气候变迁对我国古代北方农业经济的影响［J］.农业考古，1988（1）.

［17］周鸿.生态系统和耗散结构［J］.生态学杂志，1989（4）.

［18］唐德富.我国古代的生态学思想和理论［J］.农业考古，1990（2）.

［19］王乃昂.历史时期甘肃黄土高原的环境变迁［A］.历史地理.第八辑［M］.上海：上海人民出版社，1990.

［20］胡维佳.阴阳，五行，气观念的形成及其意义——先秦科学思想体系试探［J］.自然科学史研究，1991（1）.

［21］宋湛庆.我国古代田间管理中的抗旱和水土保持经验［J］.农业考古，1991（3）.

［22］曾雄生.试论占城稻对中国古代稻作之影响［J］.自然科学史研究，1991（1）.

［23］雍际春.论明清时期陇中地区的经济开发［J］.中国历史地理论丛，1992（4）.

［24］俞孔坚.盆地经验与中国农业文化的生态节制景观［J］.北京林业大学学报，1992（4）.

［25］蓝勇.乾嘉垦殖对四川农业生态和社会发展影响初探［J］.中国农史，1993（1）.

［26］倪根金.汉简所见西北垦区林业——兼论汉代居延垦区衰落之原因［J］.中国农史，1993（4）.

［27］曹世雄，陈莉.黄土高原人为水土流失历史根源与防治对策［J］.农业考古，1994（3）.

［28］倪根金.试论中国历史上对森林保护环境作用的认识［J］.农业考古，1995（3）.

［29］倪根金.明清护林碑刻研究［J］.中国农史，1995（4）.

［30］王广智.晋陕蒙接壤区生态环境变迁初探［J］.中国农史，1995（4）.

［31］王会昌.世界古典文明兴衰与地理环境变迁［J］.华中师范大学学报（自然科学版），1995（1）.

［32］王建革.小农与环境——以生态系统的观点透视传统农业生产的历史过程［J］.中国农史，1995（3）.

［33］段昌群.人类活动对生态环境的影响与古代中国文明中心的迁移［J］.思想战线，1996（4）.

［34］裴福庚，方嘉兴.农林复合经营系统及其实践［J］.林业科学研究，1996（3）.

［35］王建革，陆建飞.从人口负载量的变迁看黄土高原农业和社会发展的生态制约［J］.中国农史，1996（3）.

［36］王思明.从历史传统看中美生态农业的实践［J］.农业考古，1996（1）.

［37］赵连胜.稻田养鱼效益的生物学分析和评价［J］.福建水产，1996（1）.

［38］李根蟠.农业实践与"三才"理论的形成［J］.农业考古，1997（1）.

［39］张芳.明清南方山区的水利发展与农业生产［J］.中国农史，1997，1（3）.

［40］李并成.武威—民勤绿洲历史时期的土地开发及沙漠化过程［J］.地理研究，1998（3）.

［41］李根蟠."人力"，"人和"及其他——农业实践与"三才"理论的形成之二［J］.农业考古，1998（3）.

［42］张芳.清代南方山区的水土流失及其防治措施［J］.中国农史，1998（2）.

［43］张景书，李晓娥.物性认识："三才"论的深化和完善［J］.西北农业大学学报，1998（6）.

［44］曹树基.清代玉米，番薯分布的地理特征［A］.历史地理研究.第二辑［M］.上海：复旦大学出版社，1999.

［45］胡火金.中国古代岁星纪年与水旱灾害周期初探［J］.中国农史，1999（1）.

［46］连纲，宗良纲，等.我国传统农业持续性技术在现代农业中的应用［J］.中国农业资源与区划，1999（2）.

［47］王建革.传统农业生态系统的实态分析——以松江县华阳镇为例［J］.生态学杂志，1999（4）.

［48］王利华.中古时期北方地区的水环境和渔业生产［J］.中国历史地理论丛，1999（4）.

［49］萧正洪.清代西部地区的农业技术选择与自然生态环境［J］.中国历史地理论丛，1999（1）.

［50］游修龄.中国古代对食物链的认识及其在农业上的应用［A］.农史研究文集［M］.北京：中国农业出版社，1999.

［51］周宏伟.长江流域森林变迁的历史考察［J］.中国农史，1999（4）.

［52］李令福.历史时期关中农业发展与地理环境之相互关系初探［J］.中国历史地理论丛，2000（1）.

［53］许怀林.江西历史上经济开发与生态环境的互动变迁［J］.农业考古，2000（3）.

［54］谢丽，胡火金.人类需求与自然平衡的协调统一，"天人合一"的思想影响下的中国传统农业运作方式［J］.农业考古，2000（3）.

［55］朱士光.论我国黄土高原地区生态环境演化特点与可持续发展对策［J］.中国历史地理论丛，2000（3）.

［56］邓辉，夏正楷，王奉瑜.从统万城的兴废看人类活动对生态环境脆弱地区的影响［J］.中国历史地理论丛，2001（2）.

［57］胡火金.试论气观念与传统农业的生态化趋向［J］.中国农史，2001（4）.

［58］蓝勇.明清美洲农作物引进对亚热带山地结构性贫困形成的影响［J］.中国农史，2001（4）.

［59］王利华.中古时期北方地区畜牧业的变动［J］.历史研究，2001（4）.

［60］洪璞.明代以来江南农业的生态适应性——以吴江县为例［J］.中国农史，2001（2）.

［61］谢丽.绿洲农业开发与古楼兰古国生态环境的变迁［J］.中国农史，2001（1）.

［62］张箭.论美洲粮食作物的传播［J］.中国农史，2001（2）.

［63］张健民.碑刻所见清代后期陕南地区的水利问题与自然灾害［J］.清史研究，2001（2）.

［64］张忠根.二十世纪农业发展模式的演变［J］.农业经济，2001（1）.

［65］蔡苏龙，牛秋实.流民对生态环境的破坏与明代农业生产的衰变［J］.中国农史，2002（1）.

［66］钞晓鸿.清代至民国时期陕西南部的环境保护［J］.中国农史，2002（2）.

［67］樊自立，马映军.塔里木盆地水资源利用与生态平衡及土地沙漠化［J］.中国历史地理论丛，2002（3）.

［68］孟晋.清代陕西的农业开发与生态环境的破坏［J］.史学月刊，2002（1）.

［69］王珲，黄春长.商末黄河中下游气候环境的变化与社会变迁［J］.史学月刊，2002（1）.

［70］王勇.秦汉时期西南夷地区的农业开发［J］.中国农史，2002（3）.

［71］肖兴媛，任志远.黄土高原生态环境重建议与经济社会发展存在的问题与对策［J］.中国历史地理论丛，2002（3）.

［72］周邦君.包世臣的边际土地利用技术思想［J］.中国农史，2002（4）.

［73］朱士光.西北地区历史时期生态环境变迁及其基本特征［J］.中国历史地理论丛，2002（3）.

［74］邹逸麟.我国环境变化的历史过程及其特点初探［J］.安徽师范大学学报（人文社会科学版），2002（3）.

［75］卞利.清代中期棚民对徽州山区生态环境和社会秩序的影响［J］.2003年广州中国生物学史暨农史学术讨论会交流论文.

［76］郭声波.四川历史上农业土地资源利用与水土流失［J］.中国农史，2003（3）.

［77］黄志繁.清代赣南的生态与生计——兼析山区商品生产发展之限制［J］.中国农史，2003（3）.

［78］秦冬梅.试论魏晋南北朝时期的气候异常与农业生产［J］.中国农史，2003（1）.

［79］王建革.近代华北的农业特点与生活周期［J］.中国农史，2003（3）.

［80］王子今.中国生态史学的进步及其意义——以秦汉生态史研究为中心的考察［J］.历史研究，2003（1）.

［81］薛正昌.宁夏历代生态环境变迁述论［J］.宁夏社会科学，2003（3）.

［82］衣保中.近代以来东北平原黑土开发的生态环境代价［J］.吉林大学社会科学学报，2003（5）.

［83］衣保中.清代以来东北草原的开发及其生态环境代价［J］.中国农史，2003（4）.

［84］张芳.太湖地区古代圩田的发展及对生态环境的影响［J］.中国生物学史暨农学史学术讨论会论文集，2003.

［85］李伯重.十六，十七世纪江南的生态农业（上，下）［J］.中国经济史研究，2003（4）；中国农史，2004（4）.

［86］周敏.中国苜蓿栽培史初探［J］.草原与草坪，2004（1）.

［87］徐海亮.地理环境与中国传统水利的特征［J］.中国水利水电科学研究院学报，2004（2）.

［88］马世铭，J. Sauerborn.世界有机农业发展的历史回顾与发展动态［J］.中国农业科学，2004（10）.

［89］孟广林."神人相分"与"天人合一"——有关中西传统思想底蕴的辩证思考［J］.河南大学学报（社会科学版），2004（5）.

［90］陈仁端.关于太湖流域的水环境与生态农业的若干思考［J］.古今农业，2005（2）.

［91］胡火金.论中国传统农业的生态化实践［J］.南京农业大学学报（社会科学版），2005（3）.

［92］王利华.古代华北水力加工兴衰的水环境背景［J］.中国经济史研究，2005（1）.

［93］庄华峰.古代江南地区圩田开发及其对生态环境的影响［J］.中国历史地理论丛，2005（3）.

［94］张俊峰.明清以来山西水力加工业的兴衰［J］.中国农史，2005（4）.

［95］梁诸英，顾芳.明代皖南平原的圩田与农业生产［J］.中国农史，2006（1）.

［96］王建革.技术与圩田土壤环境史：以嘉湖平原为中心［J］.中国农史，2006（1）.

［97］李根蟠.环境史视野与经济史研究——以农史为中心的思考［J］.南开学报（哲学社会科学版），2006（2）.

［98］王建革.水车与秧苗：清代江南稻田排涝与生产恢复场景［J］.清史研究，2006（2）.

［99］左锋，曹明宏.世界替代农业发展模式的演进和我国的对策［J］.经济纵横，2006（2）.

［100］农业部保护性耕作研究中心.国外保护性耕作发展情况［N］.中国农机化导报，2006－6－6；2006－6－12.

［101］杨伟兵.元明清时期云贵高原的农业垦殖及其土地利用问题［J］.历史地理，第20辑，2006.

［102］游修龄.稻田养鱼——传统农业可持续发展的典型之一［J］.农业考古，2006（4）.

［103］韩茂莉.近五百年来玉米在中国境内的传播［J］.中国文化研究，2007春之卷.

［104］何平.我国水土流失防治工作面临四大问题［N］.光明日报，2007－6－29.

［105］侯甬坚."生态环境"用语产生的特殊时代背景［J］.中国历史地理论丛，2007，22（1）.

［106］王利华：中古华北水资源利用的初步考察［J］.南开学报（哲学社会科学版），2007（3）.

［107］张祥稳，惠富平.清代中晚期山地广种玉米之动因［J］.史学月刊，2007（10）.

［108］陈恩虎，惠富平.明清时期巢湖流域圩田的维护［J］.中国社会经济史研究，2008（3）.

［109］王建革.水流环境与吴淞江流域的田制（10～15世纪）［J］.中国农史，2008（3）.

［110］王建革.宋元时期吴淞江圩田区的耕作制与农田景观［J］.古今农业，2008（4）.

［111］王利华.端午风俗中的人与自然［J］.南开学报（哲学社会科学版），2008（2）.

［112］陈恩虎.明清时期巢湖流域圩田兴修［J］.中国农史，2009（1）.

［113］方立松，惠富平.水车利用的地域环境因素［J］.中国农史，2009（2）.

［114］杨庭硕.目前生态环境史研究中的陷阱和误区［J］.南开学报（哲学社会科学版），2009（2）.

［115］卜风贤.重评两汉时期代田区田的用地技术［J］.中国农史，2010（4）.

［116］彭卫.关于小麦在汉代推广的再探讨［J］.中国经济史研究，2010（4）.

［117］张祥稳，惠富平.清代中晚期山地种植玉米引发的水土流失及其遏止措施［J］.中国水土保持，2010（4）.

［118］惠富平，李琦珂.历史时期长江流域农业生态变迁述论［J］.池州学院学报，2011（4）.

［119］张立伟，农保中.清代以来内蒙古地区的移民开垦及其对生态环境的影响［J］.史学集刊，2011（5）.

后 记

书稿从选题、写作到修改完成，一晃七八年过去了。回想起来，在此期间生活真是发生了不少变化，悲欢离合，让人不由得生出许多感伤之情。人生的苦乐无奈，远非一本小书所能够承载，但它毕竟让自己纠结了这么多年，所以总想对着这些文字表达出心中的一些情感。

七八年才拿出这么个不像样子的成果，真有几分惶恐、几分愧疚。为什么书稿写作拖了这么久，应是自己资质愚钝又不够努力的缘故。学识不够，无法圆满解答问题，还不能全力以赴，课题就拖延下来了，编写这些文字成了生活中断断续续的小插曲。另外，课题要实现生产与生态、传统与现代的联系和对接实属不易，以致自己往往对写出的文字没有了信心，越到最后这种感觉越明显。说真的，要不是迫于各种压力，书稿完成也不知要拖到何时去。值得庆幸的是，今天总算卸下了一些负担，也对自己、他人和课题本身有了一个交代。不管书稿写作中有多少问题，这些年师友亲朋给予的无尽关爱与帮助，让我有了不断前行的勇气。

多位博士生和硕士生曾参与了课题研究，对书稿的撰写和完成帮助很大，在此深表感谢并说明其各自的贡献。何红中、张祥稳、黄富成、蒋高中博士分别发表了相关阶段性成果；殷志华博士、李琦珂博士、许臻硕士、郝鹏飞硕士、赵荣硕士、胡忠永硕士、陈凡学硕士、卢勇博士参与了部分章节的写作，尤其是前四位分别对第八章、第九章、第十章第二节和第十章第三节贡献较大；王微、王昇同学曾参与了文稿的目录和参考文献编排。

王思明院长以及学院、学科点的多位老师从课题立项、书稿写作到付梓出版，一直予以支持和帮助。多位农史同仁曾审阅课题结项书稿，提出宝贵的修改意见。书稿的撰写也离不开家人、亲友的理解和支持。多年来，贤妻宁果在辛劳的医务工作之余，承担了大部分家务，使我能安然地坐在书桌前消磨时光。在此谨向各位师友亲朋表示衷心感谢！

惠富平

2013 年 6 月 30 日